超声换能器的原理及设计

林书玉　著

陕西师范大学出版基金资助出版

科学出版社
北京

内 容 简 介

本书是一本介绍超声换能器的理论专著,内容涉及有关超声换能器的所有内容,其中许多章节是作者多年来从事科研和教学实践的总结.书中紧紧围绕超声换能器这一内容,对各种类型的超声换能器,从基础知识到理论分析、从设计计算到实际应用以及该领域的最新发展进行了详细的论述,条理分明,深入浅出.

全书共分12章,第1章是绪论,对超声换能器的基本概念进行了简要的介绍;第2章至第11章对10种不同类型的超声换能器进行了介绍;第12章对超声换能器的电学和声学匹配进行了分析;最后给出了相关的参考文献,以供读者查阅.

本书可供从事超声换能器研究工作的科技工作者、专业技术人员以及高等院校师生参考.

图书在版编目(CIP)数据

超声换能器的原理及设计/林书玉著.—北京:科学出版社,2004
ISBN 978-7-03-013419-6

Ⅰ.超… Ⅱ.林… Ⅲ.超声-声换能器 Ⅳ.TB552

中国版本图书馆CIP数据核字(2004)第045716号

责任编辑:李 锋 胡 凯/责任校对:钟 洋
责任印制:赵 博/封面设计:陈 敬

科学出版社出版
北京东黄城根北街16号
邮政编码:100717
http://www.sciencep.com
北京凌奇印刷有限责任公司印刷
科学出版社发行 各地新华书店经销
*
2004年6月第 一 版 开本:720×1000 1/16
2025年1月第八次印刷 印张:17
字数:391 000

定价:119.00元

前　言

近十几年来，超声技术的发展极为迅速，其应用日益广泛，已经深入到工业、农业、国防、电子、能源、材料、生物技术、医药卫生和环境保护等行业部门，并在迅速地不断扩大到新的应用领域，诸如超声马达、超声化学以及超声悬浮等. 目前超声学这门年轻而又充满活力的学科已经成为国际上公认的高新技术领域. 超声技术又是超声学中内容丰富、交叉性及外延性极强的部分.

超声换能器是超声技术的核心内容和技术之一，它涉及众多的学科，如数学、物理学、力学、材料学、电子学、数字信息处理等. 而在众多的超声应用技术中，超声换能器是决定系统性能的关键因素之一. 发现新的超声换能器材料、研究新型的超声换能器以及改善超声换能器的性能，是超声技术工作者十分重视的研究课题. 超声波技术的发展历史实际上就是超声换能器材料、超声换能器的研制工艺和设计理论以及超声电子技术的发展史.

本书是根据作者多年来所从事的有关超声方面的研究、为研究生开设的超声换能器的课程讲义以及有关超声换能器技术方面的最新研究成果积累，经过多次修改和补充而成. 全书共分 12 章，第 1 章为绪论；第 2 章为压电超声换能器；第 3 章为磁致伸缩超声换能器；第 4 章为气介超声换能器；第 5 章为流体动力型超声换能器；第 6 章为聚焦超声换能器；第 7 章为夹心式压电陶瓷超声换能器；第 8 章为扭转振动超声换能器；第 9 章为弯曲振动超声换能器；第 10 章为复合振动模式压电超声换能器；第 11 章为检测超声换能器；第 12 章为压电超声换能器的电学及声学匹配. 作者希望，通过学习本书，读者能够基本掌握有关超声换能器的基本理论分析、设计方法和生产工艺，以便为从事超声技术的研究和开发奠定初步的基础.

由于作者的学识和水平有限，书中难免存在缺点和错误，恳请广大的读者给予批评指正. 如果本书的出版能使读者对超声换能器的原理与技术的了解和进一步的深化有所裨益，作者将不胜欣喜.

林书玉

2003 年 8 月

目　　录

第 1 章　绪　　论

1.1　超声换能器简介

声学是一门古老而又年轻的科学，有关声学以及与其相关物理学科的研究总是处在物理学研究的前列. 随着科学技术的发展，声学已经渗透到其他许多自然科学领域，推动了许多边缘学科的产生和发展. 现在，近代声学已成为近代物理学中非常活跃的一个分支学科.

经典声学的发展主要和乐器振动的研究有关[1]，而乐器的振动促使许多数理学家对物体振动进行研究. 因为对物体振动的研究不仅为换能器的理论基础的研究和发展，而且为近代声学的发展提供了极为重要的手段. 当 19 世纪后期经典声学的发展达到顶峰的时候，正是电子学和电声换能器的应用，把研究声学的手段提高到一个崭新的阶段，从而导致了近代声学各个分支的出现和迅速发展.

超声学出现于 20 世纪初期. 它是以经典声学理论为基础，同时结合无线电电子学、数字信号处理技术、雷达技术、固体物理、流体物理、生物技术及计算技术等其他领域的成就而发展起来的一门综合性高技术学科[2]. 近 1 个世纪的发展历史表明，超声学是声学发展中最为活跃的一部分，它不仅在一些传统的工农业技术中获得广泛应用，而且已经渗透到国防、生物、医学及航空航天等高技术领域.

超声学主要研究超声波在不同介质中的产生、传播、接收、信息处理及有关的效应等问题. 超声物理和超声工程是超声学的两个主要方面. 超声物理是超声工程的基础，它为各种各样的超声工程应用技术提供必需的理论及实验依据. 超声工程的研究内容主要包括各种超声应用技术中超声波产生、传输和接收系统的工程设计及工艺研究. 超声换能器是超声工程技术中极其重要的部分之一，是声学换能器中发展最快的一个分支领域.

顾名思义，换能器就是进行能量转换的器件[3~10]，是将一种形式的能量转换为另一种形式的能量的装置. 在声学研究领域，换能器主要是指电声换能器，它能实现电能和声能之间的相互转换. 值得指出的是，这里所说的电声换能器的含义比电声学领域中的扬声器和传声器等所谓的电声换能器的含义要广泛得多. 目前，从大到像整幢楼房的水声换能器基阵，到小至可以深入血管的小探针式换能器，各式各样声学换能器的应用已经使声学技术深入到科学研究和工程技术的各个领域[11~23].

用来发射声波的换能器称为发射器. 当换能器处于发射状态时，将电能转换成机械能，再转换成声能. 用来接收声波的换能器称为接收器. 当换能器处于接收状态时，将声能变成机械能，再转换成电能. 在有些情况下换能器既可以用作发射器，又可以用作接收器，即所谓的收发两用型换能器. 换能器的工作原理大体是相同的. 通常换能器都有一个电的储能元件和一个机械振动系统. 当换能器用作发射器时，从激励电源的输出级送来的电振荡信号将引起换能器中电储能元件中电场或磁场的变化，这种电场或磁场的变化通过某种效应对换能器的机械振动系统产生一个推动力，使其进入振动状态，从而推动与换能器机械振动系统相接触的介质发生振动，向介质中辐射声波. 接受声波的过程正好与此相反，在接收声波的情况下，外来声波作用在换能器的振动面上，从而使换能器的机械振动系统发生振动，借助于某种物理效应，引起换能器储能元件中的电场或磁场发生相应的变化，从而引起换能器的电输出端产生一个相应于声信号的电压和电流.

超声换能器是在超声频率范围内将交变的电信号转换成声信号或者将外界声场中的声信号转换为电信号的能量转换器件. 由于超声波在介质中传播时会产生许多物理、化学及生物等效应，同时因为超声波穿透力强、集束性好、信息携带量大、易于实现快速准确的在线无损检测和无损诊断，因而在工业、农业、国防、生物医药和科学研究等方面得到广泛的应用.

超声换能器的种类很多. 按照能量转换的机理和利用的换能材料，可分为压电换能器、磁致伸缩换能器、静电换能器（电容型换能器）、机械型超声换能器等. 按照换能器的振动模式，可分为纵向（厚度）振动换能器、剪切振动换能器、扭转振动换能器、弯曲振动换能器、纵-扭复合以及纵-弯复合振动模式换能器等. 按照换能器的工作介质，可分为气介超声换能器、液体换能器以及固体换能器等. 按照换能器的工作状态，可分为发射型超声换能器、接收型超声换能器和收发两用型超声换能器. 按照换能器的输入功率和工作信号，可分为功率超声换能器、检测超声换能器、脉冲信号换能器、调制信号换能器和连续波信号换能器等. 按照换能器的形状，可分为棒状换能器、圆盘型换能器、圆柱型换能器、球形换能器等. 另外，不同的应用需要不同形式的超声换能器，如平面波超声换能器、球面波超声换能器、柱面波超声换能器、聚焦超声换能器以及阵列超声换能器等[24～36].

超声换能器是一种能量转换器件，其性能描述与评价需要许多参数. 超声换能器的特性参数包括共振频率、频带宽度、机电耦合系数、电声效率、机械品质因数、阻抗特性、频率特性、指向性、发射及接收灵敏度等等. 不同用途的换能器对性能参数的要求不同，例如，对于发射型超声换能器，要求换能器有大的输出功率和高的能量转换效率；而对于接收型超声换能器，则要求宽的频带和高的灵敏度等. 因此，在换能器的具体设计过程中，必须根据具体的应用，对换能器的有关参数进行合理的设计.

按照实现超声换能器机电转换的物理效应的不同可将换能器分为电动式、电磁式、磁致伸缩式、压电式和电致伸缩式等．目前压电式换能器的理论研究和实际应用最为广泛．

压电换能器的发展和应用是以压电效应的发现和压电材料的发展为前提条件的．1880 年居里兄弟发现了晶体的压电效应，但直到电子管放大器的发明，压电材料的压电效应才真正用于电声转换上来．在第一次世界大战期间，法国物理学家朗之万于 1916 年研制成功了第一个真正实用的压电换能器，并将其应用于潜艇的探测中．在朗之万发明的换能器中，压电石英片被夹在两块厚钢板中，后来这种换能器被广泛地应用于超声探测仪中．直到现在，朗之万型换能器仍在得到广泛的应用，如功率超声和水声中．同时，由于压电换能器作为高频声源的出现，使得高频声的研究成为现实，而声学的应用也被迅速地扩展，一个重要的声学分支——超声学也迅速发展起来，并得到了越来越多的重视．

超声技术的迅速发展对压电石英材料的需求急剧增长，于是人们着手寻求新的压电材料．压电陶瓷是一种新的压电材料，它的出现成为另一种换能材料，即磁致伸缩材料的有力竞争对手，并逐渐处于换能材料的统治地位．目前除了压电陶瓷材料以外，压电单晶、压电高聚物以及压电复合材料也在不断发展，它们的出现对于换能器的发展具有重要的作用．

如上所述，在众多的超声换能器类型中，压电超声换能器是应用最广的一种[37～51]．压电超声换能器是通过各种具有压电效应的电介质，如石英、压电陶瓷、压电复合材料以及压电薄膜等，将电信号转换成声信号，或将声信号转换成电信号，从而实现能量的转换．压电陶瓷材料是目前超声研究及应用中极为常用的材料．其优点包括：

(1) 机电转换效率高，一般可达到 80%左右；

(2) 容易成型，可以加工成各种形状，如圆盘、圆环、圆筒、圆柱、矩形以及球形等；

(3) 通过改变成分可以得到具有各种不同性能的超声换能器，如发射型、接收型以及收发两用型等；

(4) 造价低廉，性能较稳定，易于大规模推广应用．

压电陶瓷材料的不足之处是脆性大、抗张强度低、大面积元件成型较难以及超薄高频换能器不易加工等．在这一方面，压电薄膜，如 PVDF 等，则具有压电陶瓷难以比拟的优点．

磁致伸缩材料是传统的超声换能器材料，由于其性能稳定，至今仍在一些特殊领域被继续应用．磁致伸缩换能器的优点包括性能稳定、功率容量大及机械强度好等．其不足之处在于换能器的能量转换效率较低、激发电路复杂以及材料的机械加工较困难等．随着压电陶瓷材料的大规模推广应用，在一个时期内磁致伸缩材料有被压电材料替代的迹象．然而，随着一些新型的磁致伸缩材料的出现，如铁氧体、稀土超磁致伸缩材料以及铁磁流体换能器材料等，磁致伸缩换能器又受到了人们的重视. 可以预见，随着材料加工工艺的提高以及成本的降低，一些新型的磁致伸缩材料将在水声以及超声等领域中获得广泛的应用.

随着超声技术的发展，气体中的超声技术应用越来越广. 气介超声换能器也受到了人们的普遍重视. 除了传统的气介超声换能器以外，静电式气介超声换能器由于具有频率高、振动位移大、机械阻抗低、声波的辐射和接收面积大以及灵敏度高等独特优点，因而在气体中的超声检测等技术中获得了广泛的应用.

1.2 超声换能器的主要性能指标

描述超声换能器的性能指标有工作频率、机电耦合系数、机电转换系数、品质因数、方向特性、发射功率、效率、灵敏度等[21]. 根据实际用处不同，以及使用场合的不同对不同的换能器性能提出不同的要求，例如对军事上用的换能器与对超声测量仪器上用的换能器所提出的要求不一样，对发射和接收用的换能器所提出的要求也不一样.

1.2.1 发射换能器和接收换能器共同要求的性能指标

1.2.1.1 工作频率

超声换能器的工作频率的选择是很重要的，它不仅直接关系到换能器的频率特性和方向特性，也影响到换能器的发射功率、效率和灵敏度等重要性能指标，换能器的工作频率应该与整个超声设备的工作频率相一致. 一般情况下，它是根据对整个超声设备的技术论证针对一定的应用来确定的.

通常，发射换能器工作频率就等于它本身的谐振基频，这样可以获得最佳工作状态、取得最大的发射功率和效率. 主动式超声换能器处在接收状态下的工作频率是与发射状态下的工作频率近似相等的，而对被动式接收换能器而言它的工作频率是一个较宽的频带，同时要求换能器自身的谐振基频要比频带的最高频率还要高，以保证换能器有平坦的接收响应.

1.2.1.2 换能器的机电转换系数 n 和机电耦合系数 k

超声换能器的机电转换系数，是指在机电转换过程中转换后的力学量（或电学量）与转换前的电学量（或力学量）之比. 对于发射换能器

$$\text{机电转换系数}\ n=\frac{\text{力或振速}}{\text{电压或电流}}$$

对于接收换能器

$$\text{机电转换系数}\ n=\frac{\text{应电势或应电流}}{\text{力或振速}}$$

换能器的机电耦合系数，是描述它在能量转换过程中，能量相互耦合程度的一个物理量，其定义为，对于发射换能器

$$k^2=\frac{\text{机械振动系统因力效应而获得的交变机械能}}{\text{电磁系统所储存的交变电磁能}}$$

对于接收换能器

$$k^2=\frac{\text{电磁系统因电效应获得的交变电磁能}}{\text{机械系统因声场信号作用而储存的交变机械能}}$$

对各种不同形式的换能器，其机电转换系数和机电耦合系数均有具体的表达式，我们将在有关章节里给出.

1.2.1.3 换能器的阻抗特性

换能器作为一机电四端网络，它具有一定的特性阻抗和传输常数. 由于换能器在电路上要与发射机的末级回路和接收机的输入电路相匹配，所以在换能器设计时计算出换能器的等效输入电阻抗是十分重要的.

同时，还要分析它的各种阻抗特性，例如等效电阻抗、等效机械阻抗、静态和动态的阻抗、辐射阻抗等.

1.2.1.4 换能器的品质因数 Q

我们在电子学课与声学课里已经学过电路的电品质因数 Q_e 和机械系统的机械品质因数 Q_m，由于换能器本身是由机械系统和电路系统两大部分组成，所以人们也常用电路系统的品质因数 Q_e 和机械系统的品质因数 Q_m 来共同描写换能器的品质因数. 通常是利用换能器的等效电路图和等效机械图，来求出换能器等效的 Q_e 和 Q_m.

换能器的 Q 值与其工作频带宽度和传输能量的效率有密切的关系，Q 值的大小不仅与换能器的材料、结构、机械损耗的大小有关，还与辐射声阻抗有关. 所以同一个换能器处于不同介质中的 Q 值是不相同的.

1.2.1.5 方向特性

超声换能器不论是用做发射还是接收，本身都具有一定的方向特性. 不同应用的换能器对方向特性的要求也不相同. 对于一个发射换能器，其方向特性曲线的尖锐程度决定了它的发射声能的集中程度. 而对一个接收换能器，它的方向特性曲线的尖锐程度决定了其探索空间方向角的范围. 所以超声换能器的方向特性的好坏直接关系到超声设备的作用距离.

1.2.1.6 换能器的频率特性

换能器的频率特性是指换能器的一些重要参数指标随工作频率变化的特性. 例如一接收换能器的接收灵敏度随工作频率变化的特性，对一个发射器要看它的发射功率和效率随工作频率的变化特性. 对不同的换能器我们对它的频率特性也提出了不同的要求，例如：对被动式的换能器，要求它的接收灵敏度频率特性曲线尽量平滑，使其不论是低频噪声，还是高频噪声，只要是它的幅度差不多，则水听器产生的输出电压的大小是近似相等的.

1.2.2 对发射换能器特别要求的性能指标

1.2.2.1 发射声功率

它是描写一个发射器在单位时间里向介质声场辐射声能多少的物理量，它的大小直接影响超声处理的作用效果. 换能器的发射声功率一般是随着工作频率而变化的，在其机械谐振频率时可以获得最大的发射声功率. 此外，我们还经常遇到另外两种功率概念：一是换能器所消耗的总的电功率 P_e，二是换能器的机械振动系统所消耗的机械功率 P_m.

1.2.2.2 发射效率

换能器作为能量传输网络，其传输效率通常采用不同的三个效率概念来描写：机电效率 η_{me}、机声效率 η_{ma} 和电声效率 η_{ea}，其定义分别如下：

机电效率 η_{me}——换能器本身将电能转换为机械能的效率，其大小等于机械系统所获得的全部有功功率 P_m 与输入换能器的总的信号电功率之比，即

$$\eta_{me}=\frac{P_m}{P_e}$$

式中，$P_e=P_{en}+P_m$. P_{en}是表示换能器的电路系统的有功电磁损耗功率. 换能器的机电效率越高，表示其电损耗功率越小.

机声效率 η_{ma}——换能器的机械振动系统将机械能转换成声能的效率，其大小等于发射的声功率 P_a 与机械振动系统所获得的有功功率 P_m 之比

$$\eta_{ma}=\frac{P_a}{P_m}$$

式中，$P_m=P_{mn}+P_a$，P_{mn}是表示机械振动系统的摩擦损耗功率. 所以换能器的机声效率越高，表明它的机械损耗越小.

电声效率 η_{ea}——换能器将电能转换成声能的总效率，它等于发射声功率 P_a 与输入换能器的总的信号电功率 P_e 之比

$$\eta_{ea}=\frac{P_a}{P_e}=\eta_{me}\eta_{ma}$$

显见，换能器的电声效率等于它的机电效率与机声效率的乘积.

换能器的各种效率不仅与其工作频率有关，也与换能器的类型、材料、结构等方面的因素有关. 对于发射换能器有时也用发射响应（发射灵敏度）和非线性失真系数两种性能指标.

1.2.3 对接收换能器特别要求的性能指标

1.2.3.1 接收换能器的灵敏度（接收声场的响应）

这是对接收换能器最重要的一个指标，又有电压灵敏度、电流灵敏度之分.

所谓接收换能器的自由场电压灵敏度，就是指接收换能器的输出电压与在声场中引入换能器之前该点的自由声场声压的比值

$$M_u(\omega) = \frac{U(\omega)}{P_f(\omega)}(\text{V}/\mu\text{Pa})$$

式中，$U(\omega)$表示接收换能器电负载上所产生的电压(V)；$P_f(\omega)$表示接收换能器接收面处自由声场的声压(μPa)，有时也用 dB 表示

$$N_u(\omega) = 20\lg\frac{M_u(\omega)}{M_{u_0}(\omega)}(\text{dB})$$

其基准灵敏度取为 $M_{u_0}(\omega)=1\text{V}/\mu\text{Pa}$. $N_u(\omega)$称自由场电压灵敏度级.

所谓接收换能器的自由场电流灵敏度 $M_i(\omega)$(自由场电流响应)，是指接收换能器的输出电流与在声场中引入接收器之前的自由声场声压的比值，记为

$$M_i(\omega) = \frac{i(\omega)}{P_f(\omega)}(\text{A}/\mu\text{Pa})$$

式中，$i(\omega)$单位是 A，P_f 单位是 μPa.

在实际中，我们一般都采用电压灵敏度讨论问题，不常用电流灵敏度.

1.2.3.2　等效噪声压

当换能器用于接收器时，由于接收器内部的电声转换器件（例如压电陶瓷片）在一定的温度下内部分子的热运动等将产生噪声，称为自噪声或固有噪声. 这种自噪声的大小决定了接收器所能测量的有用信号的最小可能值，它包含有许多频率成分，可取在一赫兹频带宽度上的均方根电压来量度其大小.

设有一正弦声波入射到接收器上（如果接收器尺寸不比声波小很多，则应当沿正入射方向投射到振动面上），当此电压输出的有效值等于接收器自噪声在一赫兹带宽上的均方根电压值时，则入射声压的有效值叫做等效噪声压. 接收器等效噪声压在数值上等于自噪声在一赫兹带宽上的均方根电压值与接收器灵敏度的比值. 等效噪声压对 1μbar 基准声压所取的分贝数，称为接收换能器的等效噪声声压级.

以上我们只对换能器的一些最基本、最重要的性能指标进行了简单的介绍，在今后研究各种具体的换能器时，还要进行深入的讨论.

1.3　超声换能器的研究方法

换能器的内部电路系统，通常包含一个电容 C_0 或一个电感 L_0 的储能元件，当换能器处在发射状态时，从发射机的输出级送来一个电振荡信号，使其储能元件的电场或磁场发生变化，而借助电场或磁场的某种“力效应”，产生了一个对换能器的机械振动系统的推动力，使之进入振动状态，从而向负载介质中辐射出声波信号，这就是发射声信号的全部过程. 当换能器处在接收状态时，其能量的转换过程与上相反，首先是声场的信号-声压作用在换能器的振动面上，使其机械振动系统进入振动状态，此时就引起换能器的电路储能元件的电场或磁场发生相应的变化，借助于系统的某种“电效应”，就在其电路系统中产生一个相应于

声信号的电动势或电流，这就是接收声信号的全部过程.

由上述可知，超声换能器包含了电路系统、机械振动系统和声学系统，并且三者在换能器工作时，有机地结合在一起成为一个统一的整体. 这样就决定了对它的研究方法是融合了电子学、力学、声学等诸方面的研究方法，并且通过电-力-声类比，使三者能够用统一的等效机电图和等效方程式，方便地对其进行深入的研究.

对应电子学的研究方法，例如电的耦合网络、传输线、等效图和等效方程式，在超声换能器中就有机电耦合网络、机械传输线、机电等效图和机电等效方程式等. 实际上超声换能器就是一个机电耦合网络.

超声换能器中的电声能量互换均是借助于电场或磁场的物理效应来实现的，而且不论是哪种类型的换能器，这种效应都包括两个方面：一个是力效应，把作用在换能器电路系统中的电流或电压转换为作用在机械振动系统的推动力的物理效应，即实现把电学量（电流、电压）转换为力学量（振速或力）的效应，例如电动力效应；另一个是电效应，把作用在换能器机械振动系统上的力或振速转换为电路系统中的应电势或应电流的物理效应，即实现把力学量（或声学量）转换为电学量的效应，如电磁感应等. 所以根据各种换能器的“力效应”和“电效应”，我们就能得到它们的机电参量转换关系式（也叫机电相关方程式），这是分析研究换能器首先应建立的一组关系式.

另外，为了确定换能器的工作状态，还需求出它的机械振动系统的状态方程式和电路系统状态方程式. 当这些关系式都确立之后，换能器的工作状态也就完全确定了. 换能器机械系统的状态方程式（简称为机械振动方程）是换能器处于工作状态时，描述其机械振动系统的力与振速的关系式，也就是说该方程式是描写机械系统振动特性的；而电路系统的状态方程式（简称电路状态方程式）是描述电路系统振动特性的，即具体描述电路系统中的信号电压与信号电流间的关系. 由于换能器的机械系统和电路系统是相互耦合的，所以机械系统的振动会影响到电路的特性，而电路的变化也会影响到机械系统的振动，因此我们总是利用这些方程组来分析讨论换能器的工作特性.

由上述换能器的三组基本关系式，可以对应地做出换能器三种形式的等效图. 第一种是等效机械图，即将换能器等效为一个纯机械系统的等效图；第二种是把机械的元件和参量，通过机电转换化为电路的元件和参量，即把一个换能器等效为一个纯电路系统，称此为等效电路图；第三种称为等效机电图，是同时包含电路和机械的等效图. 利用这些等效图可以方便地求出若干换能器的重要性能指标.

上面只简略地谈了对换能器的分析研究方法，至于如何推导三组基本方程、建立等效图和计算换能器的一系列的工作特性指标，将在以后详细讨论.

前面已经提到换能器本身是一个机电耦合网络，为了更好地理解它，我们可把它同变压器的若干方面做一简要的比较.

一般说来，换能器总是要求被在相同频率下进行能量互换，而变压器也是在同一频率下实现低压电振荡能与高压电振荡能之间互换的，两者的不同之处在于，变压器是通过磁耦合来实现电振荡能的互换，而换能器是通过机电耦合系统来实现机电声能量互换.

变压器的初级电压通过磁路使次级有一电压，相当于换能器中，机械一边通过机电耦合给电路一边一个电压或电流，或电路一边通过机电耦合给机械一边一个推动力或振速．所以如同变压器的次级与初级有一电压（或电流）的转换关系式一样，换能器中电路一边与机械一边也有一转换关系式.

描述变压器能量传输时，有三个关系式：①初级电路关系式；②次级电路关系式；③初级与次级间的转换关系式．如前所述，在研究换能器的能量转换与传输时也需要三组基本方程式：①机械振动方程式；②电路状态方程式；③机电转换关系式．另外在研究变压器时常把初级元件反映到次级一边建立次级等效电路图或把次级元件反映到初级建立初级的等效电路图，这与超声换能器的“等效机械图”、“等效电路图”也是相对应的.

第2章 压电超声换能器

在超声领域，压电超声换能器是应用最为广泛的一种声电转换元件．其优点在于以下几个方面．

第一，在高频范围，压电超声换能器能够产生一个类似于刚性活塞的均匀振动发声器，而其他的换能器，如用于低频振动的电动扬声器等，是很难做到这一点的．

第二，结构简单，易于激励．当经过极化以后的压电陶瓷元件被用于换能器以后，换能器的激励将不再需要极化电源，从而简化了压电换能器的激励电路．其他类型的换能器，如磁致伸缩换能器等，由于需要一个直流极化电源，因而使换能器的激励变得复杂．

第三，压电换能器易于成型和加工，因而可用于许多不同的应用场合．

鉴于压电超声换能器的广泛应用，在下面的章节中，将对其有关内容进行较为详细的介绍．

压电超声换能器的最简单形式就是一个两面镀有银层的、圆形或方形的压电陶瓷薄片．镀有银层的两面被称为换能器的两个电极．当把一定频率和功率的交流信号加到换能器的两个电极以后，压电陶瓷片的厚度将随着交变电场的变化频率而变化．此时，相对于外部介质而言，这一结构就变成了一个产生活塞振动的简单声源．

在实际应用中，压电超声换能器的结构及形式是多种多样的[52~66]．然而，大部分的压电超声换能器具有圆盘或板的结构形式．有时，为了改善压电超声换能器的共振特性或脉冲响应，可以在压电陶瓷元件的两面附加质量元件或一些特殊的阻尼材料．

在超声的各种应用中，压电超声换能器基本上采用厚度振动模式、径向振动模式和纵向振动模式．除此以外，在一些特殊的应用场合，其他的一些振动模式，如剪切振动模式、弯曲振动模式和扭转振动模式等，也得到了一定的应用．

压电超声换能器的振动模式由陶瓷元件的极化方向和电激励方向决定，同时也与陶瓷材料的几何形状和尺寸有关系．另外，对于同一形状和几何尺寸的压电陶瓷振子，在不同的频段，换能器的振动模式也不同．例如，对于沿厚度方向极化的压电陶瓷薄圆盘，在低频段，振子的振动模式是频率较低的径向振动模式，而在高频段，陶瓷振子的振动模式则为厚度伸缩振动；对于沿长度方向极化的压电陶瓷细长圆棒，在低频段，振子的振动模式为纵向伸缩振动，而在高频段，其振动模式则是压电陶瓷细长圆柱的径向振动模式．在压电陶瓷换能器中，陶瓷振子的常用形状为圆盘或板．除此以外，圆环和球形换能器振子也得到了较为广泛的应用．

2.1 压电材料和压电效应

压电效应是法国物理学家居里兄弟于1880年发现的．当把一定数量的砝码放在一些天然晶体上时，如石英、电气石以及罗谢尔盐等，在这些天然晶体的表面会产生一定数量的电荷，而且所产生的电荷的数量与砝码的重量成正比，这种现象就称为压电效应．1881年科学家们又从理论上预计并从实验上证实了逆压电效应的存在．压电效应的存在是具有一定的阈值的，当压电材料的温度超过一定的值时，压电效应便不再存在，这一临界温度称为压电材料的居里温度，也称为居里点．天然压电晶体的居里温度一般来说是固定不变的，而人工压电晶体，如压电陶瓷等，其居里温度可以通过成分、配方以及工艺等的改变而加以调整，以适应不同的应用需要．由于压电效应是可逆的，因此利用压电材料制成的压电换能器既可以用作发射器，也可用于接收器．从原理上讲，描述压电材料压电效应的压电方程以及有关的压电常数，可适用于压电发射器和接收器．压电效应和逆压电效应是超声学发展史上的重大发现，这一发现大大加速了声学在国防以及国民经济各行各业中的广泛应用．

2.1.1 压电材料

由于压电材料是压电换能器的关键部分，而压电换能器是绝大部分超声应用技术的核心，因此有关压电材料的研究很多，其发展也较为迅速．从最早的天然压电晶体到人工合成的压电多晶体及压电复合材料，压电材料的性能得到了很大的改善，其种类也越来越多．目前，应用较多的压电材料主要有五大类，即压电单晶体、压电多晶体（压电陶瓷）、压电高分子聚合物、压电复合材料以及压电半导体等．

2.1.1.1 压电单晶体

石英晶体是人类所发现最早的压电单晶体．它有天然生长和人工培育两种．石英晶体的居里温度较高，可达573℃．石英晶体性能稳定，其材料参数随温度和时间的变化较小．石英晶体的机械性能良好，易于切割、研磨和抛光加工．另外，天然石英晶体的机械损耗小、机械品质因数高、介电系数较低、谐振阻抗高，因而被广泛应用于制作标准振源以及高选择性的滤波器．石英晶体属于一种各向异性材料，其材料参数包括六个独立的弹性常数分量、两个独立的压电常数分量和两个独立的介电常数分量．

值得注意的是，当石英晶体的切割取向和切割方位不同时，石英晶体的性能不同．石英晶体的切割方式很多，每一种切割方式可以产生不同性质和不同用途的石英振子. X切割常用来产生厚度振动模式；Y切割和AC切割用于产生纯切变振动模式以便用于接收横波；AT和BT切割方式形成的石英振子的频率温度系数很小，可用于实现频率控制的压电振子，也常用于高频滤波器振子；CT、DT、ET和FT切割可用于低频滤波器振子. 另外，石英晶体中的声波衰减也和切割方式以及波的传播方向有关.

除了压电石英晶体以外，其他较常用的压电单晶体还有铌酸锂、钽酸锂、罗谢尔盐、磷酸二氢铵、磷酸二氢钾、酒石酸二钾等等. 每一种材料都有其自己的特点，因此在实际应用中，应该根据具体情况合理选择.

由于晶体的种类很多，其结构千差万别. 为了方便起见，国际上将晶体分为七个晶系，即三斜晶系、单斜晶系、正交晶系、四方晶系、三方晶系、六方晶系以及立方晶系.

2.1.1.2 压电陶瓷

压电陶瓷是压电多晶材料，而大部分压电多晶材料都具有铁电性质. 目前，在超声应用领域，压电陶瓷材料绝对处于支配地位. 与压电单晶等材料相比，压电陶瓷材料具有以下独特的优点：①原材料价格低廉；②机械强度好，易于加工成各种不同的形状和尺寸，从而适应不同的应用；③通过添加不同的材料成分，可以制成品种各异、性能不同可满足不同需要的压电材料；④采用不同的形状和不同的极化方式，可以得到所需的各种振动模式.

压电陶瓷的原始成分基本上都是金属氧化物粉末. 采用添加不同成分的方式，可以得到不同配方的压电材料，从而形成性能各异的压电换能材料. 根据压电材料的成分，可将压电陶瓷材料分为一元系、二元系和三元系等. 一元系压电材料包括钛酸钡、钛酸铅、铌酸钾钠和偏铌酸铅等. 二元系中有锆钛酸铅、偏铌酸铅钡等，三元系压电陶瓷材料主要是在锆酸铅-钛酸铅二元系压电陶瓷的基础上发展起来的固溶体压电陶瓷，其种类非常多，其中包括铌镁-锆-钛酸铅、铌锌-锆-钛酸铅、铌钴-锆-钛酸铅和钨锰-锆-钛酸铅等. 由于三元系压电陶瓷的种类很多，可以较广泛的适应不同器件对材料性能的要求，有些性能比锆钛酸铅陶瓷更加优越，所以人们对三元系压电陶瓷材料的研究和使用越来越多. 目前，四元系压电陶瓷材料也得到了发展，并应用于压电陶瓷变压器等新兴技术中.

性能良好的压电陶瓷材料，取决于先进的压电陶瓷生产工艺. 工艺条件和工艺参数的变化，对压电陶瓷的性能影响很大. 压电陶瓷的生产过程主要包括以下几个步骤，按照先后次序分别为：配料、混合、粉碎、预烧、成型、排塑、烧成、上电极、极化和测试等. 在配料阶段，首先应确定配方，然后根据配方选择所需原料. 选择原料应注意以下几点：合理选择原料的纯度；尽量选择颗粒较小的原料；适当注意原料的活性. 原料确定以后，应对原料进行处理，如水洗、煅烧、粉碎和烘干等. 在原料进行预烧之前，应进行混合和粉碎，这两个工序一般是通过滚动球磨机和振动球磨机来完成的. 预烧过程实际上也是一种固相反应.

影响这一过程的因素有预烧温度与保温时间、原料的活性和颗粒大小等．压电陶瓷的成型方法有三种，即轧膜成型、干压成型和静水压成型．这三种不同的成型方法适用于生产不同用途的压电陶瓷材料．轧膜成型主要用于生产陶瓷滤波器和陶瓷电声器件等；干压成型适用于生产厚度较大的陶瓷器件，如水声换能器、陶瓷变压器和用于引燃、引爆用的圆柱形体等；静水压成型方法利用静止流体内各方向压强相等的原理，使样品均匀受压，从而实现样品的密度等性质一致，另外静水压成形方法可以压制特殊形状的样品，如球形等．除了静水压成型方法以外，其他两种成型方法都需要使用黏合剂，其目的是为了增加粉料的可塑性，为成型创造条件．排塑过程的目的在于将陶瓷成型过程中添加的黏合剂排除．烧成过程是保证压电陶瓷材料性能的关键．它将经预烧成型的粉末块材料在加热到足够高的温度以后，实现体积收缩、气孔减少、密度提高以及强度增加．

为了保证得到晶粒大小适当、致密度高的样品，必须正确选择烧成温度、保温时间及烧成工艺．上电极就是在陶瓷上设置一层金属薄膜．用于金属薄膜电极的材料很多，根据不同的需要有银、铜、金和镍等．在陶瓷上设置金属薄膜电极的方法有很多，如烧渗银层、真空蒸镀、化学沉银和化学沉铜等．未经极化的压电陶瓷由于其中的电轴取向杂乱排列，不具有压电效应．只有经过极化工序处理后的陶瓷，才能显示压电效应．所谓极化，就是在压电陶瓷上加一个强直流电场，使陶瓷中的电轴沿电场方向取向排列．为了使压电陶瓷得到完善的极化，充分发挥其压电性能，必须合理选择极化条件，即极化电场、极化温度和极化时间．极化电场必须大于样品的矫顽场，并且为矫顽场的 2～3 倍．由于不同材料的矫顽场不同，因此应根据材料的性质合理选择极化电场．在高温极化条件下，极化电场应达到 20kV/cm．在极化电场和极化时间一定的条件下，极化温度越高，极化效果越好．极化方法主要有两种，即常规极化方法和高温极化方法．常规极化时的极化温度都是在陶瓷材料的居里温度以下，所需的极化电压较高，一般为 30kV/cm 以上，这对于尺寸较大样品是比较困难的．高温极化是将样品加热到材料的居里温度以上，首先加上较弱的直流电场，然后以一定的降温速度将炉温下降到居里温度以下，同时缓慢增加电场到一定值，并使炉温尽快冷却到 100℃左右，使电场增加到 300kV/cm 左右，最后在 100℃以下撤出外加电场，取出极化样品．由于高温极化获得的样品性能较好，因此目前主要采用高温极化方法．极化以后的压电陶瓷会发生老化．影响压电陶瓷材料老化的因素很多，最主要的有机械应力、外加电场以及压电材料所经受的温度．当这些参数增大时，压电材料的老化过程加速．另外，时间也是影响陶瓷材料老化过程的一个因素，然而与以上提到的因素相比，在一定的时间范围内，时间因素可以忽略不计．当压电材料的温度超过其居里温度时，极化消失，压电效应不再存在．

压电陶瓷的测量是评价材料性能的关键步骤．测量参数包括频率、阻抗、机电耦合系数等，所用的实验仪器有阻抗电桥等．目前大部分都采用惠普公司的阻抗分析仪，如 HP4192L、HP4194 和 HP4294A 等．关于压电陶瓷生产及测试的详细内容，由于篇幅有限，可参阅有关的书籍和材料手册．

压电陶瓷不是纯的化合物，它们的性质可以通过添加其他一些成分而得到改变．压电陶瓷材料的主要优点之一是成型简单，不仅可以做成简单的压电陶瓷板和棒，而且可以加工成其他较复杂的形状以适应不同的性能要求，如凸型、凹型、球冠壳等，从而实现超声能量的聚焦．未经极化的压电陶瓷材料是各向异性的，而经过极化以后的压电陶瓷在垂直于极化方向的平面内则是各向同性的．

压电陶瓷的种类很多，目前应用最为广泛的当属锆钛酸铅压电陶瓷．这种材料已被广泛地应用于水声、超声等领域，其中包括小信号和大功率应用．

除了以上提到的压电陶瓷材料以外，另一种值得提及的压电铁电材料是铌酸锂．由于这种材料具有良好的机械和压电性质，并且具有非常高的居里温度（可达 1200℃），因此这种材料已被广泛的应用于表面波即瑞利波滤波器中．

2.1.1.3 压电高分子聚合物

压电高分子聚合物是一种比较新型的压电换能器材料．人类发现最早的压电高分子聚合物是聚偏氟乙烯（PVDF 或者 PVF_2），这是一种薄膜型压电材料，具有柔软性、热塑性和易于加工等特点．压电高分子聚合物材料的化学性质非常稳定，其熔点大约是 170℃．与压电陶瓷材料一样，压电高分子聚合物材料也是通过特殊的极化工艺而具有压电效应的．其极化过程包括四个步骤，即制膜、拉伸、极化和上电极．

压电高分子聚合物材料具有高的柔顺性，其柔顺系数是压电陶瓷材料的几十倍，因而可以制成大而薄的膜，并且具有高的机械强度和韧性，可承受较大的冲击力．压电高分子聚合物材料的压电电压常数高，因此它可用于制作高灵敏度接收换能器和换能器阵，也非常适合于制作水听器．由于压电高分子聚合物材料的机械品质因数较低，因此它非常适合于制作分辨率高的窄脉冲超声换能器．

与压电陶瓷不同，压电高分子聚合物材料在垂直于极化方向的平面内不具有各向同性的性质．

高分子压电聚合物材料实际上是一种薄膜材料，它的声阻抗率较低，易于和传播介质宽带匹配，并且适合制作高频超声换能器．其缺点是其性能与温度有关，机电耦合系数较小，损耗大，介电常数很小，因此此类材料不适合制作发射型换能器．

2.1.1.4 压电复合材料

把压电材料（通常是 PZT）和非压电材料（高分子聚合物）按一定的方式相结合，就成为另一类新型材料，即压电复合材料．因此，所谓的压电复合材料就是将压电陶瓷材料和高聚物（如环氧树脂等）按照一定的连通方式、一定的体积或重量比以及一定的空间几何分布复合而成．通过不同的组合方式，可以得到多种多样的压电复合材料．压电复合材料可以通过它们的连通性加以分类，以两个数字之间加一短横线表示，前一个数字表示压电材料的连通性，后一个数字表示非压电材料的连通性. 如 2-2 型压电复合材料中，压电材料和非压电材料在两个方向上都有连通性，而在另一个方向上没有连通性. 1-3 型复合材料表示复合材料中压电材料在一个方向上有连通性，另一种材料则在三个方向上都连通. 3-1型复合材料表示在压电陶瓷材料中镶嵌有柱形非压电陶瓷材料，压电陶瓷在三个方向上都连通，而非压电陶瓷材料仅在一个方向上连通. 0-3 型复合材料表示压电陶瓷材料在三个方向上都不连通，而非压电陶瓷材料则在三个方向上都连通.

根据复合材料换能器的不同结构，其具体的制作过程是不同的，常用的是切割填充工艺. 例如 2-2 型复合压电陶瓷材料的制作工艺是这样的. 首先，将 PZT 材料在其极化方向上切成等间距的槽；然后，在槽中浇注环氧树脂，并且令其固化；接着，将下面相互连通的 PZT 材料切割掉，并将复合材料的上下两面磨平；最后，在复合材料的上下两面镀上电极.

压电复合材料由两相材料组成，其特性与其组成材料的特性及其组成比例有关系. 与纯粹的压电陶瓷材料相比，压电复合材料具有低密度、低阻抗、低机械品质因数、高频带、高的抗机械冲击性能和低的横向耦合振动等优点.

由于压电复合材料具有上述特点，因而受到了普遍的重视，其发展速度很快，目前已经被应用于无损检测、水声和医用超声换能器中. 现在的 B 超诊断仪的探头里所用的换能器几乎全部采用了压电复合材料.

2.1.2 压电材料参数、压电振子的边界条件及压电方程

2.1.2.1 压电材料参数

压电方程是描述压电材料压电效应的数学表达式，它将压电材料的弹性性能和介电性能互相联系起来. 压电陶瓷材料既具有弹性介质的性质，又具有电介质的性质，同时具有压电体的性质，因此描述压电材料性能的参数有三类即力学参数、电学参数和压电耦合参数. 描述电介质介电性能的量有电场强度和电位移，二者的关系由下式决定

$$D_m = \varepsilon_{mn} E_n, \quad m,n = 1,2,3 \tag{2-1}$$

式中 ε_{mn} 是介电常数. 实验证明，$\varepsilon_{mn} = \varepsilon_{nm}$，即独立的介电常数只有六个. 由于晶体具有对称性，所以大部分晶体的介电常数少于六个. 例如，对于极化以后的压电陶瓷，仅有两个独立的介电常数，即 ε_{11} 和 ε_{33}. 描述弹性体力学性质的参数包括应力和应变. 二者之间的关系由广义胡克定律决定，即

$$S_i = \sum_{j=1}^{6} s_{ij} T_j = s_{ij} T_j, \quad i,j = 1,2,3,\cdots,6 \tag{2-2}$$

$$T_i = \sum_{j=1}^{6} c_{ij} S_j = c_{ij} S_j, \quad i,j = 1,2,3,\cdots,6 \tag{2-3}$$

式中应力 T_i 和应变 S_i 都是二阶对称张量，只有六个独立分量. s_{ij} 是弹性柔顺系数，$s_{ij}=s_{ji}$，其单位是 m^2/N. c_{ij} 是弹性刚度系数或者弹性劲度系数，$c_{ij}=c_{ji}$，其单位是 N/m^2. 弹性柔顺系数和弹性刚度系数二者之间的关系为

$$s_{ij}=(c_{ij})^{-1} \tag{2-4}$$

对于极化以后的压电陶瓷材料，在垂直于极化轴的平面内各向同性，在这种情况下，压电陶瓷材料的弹性柔顺常数矩阵为

$$s=\begin{bmatrix} s_{11} & s_{12} & s_{13} & 0 & 0 & 0 \\ s_{12} & s_{11} & s_{13} & 0 & 0 & 0 \\ s_{13} & s_{13} & s_{33} & 0 & 0 & 0 \\ 0 & 0 & 0 & s_{55} & 0 & 0 \\ 0 & 0 & 0 & 0 & s_{55} & 0 \\ 0 & 0 & 0 & 0 & 0 & 2(s_{11}-s_{12}) \end{bmatrix}$$

介电常数矩阵为

$$\varepsilon=\begin{bmatrix} \varepsilon_{11} & 0 & 0 \\ 0 & \varepsilon_{11} & 0 \\ 0 & 0 & \varepsilon_{33} \end{bmatrix}$$

压电应变常数矩阵为

$$d=\begin{bmatrix} 0 & 0 & 0 & 0 & d_{15} & 0 \\ 0 & 0 & 0 & d_{15} & 0 & 0 \\ d_{31} & d_{31} & d_{33} & 0 & 0 & 0 \end{bmatrix}$$

通过比较，我们可以发现压电陶瓷材料的材料参数矩阵和 6mm 点群压电晶体的材料参数矩阵的形式完全一致.

压电体受外力作用时，会产生应变. 与一般的弹性介质相同，压电体的应变可分为线应变和角应变两大类. 其基本应变有四种，即伸缩应变、平面弯曲应变、剪切应变和扭转应变. 根据上面分析，压电体的应变分量只有六个是独立的，其中三个是正应变，另外三个是切应变. 应变张量的矩阵形式为

$$S=\begin{bmatrix} S_1 & \frac{S_6}{2} & \frac{S_5}{2} \\ \frac{S_6}{2} & S_2 & \frac{S_4}{2} \\ \frac{S_5}{2} & \frac{S_4}{2} & S_3 \end{bmatrix}$$

假设压电体的位移分量分别是 ξ、η、ζ，可得出应变分量和位移分量满足以下关系式

$$\begin{aligned} &S_1=\partial\xi/\partial x, \quad S_2=\partial\eta/\partial y, \quad S_3=\partial\zeta/\partial z \\ &S_4=\partial\eta/\partial z+\partial\zeta/\partial y, \quad S_5=\partial\xi/\partial z+\partial\zeta/\partial x, \quad S_6=\partial\xi/\partial y+\partial\eta/\partial x \end{aligned} \tag{2-5}$$

在柱面坐标下，应力与应变之间的关系为

$$S_r=\partial\xi_r/\partial r,\quad S_\theta=\frac{\partial\xi_\theta}{r\partial\theta}+\xi_r/r,\quad S_z=\partial\xi_z/\partial z$$

$$S_{\theta z}=\frac{\partial\xi z}{r\partial\theta}+\partial\xi_\theta/\partial z,\quad S_{rz}=\partial\xi_r/\partial z+\partial\xi_z/\partial r \tag{2-6}$$

$$S_{r\theta}=\partial\xi_\theta/\partial r+\frac{\partial\xi_r}{r\partial\theta}-\xi_\theta/r$$

2.1.2.2 压电振子的四类边界条件

压电晶体或压电陶瓷材料总是制备成各种不同形状的片子来使用的，这些压电晶片称为振子．由于应用状态或者测试条件的不同，它们可以处于不同的电学边界条件和机械边界条件．对于不同的边界条件，为了计算方便，常常选择不同的自变量和因变量来表述压电振子的压电方程．

压电振子存在机械边界条件和电学边界条件．机械边界条件有两种，一种是机械自由，另一种是机械夹持．电学边界条件也有两种，一种是电学短路，另一种是电学开路．

当压电振子的中心被夹持，片子的边界可自由形变时，边界上的应力为零，应变不为零，这样的边界条件称为机械自由边界条件．如果激励信号频率远低于基波谐振频率时，振子的形变跟得上频率的变化，相当于形变是自由的，压电振子内不会形成新的应力，此时必有应力等于零或常数，应变不等于零或常数．因此，在边界自由和激励信号频率很低的情况下，称为机械自由边界条件．此时测得的介电常数称为自由介电常数，用 ε_{mn}^T 表示．

当压电振子可形变的边界被刚性夹持，使振子不能自由形变，这时必有应变等于零或常数，而应力不等于零或常数，这种情况称为机械夹持边界条件；如果激励信号频率远高于谐振频率时，形变跟随不上激励信号的变化，这时振子的边界和内部的应变都接近于零，相当于振子处于机械夹持边界条件．在机械夹持状态下测得的介电常数称为夹持介电常数，用 ε_{mn}^S 表示．

电学边界条件取决于压电振子的几何形状、电极的设置及电路情况．当压电振子内的电场强度等于零或常数，而电位移不等于零或常数（如电极短路或用接地金属罩使晶体表面保持恒电位），这样的电学边界条件称为电学短路边界条件．此时测得的弹性柔顺常数称为短路弹性柔顺常数，用 s_{ij}^E 表示；测得的弹性刚度常数称为短路弹性刚度常数，用 c_{ji}^E 表示．

当压电振子的电极面上的自由电荷保持不变（如完全绝缘的晶体），则电位移矢量等于零或常数，而振子内的电场强度不等于零或常数，这样的电学边界条件称为电学开路边界条件．在开路条件下测得的弹性柔顺常数称为开路弹性柔顺常数，用 s_{ij}^D 表示．测得的弹性刚度常数称为开路弹性刚度常数，用 c_{ji}^D 表示．

利用两种机械边界条件和两种电学边界条件进行组合，就可以得到四类不同的边界条件，如表 2.1 所示，这四类边界条件都是压电振子实际上可能存在的边界条件.

表 2.1　压电振子的四类边界条件

类　别	名　称	特　点
第一类边界条件	机械自由和电学短路	$T=0;S\neq 0$ $E=0;D\neq 0$
第二类边界条件	机械夹持和电学短路	$S=0;T\neq 0$ $E=0;D\neq 0$
第三类边界条件	机械自由和电学开路	$T=0;S\neq 0$ $D=0;E\neq 0$
第四类边界条件	机械夹持和电学开路	$S=0;T\neq 0$ $D=0;E\neq 0$

2.1.2.3　压电振子的四类压电方程

压电材料的压电性涉及到电学和力学行为之间的相互作用. 由于压电方程的独立变量是可以任意选择的，因此描述压电材料压电效应的方程有四种类型，即 d 型、e 型、g 型和 h 型.

根据上面的分析，对应压电材料振子的四类边界条件，压电振子存在四类压电方程. 当压电振子处于第一类边界条件，以选应力 T 和电场强度 E 为自变量，应变 S 和电位移 D 为因变量处理问题比较方便，相应的压电方程组称为第一类压电方程，即 d 型压电方程

$$\text{d 型}\quad \begin{aligned} S &= s^E T + d_t E \\ D &= dT + \varepsilon^T E \end{aligned} \tag{2-7}$$

式中，s^E、d、ε^T 分别是短路弹性柔顺系数、压电应变常数矩阵和自由介电常数矩阵；d_t 是 d 矩阵的转置矩阵.

当压电振子处于第二类边界条件，以选应变 S 和电场强度 E 为自变量，应力 T 和电位移 D 为因变量较方便，相应的压电方程称为第二类压电方程，即 e 型压电方程

$$\text{e 型}\quad \begin{aligned} T &= c^E S - e_t E \\ D &= eS + \varepsilon^S E \end{aligned} \tag{2-8}$$

当压电振子处于第三类边界条件，以选应力 T 和电位移 D 为自变量，应变 S 和电场强度 E 为因变量较方便，相应的压电方程称为第三类压电方程，即 g 型压电方程

$$\text{g 型}\quad \begin{aligned} S &= s^D T + g_t D \\ E &= -gT + \beta^T D \end{aligned} \tag{2-9}$$

当压电振子处于第四类边界条件，以选应变 S 和电位移 D 为自变量，应力 T 和电场强度 E 为因变量比较方便，相应的压电方程称为第四类压电方程，即 h 型压电方程

$$
\text{h 型}\qquad \begin{aligned} T &= c^D S + h_t D \\ E &= -hS + \beta^S D \end{aligned} \tag{2-10}
$$

在上述四类压电方程中，应力张量和应变张量均采用简缩下标，如果应力和应变均采用非简缩的双下标，则弹性常数为四下标，压电常数为三下标. 对应的四类压电方程如表 2.2 所示.

表 2.2　压电振子的四类压电方程

名　称	简缩下标压电方程	全下标压电方程
第一类	$S_i = s_{ij}^E T_j + d_{ni} E_n$ $D_m = d_{mj} T_j + \varepsilon_{mn}^T E_n$	$S_{ij} = s_{ijkl}^E T_{kl} + d_{ijn} E_n$ $D_m = d_{mkl} T_{kl} + \varepsilon_{mn}^T E_n$
第二类	$T_j = c_{ji}^E S_i - e_{nj} E_n$ $D_m = e_{mi} S_i + \varepsilon_{mn}^S E_n$	$T_{kl} = c_{klij}^E S_{ij} - e_{kln} E_n$ $D_m = e_{mij} S_{ij} + \varepsilon_{mn}^S E_n$
第三类	$S_i = s_{ij}^D T_j + g_{mi} D_m$ $E_n = -g_{nj} T_j + \beta_{nm}^T D_m$	$S_{ij} = s_{ijkl}^D T_{kl} + g_{ijm} D_n$ $E_n = -g_{nkl} T_{kl} + \beta_{nm}^T D_m$
第四类	$T_j = c_{ji}^D S_i - h_{mj} D_m$ $E_n = -h_{ni} S_i + \beta_{nm}^S D_m$	$T_{kl} = c_{klij}^D S_{ij} - h_{klm} D_m$ $E_n = -h_{nij} S_{ij} + \beta_{nm}^S D_m$

四类压电方程都与晶体及压电陶瓷材料的压电常数、弹性常数、介电常数有关. 对于不同点群的压电晶体，由于点群对称性不同，这些物理常数的独立分量的数目及形式都不同，因此它们的压电方程的具体表达式也是不同的，即使对于同一压电晶体，如果选用不同旋转切型的晶片，对于不同旋转后的新坐标系，晶体的压电常数、弹性常数、介电常数也都要发生不同的变化，因此不同切型的晶片，其压电方程也是不同的. 对于压电陶瓷材料，由于其极化后的对称性提高，因此独立的常数大为减少. 如果再考虑到振动模式，也就是考虑到晶片的形状和边界条件，压电方程可进一步简化，不仅每个方程的项数大大减少，而且方程的个数也将大大减少.

在以上方程中，s^E 是电场强度为零或常数时的弹性柔顺常数矩阵，称为短路弹性柔顺常数矩阵，s^D 是电位移为零或常数时的弹性柔顺常数矩阵，称为开路弹性柔顺常数矩阵；c^E 是电场强度为零或常数时的弹性刚度常数矩阵；c^D 是电位移为零或常数时的弹性刚度常数矩阵；β^T 是应力为零或常数时的介质隔离率矩阵，称为自由介质隔离率矩阵；β^S 是应变为零或常数时的介质隔离率矩阵，称为受夹

介质隔离率矩阵；ε^T 是应力为零或常数时的介电常数矩阵，称为自由介电常数矩阵；ε^S 是应变为零或常数时的介电常数矩阵，称为受夹介电常数矩阵. d、g、e、h 分别是压电应变常数矩阵、压电电压常数矩阵、压电应力常数矩阵和压电劲度常数矩阵，d_t、g_t、e_t、h_t 分别是 d、g、e、h 矩阵的转置矩阵.

从上面的分析中可以看到，压电方程的形式有四种，至于在实际中选择哪一种形式，可根据实际的情况，如电学和力学边界条件等. 一般情况下，压电方程可以按照以下的基本原则来选择. 如果系统的力学边界条件是自由的，则选择应力分量作自变量；如果力学边界条件是截止的，则应选择应变分量作为方程的自变量. 如果振子的电学边界条件是电场垂直于振动方向，这时$\partial E_i/\partial x_j=0$，则选择电场强度分量作自变量；如果电场平行于振动方向，这时有$\partial D_i/\partial x_j=0$，则选择电位移分量作自变量. 当确定了力学和电学的自变量后即可选择相应的压电方程来推导振子的机电等效电路及其机电振动特性.

2.1.3 压电材料的其他重要参数

2.1.3.1 机电耦合系数

由于压电效应和逆压电效应，压电材料中的机械能和电能之间会产生相互耦合和转换，能量转换的强弱可用机电耦合系数来表示，压电材料的机电耦合系数是一个无量纲的量. 压电陶瓷材料的机电耦合系数综合反映了压电材料的性能，在科研和生产中备受重视. 对于介电常数和弹性常数有很大差异的压电材料，其性能可通过机电耦合系数加以直接比较. 因此通过测量压电陶瓷材料的机电耦合系数，可以间接的获得材料的弹性常数、介电常数和压电常数.

压电陶瓷材料的机电耦合系数不仅和材料有关系，还和振子的振动模式有关系[4~6]. 例如，对于沿长度方向极化的压电陶瓷细长棒，其机电耦合系数为 K_{33}；对于沿厚度方向极化的压电陶瓷薄圆盘，其径向振动模式的机电耦合系数为 K_{p}，其厚度振动模式的机电耦合系数为 K_{t}. 除此以外，在实际工作中，人们还经常使用有效机电耦合系数的概念. 其定义为

$$k_{\mathrm{eff}}^2=\frac{f_{\mathrm{p}}^2-f_{\mathrm{s}}^2}{f_{\mathrm{p}}^2}=\frac{C_1}{C_0+C_1} \tag{2-11}$$

式中 f_{s}、f_{p} 分别是压电陶瓷振子的串联共振频率和并联共振频率；C_1、C_0 分别是压电振子的动态电容和并联钳定电容. 从上面的式子可以看出，压电振子的有效机电耦合系数与振子的相对频率带宽有关系. 另外，压电振子的有效机电耦合系数与压电材料的机电耦合系数是有区别的. 对于集中参数的振动模式，如薄圆环的径向振动模式和薄球壳的径向振动模式，其有效机电耦合系数等于材料的机电耦合系数. 对于其他的振动模式，由于振动体内存在驻波，弹性和介电能量不是均匀的耦合，因而有效机电耦合系数总是小于材料的机电耦合系数.

当材料的机电耦合系数比较小时，压电振子高次振动模式的有效机电耦合系

数按($1/i^2$)的规律减小,其中 i 是振子振动模式的阶次.振子所有振动模式的有效机电耦合系数的平方和等于材料相应振动模式的机电耦合系数的平方,即

$$k^2 = k_{\mathrm{eff}}^2(1 + 1/9 + 1/25 + \cdots) = \pi^2 k_{\mathrm{eff}}^2/8 \tag{2-12}$$

2.1.3.2 电学品质因数和介电损耗因子

压电材料作为电介质,不可能绝对地绝缘,总是存在损耗.在交变电场的作用下,压电材料所产生的电介质损耗主要是由极化弛豫和漏电引起的.由于极化弛豫现象的存在,电位移密度总是落后一个相位角 δ_e,称为介电损耗角.当需要考虑介电损耗时,可以用复数来表示压电材料的介电参数

$$\varepsilon = \varepsilon' - \mathrm{j}\varepsilon'' \tag{2-13}$$

压电材料的介电损耗可表示为介电常数的虚数部分与实数部分之比,即

$$\tan\delta_e = \varepsilon''/\varepsilon' \tag{2-14}$$

压电材料的电学品质因数为介电损耗的倒数,即

$$Q_{\mathrm{e}} = 1/\tan\delta_e = \varepsilon'/\varepsilon'' \tag{2-15}$$

在一般情况下,压电陶瓷材料的介电损耗可用一个损耗电阻来表示,而压电陶瓷材料则用一个 RC 并联电路来等效.其中 R 表示压电陶瓷振子的介电损耗阻抗,C 表示陶瓷振子的钳定电容.由此可以导出介电损耗和介电品质因数另外的表达式,即

$$\tan\delta_e = 1/(\omega CR) \tag{2-16}$$

$$Q_{\mathrm{e}} = \omega CR \tag{2-17}$$

介电损耗因子和介电损耗电阻与温度、电场强度以及交变电场的频率有关.显然,介电损耗越大,压电陶瓷材料的性能就越差,因此,介电损耗是判断压电陶瓷材料性能和选择材料的重要参数之一.通常我们可以通过低频阻抗电桥或电容电桥来测量材料的介电损耗.

2.1.3.3 机械品质因数和机械损耗因子

机械品质因数反映了压电陶瓷振子谐振时机械损耗的大小,即反映了压电体振动时因克服内磨擦而消耗的能量的多少,它是衡量压电陶瓷振子性能的又一个重要参数.其定义是

$$Q_{\mathrm{m}} = 2\pi\frac{E_s}{E_l} \tag{2-18}$$

其中 E_s 表示谐振时振子储藏的机械能量,E_l 表示谐振时每周期内损耗的机械能量.压电陶瓷振子的机械品质因数与压电振子参数之间的关系为

$$Q_{\mathrm{m}} = 2\pi f_s L_1/R_1 = 1/(2\pi f_s C_1 R_1) \tag{2-19}$$

式中 f_s、L_1、C_1、R_1 分别是压电陶瓷振子的机械共振频率,压电陶瓷振子的等效电路中机械支路的串联电感和串联电容以及机械损耗阻抗.由电路知识可知

$$Q_{\mathrm{m}} = 1/\tan\delta_{\mathrm{m}} \tag{2-20}$$

压电陶瓷的机械品质因数不仅和材料的成分和工艺有关，而且和振动模式有关．机械品质因数和机械损耗因子反映了压电材料机械损耗的大小．产生机械损耗的原因主要是材料的内磨擦，机械损耗使材料发热而消耗能量，并使材料的性能下降．发射换能器所用材料一般要求机械损耗小，即机械损耗因子小或机械品质因数大，以提高发射效率．在另外一些场合，如超声检测等应用中，希望增加带宽，因而需要机械品质因数小或机械损耗因子大的材料．

2.2 压电陶瓷振子的振动模式

压电振子在应用于谐振器、滤波器、换能器、延迟线、声光器件时，大都是通过逆压电效应来激发某种振动模式的机械振动．为了能有效地激发所需要的振动模式，对于一定晶体材料的压电振子，必须选择特定的切型以及特定的外形尺寸和激励方式；而对于压电陶瓷材料制成的振子，必须选择适当的极化方向和一定的激励方式．也就是说，不同振动模式的压电振子，其形状和边界条件一般说来是不同的，因此描述不同振动模式振子的压电方程也是不同的．

通常，为了深入了解压电振子的工作原理，分析材料物理参数与振子特征频率的关系，必须掌握各种振动模式的压电振子的压电方程．

压电振子的机械能和电能之间的相互转换（耦合）是针对一定大小和形状的振子在特定的条件下（极化方向和电场方向），借助于振子的振动来实现的．压电振子的振动方式又称为振动模式．

2.2.1 压电振子的振动模式概述

对于一个弹性体，理论上可以存在无穷多个振动模式，而对于有使用价值的压电振子，其振动模式是有限的．这些振动模式有单一的也有复合的，对于单一的振动模式，一般可以分为三类，而每一类则包含几种振动模式．

1. 伸缩振动模式

伸缩振动模式可分为横场伸缩振动模式和纵场伸缩振动模式，其中横场振动模式包括薄圆片的径向振动、薄圆环的径向振动、薄圆壳径向振动及薄长条的长度伸缩振动模式等，而纵场伸缩振动模式则包括薄片厚度伸缩振动及细长杆长度伸缩振动．

2. 剪切振动模式

包括薄方片面切变振动、方片厚度剪切振动和长杆剪切振动．

3. 弯曲振动模式

包括宽度弯曲振动、双片厚度弯曲振动、单片厚度弯曲振动及开槽环弯曲振动等．

对于前三类振动模式，都是由压电效应直接产生的基本的振动模式，而对于弯曲振动模式，是由于同时存在伸长和缩短两种形变所造成的，因此可以认为是间接产生的.

不同点群的压电晶体，其压电常数矩阵的形式及不为零的分量一般说来是不同的，因此不是每种压电材料都可以激发出上述所有的振动模式. 也不是每种振动模式都由相同切型的晶片所产生. 事实上，为了获得某种振动模式，除选择合适的晶体材料及切型外，还要设计合适的晶体尺寸和激励方式. 所以必须对不同点群的压电晶体，根据压电常数矩阵及应用需要，进行具体的模式分析. 而对于压电陶瓷材料来说，问题就比较简单一些，其振动模式主要由振子的形状、尺寸、极化方向以及激励方向来决定.

如上所述，压电陶瓷超声换能器的特点之一是容易成型，因而实际超声换能器的结构和种类繁多，这其中包括换能器的形状以及振动模式的不同等[7]. 而且为了适应不同的需要，对超声换能器的振动模式有各种不同的特殊要求，加之使用条件和安装要求的不同，因而超声换能器的品种式样非常多. 另外，针对不同的传声介质，如气体、液体、固体或软组织以及多相混合介质等，超声波的种类有纵波、横波、扭转波、弯曲波以及表面波等，而超声波的波形有平面波、球面波以及柱面波等形式.

各种振动模式的压电陶瓷振子是压电陶瓷超声换能器的基础. 当超声信号的频率处于振子的谐振频率附近时，压电陶瓷振子就会发生谐振并输出最大的电压，此时换能器的机电转换效率也是最高的，因此压电陶瓷振子具有频率选择的特点. 同一个形状的压电陶瓷振子，在不同的外加信号作用下，可呈现不同的振动模式. 例如压电陶瓷薄圆片在低频时呈现径向振动模式，在高频时呈现厚度振动模式. 薄长条压电陶瓷振子在低频时呈现长度伸缩振动模式，在中频时呈现宽度振动模式，而在高频时则呈现厚度振动模式. 表 2.3 列出了常用的压电陶瓷振子的不同振动模式及其相关性质. 有关压电陶瓷振子各种振动模式的具体分析可参见有关的文献.

表 2.3　压电陶瓷振子的振动模式及其性质

序号	振动模式	压电参数及其相互关系
1	薄片的厚度振动	$k_t^2=h_{33}^2\varepsilon_{33}^s/c_{33}^D$ $V_{33}^D=(c_{33}^D/\rho)^{\frac{1}{2}}$
2	棒的长度振动模式——电场垂直于长度	$k_{31}^2=d_{31}^2/(\varepsilon_{33}^T s_{11}^E)$ $V_1^E=(\rho s_{11}^E)^{-\frac{1}{2}}$
3	棒的长度振动模式——电场平行于长度	$k_{33}^2=d_{33}^2/(\varepsilon_{33}^T s_{33}^E)$ $V_3^D=(\rho s_{33}^D)^{-\frac{1}{2}}$

续表

序号	振动模式	压电参数及其相互关系
4	薄圆片的径向振动模式	$k_p^2=2d_{31}^2/[(1-\sigma)\varepsilon_{33}^T s_{11}^E]$ $V_p^E=[(1-\sigma^2)\rho s_{11}^E]^{-\frac{1}{2}}$
5	径向极化薄圆管的径向对称振动模式	$k_{31}=[(f_p^2-f_s^2)/f_s^2]^{\frac{1}{2}}$ $k_{31}^2=d_{31}^2/(\varepsilon_{33}^T s_{11}^E)$ $f_s=V/(\pi D)$ $V=(\rho s_{11}^E)^{-\frac{1}{2}}$
6	切向极化圆管的径向振动对称模式	$k_{33}=[(f_p^2-f_s^2)/f_s^2]^{\frac{1}{2}}$ $k_{33}^2=d_{33}^2/(\varepsilon_{33}^T s_{33}^E)$ $f_p=V^D/(\pi D)$ $V^D=(\rho s_{33}^D)^{-\frac{1}{2}}$
7	薄圆环的径向振动模式	$k_{31}=[(f_p^2-f_s^2)/f_s^2]^{\frac{1}{2}}$ $k_{31}^2=d_{31}^2/(\varepsilon_{33}^T s_{11}^E)$ $f_s=V/(2\pi r)$ $V=(\rho s_{11}^E)^{-\frac{1}{2}}$
8	切向极化压电陶瓷圆管的扭转振动模式	$k_{15}^l=g_{15}/[\tau(s_{55}^E\beta_{11}^T)^{\frac{1}{2}}]$ $\tau=(SI_p/W^2)^{\frac{1}{2}}$ $V^l=[1/(\rho s_{55}^D)]^{\frac{1}{2}}$ $S=\pi(R_2^2-R_1^2)$ $W=\iint_s r\,\mathrm{d}s=2\pi(R_2^3-R_1^3)/3$ $I_p=\iint_s r^2\,\mathrm{d}s=\pi(R_2^4-R_1^4)/2$
9	切向极化薄圆片的扭转振动模式	$k_{15}^t=h_{15}W/(SI_p c_{55}^D\beta_{11}^s)^{\frac{1}{2}}$ $\tau=(SI_p/W^2)^{\frac{1}{2}}$ $V^t=(c_{55}^D/\rho)^{\frac{1}{2}}$

根据上面的分析可以看出，压电陶瓷振子的振动模式非常多. 巧妙地利用各种压电陶瓷振子，可以构成各种工作频率范围和各种形式的超声换能器，以满足各种不同的用途需要.

压电陶瓷振子的振动可分为横效应振动和纵效应振动两种. 横效应振动模式也称为非刚度振动模式，而纵效应振动模式则称为刚度振动模式. 在纵效应振动模式中，决定弹性波传播速度的弹性刚度常数受压电效应的反作用而增大. 因此纵效应振动模式的有效弹性常数与压电常数有关.

横效应振动模式与纵效应振动模式的区分取决于陶瓷振子的激发电场和振子中弹性波的传播方向. 横效应振动时，陶瓷振子的激发电场垂直于弹性波的传播方向，因此压电陶瓷的横效应振动模式不受压电陶瓷振子的电学边界条件的约束. 在压电陶瓷振子的所有振动模式中，属于横效应振动的振动模式包括矩形压电陶瓷振子的长度伸缩和宽度伸缩振动模式以及薄圆环、薄球壳和薄圆盘的径向伸缩振动模式. 纵效应振动时，激发电场平行于弹性波的传播方向，因而纵效应振动振子的振动受压电陶瓷振子的电学边界条件的约束. 属于纵效应振动振子的振动模式包括压电陶瓷薄板的厚度振动、纵向极化细长圆棒的纵向振动模式以及薄板振子的厚度剪切振动模式等.

压电振子的振动模式分为伸缩振动、切变振动和弯曲振动三种类型. 当极化方向与电场的方向平行时，产生伸缩振动，当极化方向与电场垂直时，则产生切变振动. 伸缩振动又分为长度伸缩振动和厚度伸缩振动两种. 因此压电陶瓷振子的振动模式共有长度伸缩振动（简称为 LE)、厚度伸缩振动（简称为 TE)、平面切变振动（简称为 PS）和厚度切变振动（简称为 TS）等四种类型.

压电效应产生的弹性波，根据其传播方向与振动方向之间的关系，可分为纵波和横波两种. 当质点的振动方向和弹性波的传播方向一致时，称为纵波；当质点的振动方向和弹性波的传播方向垂直时，则称为横波. 另一方面，当弹性波的传播方向与极化轴平行时，就是上面所说的纵向效应；当弹性波的传播方向与极化轴垂直时，则称为横向效应. 弹性波与压电效应的关系如表 2.4 所示.

表 2.4　弹性波与压电效应关系

弹性波振动方向 / 弹性波极化轴方向	纵　波	横　波
纵向效应	TE d_{11}, d_{22}, d_{33}	TS d_{15}, d_{16}, d_{24}, d_{26}, d_{34}, d_{36}
横向效应	LE d_{12}, d_{13}, d_{21}, d_{23}, d_{31}, d_{32}	PS d_{14}, d_{25}, d_{36}和 TS*

* 对于厚度切变振动模式，纵向效应和横向效应可以同时存在.

对于具有两种以上激励电极的压电陶瓷振子，在极化方向与电场方向平行而施加的方式不同时，将产生弯曲振动，其振动方向与弹性波传播方向垂直的属于横波. 弯曲振动一般可分为厚度弯曲和横向弯曲两种.

关于压电陶瓷振子各种振动模式的分析，由于牵涉到机械、电学以及机电之间的相互耦合，因而可以从不同的角度加以分析. 常见的分析方法包括波动方程法以及等效电路法等. 在下面的讨论中，将结合压电陶瓷振子的机电等效电路，对几种比较重要的振动模式进行较详细的推导和分析.

2.2.2 压电陶瓷振子的伸缩振动模式

大部分压电器件的中心频率和带宽与压电陶瓷振子的谐振频率和相对带宽有关，而振子的谐振频率和相对带宽又决定于振子的尺寸、振动模式及振子材料的机电耦合系数．因此，在设计制作压电陶瓷器件时，除了选择合适的陶瓷材料以外，还需要选择合适的振动模式．在压电陶瓷超声换能器及滤波器中常用的压电陶瓷振子的形状有薄圆片、薄长片和薄圆环等几种，压电陶瓷振子常用的伸缩振动模式包括长度伸缩振动模式、径向伸缩振动模式以及厚度伸缩振动模式等，现分别介绍如下．

2.2.2.1 压电陶瓷薄长条的长度伸缩振动模式

在图 2.1 所示的薄长条压电陶瓷振子中，振子的极化方向与厚度方向平行，电极面与厚度方向垂直，压电片的两端处于机械自由状态．在外加交变电场的作用下，压电薄长条沿长度方向产生伸缩振动，振动体内各点的振动方向以及振动传播方向皆与薄长条的长度方向一致，所以是一种纵波．在基频振动下，压电片中心的振幅等于零，是波节；两端振幅最大，是波腹．因此，为了避免影响振子的振动，必须将振子固定于波节位置．当交变电压的频率等于谐振频率时，压电振子将产生谐振．其谐振频率与压电片长度的关系为

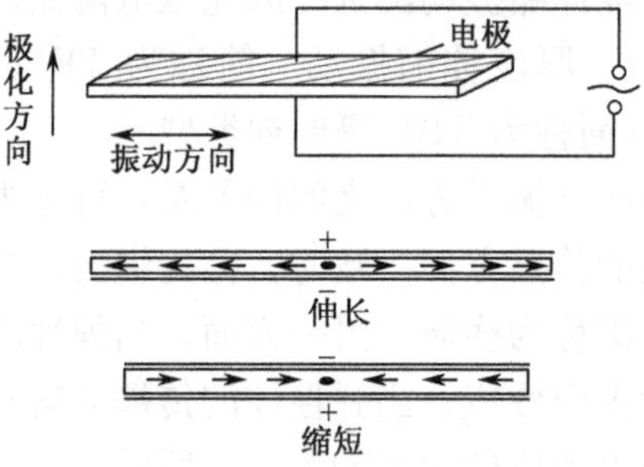

图 2.1　长度伸缩振动模式的示意图

$$f_r = \frac{1}{2l}\sqrt{\frac{1}{\rho s_{11}^E}} \qquad (2\text{-}21)$$

由此可见，长度伸缩振动模式的谐振频率与其长度成反比．片子愈长，谐振频率就愈低；片子愈短，谐振频率就愈高．但片子不能太长，太长时制造有困难；也不能太短，太短时将失去长条片的特点．

上述频率方程式是薄长条沿其长度方向的共振频率．值得指出的是，压电陶瓷薄长条也存在沿宽度及厚度方向的伸缩振动，但由于宽度和厚度都比长度小得多，因此，宽度和厚度方向的谐振频率远高于振子沿长度方向的共振频率，其相互作用很小，完全可以忽略不计．至于长度、宽度和厚度相互之间的比例关系，要根据具体材料，由实验来确定．

通常所说的振子的谐振频率，都是指一次谐振频率．然而，压电振子除了一次谐波频率外，还有高次谐波．对于全电极的压电陶瓷薄长条，只能产生奇数次高次谐波频率．所以其高次谐频与基频之间的关系为

$$f_{2n-1} = (2n-1)f_r \qquad (2\text{-}22)$$

压电陶瓷薄长条振子的长度伸缩振动的频率范围为 15～200kHz.

如果利用分割电极的方法，可使薄长片振子产生偶数次或奇数次的高次谐波. 图 2.2 所示的是能产生二次谐波和三次谐波的电极分割法.

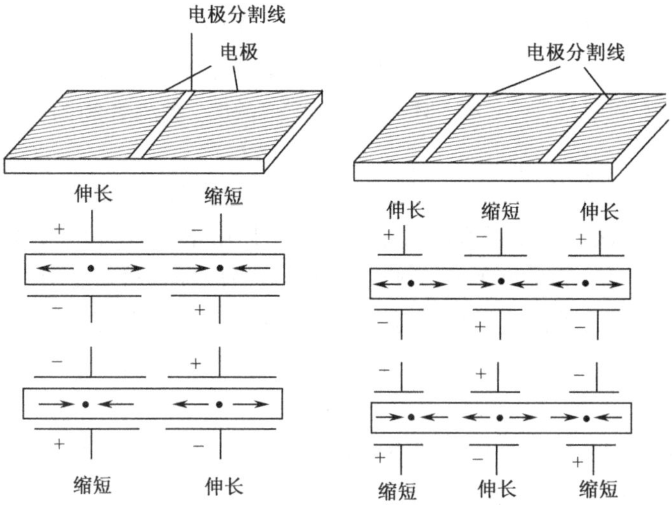

(a) 产生二次谐波的电极　　(b) 产生三次谐波的电极

图 2.2　产生高次谐波的电极分割示意图

因此，用分割电极的方法，可以用同样长度的片子得到比基波频率高数倍的谐振频率，这是用长条型振子设计较高频率的谐振器的主要途径之一.

2.2.2.2　压电陶瓷薄圆片的径向振动模式

压电陶瓷薄圆片的径向振动模式是常用的一种振动模式. 沿圆片的径向做伸缩振动称为径向振动模式. 圆片径向振子如图 2.3 所示，在振子的厚度方向极化，外加电场和极化方向平行，振子的振动方向与半径方向平行，与厚度方向垂直. 圆片中心为节点. 圆片径向振子的谐振频率与振子的直径（或半径）成反比. 谐振频率（即基波谐振频率）与直径之间的关系为

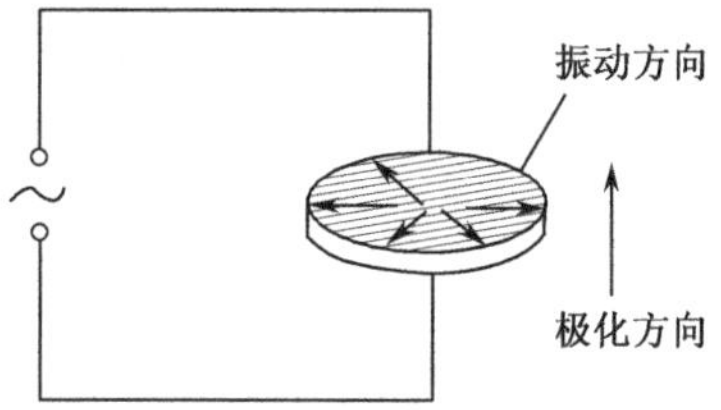

图 2.3　径向振子的示意图

$$f_r = \frac{C}{\pi D}\sqrt{\frac{1}{\rho s_{11}^{E}(1-\sigma^2)}} \tag{2-23}$$

式中 D 是压电圆片的直径，σ 是压电材料的泊松系数. C 是一个常数，由压电陶瓷振子的材料和其振动阶次决定，其关系比较复杂. 对于基频振动，泊松系数与常数

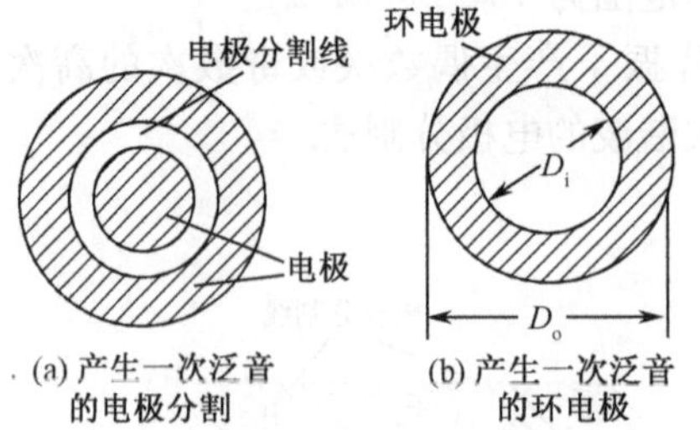

图 2.4　产生一次泛音的电极示意图

C 的关系为：当 $\sigma=0.27$，$C=2.03$；当 $\sigma=0.30$，$C=2.05$；当 $\sigma=0.36$，$C=2.08$. 压电陶瓷薄圆片径向振动模式的频率范围为 200kHz 到 1MHz.

实用上，振子的直径取为 $D=(10\sim20)t$，t 为径向振子的厚度. 径向振子的一次泛音和二次泛音约为基波的 2.5 倍和 3.7 倍左右.

一般来说，全电极径向振动的压电陶瓷薄圆片的一次和二次泛音响应很小，不能使用. 若采用环电极或将电极分割，如图 2.4 所示，可得到较好的泛音响应. 当环电极内径与外径之比 $D_i/D_o=0.3\sim0.4$ 时，对应的二次泛音有最佳响应；$D_i/D_o=0.55\sim0.65$ 时，一次泛音有最佳响应. 一般可取 $D_i=(4.5\sim12)t$. 分割电极或环电极的径向振子适用的频率范围约为 400kHz 到几 MHz.

2.2.2.3　压电陶瓷薄圆片的厚度振动模式

压电陶瓷薄圆片厚度伸缩振动模式振子的几何形状、极化和激励方式均与圆片径向振子相同，如图 2.5 所示. 圆片厚度伸缩振动模式的反谐振频率与厚度成反比，即

$$f_a=\frac{n}{2t}\sqrt{\frac{c_{33}^D}{\rho}},\quad n=1,3,5\cdots \tag{2-24}$$

由于压电陶瓷薄圆片的厚度可以做的很薄，所以厚度伸缩振动模式可以达到很高的频率，其频率范围为 3MHz 到几十 MHz.

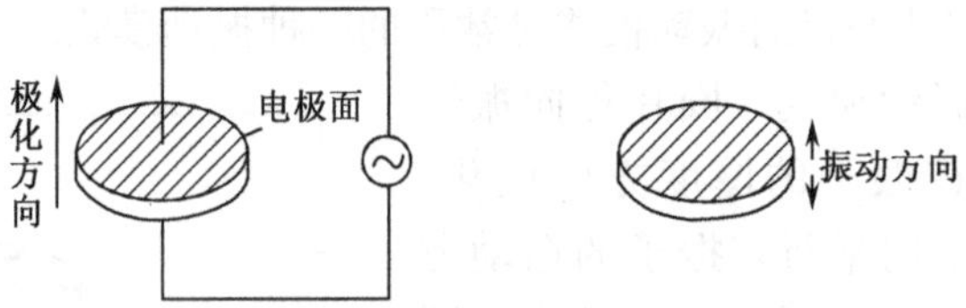

图 2.5　厚度伸缩振动模式示意图

此外，这种振子还可以同时激起径向振动基波和泛音，为了避免径向振动的高次泛音对厚度振动基波的干扰，必须合理调整振子的尺寸. 当振子的直径 D 和厚度 t 之比大于 20 时，可得到较好的厚度基波响应.

2.2.3　压电陶瓷振子的厚度剪切振动模式

在高频方面，除了用厚度伸缩振动模式以外，还可采用厚度剪切振动模式. 厚度切变振动模式的特点是电极面与极化方向平行. 在交变电场作用下，陶瓷片

产生如图 2.6 所示的厚度切变振动. 从图中看出，极化为 3 方向，外加电场为 1 方向（厚度方向），振动时 A_2 面产生切变，振动方向与 3 方向平行，而波的传播方向则与 1 方向平行，是横波.

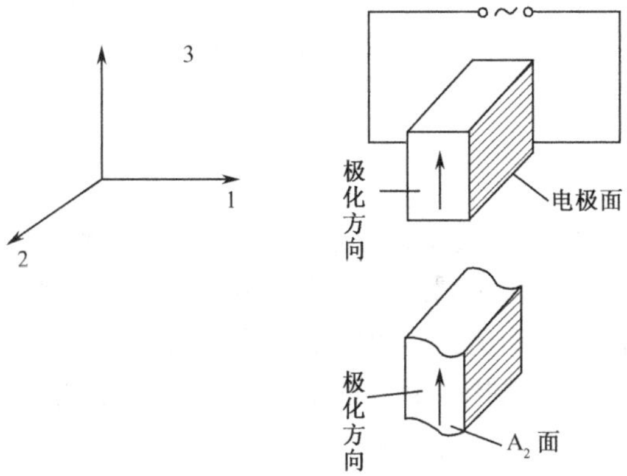

图 2.6　厚度切变振动模式的示意图

厚度切变振动又可分为两类：一是如上所述沿振子长度或宽度方向极化，沿厚度方向施加激励电场，波的传播方向垂直于极化方向（即厚度方向），这类的切变波称为 TS_1；另一类是沿厚度方向极化，而沿宽度或长度方向施加电场，波的传播方向和极化方向平行（即厚度方向），这类切变波称为 TS_2. 厚度切变振动的反共振频率与厚度之间的关系为

$$f_a = \frac{1}{2t}\sqrt{\frac{1}{\rho s_{55}^{D}}} \tag{2-25}$$

2.2.4　压电陶瓷振子的弯曲振动模式

如图 2.7 所示，把两个厚度相同、背有电极的陶瓷片黏结在一起，可以产生弯曲振动. 被黏结的上下两个陶瓷片的极化方向相反时，应以串联方式（串联型振子）接入电源. 上下两个陶瓷片的极化方向相同时，应以并联方式（并联型振子）接入电源.

对于串联型振子，当上电极为正，下电极为负时，通过逆压电效应，上片伸

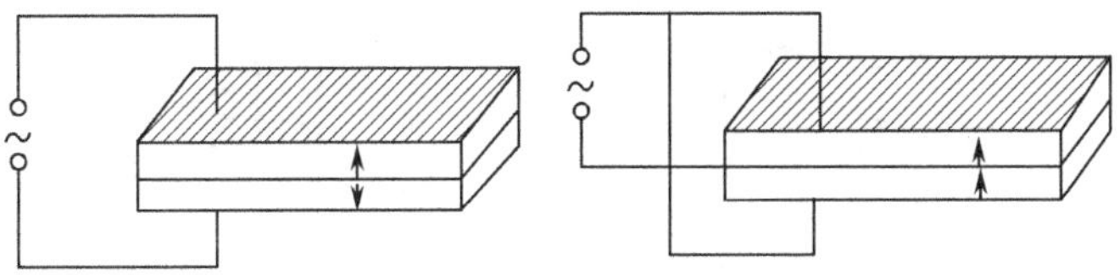

(a) 串联型振子　　(b) 并联型振子

图 2.7　串、并联型厚度弯曲振子

长，下片缩短，产生凸形弯曲形变；当上电极为负，下电极为正时，上片缩短，下片伸长，产生凹形弯曲形变；当外加电压为交变电压时，产生弯曲振动.

压电陶瓷振子的弯曲振动模式可分为厚度弯曲振动和宽度弯曲振动两种. 将两片厚度相同而极化方向相反的压电陶瓷长条黏合在一起，当把交变电场施加到黏合片上时，将产生厚度方向的弯曲振动，其谐振频率与黏合片的长度和厚度之间的关系为

$$f_r = B\frac{t}{l^2} \tag{2-26}$$

式中系数 B 与材料的性质有关系，可通过实验测定. 此外，还可用两个极性相反的压电陶瓷片黏合在一薄金属片上，或者用一个陶瓷片黏合在一薄金属片上来产生厚度方向的弯曲振动. 值得指出的是，薄金属片和黏合剂对弯曲振动元件的性能影响很大，必须正确选择. 通常都采用高稳定性的镍铬钛合金材料作为振子的薄金属片. 除了用黏合片的方法来产生厚度方向的弯曲振动以外，还可用分割电极的方法使单个压电陶瓷片产生宽度方向的弯曲振动. 具体方法如下：经过极化处理以后的压电陶瓷薄长条，沿电极面的中线将电极面分成两部分. 这样就相当于两个沿宽度方向黏合的片子一样. 当分割电极面上的电场符号相反时，上半片伸长（或缩短），下半片则缩短（或伸长），从而产生沿宽度方向的弯曲振动. 这种宽度弯曲振动模式与厚度弯曲振动模式相似.

2.2.5 压电振子的能陷振动模式

如上所述，利用压电陶瓷振子的厚度伸缩或厚度剪切振动模式可以产生频率高达数十 MHz 的陶瓷振子，然而，实验发现这种方法的缺陷是杂波干扰很大，这些杂波主要来自于振子纵向或径向振动的高次振动模式. 消除振子杂波干扰的方法主要有两种，一是调整振子的尺寸大小，例如，对于圆形压电陶瓷振子，径向振动的频率与圆片的直径成比例，而厚度振动的频率则与振子的厚度成比例. 增大振子的直径与厚度的比值，可以减小径向振动对厚度振动模式的影响；或者合理选择振子的直径和厚度，从而设计振动模式较纯的振子. 二是采用所谓的能陷振动模式，也称为能量封闭振动模式. 能陷振动模式实际上就是一种厚度伸缩

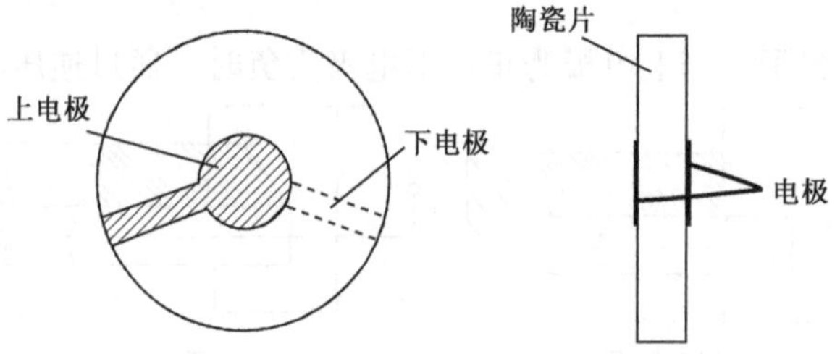

图 2.8　能陷振子示意图

或厚度剪切振动模式，只不过其电极面积远小于振子的实际面积，因此能陷振子也称为点振子. 能陷振动模式振子（简称能陷振子）如图 2.8 所示，能陷振子的振动能量主要限制在振子电极区域之内，其能量分布见图 2.9.

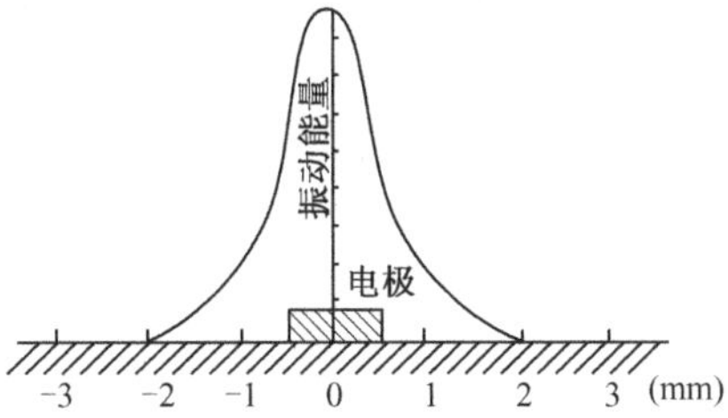

图 2.9 能陷振子的能量分布

由于振动能量在电极外部能很快地损耗掉，因而不会出现与轮廓振动的高次泛音以及与轮廓振动耦合而产生的假响应，从而使振子得到良好的厚度振动响应. 能陷振动模式在高频滤波器中得到了广泛的应用.

能陷振动模式振子的相对带宽，仍由陶瓷材料的机电耦合系数决定. 振子的谐振频率和陶瓷片的厚度、电极的半径以及电极质量负荷有关. 通过改变陶瓷片的厚度、电极大小和电极厚度可以改变谐振频率.

2.3 压电陶瓷振子的谐振特性

利用压电陶瓷的压电效应，可以设计制成各种用途的压电器件，其中最主要的机理就是利用压电陶瓷片的谐振特性. 由于压电陶瓷片是一个弹性体，因此存在谐振频率. 当外界作用的频率（例如强迫力的频率）等于谐振频率时，压电陶瓷片就产生机械谐振，谐振时振子的振幅最大，弹性能量也最大. 另一方面，由于压电陶瓷片具有压电效应，因此可以采用输入电信号的方法，通过逆压电效应，使压电陶瓷片产生机械谐振，而陶瓷片的机械谐振，又可以通过正压电效应而输出电信号.

将一个经过极化处理过的压电陶瓷圆片按照图 2.10(a)所示的线路连接. 当信号发生器的频率从低频慢慢地向高频方向变化时，我们可以发现，通过压电陶瓷振子的电流随着输入信号的频率变化而变化，其变化规律的示意图如图 2.10(b)所示. 从图中可以看出，当信号频率为某一值时，通过压电陶瓷振子的传输

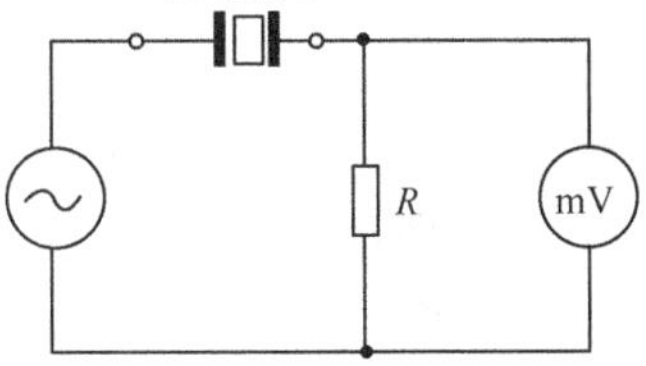

(a) 线路示意图

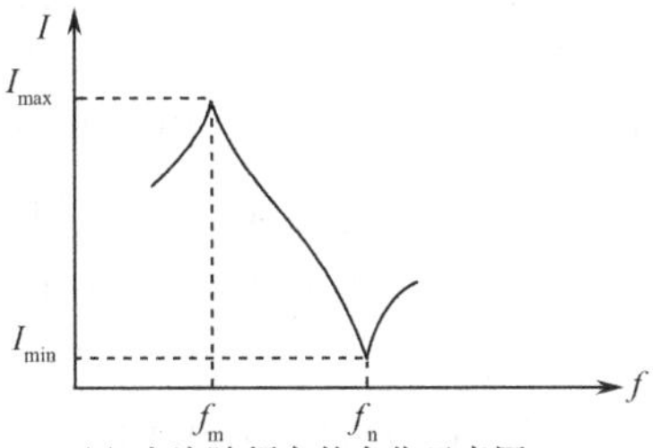

(b) 电流随频率的变化示意图

图 2.10 压电陶瓷振子的电流-频率关系曲线图

电流出现最大值，而当信号频率变到另一个频率时，传输电流出现最小值. 图2.10(b)所示的曲线，就是通过压电陶瓷振子的电流随着频率的变化而变化的关系曲线. 对于由压电陶瓷制成的其他类型的压电陶瓷振子，其情况也完全类似.

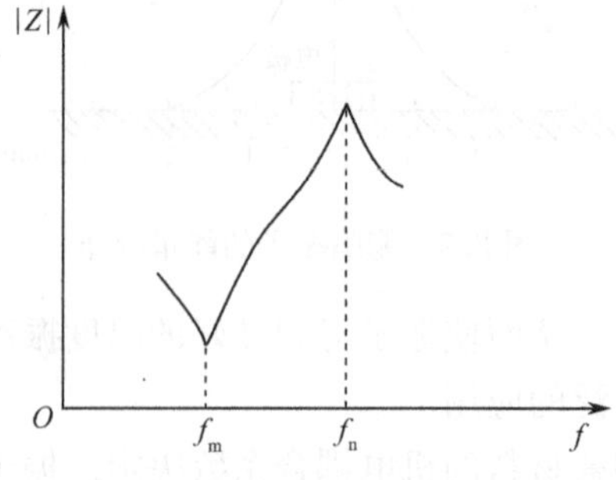

图 2.11 压电陶瓷振子的阻抗特性曲线示意图

流经压电陶瓷振子的电流随频率而变化的事实，表明压电陶瓷振子的等效阻抗随频率而变化，如图 2.11 所示，图中的$|Z|$代表压电振子等效阻抗的绝对值. 当信号频率等于 f_m 时，通过压电陶瓷振子的电流最大，即其等效阻抗最小，导纳最大；当信号频率等于 f_n 时，通过压电振子的电流最小，即其等效阻抗最大，导纳最小. 因此我们通常把 f_m 称为最大导纳频率（即最大传输频率）或最小阻抗频率；而把 f_n 称为最小导纳频率（即最小传输频率）或最大阻抗频率.

如果我们继续提高信号源的信号频率，还可以有规律的出现一系列的电流次最大值和次最小值，这些频率分别对应压电陶瓷振子的其他振动模式的谐振频率以及压电陶瓷振子的高次振动模式谐振频率. 通常用得最多的是压电陶瓷振子的基波振动频率.

根据谐振理论，压电陶瓷振子在最小阻抗频率 f_m 附近，存在一个使信号电压与电流同相位的频率，这个频率就是压电陶瓷振子的谐振频率；同样，在最大阻抗频率 f_n 附近，存在另一个使信号电压与电流同相位的频率，这个频率称为压电陶瓷振子的反谐振频率. 只有当压电陶瓷振子的机械损耗等于零时，振子的最小阻抗频率等于其谐振频率，而最大阻抗频率等于其反谐振频率. 同样对于振子的其他振动模式以及高次振动模式，也存在同样的规律.

2.4 压电陶瓷振子的动态特性及其集中参数等效电路

根据高频交流电路理论，压电陶瓷振子的等效阻抗随频率而变化的曲线（图2.11）与 LC 串并联谐振回路的阻抗特性完全相似，也就是说在谐振频率附近，LC 串并联谐振回路的阻抗特性与压电陶瓷振子的等效阻抗特性和谐振特性一致. 因此压电陶瓷振子在谐振时的机电特性可由图 2.12 所示的 LC 串并联回路表示. 在图 2.12 中，L_1、C_1、R_1 分别称为压电陶瓷振子的等效电感、等效电容和等效电阻，C_0 称为压电陶瓷振子的静态电容，也称为振子的钳定电容. 下面分几种情况对压电陶瓷振子的特性

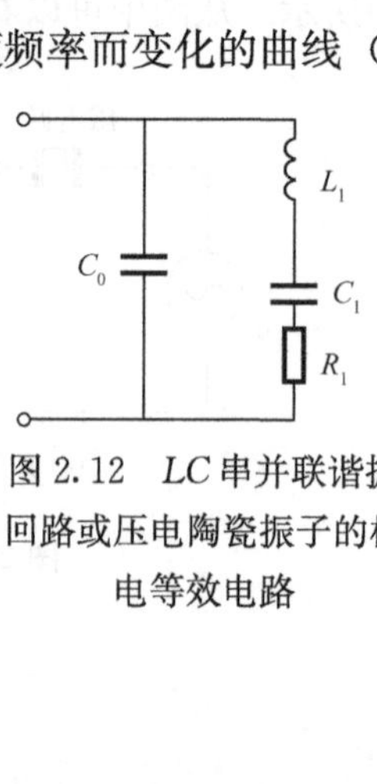

图 2.12 LC 串并联谐振回路或压电陶瓷振子的机电等效电路

加以分析.

2.4.1 压电陶瓷振子的等效电阻 $R_1=0$ 的情况

当压电陶瓷振子的机械损耗等于零时，振子的等效电阻等于零. 此时振子的输入阻抗与频率的关系式为

$$Z=\frac{2\pi fL_1-1/2\pi fC_1}{2\pi fC_0(2\pi fL_1-1/2\pi C_0-1/2\pi fC_1)} \tag{2-27}$$

由上式可以得出振子的最小和最大阻抗频率分别为

$$f_m=\frac{1}{2\pi\sqrt{L_1C_1}} \tag{2-28}$$

$$f_n=\frac{1}{2\pi\sqrt{L_1\left(\frac{C_0C_1}{C_0+C_1}\right)}} \tag{2-29}$$

另外，根据交流电路的理论，当信号的频率等于 $f_s=\frac{1}{2\pi\sqrt{L_1C_1}}$，$LC$ 回路出现串联谐振现象，因此 f_s 称为串联谐振频率. 当信号的频率等于 $f_p=\frac{1}{2\pi\sqrt{L_1\left(\frac{C_0C_1}{C_0+C_1}\right)}}$时，$LC$ 回路出现并联谐振现象，因此 f_p 称为并联谐振频率. 可以看出，当压电陶瓷振子的机械损耗等于零时，最小阻抗频率等于串联谐振频率，而最大阻抗频率等于并联谐振频率. 至此，我们已经接触到了压电陶瓷振子的六个特征频率，即谐振和反谐振频率（f_r、f_a），串联和并联谐振频率（f_s、f_p），以及最大导纳（或最小阻抗）和最小导纳（最大阻抗）频率（f_m、f_n）. 在这六个频率中，只有最大导纳和最小导纳频率以及谐振和反谐振频率可以直接测出. 然而，当压电陶瓷振子的机械损耗等于零时，最大导纳频率、串联谐振频率和谐振频率相重合，振子的最小导纳频率、并联谐振频率和反谐振频率相重合.

2.4.2 压电陶瓷振子的等效电阻 $R_1\neq0$ 的情况

当压电陶瓷振子的机械损耗不等于零时，振子的等效电阻 R_1 也不等于零. 在此情况下，压电陶瓷振子的等效电路中阻抗与频率的关系比较复杂. 由于机械损耗的影响，最大导纳频率、谐振频率和串联谐振频率不再相等，最小导纳频率、反谐振频率和并联谐振频率也不再相等. 它们之间的关系为

$$f_m\approx f_s\left(1-\frac{1}{2M^2\gamma}\right) \tag{2-30}$$

$$f_n\approx f_p\left(1+\frac{1}{2M^2\gamma}\right) \tag{2-31}$$

$$f_r \approx f_s\left(1+\frac{1}{2M^2\gamma}\right) \tag{2-32}$$

$$f_a \approx f_p\left(1-\frac{1}{2M^2\gamma}\right) \tag{2-33}$$

其中 $M=\frac{Q_m}{\gamma}=\frac{1}{2\pi f_s C_0 R_1}$ 称为压电陶瓷振子的优值；Q_m 是压电陶瓷振子的机械品质因数，$\gamma=\frac{C_0}{C_1}$ 称为电容比. 由上述各式可以看出，压电陶瓷振子的机械损耗越大，频率的差别越大. 压电陶瓷振子的六个特征频率之间存在如下的关系

$$f_m < f_s < f_r, \qquad f_a < f_p < f_n$$

2.5 压电陶瓷振子的导纳和阻抗特性

假定压电陶瓷振子的总导纳为 Y，并联支路和串联支路的导纳分别为 Y_0 和 Y_1. 如果不考虑压电振子的介电损耗，由图 2.12 可得

$$Y_0 = \mathrm{j}\omega C_0 \tag{2-34}$$

$$Y_1 = g_1 + \mathrm{j}b_1 \tag{2-35}$$

$$Y = Y_0 + Y_1 = g_1 + \mathrm{j}(b_1 + \omega C_0) = G + \mathrm{j}B \tag{2-36}$$

式中 g_1、b_1 和 G、B 分别是压电陶瓷振子的动态电导、动态电纳以及总电导和总电纳. g_1 和 b_1 分别为

$$g_1 = \frac{R_1}{R_1^2+\left(\omega L_1-\frac{1}{\omega C_1}\right)^2}, \quad b_1 = \frac{-\left(\omega L_1-\frac{1}{\omega C_1}\right)}{R_1^2+\left(\omega L_1-\frac{1}{\omega C_1}\right)^2}$$

对上述两式进一步整理可得如下关系

$$\left(g_1-\frac{1}{2R_1}\right)^2 + b_1^2 = \left(\frac{1}{2R_1}\right)^2 \tag{2-37}$$

很显然，上式代表一个标准的圆方程，其圆心在 $(1/2R_1, 0)$ 点，半径为 $1/2R_1$. 这就证明压电陶瓷振子串联支路的导纳矢量终端在复数平面上的轨迹是一个圆. 另一方面，假定并联支路的导纳 $Y_0=\mathrm{j}\omega C_0$ 的矢量终端在串联谐振频率附近的变化 $\mathrm{j}C_0\Delta\omega$ 很小，则可以近似地把 Y_0 看成是一个不随频率而变化的常数. 于是把 Y_1 在复数平面上的轨迹圆沿纵轴平移 $C_0\omega$，即可得到压电陶瓷振子导纳 Y 的矢量终端的轨迹圆，一般称为导纳圆. 当我们不考虑压电振子的介电损耗时，所得到的导纳圆如图 2.13(a)所示. 如果考虑压电陶瓷振子介电损耗的影响，即在压电陶瓷振子的等效电路中增加一个与静态电容相并联的电阻 R_0，压电振子的导纳圆应沿横轴平移 $1/R_0$.

当 $\omega<\omega_s$ 时，$b_1>0$，而当 $\omega>\omega_s$，$b_1<0$. 因此，压电振子的导纳矢量终端随频率的变化轨迹是沿顺时针方向变化的. 上述讨论只有在导纳圆的直径 $1/R_1$ 远大于

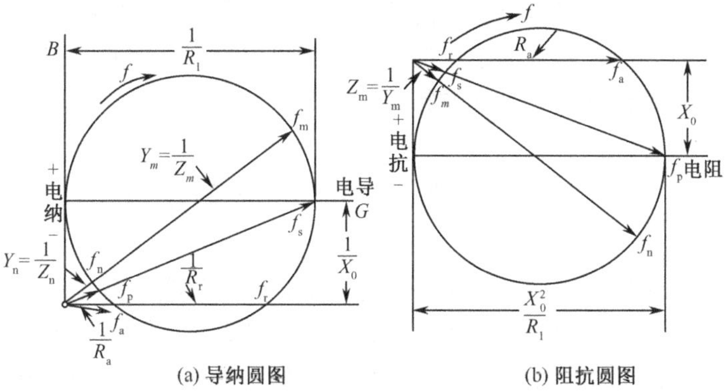

图 2.13　压电陶瓷振子的导纳圆和阻抗圆图

谐振范围内 $C_0\omega$ 的变化时才是正确的. 如果不满足这一条件，压电振子的导纳曲线形状将变得更加复杂，具有蔓延曲线的特征. 对于压电振子的阻抗曲线，同样可以得到如图 2.13(b)所示的阻抗圆图.

测量压电陶瓷振子或超声换能器的阻抗或导纳对频率的特性时要求压电陶瓷振子处于自由场条件下，因此被测换能器应置于消声室(或消声水槽)内[8]. 使用阻抗分析仪或阻抗电桥进行逐点测量. 惠普公司生产的阻抗分析仪系列，包括 HP4192A、HP4194 以及 HP4294A 等阻抗分析设备对于换能器的阻抗特性测试极为方便.

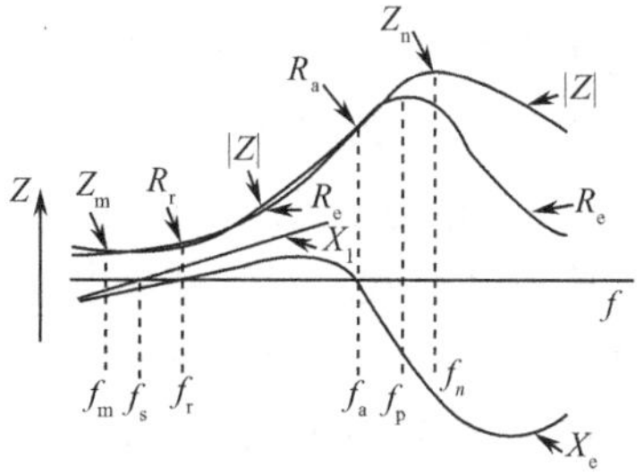

图 2.14　压电陶瓷振子等效电路的阻抗模值 $|Z|$ 和它的电阻性分量 R_e、电抗性分量 X_e、及其串联支路的电抗 X_1 与频率之间的关系曲线

为了确定压电陶瓷振子的各个特征频率，图 2.14 给出了压电陶瓷振子等效电路的阻抗模值 $|Z|$ 和它的电阻性分量 R_e、电抗性分量 X_e 及其串联支路的电抗 X_1 与频率之间的关系. 由图 2.14 可以确定压电振子的特征频率以及压电陶瓷振子的阻抗与频率之间的解析关系

$$Z=\frac{\mathrm{j}}{\omega C_0}\frac{\Omega-\mathrm{j}\delta}{1-\Omega+\mathrm{j}\delta} \tag{2-38}$$

式中 $\Omega=\dfrac{\omega^2-\omega_s^2}{\omega_p^2-\omega_s^2}=\dfrac{f^2-f_s^2}{f_p^2-f_s^2}$，$\delta=\omega C_0R_1=2\pi fC_0R_1$，$\Omega$ 和 δ 分别称为归一化的频率因子和归一化的阻尼因子，都是无量纲的物理量.

在串联谐振频率时，压电陶瓷振子串联支路的总阻抗很小，其工作状态近似处于一种电学短路状态，因此串联谐振频率是压电陶瓷振子在零电场条件下的一个驻波频率. 在并联谐振频率时，压电振子的串联支路和并联支路的阻抗大小相等、符号相反，因而流经压电振子的总电流等于零，故它的阻抗达到最大值．因此在并联谐振时，压电陶瓷振子上的电荷保持恒定不变，即并联谐振频率是压电陶瓷振子在开路条件下的一个驻波频率．

2.6 压电陶瓷振子的等效电路

在声学研究领域，人们经常用到电力声类比．所谓类比就是利用各种不同的物理现象存在的普遍规律以及数学上描述的相似性，将一种不熟悉的物理系统等效为另一种较熟悉的物理系统，并用人们熟知的理论加以分析和研究的方法．在超声换能器研究领域，主要是通过力电类比，将力学振动系统转化为理论上较熟悉的电路系统．压电陶瓷振子的等效电路表示法，是利用电学网络术语来表示压电弹性体的机械振动特性，以及把某些力学量模拟为电学量的方法．这样，一方面可以把所研究的问题简化，另一方面，当我们把压电陶瓷振子置于电子线路中时，为了了解压电陶瓷振子的发射和接收特性，也必须利用这种机电转换的方法．

为了适应各种不同的用途，压电陶瓷振子的等效电路有各种各样的形式，其中最简单的形式如图 2.12 所示．它是由 L_1、C_1、R_1 串联支路（即力学支路）和 C_0 并联支路构成的．值得注意的是，这个等效电路只有在单一模式的串联谐振频率附近才有效．对于高机电耦合的压电陶瓷振子来说，由于其串联谐振频率与并联谐振频率之间的频率间隔比较大，如果要求这个等效电路在较宽的频率范围内保持一定的精确度，是有困难的．在这种情况下，可以利用更复杂的压电振子的等效电路．图 2.12 所示的等效电路是集中参数形式的等效电路．对于压电振子的某些较为复杂的振动模式，压电振子属于一种分布参数振动系统，此时，应该采用传输线型的精确等效电路来描述压电振子的振动和电学特性．

2.6.1 压电陶瓷振子的梅森等效电路

1948 年，梅森（M. P. Mason）通过压电方程、波动方程以及力学边界条件，推导出联系压电振子端面上的力学量与电学量之间的数学关系式，并据此得出了一个描述压电振子机电特性的六端等效网络．由于其广泛的实用性和简明的物理意义，梅森等效电路至今仍在广泛应用．图 2.15 是一个沿厚度方向极化的压电陶瓷薄片做厚度振动时的梅森等效电路．图中各个量的物理意义可参见有关的书籍．

2.6.2 压电陶瓷振子的克里姆霍尔兹等效电路

此类等效电路是由克里姆霍尔兹等人在梅森等效电路的基础上提出的．沿厚

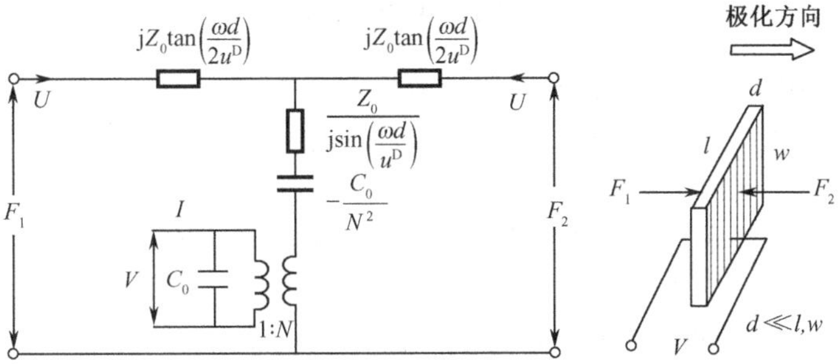

图 2.15　压电陶瓷薄圆片厚度振动的梅森机电等效电路

度方向极化的压电陶瓷薄片做厚度振动时的克里姆霍尔兹等效电路见图 2.16 所示. 在此类等效电路中，压电陶瓷晶片的电特性用集中参数来表示，而力学部分的特性则用传输线方式表示. 这样，当压电陶瓷元件两端面附加有电极层、匹配层以及粘结层等多层结构时，在等效电路上，可把这些附加层也作为声学传输线与陶瓷元件的传输线依次连接起来，并运用声学传输线的理论对换能器的整体性能加以分析. 显然，压电陶瓷振子的克里姆霍尔兹等效电路表示法对多层结构的压电换能器尤为实用和方便.

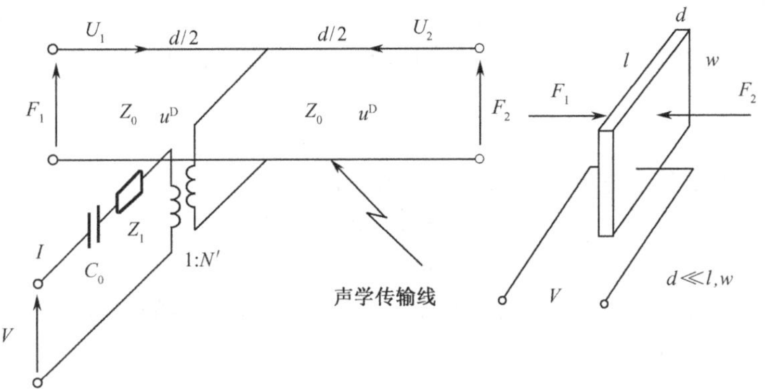

图 2.16　压电陶瓷振子的克里姆霍尔兹等效电路

压电陶瓷振子的机电等效电路对于分析换能器的机电特性是非常方便的. 等效电路分析法已经成为研究超声换能器的常用方法[9,10]. 由于等效电路就如同一般的线性网络，因而容易被一般的读者所理解和接受. 如上所述，压电陶瓷振子的振动模式非常多，每一种振动模式陶瓷振子的机电等效电路既有相似之处，又有各自不同的特点. 下面将对一些常用的压电陶瓷振子的机电等效电路加以分析.

2.6.3 压电陶瓷振子常用振动模式的机电等效电路

2.6.3.1 压电陶瓷薄圆环的径向对称振动模式

压电陶瓷振子的这种振动模式是所有压电陶瓷振子中两种具有集中参数等效电路的振子之一. 另外一种集中参数振动系统是压电陶瓷薄球壳的球对称振动模式. 这两种振动系统和理想化的弹簧与质量构成的系统相似，系统以相同的振速振动.

设压电陶瓷薄圆环的平均半径为 a，宽度为 w，厚度为 t，振子的尺寸满足关系 a 远大于 w，t. 电极加在振子的内外表面或上下表面，并用所加电极进行极化. 令极化方向为轴向，用 3 表示，圆环的周向用 1 表示，径向用 2 表示，则压电陶瓷薄圆环的压电方程可简化为

$$\begin{aligned} S_1 &= s_{11}^E T_1 + d_{31} E_3 \\ D_3 &= d_{31} T_1 + \varepsilon_{33}^T E_3 \end{aligned} \tag{2-39}$$

振子的运动方程为

$$\frac{\partial^2 \xi}{\partial t^2} + \frac{1}{a^2 \rho s_{11}^E} \xi = \frac{d_{31}}{a \rho s_{11}^E} E_3 \tag{2-40}$$

式中 ξ 是振子径向的位移，ρ 是密度. 当没有电场激励，圆环自由振动时的共振频率为 $\omega_0 = c/a$，其中 $c = \sqrt{1/\rho s_{11}^E}$，是纵波声速，相应的波长为 $\lambda = 2\pi a$. 当压电陶瓷圆环在外加电场的激励下产生稳态振动时，波动方程的稳态解是

$$\xi = \frac{d_{31} E_3}{a \rho s_{11}^E (\omega_0^2 - \omega^2)}$$

结合波动方程以及上述解，可以得出振子的导纳为

$$Y = \mathrm{j}\omega \frac{2\pi a w}{t} \left[\frac{k_{31}^2 \varepsilon_{33}^T \omega_0^2}{\omega_0^2 - \omega^2} + \varepsilon_{33}^T (1 - k_{31}^2) \right] \tag{2-41}$$

式中 $k_{31}^2 = d_{31}^2 / s_{11}^E \varepsilon_{33}^T$，$k_{31}$ 为横向机电耦合系数. 由振子导纳的具体表达式，当 $Y \to \infty$，可得振子的共振频率为

$$\omega_r^2 = \omega_0^2 = \frac{1}{a^2 \rho s_{11}^E} \tag{2-42}$$

当导纳 $Y \to 0$，可得振子的反共振频率为

$$\omega_a^2 = \frac{\omega_r^2}{1 - k_{31}^2} \tag{2-43}$$

利用实验测得的压电陶瓷振子的共振和反共振频率，可以得出其机电耦合系数

$$k_{31}^2 = 1 - \frac{f_r^2}{f_a^2} \tag{2-44}$$

$\omega \to 0$ 时，$Y = \mathrm{j}\omega C^T$，$C^T = 2\pi a w \varepsilon_{33}^T / t$ 称为自由电容. 由此电容可得出振子材料的自由介电常数. 当 $\omega \to \infty$时，$Y = \mathrm{j}\omega C_0$，$C_0 = (1 - k_{31}^2) C^T$ 称为并联电容、静态电容或钳

定电容. 由上述各式可得出振子导纳的另一表达式为

$$Y = \mathrm{j}\omega C_0 + \frac{\mathrm{j}\omega C_1 \omega_0^2}{\omega_0^2 - \omega^2} \tag{2-45}$$

式中 $C_1 = k_{31}^2 C^T$ 为动态电容. 由此可以得出空载压电陶瓷薄圆环振子径向对称模式振动的等效电路如图 2.17(a)所示,其中动态电感和动态电容的表达式为

$$C_1 = k_{31}^2 C^T = \frac{a s_{11}^E}{2\pi w t}\left(\frac{2\pi w d_{31}}{s_{11}^E}\right)^2$$

$$L_1 = \frac{1}{\omega_0^2 L_1} = 2\pi a t w \rho \left(\frac{s_{11}^E}{2\pi w d_{31}}\right)^2$$

由此可得其机电等效电路如图 2.17(b)所示,图中 $C_m = \frac{a s_{11}^E}{2\pi w t}$ 是机械柔顺性,$M = 2\pi a t w \rho$ 是圆环的总质量,$n = \frac{2\pi w d_{31}}{s_{11}^E}$ 是机电转换系数.

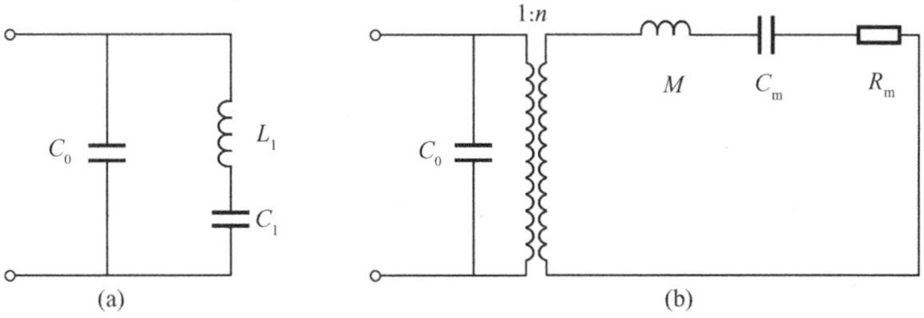

图 2.17 压电陶瓷薄圆环径向振动的等效电路和机电等效电路图

在图 2.17(b)中,R_m 是机械损耗阻抗. 如果考虑圆环的负载,则负载的机械阻抗应串联连接于等效电路的机械端.

2.6.3.2 压电陶瓷细长棒的扭转振动

假设一压电陶瓷细长棒沿切向极化,其高度及半径分别为 l 和 a. 为满足一维理论的要求,必须满足 $l \gg a$,实际上要求振子的横向尺寸远小于扭转振动的波长,在极坐标下,振子的极化方向沿着 θ 方向,即切向,而激发电场则沿着 z 轴,即高度方向. 因为电场沿着 z 轴方向,故 $E_z \neq 0, D_z \neq 0$,而 $E_r = E_\theta = 0$ 以及 $D_r = D_\theta = 0$. 另外,由于棒的横向尺寸远小于波长,而高度可和波长相比,因此,对于棒的纯扭转振动,有以下关系

$$T_{\theta z} \neq 0, \quad T_r = T_\theta = T_z = T_{rz} = T_{r\theta} = 0 \tag{2-46}$$

此时,以电位移及应力作为独立变量,可得以下形式的压电方程,即 g 型压电方程

$$S_{\theta z} = s_{55}^D T_{\theta z} + g_{15} D_z \tag{2-47}$$

$$E_z = -g_{15} T_{\theta z} + \beta_{11}^T D_z \tag{2-48}$$

式中 $T_{\theta z}$ 为切应力,D_z 为电位移分量,s_{55}^D 为恒电位移时的弹性柔顺常数,g_{15} 为压电电压常数,β_{11}^T 为自由介电隔离率,$S_{\theta z}$ 为切应变,它与棒的扭转角 φ 之间的关系为

$$S_{\theta z}=r\left(\frac{\partial \varphi}{\partial z}\right) \tag{2-49}$$

1. 扭转振动的机械方程式

由式(2-47) 可得切应力 $T_{\theta z}$ 为

$$T_{\theta z}=\frac{(S_{\theta z}-g_{15}D_z)}{s_{55}^D} \tag{2-50}$$

由此可得棒中的扭转力矩 M 为

$$M=\iint_s T_{\theta z}\cdot r\mathrm{d}s \tag{2-51}$$

式中 s 表示棒的横截面积，把式(2-49)及式(2-50)代入式(2-51)积分后可得

$$M=\frac{I_{\mathrm{p}}\left(\frac{\partial \varphi}{\partial z}\right)}{s_{55}^D}-\frac{g_{15}D_zW}{s_{55}^D} \tag{2-52}$$

式中 $I_{\mathrm{p}}=\iint_s r^2\mathrm{d}s$ 称为棒的极惯性矩，$W=\iint_s r\mathrm{d}s$. 另外，根据棒的力矩平衡条件，可得以下运动方程

$$\left(\frac{\partial M}{\partial z}\right)\mathrm{d}z=\Theta\left(\frac{\partial^2\varphi}{\partial t^2}\right) \tag{2-53}$$

式中 $\Theta=\iint_s r^2\mathrm{d}m=\iint_s r^2\rho\mathrm{d}s\mathrm{d}z=\rho\mathrm{d}zI_{\mathrm{p}}$ 为惯量矩. 利用上述各式，考虑到 $\partial D_z/\partial z=0$，可得

$$\frac{\partial^2\varphi}{\partial z^2}=\rho s_{55}^D\left(\frac{\partial^2\varphi}{\partial t^2}\right) \tag{2-54}$$

令 $c_t=[1/(s_{55}^D\rho)]^{1/2}$ 称为棒中扭转振动传播速度，可得

$$\frac{\partial^2\varphi}{\partial z^2}=\frac{\left(\frac{\partial^2\varphi}{\partial t^2}\right)}{c_t^2} \tag{2-55}$$

上式是压电陶瓷细长棒中扭转振动的波动方程.

2. 电路状态方程式

把 $T_{\theta z}$ 的表达式代入式(2-48)可得

$$E_z=\frac{-g_{15}(S_{\theta z}-g_{15}D_z)}{s_{55}^D}+\beta_{11}^TD_z=\frac{-g_{15}S_{\theta z}}{s_{55}^D}+\left(\frac{g_{15}^2}{s_{55}^D}+\beta_{11}^T\right)D_z \tag{2-56}$$

令 $\bar{\beta}_{11}^T=g_{15}^2/s_{55}^D+\beta_{11}^T$，上式化为

$$E_z=\frac{-g_{15}S_{\theta z}}{s_{55}^D}+\bar{\beta}_{11}^TD_z \tag{2-57}$$

把上式乘以 r，然后沿棒的横截面取积分，利用 $S_{\theta z}$ 的表达式(2-49)，可得

$$E_z=\frac{-\left(\frac{\partial\varphi}{\partial z}\right)g_{15}I_{\mathrm{p}}}{(s_{55}^DW)}+\bar{\beta}_{11}^TD_z \tag{2-58}$$

利用上式,可得振子两电极间的电压 V 为

$$V=\int_0^l E_z \mathrm{d}z=\frac{-g_{15}I_\mathrm{p}}{(s_{55}^D W)}\int_0^l\left(\frac{\partial\varphi}{\partial z}\right)\mathrm{d}z+\bar{\beta}_{11}^T D_z l \tag{2-59}$$

令 φ_1 和 φ_2 分别为振子两端的扭转角,即

$$\int_0^l\left(\frac{\partial\varphi}{\partial z}\right)\mathrm{d}z=-(\varphi_2+\varphi_1) \tag{2-60}$$

代入式(2-59)可得

$$V=\frac{g_{15}I_\mathrm{p}}{(s_{55}^D W)}(\varphi_1+\varphi_2)+\beta_{11}^T D_z l \tag{2-61}$$

令 I 为流过振子的电流,可得

$$I=\frac{\mathrm{d}Q}{\mathrm{d}t}=\mathrm{j}\omega Q=\mathrm{j}\omega D_z s \tag{2-62}$$

式中 Q 代表电量,s 为振子的横截面积. 由上式求出 D_z 代入式(2-61)可得

$$V=\frac{g_{15}I_\mathrm{p}}{(s_{55}^D W)}(\varphi_1+\varphi_2)+\frac{\beta_{11}^T lI}{(\mathrm{j}\omega s)} \tag{2-63}$$

由此可得

$$I=\mathrm{j}\omega C_0 V-n(\dot{\varphi}_1+\dot{\varphi}_2) \tag{2-64}$$

式中 $\dot{\varphi}_1=\mathrm{j}\omega\varphi_1$,$\dot{\varphi}_2=\mathrm{j}\omega\varphi_2$,$\dot{\varphi}_1$ 和 $\dot{\varphi}_2$ 为振子两端面的扭转角速度,$C_0=s/(\bar{\beta}_{11}^T l)$ 称为扭转振动压电陶瓷细棒的一维截止电容,$n=g_{15}I_\mathrm{p}s/(s_{55}^D W\beta_{11}^T l)$ 称为机电转换系数.

3. 机电等效电路图

令扭转角 $\varphi=\Phi(z)\exp(\mathrm{j}\omega t)$,$\Phi(z)$ 仅为位置的函数,代入运动方程(2-55)可得

$$\frac{\mathrm{d}^2\Phi(z)}{\mathrm{d}z^2}+k_t^2\Phi(z) \tag{2-65}$$

式中 $k_t=\omega/c_t$ 称为扭转波波数. 由上式的解可得扭转角 φ 的表达式为

$$\varphi=[A\sin(k_t z)+B\cos(k_t z)]\exp(\mathrm{j}\omega t) \tag{2-66}$$

式中 A,B 为待定常数,可由振子的边界条件决定. 令 φ_1 和 φ_2 为振子两端的扭转角,即

$$\varphi|_{z=0}=\varphi_1,\quad \varphi|_{z=l}=-\varphi_2 \tag{2-67}$$

把式(2-66)代入式(2-67)可得待定常数 A 和 B

$$A = \frac{-[\varphi_2 + \varphi_1 \cos k_t l]\exp(\mathrm{j}\omega t)}{\sin(k_t l)}, \quad B = \varphi_1 \exp(-\mathrm{j}\omega t) \tag{2-68}$$

把式(2-68)代入式(2-66)可得扭转角分布函数为

$$\varphi = \frac{\{\varphi_1 \sin[k_t(l-z)] - \varphi_2 \sin(k_t z)\}}{\sin(k_t l)} \tag{2-69}$$

把式(2-69)代入式(2-52)可得扭矩 M 的分布函数

$$M = -\left(\frac{I_{\mathrm{p}} k_t}{s_{55}^D}\right)\frac{\{\varphi_1 \cos[k_t(l-z)] + \varphi_2 \cos(k_t z)\}}{\sin(k_t l)} - \frac{g_{15} D_z W}{s_{55}^D} \tag{2-70}$$

令 M_1 和 M_2 分别为振子两端面的扭矩，即

$$M|_{z=0} = -M_1, \quad M|_{z=l} = -M_2 \tag{2-71}$$

把式(2-70)代入式(2-71)可得

$$M_1 = \frac{\left(\frac{I_{\mathrm{p}} k_t}{s_{55}^D}\right)[\varphi_1 \cos(k_t l) + \varphi_2]}{\sin(k_t l)} + \frac{g_{15} D_z W}{s_{55}^D} \tag{2-72}$$

$$M_2 = \frac{\left(\frac{I_{\mathrm{p}} k_t}{s_{55}^D}\right)[\varphi_1 + \varphi_2 \cos(k_t l)]}{\sin(k_t l)} + \frac{g_{15} D_z W}{s_{55}^D} \tag{2-73}$$

为了简化下面的推导，把式(2-72)、式(2-73)乘以 $I_{\mathrm{p}} s/W^2$，可得

$$M_1' = \frac{\left(\frac{I_{\mathrm{p}}^2 s k_t}{s_{55}^D W^2}\right)[\varphi_1 \cos(k_t l) + \varphi_2]}{\sin(k_t l)} + \frac{g_{15} D_z I_{\mathrm{p}} s}{(s_{55}^D W)} \tag{2-74}$$

$$M_2' = \frac{\left(\frac{I_{\mathrm{p}}^2 s k_t}{s_{55}^D W^2}\right)[\varphi_1 + \varphi_2 \cos(k_t l)]}{\sin(k_t l)} + \frac{g_{15} D_z I_{\mathrm{p}} s}{(s_{55}^D W)} \tag{2-75}$$

式中 $M_1' = M_1 I_{\mathrm{p}} s/W^2$，$M_2' = M_2 I_{\mathrm{p}} s/W^2$，两者为等效扭矩，另外，把电路状态方程式(2-63)乘以 n 可得

$$nV = \frac{g_{15} I_{\mathrm{p}}}{(s_{55}^D W)}(\varphi_1 + \varphi_2)n + nl\beta_{11}^T D_z \tag{2-76}$$

由 n 的表达式可得

$$\frac{g_{15} I_{\mathrm{p}}}{(s_{55}^D W)} = \frac{n\beta_{11}^T l}{s} \tag{2-77}$$

把上式及 n 的表达式代入式(2-77)可得

$$nV = \frac{(\varphi_1 + \varphi_2)n^2 \beta_{11}^T l}{s} + \frac{g_{15} I_{\mathrm{p}} s D_z}{(s_{55}^D W)} \tag{2-78}$$

利用 C_0 的表达式，上式可化为

$$nV = \frac{(\dot{\varphi}_1 + \dot{\varphi}_2)n^2}{(j\omega C_0)} + \frac{g_{15} I_p s D_z}{(s_{55}^D W)} \tag{2-79}$$

由上式解出 $g_{15} I_p s D_z/(s_{55}^D W)$，代入式(2-74)、(2-75)可得

$$M'_1 = \frac{\left(\dfrac{I_p^2 s k_t}{s_{55}^D W^2}\right)\cdot[\varphi_1 \cos(k_t l) + \varphi_2]}{\sin(k_t l)} + nV - \frac{(\dot{\varphi}_1 + \dot{\varphi}_2)n^2}{(j\omega C_0)} \tag{2-80}$$

$$M'_2 = \frac{\left(\dfrac{I_p^2 s k_t}{s_{55}^D W^2}\right)\cdot[\varphi_1 + \varphi_2 \cos(k_t l)]}{\sin(k_t l)} + nV - \frac{(\dot{\varphi}_1 + \dot{\varphi}_2)n^2}{(j\omega C_0)} \tag{2-81}$$

令 $Z'_t = Z_t I_p s/W^2$，$Z_t = \rho c_t I_p$，Z_t 称为细棒扭转振动的特性声阻抗，Z'_t称为等效特性声阻抗，上述二式可化为

$$M'_1 = \left\{\frac{Z'_t}{[j\sin(k_t l)]} - \frac{n^2}{(j\omega C_0)}\right\}(\dot{\varphi}_1 + \dot{\varphi}_2) + jZ'_t \tan\left(\frac{k_t l}{2}\right)\dot{\varphi}_1 + nV \tag{2-82}$$

$$M'_2 = \left\{\frac{Z'_t}{[j\sin(k_t l)]} - \frac{n^2}{(j\omega C_0)}\right\}(\dot{\varphi}_1 + \dot{\varphi}_2) + jZ'_t \tan\left(\frac{k_t l}{2}\right)\dot{\varphi}_2 + nV \tag{2-83}$$

利用式(2-64)、式(2-82)、式(2-83)三式，可以得出切向极化压电陶瓷细长棒扭转振动的机电等效电路图，如图 2.18 所示，其中 $Z_1 = Z_2 = jZ'_t \tan(k_t l/2)$，$Z_3 = Z'_t/[j\sin(k_t l)]$. 可以看出，图 2.18 与轴向极化压电陶瓷细棒纵向振动的等效电路是类似的，不同之处在于图中各量的数学表达式及物理意义不同. 另外，我们可以看出，在上面的分析及推导中，等效扭矩及等效特性声阻抗中都包含一个共同的量，即$I_p s/W^2$. 根据上面关于 I_p 及 W 的定义，可以看出，该量仅与棒的截面形状及尺寸有关系. 令 $\tau = (I_p s/W^2)^{1/2}$ 称为截面扭转系数，很显然，对于实心圆截面棒，$\tau = 9/8$；对于空心圆截面棒

$$\tau = \frac{[9(a_1^2 + a_2^2)(a_1 + a_2)^2]}{[8(a_1^2 + a_1 a_2 + a_2^2)^2]}$$

利用截面扭转系数的定义，上文引入的等效扭矩及特性声阻抗可分别表示为，$M'_1 = M_1 \tau$，$M'_2 = M_2 \tau$，$Z'_t = Z_t \tau$.

4. 切向极化压电陶瓷细棒扭转振动的频率方程

由图 2.18 可以得出扭转振动压电陶瓷细棒的输入电阻抗 Z_i

$$Z_i = \frac{1}{j\omega c_0}\left[(1 - k_{15}^1)^2 \frac{\tan\left(\dfrac{k_t l}{2}\right)}{\dfrac{k_t l}{2}}\right] \tag{2-84}$$

式中 $k_{15}^1 = g_{15}/(s_{55}^D \bar{\beta}_{11}^T)^{1/2}$称为切向极化压电陶瓷细棒扭转振动的机电耦合系数，简称为长度剪切机电耦合系数，利用压电陶瓷常数之间的关系，即 $\beta_{11}^T = 1/\varepsilon_{11}^T$，$s_{55}^E = s_{44}^E$，$s_{55}^D = s_{44}^D$，$s_{55}^E - s_{55}^D = d_{15}^2 \cdot \varepsilon_{11}^T$，由上文得出的 $\bar{\beta}_{11}^T$ 的表示式可得，$\bar{\beta}_{11}^T \cdot s_{55}^D = \beta_{11}^T s_{55}^E$，因此 k_{15}^1 可进一步表示为 $k_{15}^1 = g_{15}/(s_{55}^E \beta_{11}^T)^{1/2}$，由式(2-84)就可得出振子的频率方程.

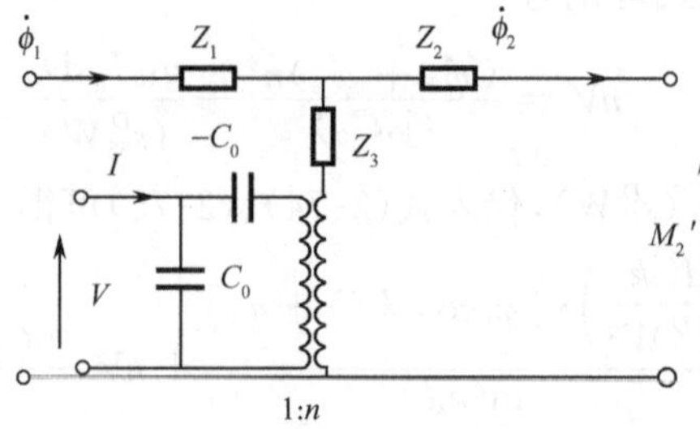

图 2.18　切向极化压电陶瓷细棒扭转振动的机电等效图

令 $Z_{\mathrm{i}}=0$ 可得共振频率方程

$$1-(k'_{15})^2\tan\left(\frac{k_1 l}{2}\right)\Big/\left(\frac{k_1 l}{2}\right)=0 \tag{2-85}$$

令 $Z_{\mathrm{i}}=\infty$ 可得反共振频率方程

$$\tan\left(\frac{k_t l}{2}\right)=\infty \tag{2-86}$$

由上述分析可以看出，切向极化压电陶瓷细棒的扭转振动是一种纵效应振动，即刚度振动模式，因此，振子的一些参数，例如传播速度，共振频率方程等都与振子的压电常数以及电学边界条件有关. 然而，切向极化压电陶瓷细棒中的扭转振动是一种横波，但属于纵效应振动，即刚度振动模式，因为振动的传播方向垂直于质点的振动方向，但平行于外加电场方向. 另外，以上理论属于一维理论，它要求振子的横向尺寸必须远小于振子的扭转波波长.

2.6.3.3　压电陶瓷薄圆片的厚度剪切振动

令压电陶瓷薄圆片振子的半径及厚度分别为 a 和 l，极化方向沿圆周的切向，即 θ 方向，电极涂在振子的上下两主平面上，工作时振子的外加激励电场方向沿着 z 轴，如图 2.19 所示，其中箭头所示方向表示振子的极化方向. 对于压电陶瓷薄圆片的厚度剪切振动，由于横向尺寸即振子的半径 a 远大于其厚度 l，而厚度与剪切波波长可相比拟，因此，可以只考虑沿厚度方向的传播波，而把振子的横向看成是刚性受夹的，故只有应变分量 $S_{\theta z}\neq0$，而其他应变分量都等于零. 另外，由于假定振子材料是绝缘的，没有漏泄电流，同时忽略边缘效应，因此有 $D_r=D_\theta=0, D_z\neq0$，$\frac{\partial D_z}{\partial z}=0$，当选择应变 S 及电位移 D 作为自变量时，可得以下压电方程

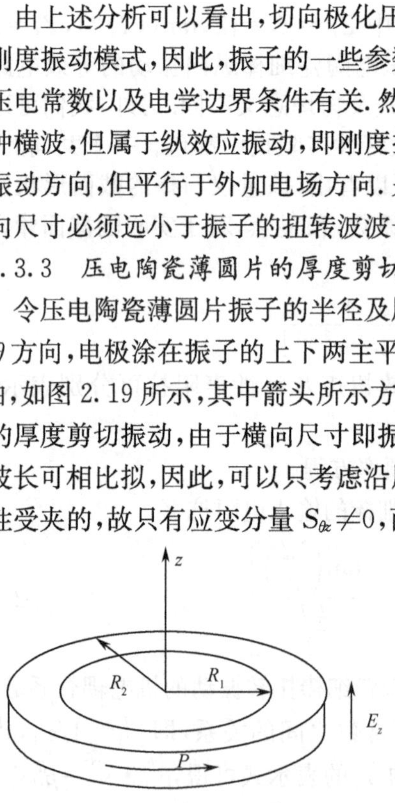

图 2.19　切向极化压电陶瓷薄圆环

$$T_{\theta z}=C_{55}^D S_{\theta z}-h_{15}D_z \tag{2-87}$$

$$E_z=-h_{15}S_{\theta z}+\beta_{11}^s D_z \tag{2-88}$$

式中 $T_{\theta z}$ 及 $S_{\theta z}$ 为切向应力及应变；D_z 及 E_z 为电位移及电场强度的轴向分量，C_{55}^D 为恒电位移下的弹性刚度常数；h_{15} 是压电劲度常数；β_{11}^s 为恒应变下的介电隔离率. 令 φ 为压电陶瓷剪切振动的扭转角，在薄圆片的条件下，扭转角 φ 与切应变 $S_{\theta z}$ 的关系为

$$S_{\theta z} = r\frac{\partial \varphi}{\partial z} \tag{2-89}$$

式中 r 表示振子中任一点的半径. 由于压电陶瓷振子的振动由电路及机械运动两部分决定，因此下面分别进行研究.

1. 振子的机械运动方程式

振子振动时，其内部任一横截面处的扭矩 M 由下式决定

$$M = \iint_s T_{\theta z} \cdot r\mathrm{d}s \tag{2-90}$$

式中 s 表示压电陶瓷片振子的横截面积，把式(2-87)代入式(2-90)，利用 $S_{\theta z}$ 的表达式(2-89)积分后，可得

$$M = C_{55}^D I_\mathrm{p}\frac{\partial \varphi}{\partial z} - h_{15}D_z W \tag{2-91}$$

式中 $I_\mathrm{p} = \iint_s r^2\mathrm{d}s$ 称为振子的截面极惯性矩；$W = \iint_s r\mathrm{d}s$. 对于振子内部厚为 $\mathrm{d}z$ 的任一微分元，其力矩平衡方程为

$$\frac{\partial M}{\partial z}\mathrm{d}z = \Theta\frac{\partial^2 \varphi}{\partial t^2} \tag{2-92}$$

式中 $\Theta = \iint_s r^2\mathrm{d}m = \iint_s r^2\rho\mathrm{d}z \cdot \mathrm{d}s = I_\mathrm{p}\rho\mathrm{d}z$ 为振子内厚为 $\mathrm{d}z$ 部分的转动惯量. 把式(2-91)代入式(2-92)，利用$\partial D_z/\partial z=0$，可得振子的运动方程为

$$\frac{\partial^2 \varphi}{\partial z^2} = \frac{1}{C_t^2}\frac{\partial^2 \varphi}{\partial t^2} \tag{2-93}$$

式中 $C_t=(C_{55}^D/\rho)^{1/2}$ 为压电陶瓷薄圆片中的剪切波的传播速度，也就是扭转波的传播速度. 对于简谐振动，令 $\varphi=\phi(z)\mathrm{e}^{\mathrm{j}\omega t}$，代入式(2-93)可得

$$\frac{\mathrm{d}^2\phi(z)}{\mathrm{d}z^2} + k_t^2\phi(z) = 0 \tag{2-94}$$

式中 $k_t=\omega/C_t$ 为剪切波波数. 由式(2-94)的解可得压电陶瓷薄片振子扭转振动的扭转角分布为

$$\varphi = (A\sin k_t z + B\cos k_t z)\mathrm{e}^{\mathrm{j}\omega t} \tag{2-95}$$

式中 A、B 为待定常数，可由振子的边界条件决定，令 φ_1 及 φ_2 为振子两端面的扭转角，由此可得以下边界条件

$$\varphi|_{z=0} = \varphi_1, \quad \varphi|_{z=l} = -\varphi_2 \tag{2-96}$$

把式(2-95)代入式(2-96)可得待定常数 A 和 B 为

$$A = -\frac{\varphi_2 + \varphi_1 \cos k_t l}{\sin k_t l} e^{-j\omega t}, \quad B = \varphi_1 e^{-j\omega t} \tag{2-97}$$

把式(2-97)代入式(2-95)可得扭转角 φ 的分布规律为

$$\varphi = \frac{\varphi_1 \sin k_t (l - z) - \varphi_2 \sin k_t z}{\sin k_t l} \tag{2-98}$$

把式(2-98)代入式(2-91)可得扭矩 M 的分布函数为

$$M = -C_{55}^D I_p k_t \frac{\varphi_1 \cos k_t (l - z) + \varphi_2 \cos k_t z}{\sin k_t l} - h_{15} D_z W \tag{2-99}$$

令 M_1 和 M_2 分别为振子两端面的外加力矩，即

$$M|_{z=0} = -M_1, \quad M|_{z=l} = -M_2 \tag{2-100}$$

把式(2-99)代入式(2-100)可得以下运动方程

$$M_1 = C_{55}^D I_p k_t \frac{\varphi_1 \cos k_t l + \varphi_2}{\sin k_t l} + h_{15} D_z W \tag{2-101}$$

$$M_2 = C_{55}^D I_p k_t \frac{\varphi_1 + \varphi_2 \cos k_t l}{\sin k_t l} + h_{15} D_z W \tag{2-102}$$

2. 压电陶瓷薄圆片振子的电路状态方程式

把式(2-88)两边沿振子的横截面取面积分可得

$$\iint_s E_z \, ds = -\iint_s h_{15} S_{\theta z} \, ds + \iint_s \beta_{11}^s D_z \, ds \tag{2-103}$$

把 $S_{\theta z} = r\,\partial\varphi/\partial z$ 代入上式积分后可得

$$E_z = -h_{15} \frac{W}{S} \frac{\partial \varphi}{\partial z} + \beta_{11}^s D_z \tag{2-104}$$

式中 S 为振动的横截面积. 由式(2-104)可得振子两端的电压 V 为

$$V = \int_0^l E_z \, dz = -h_{15} \frac{W}{S} \int_0^l \frac{\partial \varphi}{\partial z} dz + \beta_{11}^s D_z l \tag{2-105}$$

因为振子两端面的扭转角分别为 φ_1 和 φ_2，故

$$\int_0^l \frac{\partial \varphi}{\partial z} dz = -\varphi_2 - \varphi_1 \tag{2-106}$$

把式(2-106)代入式(2-105)可得

$$V = h_{15} \frac{W}{S} (\varphi_1 + \varphi_2) + \beta_{11}^s D_z l \tag{2-107}$$

令流过振子的电流为 I，它与电荷量 Q、电位移 D_z 之间的关系为

$$I = \frac{dQ}{dt} = j\omega Q = j\omega D_z S \tag{2-108}$$

由式(2-108)求出 D_z 后代入式(2-107)可得

$$V = h_{15}\frac{W}{S}(\varphi_1+\varphi_2)+\beta^s_{11}l\frac{1}{\mathrm{j}\omega S} \tag{2-109}$$

利用式(2-109)解出电流 I 可得

$$I = \mathrm{j}\omega C_0 V - n(\dot{\varphi}_1+\dot{\varphi}_z) \tag{2-110}$$

式中 $\dot{\varphi}_1=\mathrm{j}\omega\varphi_1$，$\dot{\varphi}_2=\mathrm{j}\omega\varphi_2$，$\dot{\varphi}_1$ 和 $\dot{\varphi}_2$ 为振子两端面的扭转角速度，$C_0=S/\beta^s_{11}l$ 为振子厚度剪切振动的截止电容；$n=h_{15}W/\beta^s_{11}l$ 为振子厚度剪切振动模式的机电转换系数.式(2-110)就是振子的电路状态方程式.

3. 振子的机电等效图

把式(2-107)的两边乘以机电转换系数 n 可得

$$nV=(\varphi_1+\varphi_2)h_{15}\frac{W}{S}n+\beta^s_{11}D_z nl \tag{2-111}$$

由 n 的表达式可得

$$h_{15}W=\beta^s_{11}nl \tag{2-112}$$

把 n 的表达式及式(2-112)代入式(2-111)可得

$$nV=(\dot{\varphi}_1+\dot{\varphi}_2)\frac{n^2}{\mathrm{j}\omega C_0}+D_z h_{15}W \tag{2-113}$$

由式(2-113)可得

$$D_z h_{15}W=nW-(\dot{\varphi}_1+\dot{\varphi}_2)\frac{n^2}{\mathrm{j}\omega C_0} \tag{2-114}$$

把式(2-114)代入运动方程式(2-101)、式(2-102)可得

$$M=C^D_{55}I_\mathrm{p}k_t\frac{\varphi_1\cos k_t l+\varphi_2}{\sin k_t l}+nV-(\dot{\varphi}_1+\dot{\varphi}_2)\frac{n^2}{\mathrm{j}\omega C_0} \tag{2-115}$$

$$M_2=C^D_{55}I_\mathrm{p}k_t\frac{\varphi_1+\varphi_2\cos k_t l}{\sin k_t l}+nV-(\dot{\varphi}_1+\dot{\varphi}_2)\frac{n^2}{\mathrm{j}\omega C_0} \tag{2-116}$$

利用 $C_t^2=C^D_{55}/\rho$，可得，$C^D_{55}I_\rho k_t=\rho I_\mathrm{p}C_t\omega$，令 $Z_t=\rho I_\mathrm{p}C_t$，称为压电陶瓷薄圆片振子厚度剪切振动或扭转振动的特性声阻抗，可把式(2-115)和式(2-116)化为

$$M_1=\left(\frac{Z_t}{\mathrm{j}\sin k_t l}-\frac{n^2}{\mathrm{j}\omega C_0}\right)(\dot{\varphi}_1+\dot{\varphi}_2)+\mathrm{j}Z_t\tan\frac{k_t l}{2}\cdot\dot{\varphi}_1+nV \tag{2-117}$$

$$M_1=\left(\frac{Z_t}{\mathrm{j}\sin k_t l}-\frac{n^2}{\mathrm{j}\omega C_0}\right)(\dot{\varphi}_1+\dot{\varphi}_2)+\mathrm{j}Z_t\tan\frac{k_t l}{2}\cdot\dot{\varphi}_2+nV \tag{2-118}$$

利用式(2-110)、式(2-117)及式(2-118)三式可得压电陶瓷圆片振子厚度剪切振动的机电等效图，见图 2.20，其中 $Z_1=\mathrm{j}Z_t\tan k_t l/2$；$Z_2=Z_t/\mathrm{j}\sin k_t l$，很显然，图 2.20 与压电陶瓷细棒纵向振动的机电等效图、薄片厚度伸缩以及矩形薄片的厚度剪切振动的机电等效图是类似的.由此可以看出，压电陶瓷薄圆片的厚度剪切振动模式是一种刚度振动模式，即纵效应振动，因为振子激发电场的方向平行于剪切波的传播方向.另外，由于剪切波的传播方向垂直于质点的振动方向(切向)，故振子中的

波动是一种横波.

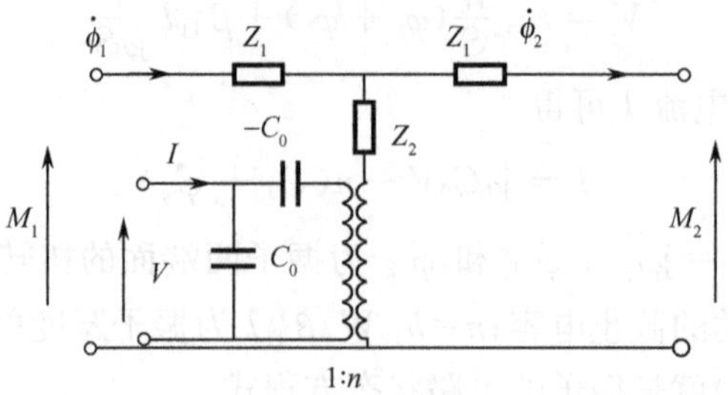

图 2.20 压电陶瓷圆片振子厚度剪切振动的机电等效图

4. 压电陶瓷薄圆片振子厚度剪切振动的频率方程

当振子的两端不受外加力矩作用时,即振子自由振动时,外加力矩 M_1 及 M_2 等于零. 此时,由图 2.20 可得振子的输入电阻抗 Z_i 为

$$Z_i=\frac{1}{j\omega C_0}\left[1-(k_{15}^t)^2\frac{\tan\frac{k_t l}{2}}{\frac{k_t l}{2}}\right] \tag{2-119}$$

式中 $k_{15}^t=\dfrac{h_{15}W}{\sqrt{\beta_{11}^s S I_p c_{55}^D}}$为压电陶瓷薄圆片振子厚度剪切振动的机电耦合系数. 令 $\tau=\dfrac{I_p S}{W^2}$为振子的截面扭转系数,很显然,该系数仅与振子的截面形状及尺寸有关. 由 I_p 及 W 的定义式,对于实心圆片 $\tau=\dfrac{9}{8}$;对于内外半径分别为 a_1 和 a_2 的空心圆片,$\tau=\dfrac{9(a_1+a_2)^2(a_1^2+a_2^2)}{8(a_1^2+a_1a_2+a_2^2)^2}$,由 τ 的定义式可把机电耦合系数 k_{15}^t 化为

$$k_{15}^t=\frac{h_{15}}{\sqrt{\beta_{11}^s c_{55}^D\tau}} \tag{2-120}$$

由式(2-119)可得振子的频率方程. 当 $Z_i=0$ 时,振子的共振频率方程为

$$1-(k_{15}^t)^2\frac{\tan\frac{k_t l}{2}}{\frac{k_t l}{2}}=0 \tag{2-121}$$

当 $Z_i=\infty$时,振子的反共振频率方程为

$$\tan\frac{k_t l}{2}=\infty \tag{2-122}$$

由上述分析可以看出，由于振子的厚度剪切振动模式是一种刚度振动模式，因此其传播速度，共振频率方程等都与振子的电学边界条件以及压电常数有关. 如果压电陶瓷振子的机电耦合系数 k_{15}^{t} 比较小，即压电效应较弱，作为一种近似，可把振子的共振及反共振频率近似看为相等的. 很显然，压电陶瓷薄圆片振子的厚度剪切振动即扭转振动是一种刚度振动模式，即纵效应振动，而传播的是一种横波；以上理论适用于压电陶瓷薄圆片，即要求振子的半径远大于其厚度.

由于压电陶瓷振子的振动模式很多，鉴于篇幅所限，不能一一叙述，相关内容可参见一些有关压电学和换能器的书籍.

第3章 磁致伸缩超声换能器

除了压电超声换能器以外，在功率超声和水声领域，磁致伸缩换能器也是应用较多的一种大功率换能器．它特别适合在适度高的频率范围内产生高强度超声．尽管在许多领域，磁致伸缩换能器已被压电换能器所取代，然而由于磁致伸缩换能器具有结构简单、耐机械冲击和电冲击能力强，因此在一些环境比较恶劣的情况下，其仍有一定的应用空间．

磁致伸缩换能器是基于某些铁磁材料及铁氧体陶瓷材料所具有的磁致伸缩效应而制成的一种机声转换器件．传统的磁致伸缩材料包括金属磁致伸缩材料如镍、铝铁合金、铁钴钒合金、铁钴合金以及铁氧体材料等．与压电超声换能器相比，由传统的磁致伸缩材料制成的磁致伸缩换能器的应用范围已经很小，造成这种情况的原因在于磁致伸缩换能器的机电转换效率较低，而且其激励电路较复杂．然而随着材料科学技术的发展以及稀土超磁致伸缩等材料的研制成功，磁致伸缩换能器又受到了一定的重视．预计将来不久，利用稀土超磁致伸缩等材料制成的大功率换能器将在水声及超声技术中获得大规模应用．

3.1　磁致伸缩材料

有些磁性材料具有一些特殊的性能．当把它们放入磁场中时，便产生应力或应变；或者当受到外界应力或应变时，在其中会产生磁场．具有这种特性的材料就称为磁致伸缩材料．在功率超声领域，常用的磁致伸缩材料有纯镍、铝铁合金、铁钴钒合金以及铁钴合金等．铁氧体材料也是磁致伸缩材料，它属于陶瓷材料类，其性质随陶瓷混合物的成分而定．铁氧体材料一般是由氧化镍、三氧化二铁以及氧化锌等，按照不同的比例组成的．铁氧体类磁致伸缩材料的最大特点是具有很高的电阻率，因此涡流损耗较小．另外，一些金属或合金也是磁致伸缩材料，如铁、钴、蒙乃尔合金等．常用的磁致伸缩材料可分为两大类：一类是金属磁致伸缩材料，另一类是铁氧体磁致伸缩材料．金属磁致伸缩材料主要有以下几种．

(1) 退火镍．这是一种贵重金属，经退火处理以后含镍可达99.9%，可做成极薄的薄片，具有很强的抗腐蚀性能，主要应用于水声和大功率超声领域．

(2) 铝铁合金，又称为α合金．它是由13%的铝和87%的铁所组成的合金，可辗成0.2～0.25mm的薄片代替退火镍使用．其冶炼和辗压工艺较复杂．与退火镍相比，其饱和磁感应强度高，饱和磁致伸缩系数接近，但抗腐蚀性能不如纯镍，另外其起始磁导率较高，电阻率也较高.

(3) 镍铁合金，又称为坡莫合金. 它是的由 45%的镍和 55%的铁所组成的合金. 通常被冷轧成薄带或薄片，具有较高的起始磁导率.

(4) 铁钴合金，又称为坡明德合金. 它是由 49%的钴、49%的铁和 2%的钒所组成的合金. 脆性较大，易断裂，容易被腐蚀.

(5) 镍钴合金. 它是由 95.5%的镍和 4.5%的钴所组成的合金，其居里点较高，约在 410℃，极限辐射功率极高，可达 $100W/cm^2$.

(6) 稀土元素与铁的二元合金，如 $TbFe_2$. 在室温下，其饱和磁致伸缩应变和应力比镍大 50～60 倍，可用来制作大功率声源. 仅从其性能来看，它有可能代替大功率压电陶瓷换能器.

常用的铁氧体磁致伸缩材料有以下几种：

① 镍锌铁氧体. 适用于制作水声中的水听器.

② 镍铜钴铁氧体，适合用来制作中功率高效率的超声辐射器.

③ 镍锌钴铁合金，适合用来制作中功率高灵敏度的换能器.

与压电陶瓷材料有所不同，磁致伸缩材料具有一些特殊的性能. 根据磁致伸缩材料所产生的相对形变与磁场强度之间的关系曲线可以看出，有一些磁致伸缩材料，如铁等，在弱磁场的情况下产生伸长，而在强磁场的情况下则缩短. 由于铁的磁致伸缩性能比较复杂，因此铁不适合于制作磁致伸缩换能器材料. 还有一些材料，如镍，在磁场中的形变则始终是缩短的. 然而镍的磁致伸缩效应却是最大的.

任何磁致伸缩材料都具有磁饱和现象，即当外加的磁场从小到大逐渐增大时，开始时应变随之增大，但当磁场增大到一定的程度以后，应变就不再增大，即出现了磁饱和现象. 与压电陶瓷材料一样，磁致伸缩材料也具有居里点. 温度对磁致伸缩材料的磁致伸缩效应具有很大的影响. 随着温度的升高，磁致伸缩效应逐渐减弱，当温度达到磁致伸缩材料的居里温度时，磁致伸缩效应将完全消失.

磁致伸缩效应所产生的应变与磁场的方向无关，即当外加磁场的方向改变而大小不变时，所产生的应变的大小和方向皆不变，也就是说磁致伸缩效应所产生的磁致伸缩应变是磁场强度的偶函数. 因此当磁感应强度按照一定的角频率 ω 以正弦或者余弦的规律变化时，应变变化的角频率则为 2ω，而且应变的幅度较小，波形不好. 当外加一个恒定的磁感应强度时，即使磁致伸缩材料处于极化状态，此时磁致伸缩材料的应变将产生三种分量，即恒定的分量、基频分量和倍频分量，而基频分量比没有极化时大得多. 鉴于这一现象，磁致伸缩材料总是在极化状态下应用. 在这一情况下，磁致伸缩效应所产生的应变与外加磁感应强度的变化是同频率的.

3.2 磁致伸缩效应

与压电超声换能器一样，磁致伸缩换能器是利用磁致伸缩效应来实现机电转换的. 磁致伸缩效应可以通过图 3.2 加以说明. 图中一个铁磁材料棒和一个线圈组成了简单的回路. 当电流流过线圈时，在磁性材料棒中产生磁场，并使磁棒磁化. 根据磁学原理，磁棒中将产生一定的应力和应变. 这一过程是可逆的，即当在磁化了的磁棒两端施加应力或应变时，磁棒的磁化状态将发生变化，从而在线圈中产生电压.

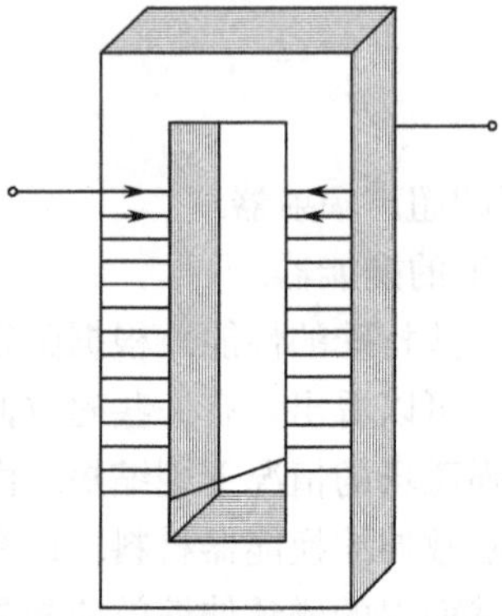

图 3.1 传统的磁致伸缩换能器的示意图

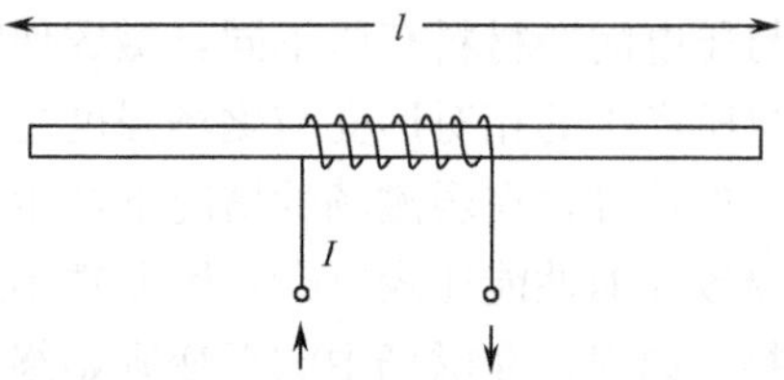

图 3.2 磁致伸缩效应的产生机理示意图

从表面上看，磁致伸缩效应和压电效应是类似的. 然而事实并非如此，原因有以下几点. 第一，磁致伸缩效应产生的磁棒的长度变化不依赖于外加磁场的方向. 第二，磁棒长度的变化与外加的磁场强度之间的数量关系是非线性的. 造成这一非线性现象的原因是因为铁磁材料具有明显的磁饱和现象. 第三，磁致伸缩效应的大小依赖于材料所经受的预处理，如温度和静态机械外力等.

如上所述，由于磁致伸缩材料具有磁饱和现象，因此磁致伸缩效应是一种非线性效应. 为了达到高效能量转换的目的，必须在磁致伸缩换能器的外加交变电场上叠加一个恒定的磁场. 这一过程可以通过两种方法加以实现. 第一，在磁致伸缩换能器的磁路中插入一个永久磁铁. 第二，在磁致伸缩换能器的交变驱动电流中增加一个适当选择的直流电. 如果要求磁致伸缩换能器在严格的线性状态下工作，必须保证换能器的交变驱动电流足够小. 因为只有在这种情况下，才能保证在换能器的磁致伸缩曲线上，在一定的应变范围内，材料的磁致伸缩曲线可用其正切近似表示. 然而，对于大功率超声发生器，这一线性条件不必严格考虑. 因为在大功率状态下，线性不是重要的因素，重要的是换能器能够输出较大的声功率以及具有有效的能量转换. 然而，值得指出的是，尽管绝大部分磁致伸缩超声换能器都工作于非线性状态，但关于磁致伸缩换能器的分析理论都是线性的.

3.2.1 正向磁致伸缩效应——焦耳效应

在恒定的极化磁场和交变的磁场强度的共同作用下，依据磁致伸缩效应，磁致伸缩材料就有相应的交变磁致伸缩应力和应变. 当恒定的极化磁场强度远大于外加的交变磁场强度时，材料的应变与外加的交变磁场强度成正比，根据弹性力学中的胡克定律，可得以下关系

$$T = \sigma B \tag{3-1}$$

式中 T、B 分别是磁致伸缩换能器的应力和外加交变磁场. $\sigma = E\beta$ 为磁致伸缩应力常数，E 为材料的杨氏模量，β 为磁致伸缩材料的磁致伸缩应变常数. 这种由磁场产生应力，由应力产生应变的物理现象就称为正向磁致伸缩效应，由于这一效应是由焦耳于 1842 年首次发现的，因此也称为焦耳效应.

3.2.2 反向磁致伸缩效应——魏拉里效应

在极化状态下的磁致伸缩材料在外力的作用下产生形变，再由形变产生磁场，使材料的磁场强度发生变化的物理现象称为反向磁致伸缩效应. 由于这一现象是魏拉里于 1865 年首次发现的，因此又称为魏拉里效应，该效应的数学表达式为

$$H = \lambda \frac{\mathrm{d}l}{l} \tag{3-2}$$

式中 H 是材料内部的附加磁场强度，λ 是反向磁致伸缩常数，$\mathrm{d}l/l$ 是材料的相对应变. 对于未被极化的磁棒，即使受到外力的作用而发生形变，也不会产生磁场. 也就是说，非极化的铁磁材料不存在磁致伸缩反效应.

3.2.3 ΔE 效应

铁磁材料在磁场的作用下由于产生形变而使导磁率和应力状态均发生变化，因而材料的杨氏模量就不再是常数，而是由下式决定

$$\begin{aligned} E' &= E - \Delta E \\ \Delta E &= 4\pi\omega\sigma^2 \end{aligned} \tag{3-3}$$

由于有 ΔE 效应，对于磁致伸缩换能器来说，当激励磁场的大小不同时，其阻抗和频率将发生变化. 对于 1/2 波长的长棒形磁致伸缩换能器，若杨氏模量的变化为 ΔE，则频率变为

$$\Delta f = \frac{1}{8l^2 f_0 \rho} \Delta E \tag{3-4}$$

式中 l 是换能器的长度，ρ 为换能器材料的密度. 由于材料杨氏模量的变化是比

较小的，所以换能器的频率偏移通常也是很小的.

3.2.4 磁致伸缩方程式

在假设磁致伸缩效应的线性条件下，描述磁致伸缩效应的关系式可表示为以下形式

$$\begin{aligned}\sigma &= K_H s - e_m H \\ B &= e_m s + \mu_s H\end{aligned} \tag{3-5}$$

式中 H 和 B 是磁场强度和磁感应强度，μ_s 是材料在恒定应变条件下的磁导率，e_m 是压磁常数. 根据上面的分析，压磁常数不仅仅是一个材料参数，而且依赖于其他附加的参数，如材料的电学和力学边界条件等. K_H 表示材料在恒定磁场强度条件下的弹性常数. 如果磁致伸缩换能器是由一个半径很小的磁棒组成，则这一弹性常数就等于材料的杨氏模量. 上述结论仅适合于以下两种情况. 第一，磁致伸缩换能器的铁磁材料能够形成一个闭合的磁路，如磁环等. 第二，换能器由细长的磁棒组成. 只有在这两种情况下，才能忽略换能器的漏磁. 与压电换能器相似，对于磁致伸缩换能器，其机电耦合系数可表示成以下形式

$$k^2 = \frac{e_m^2}{K_H \mu_\sigma} = \frac{e_m^2}{K_B \mu_s} \tag{3-6}$$

式中 K_B 表示材料在恒定的磁感应强度情况下的弹性常数，μ_σ 表示材料在恒定应力条件下的磁导率.

3.2.5 磁致伸缩换能器的等效电路

磁致伸缩换能器的等效电路可由类似于压电换能器的理论导出. 因此可以利用压电换能器的理论和结果，直接得出磁致伸缩换能器的等效电路. 两者的类比关系如表 3.1 所示. 另外，压电换能器中的串联电路应换成磁致伸缩换能器中的并联电路. 利用这些关系可以得出磁致伸缩换能器的机电等效电路如图 3.3 所示.

表 3.1

压电换能器	磁致伸缩换能器
电场强度 E	磁场强度 H
电位移矢量 D	磁感应强度 B
电压 V	电流 I

在图中，L_s 表示换能器在自由状态下的静态电感，M 是机磁转换系数，m 是换能器的等效质量，n 是换能器的等效力顺，W 是换能器的等效阻抗，其中包括辐射阻抗. 图 3.3 所示的换能器的等效电路仅适用于换能器在基频附近. 换能器的机磁耦合系数由下式表示

$$M = w' \frac{Se_m}{l} \tag{3-7}$$

式中 w' 是线圈的圈数，S 表示换能器的横截面积，l 是换能器磁芯的总长度. 与以上结论相似，上式也是仅适合于理想状态，即所有的磁力线都集中在均匀的磁性材料中，没有漏磁.

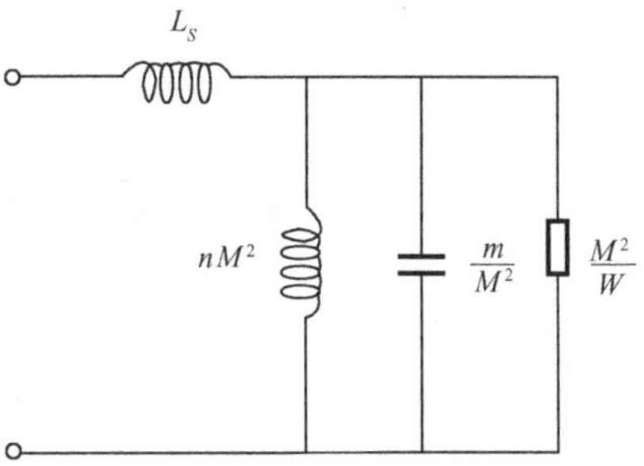

图 3.3　磁致伸缩换能器的等效电路

对于实际的磁致伸缩换能器，其等效电路与上图类似. 然而，对于不同应用和不同结构的磁致伸缩换能器，如棒型的、窗型的以及环型的等，等效电路中有关参数的具体数值是不同的. 在任何情况下，磁致伸缩换能器中的总磁通量可以近似看成是完全局限于磁芯中，而不考虑漏磁的影响. 这一点对于实际换能器的设计是非常有用的. 一种非常重要的用于磁致伸缩换能器中的磁致伸缩材料就是镍，这是因为镍的磁致伸缩效应很大以及它的机械稳定性很高. 然而，由于这种材料的电导率很高，在实际的换能器设计中，必须采取必要的措施以避免涡流的产生，因为涡流能够造成换能器的能量损失以及换能器材料的发热. 为了解决这一问题，镍换能器的磁芯通常都是由镍片组成，片与片之间加以绝缘. 对于铁氧体磁致伸缩换能器，由于其电导率较低，因而其磁心可由整体材料组成.

3.2.6　磁致伸缩换能器的阻抗圆图

磁致伸缩换能器是一个阻抗元件，它的阻抗由两部分组成，一部分为静态阻抗，主要由电磁损耗组成，如导线电阻、涡流和磁滞损耗等. 另一部分是动态阻抗，是由换能器的机械振动所产生的，主要包括换能器的辐射阻抗和机械摩擦损耗. 由磁致伸缩换能器的等效电路，可得其输入阻抗为

$$Z = \frac{Z_1 Z_2}{Z_1 + Z_2} \tag{3-8}$$

式中 Z_1 和 Z_2 分别是换能器的静态和动态阻抗. 其具体表达式为

$$Z_1 = R_c + \mathrm{j}\omega L_c \tag{3-9}$$

$$Z_2 = \frac{1}{\frac{1}{R_d} + \frac{1}{(\mathrm{j}\omega L_d)} + \mathrm{j}\omega C_d} \tag{3-10}$$

在上述两式中，R_c、L_c 及 R_d、L_d、C_d 分别是换能器的静态电阻、静态电感以及动态电阻、动态电感和动态电容. 经过与压电陶瓷换能器相似的分析步骤，可以看出，在谐振频率附近，磁致伸缩换能器的动态阻抗和总阻抗都可由一个阻抗圆表示. 具体内容可参见有关磁致伸缩换能器的书籍和论文.

第 4 章　气介超声换能器

根据上述对压电和磁致伸缩换能器的分析，我们可以发现，这两类换能器能够产生较高的应力和应变，但位移或速度的振幅较小. 鉴于上述特点，压电陶瓷换能器和磁致伸缩换能器非常适合于以液体或固体作为负载的应用场合，如超声清洗、超声塑料和金属焊接、超声检测、超声治疗等. 其原因在于此两类换能器能够与液体和固体介质实现较好的声匹配. 然而，压电陶瓷换能器和磁致伸缩换能器不太适合在气体中应用，因为它们的声阻抗与空气相差甚远，声波不易辐射出去. 为了解决这一问题，可以采用两种措施[44~47]. 第一，利用能够产生弯曲振动的压电陶瓷换能器或模式转换的换能器，如弯曲振动压电陶瓷双叠片以及纵向换能器与圆形或矩形薄板组成的复合换能器. 第二，利用具有较低辐射阻抗的换能器，其振动元件非常轻. 在此类换能器中，最常用的一种就是电容型或静电型超声换能器.

4.1　气介式超声换能器的研究现状

1880 年，法国的居里兄弟发现某些晶体具有压电效应. 1912 年，著名的法国科学家朗之万用石英晶体做成了水下用的发射和接收换能器，用来作为水下探测的手段，有人把这项研究的开展作为现代超声学的诞生. 这项工作为后来的超声无损探伤、医学诊断以及工业超声应用开辟了道路. 1919 年，第一个罗谢尔盐晶体电声器件问世. 从 19 世纪 40 年代开始，压电铁电材料被广泛应用，利用逆压电效应成功地研制各种用途的换能器. 19 世纪 60 年代，锆钛酸铅压电陶瓷得到了广泛的应用. 后来采用了复合材料和压电薄膜，使超声换能器的性能不断得到提高，其应用范围也得到不断发展.

在气介超声换能器中，压电陶瓷换能器仍然是应用最为广泛的一种，因为气介式压电陶瓷超声换能器能够在较为恶劣的环境下工作，而且性能可靠. 压电陶瓷气介超声换能器不仅可以用于产生超声，而且可以用来接收超声. 压电陶瓷气介超声换能器的应用很多，其原因之一在于超声的频率位于人耳的听觉范围以外，第二个原因在于超声的波长较短，因此可以用较小尺寸的换能器得到比较好的指向性.

在声频范围内，换能器的尺寸基本上小于声波的波长，因此，换能器的指向性呈现出球形辐射的特点. 在超声频范围，情况就不一样了. 当频率升高时，声波的波长小于换能器的几何尺寸，此时换能器的辐射声场出现明显的指向性. 另一方面，当换能器的频率升高时，声波的折射变得越来越小，声场可以近似看成由许多声线组成的，就像光学中的光线一样.

在空气中发射和接收超声波，以及以气体为耦合介质进行超声检测是检测声学的一个重要领域. 气介超声检测的优点主要表现在以下两个方面：一是其非接触检测方式，适合于无法使用水或其他耦合剂的许多应用领域；二是气体中声波波长短，在气体中进行成像或测距具有更高的分辨率和精度.

在气介超声换能器的设计和研制过程中，必须考虑超声波的衍射和吸收对频率的依赖性. 例如，如果超声的波长和需要探测的物体的尺寸比较接近，由于声波的衍射而形成的声影会影响物体的识别. 在这些情况下，必须提高超声波的频率. 另一方面，当超声的频率提高时，空气中超声的吸收随之增大，导致超声的可探测距离受到影响. 因此，在实际应用中，常常应用所谓的半值距离的概念. 半值距离定义为超声波的声压降到原来值的一半时所传播的距离. 很显然，当换能器的频率升高时，其半值距离将减小. 表 4.1 列出了一些比较常用的半值距离及其对应的频率.

表 4.1　一些典型的半值距离及其对应的频率

频率/kHz	半值距离/m
20	10
50	3
100	2

气介超声换能器设计过程中所采用的半值距离主要依赖于空气的湿度、温度和空气的污染状况. 值得指出的是，当换能器的频率升高时，除了换能器的半值距离减小以外，换能器的发射声压也将减小. 因为当换能器的频率升高时，换能器的几何尺寸也要减小，导致其功率容量减小.

空气中的超声应用进展缓慢，主要原因是气体和固体（包括换能器的材料和待测固体样品）的声阻抗率分别为 0.0004MRayl 和 1～35MRayl，这使得气体和固体界面上的声透射非常低. 尽管有其他方面的原因如空气中高频超声波的强衰减特性、空气中声速随环境变化、空气中检测易受环境噪声的影响等也制约了空气中超声检测的发展，但长期以来，空气中检测声波技术应用的局限还是空气超声换能器本身. 由于换能器材料与空气声阻抗的严重失配，使得空气超声换能器效率低、频带窄、脉冲余振长，导致空气超声检测系统无法达到一般超声检测系统的灵敏度、信噪比和分辨率.

近几年来，由于材料科学和微加工技术的发展，空气超声换能器研究有了较大的进展. 采用多层匹配技术的压电陶瓷空气换能器的中心频率已达到 10MHz，双程插入损耗为 30dB，带宽达到中心频率的 30%左右. 采用半导体硅工艺制成的电容式换能器的频率上限可达 2 MHz、带宽可达中心频率的 50%左右，并有很高的灵敏度. 另外，采用复合材料和高分子压电薄膜材料的空气超声换能器也具有较好的性能，使得空气中超声检测技术得到了发展，也使空气超声无损检测以及超声成像成为可能. 另一方面，与超声检测有关的电子技术近几十年来也得到了迅速发展，从脉冲信号源输出功率及低噪声放大器性能的提高，到信号检测与处理技术的更新，都促进了空气超声检测技术的发展.

随着超声技术的发展，气介式超声换能器的应用日趋广泛. 超声在气体中的应用主要包括两个方面. 第一，气体中的超声无损检测，如测距、测厚以及料位监控等. 针对这类应用，超声换能器基本上工作在小信号脉冲状态下，且换能器的工作频率比较高，以提高检测灵敏度，所用的超声换能器主要包括压电式以及静电式等类型. 第二，功率超声在气体中的应用，如除尘、干燥以及超声凝聚等. 对于这类应用，换能器大部分工作于大信号连续状态下，且换能器的工作频率比较低，以减少衰减，提高声的作用距离，所用的超声换能器主要包括气哨和压电式换能器.

对于气介式超声换能器，由于换能器的声阻抗与气体的声阻抗相差甚远，因而存在严重的阻抗失配问题. 为了改善声匹配，提高气介式超声换能器的辐射声功率及效率，采用了多层匹配板以及弯曲振动辐射板等. 对于由纵向夹心式换能器与弯曲振动辐射圆板组成的复合式换能器，由于结合了纵向换能器的高效大功率以及弯曲圆盘辐射板的低辐射阻抗及大辐射面积等特点，在大功率气介超声领域中获得了广泛的应用.

近年来，空气超声换能器获得了许多新的应用. 如在生物医学领域，有对癌症引起的皮肤病变、儿童脊柱侧弯等的测量. 在无损检测方面包括：位置点传感器、涂层、布匹厚度测量、表面缺陷检测. 空气超声换能器还被应用于工业控制领域，如机械手的视觉传感器、采用空气中发射、空气中接收的直接检测技术和采用激光激发超声、空气中接收超声的混合式检测技术已趋于成熟，这些都被用于材料的无损检测和评价中，还有望用于航空部件等大型试样以及纤维材料等不宜用水耦合物体的无损检测.

4.2 气介超声换能器的种类

空气耦合超声换能器是空气中超声检测系统的关键部件. 设计空气超声换能器，应考虑空气中超声检测系统的主要性能指标，其中包括最大检测距离、精度、分辨率、重复性、工作频率和带宽、声场指向性、抗干扰能力、尺寸和价格等. 超声检测系统的最大检测距离可以通过提高换能器效率和增大激发源功率来实现，而测量精度和分辨率主要由换能器的中心频率和频带宽度来决定. 使用高频超声波可以提高换能器的分辨率，但空气中声波衰减随频率而迅速增大，因而提高频率会牺牲最大探测距离. 换能器的带宽（脉冲响应的窄度）直接影响测量系统的纵向分辨率. 超声检测系统一般需要有强指向性，而换能器的指向性主要受换能器的尺寸、形状和工作频率等因素的制约，换能器的尺寸（相对于波长）越大，指向性越强. 由于上述因素，并考虑到大气环境中可能会出现 50kHz 以下的噪声，因而空气中超声检测一般采用频率为 50kHz 以上的换能器. 因此，频率 50kHz 以上，宽带、高灵敏度、强指向性的空气超声换能器的设计是空气耦合超声检测的关键.

空气耦合超声换能器的种类很多，按其工作原理可分为静电式、电动式、压电式、磁致伸缩式和气流式等. 用于检测超声的主要有静电式和压电式两种. 在这里将主要介绍这两种超声换能器.

4.2.1 静电式空气超声换能器

静电式超声换能器包括电容换能器，Sell 换能器（实际上是变形的电容换能器）和驻极体换能器等，这类换能器是在电容传声器的基础上发展起来的，一般由金属薄膜（或涂有金属层的介电薄膜）和背电极组成. 在薄膜和背电极之间加上一偏置电压（驻极体换能器除外），当声波作用于薄膜的表面时，薄膜受迫振动，改变薄膜和背电极之间的电容量，进而引起薄膜和背电极间电压的改变. 电容量的变化与声压的大小有对应关系，这就是电容换能器的接收机理. 反之，当在电容换能器上加上一交变电压时，由于静电相互作用，薄膜受迫振动而向空间发射声波.

在过去的几年中，静电超声换能器已被比较广泛地用于空气中超声的产生和接收. 静电超声换能器的主要优点包括以下几点：第一，频带宽；第二，灵敏度高；第三，非接触式. 静电超声换能器的研制工艺和方法可以分为两大类. 在第一类静电超声换能器中，换能器的背电极是一块金属背板；第二类静电超声换能器的背电极是基于掺杂硅材料制成. 在以金属背板作为背电极的静电超声换能器中，为了改进换能器的频率等特性，可以利用粗糙抛光技术来获得理想的背板表面粗糙度，有时也将换能器的背板加工成 V 型槽结构，或者通过激光切割技术和光刻技术在换能器的背电极上加工一些圆孔. 在第二类静电换能器中，背电极的加工主要是利用微电子工业中的微加工技术，如光刻技术等. 利用这些技术，可以在换能器的背电极上周期性的加工一些具有一定分布规律的圆形槽，这些槽的直径和深度可以控制在几微米的范围内. 静电超声换能器的特点和性能主要决定于换能器的背电极类型.

从原理上讲，静电换能器就是一个电容器，如图 4.1 所示. 在图中，U_0 是一数值很大的直流偏压，R 是一个串联电阻，C_t 是一个隔直电容，U_a 为一外加的交变电压. 在上图中电容器的两个极板充当换能器的电极. 当外加电压作用于电容器上时，两电极之间将产生一种吸引力

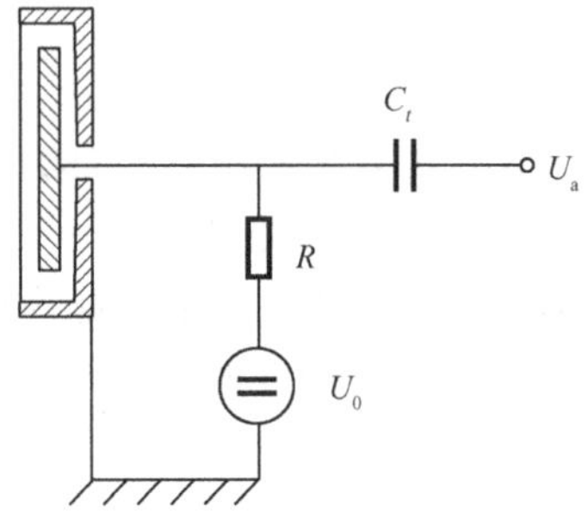

图 4.1　静电式超声换能器的结构示意图

$$F = \frac{C_0}{2b}U^2 \tag{4-1}$$

在上式中，C_0 是电容器的电容，b 是电极之间的距离，U 是外加电压. 为了实现静电超声换能器的线性工作状态，可以采用与磁致伸缩超声换能器的相同方法，即为静电换能器预加一个较大的直流偏压. 经过这一线性处理过程以后，静电超声换能器的力电转换特性可以近似看成是线性的. 因此实际的静电超声换能器的驱动电压由交变电压和一个恒定的直流偏压组成，并且直流偏压的数值远大于驱动交变电压. 在这种情况下，静电超声换能器所产生的吸引力中的交变部分可由下式表示

$$F_a = NU_a \tag{4-2}$$

式中 $N=\frac{C_0U_0}{b}$ 是机电转换系数. 对于静电超声换能器，其中的一个电极是非常薄的，作为换能器的振膜，而另一个电极则非常厚重，可以近似看成是固定电极，也称为背电极. 在这种情况下，静电超声换能器可看成是单向辐射声波，其背电极的机械阻抗为无限大. 因此，由静电换能器而产生的交变力主要用于克服振膜的反作用力. 这一反作用力包括两部分内容. 一是振膜本身振动产生的作用力，可用其本身的机械阻抗加以描述；二是换能器周围的介质对振膜的反作用力，可用换能器的辐射阻抗加以表示. 考虑到这两种因素，静电超声换能器振膜的振动速度可由下式给出

$$v = \frac{F_a}{Z_m + Z_r} \tag{4-3}$$

式中 Z_m 和 Z_r 分别是振膜本身的机械阻抗和换能器的辐射阻抗. 对于具有较大辐射面积的振膜，辐射阻抗的虚部可以近似忽略，只考虑其实部，即只考虑辐射阻. 对于振膜本身的机械阻抗，在忽略振膜本身机械损耗的情况下，只有两部分，即振膜本身的感抗和容抗，其中感抗是由振膜的质量引起的，而容抗则是由换能器的弹性引起的. 这两种阻抗可由下式近似表示

$$\text{感抗} \qquad X_l = \mathrm{j}\omega m \tag{4-4}$$

$$\text{容抗} \qquad X_c = \frac{S\rho_0 c_0^2}{\mathrm{j}\omega b} \tag{4-5}$$

在上述两式中，S 是振膜的面积，ρ_0、c_0 分别是换能器电极之间介质的密度和声速，一般情况下就是空气. 有了上述各量的具体表达式，就可以利用前面理论，如等效电路理论等，对静电超声换能器加以分析. 根据上述分析，可得静电超声换能器共振频率的近似表达式为

$$f_0 = \frac{1}{2\pi}\sqrt{\frac{S\rho_0 c_0^2}{mb}} \tag{4-6}$$

由上式可以大概估计静电超声换能器的共振频率. 例如，假设换能器的振膜为厚度为 50μm 的铝箔，振膜与背电极的距离是 100μm，电极之间的介质是空

气，可得换能器的共振频率大概为 16.4kHz. 在上述分析中，忽略了振膜的弹性，仅仅考虑了换能器电极之间空气层的弹性. 为了提高换能器的共振频率，可以通过提高换能器的静态直流偏压以及采用镀银高聚物作为换能器振膜的方法. 另外换能器的背电极也可以采用其他的形式，如在换能器的背电极开槽，或将背电极做成凹凸不平的形式. 采取这些措施的目的是为了提高换能器的弹性，从而提高换能器的共振频率. 此类换能器也称为 Sell 换能器，可以产生 200kHz 以上的超声，其结构如图 4.2 所示. 静电超声换能器的优点就是结构简单. 另外，除了发射以外，静电换能器也被广泛地用于超声接收，也就是说静电超声换能器是一种互易换能器.

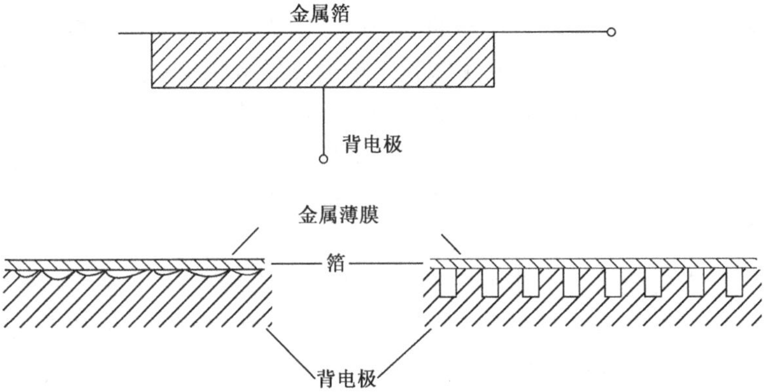

图 4.2　几种不同结构的静电超声换能器

从原理上说，用于接收的电容或静电超声换能器的构造与发射用的静电超声换能器是极为相似的. 它也是一个具有两个电极的电容器，其中的一个电极是重量很轻的薄膜，构成这种薄膜的材料主要是金属或镀有金属层的塑料薄膜以及聚合物薄膜. 电容器的另一个电极质量较大，有时在其表面上可以开有一些凹槽，槽的大小等参数会影响换能器的共振频率.

对于接收型的静电超声换能器，通常将换能器的振膜接地，以便屏蔽换能器，使其不受外来电场的影响. 与发射型静电超声换能器相似，接收型静电超声换能器也必须使用较大的直流偏压，而且必须保证与直流偏压串联相连的电阻足够大. 只有在这种情况下，才能保证当有声波入射到振膜上从而引起振膜与背电极之间的距离发生变化时（这也就意味着换能器的电容发生变化），换能器上的电荷保证为常数.

如果静电超声换能器处于空气介质中，换能器的辐射阻抗相对于其本身的机械阻抗来说是很小的，可以忽略. 此时，在低于换能器共振频率的频率范围内，接收型静电超声换能器的接收灵敏度是不依赖于频率的. 正是由于这一原因，电容传声器在音频范围内获得了广泛的应用.

如果静电超声换能器的辐射面尺寸很大，其灵敏度将依赖于声波的入射方向，即换能器的灵敏度具有指向性. 这一依赖性可用类似于压电型接收器的规律加以描述. 并且由于静电超声换能器振膜上各处之间的相互作用远小于压电片上相邻振元之间的相互作用，因此在一定的情况下，活塞声源的指向性规律更适合于静电超声换能器.

在静电超声换能器的实际设计过程中，必须保证换能器的可动极板为一层绷紧的薄膜，并能产生较大的位移振幅和振动速度，以及能够灵敏地检测声场中的声压波动和变化. 而换能器的背电极则为一块质量较大，从理论上可看成固定不动的固定极板. 尽管静电超声换能器的结构和原理比较简单，但在其制造工艺上要求非常高.

接收型静电超声换能器有很高的灵敏度，因为它不是谐振式换能器，故可以测量到非常微小的振幅，并且有很宽且平坦的灵敏度频率响应曲线. 静电式超声换能器的高频响应主要受振膜惯性的限制. 在利用静电式换能器对固体进行检测时，可把固体的一个表面作为换能器的活动振膜，这样就可以省去振动薄膜. 如果被测固体为非导体，就需要将固体的一个面磨光并镀一层金属膜. 此时，换能器的工作频率可以提高到 100MHz.

电容式超声换能器由于薄膜质量小，所以具有较大的动态范围和较宽的频带. 但是这一类换能器也存在着一些缺点，如：一般需要加一偏置电压，且由于其电阻抗很高增加了对前置放大器的要求；对灰尘、湿度也比较敏感，而且易受损伤.

改善电容式换能器的性能主要通过工艺的改进. 近年来，半导体硅工艺被用于制造电容式换能器的背电极，使换能器电极的形状得以控制，薄膜与背电极的间距得以减小，从而大大改善了其电阻抗特性，并且使其可以用于制作二维换能器阵，而空气声换能器阵的研制成功也为实现空气中实时成像打下了基础.

对于实际中应用的静电超声换能器，以上所述的理论分析仅供参考. 对于真实的换能器，为了获得足够大的带宽，一般采用粗糙表面背电极和槽状背电极，因此整个电容换能器是由很多个具有不同共振频率的子换能器组成的. 换能器的整体性能显然与背电极的精细结构密切相关. 虽然这一方面的研究已经很多，但对支配换能器性能的有关参数目前尚无明晰、统一的认识，一般需要根据工艺情况，凭经验设计. 对于任意粗糙表面，薄膜与空气的间距决定了换能器的共振频率，而膜的粗糙度决定了子模的大小. 当子模的共振频率与由空气隙引起的共振频率相匹配时，子模将具有最大的灵敏度和带宽. 对于槽形背电极，换能器的性能主要由槽的宽度决定. 由槽及振膜组成的子换能器的共振频率及其奇次谐波可能是决定换能器工作频率及频带的主要因素. 与此同时，槽间间距及电极的表面处理等也会影响换能器的性能.

4.2.2 气介式压电超声换能器

由于压电超声换能器具有机电转换效率高、频带窄、温度范围广、结构紧凑等优点，它们在空气超声技术应用中占了明显的优势. 从材料而言，所用的大多是以 PZT（锆钛酸铅）为代表的压电陶瓷与改性陶瓷材料以及复合材料和高分子薄膜等. 由于压电材料的声阻抗率约为 3～35MRayl. 这类换能器能很好地向固体和液体中发射超声波，但是当传播介质为气体时，阻抗严重失配，所以应设法降低换能器的声阻抗，以提高其辐射效率. 方法主要有匹配层法、复合材料法、多层结构振子、采用弯曲振动模式及相位平衡等，其结构和性能分述如下.

4.2.2.1 复合棒型气介超声换能器

通常的复合棒换能器由喇叭形前盖板、压电陶瓷、后盖板组成，其中心用螺栓施加一定的预应力. 该换能器的工作频率范围为 10^4～10^5Hz. 尽管在体积、重量、成本、电声转换效率等方面存在劣势，但其具有结构牢固，可以承受较大电功率的优点. 但是，由于存在声阻抗严重失配，因而效率很低.

4.2.2.2 1/4 波长匹配层气介超声换能器

对于工作于厚度振动模式的压电陶瓷气介超声换能器，为了提高转换效率，常常采用加匹配层的办法. 一般可采用厚度为 1/4 波长的匹配层. 当 1/4 波长匹配层的阻抗率为 $Z_m = \sqrt{Z_c Z_p}$时，声波透射系数最大，式中 Z_c 和 Z_p 分别为压电陶瓷和传播介质的声阻抗率. 当考虑到换能器背衬的影响时，Desilets 得出最佳 $\lambda/4$ 匹配层的阻抗率为 $Z_m = \sqrt{2Z_c Z_p^2}$. 实际上，为了获得最佳效率和带宽，通常用换能器的 Mason 模型或 KLM 模型对整个换能器（包括压电陶瓷、电极、背衬、匹配层、传输线等）的频响进行数值模拟，通过选择匹配层的厚度和声阻抗来获得最佳设计结果.

对于空气耦合超声换能器，取 Z_c = 35MRayl，Z_p = 0.0004MRayl，则匹配层声阻抗应在 $Z_m = \sqrt{Z_c Z_p} \approx 0.11$MRayl 附近选择. 一般固体材料很难具有如此低的声阻抗率，或者虽然有但是衰减太大，而匹配层的衰减将直接影响换能器的性能.

现有的匹配层材料的声阻抗率一般在 0.2～1.0MRayl，极个别材料的声阻抗率在 0.1MRayl 以下，因此，寻找和合成具有低阻抗率、低衰减的匹配层材料，仍是压电陶瓷厚度振动气介超声换能器设计之关键.

除此之外，当换能器匹配层材料的声阻抗率不能做到理论要求值时，可以采用适当改变匹配层厚度的方法，通过适当选择匹配层的材料和厚度，借助于计算机模拟技术，获得意想不到的最佳匹配效果.

另外，换能器的性能可通过采用双层或多层匹配的办法得到进一步改善. 例如：采用双层匹配时，尽管第一层的声阻抗率不能达到理论计算值，但通过适当选取第二匹配层的声阻抗，可使换能器的带宽达到中心频率的 30%，双程插入损耗在 35 dB 左右.

总之，采用声匹配的方法提高压电换能器性能，可通过合成低阻抗新材料、采用多层匹配、辅以电匹配等手段来实现. 由于压电材料的高机电耦合系数、很宽的温度适用范围、成熟的工艺等因素，这类换能器还将在空气超声技术应用中发挥重要的作用.

4.2.2.3 复合材料压电换能器

复合材料超声换能器一般由压电陶瓷和高分子聚合物组成. 复合材料超声换能器具有独特的优点，使其在医学超声、水声等领域得到了广泛应用，有代替传统压电陶瓷换能器的趋势. 在空气超声换能方面的研究表明，在 100kHz～2MHz，复合压电陶瓷材料具有极强的竞争力. 目前，复合材料应用最广的还是 1-3结构型. 研究表明，当复合材料中压电陶瓷的体积比为 10%～90%时，复合材料的声阻抗率为 5MRayl～30MRayl，而其机电耦合系数在 0.5～0.65 左右. 也就是说，尽管采用了陶瓷与非陶瓷材料的复合，但合成后复合材料的声阻抗率大为下降，而其机电耦合系数基本不变，因而取得了改善匹配及其压电性能的结果. 同时人们还发现，当复合材料中压电陶瓷的体积比为 50%～60%时发射效率最高，灵敏度也最高，而在压电陶瓷体积比为 20%左右时，复合材料气介超声换能器的接收灵敏度最大. 英国学者 Hayward 等成功地研制出了 100kHz～2MHz 的空气超声换能器，并用于激光激发超声的检测.

复合材料的概念也被用于制作匹配层材料. Haller 等人提出了采用 1-3 结构的 Kapton（杜邦公司生产的一种高分子薄膜材料）和空气组成的复合材料来制作匹配层，其声阻抗率理论上可从 0.01MRayl 到 2MRayl. 用此方法，Haller 等人研制了双层 $\lambda/8$ 匹配层的换能器，单程插入损耗为 16dB，并预计可改进到 10dB 左右.

4.2.2.4 叠片式弯曲振动压电陶瓷超声换能器

在讨论空气超声换能器时，有必要研究另一类效率较高的换能器. 这种换能器不是利用压电陶瓷的厚度振动模式，而是采用多层结构，依靠换能器的弯曲振动来辐射声波. 此类换能器主要结构有三叠片和双叠片. 原则上，为了降低力阻，压电晶片应越薄越好，但实际设计时应考虑到工艺、体积功率比的要求及频率的限制等因素. 这种换能器在谐振工作时是弯曲振动，存在“反相区”而降低了转换效率. 为了提高辐射效率，一般在双压电晶片上叠加一碗型变幅膜（阻抗变换器）来降低辐射声阻抗. 考虑到这一附加质量的影响，实际设计时，共振频率应选得略高一点.

4.2.2.5 径向振动压电圆管

利用压电圆管的径向振动可以获得更高的效率，可以很好向空间辐射超声波. 对于频率为几十到上百千赫兹的空气超声换能器，采用厚度振动模式时换能器比较厚且体积大，不易产生较强的声场，而同频率的径向振子尺寸要小得多. 一般为使其指向性尖锐，常采用开角为90°的圆锥反声罩与圆管同轴安放构成线-锥换能器. 为增加其发射声功率，可在压电圆管外侧套以预应力金属薄圆管.

4.2.2.6 纵-弯模式转换型空气换能器

这类换能器是在20世纪六七十年代由西班牙学者Gallego提出，它既巧妙地利用了复合棒的机械强度好、可承受较大电功率的优点，又充分发挥了圆板弯曲与空气声阻抗匹配良好的特性. 目前已研制出电功率达200W，电声效率达75%的空气超声换能器. 在圆板的正后方1/4波长（或其奇数倍）处平行放置反射声圆板，这样可使电声效率提高30%. 圆板刻有许多凹坑，可以减小共振质量，既加大了振幅，又提高了工作频率. 另外，复合棒的末端采用阶梯型变幅杆，可以获得较大振速，去推动圆板获得更大的体积速度，从而提高了声功率. 它可以根据需要做成大功率、中功率、小功率形式. 为了改善圆板的指向性，可采用阶梯板或穿孔板，使其指向性更尖锐，并可提高辐射阻抗.

4.3 气介超声换能器的应用

4.3.1 空气超声测距

空气中超声测距的方法很多，有脉冲回波法、调频-连续波法、相位法和脉冲响应包络法等. 不同的测量方法，主要区别在于接收回波信号的处理不同，测量的精度不同和应用范围不同而已.

4.3.2 超声物体识别

物体的自动识别在自动化领域有广泛的应用，虽然光学方法是最经常的识别方法，但超声方法也开始得到应用. 最简单的例子如Beeuwer等建立的玻璃瓶回收系统，他们利用超声回波检测瓶子轴向轮廓，并与标准曲线比较，用于识别、回收150多种不同的玻璃瓶，这种方法有很大的实用价值.

在工业自动化领域，机械手得到越来越广泛的应用. 在装配线上，要求机械手能准确抓起工件，这首先要求机械手能识别工件，判断其位置、取向等，这就是所谓的“机器人视觉”问题. 这一工作通常用光学方法如摄像仪来完成的. 其工作过程是：在机械手前方传输带的一个地方由摄像仪摄下工件图像，经过处理判断其准确位置后，将工件传送至处于某一准确距离的机械手所在位置. 这类系统有许多优点，但由于要求摄像及工件平移装置都具有高精度，其价格比较昂贵，而且在后期传送过程中出现的错误无法被发现和纠正. 为减少使用高精度设备，可将距离传感器直接安装于机械手上，这样机器人（手）的动作可根据实际任务来自动控制. 超声位置传感器体积小，在声传播方向上距离分辨率高，不受光照等外部条件的影响，可用于工件的位置判断和工件识别.

上面介绍的是采用简单换能器组合的超声系统进行物体（工件）的判断与识别. 随着换能器带宽、频率的提高和信号技术的发展，这一技术必将在机器人应用中发挥更大的作用. 另一方面，更高精度的物体识别可采用换能器阵对被测物体进行成像的方法来实现. 这方面的工作已开展起来，预计在未来几年内会有新的突破.

4.3.3 风速的超声测量

风速的超声测量，它是一种准确测量排气管道等管内风速的仪器，由于没有向送风管内投放物件，因此管内不会产生紊流，可以测量微小的风速. 在空气中超声的传播是通过空气的振动进行的，然而它在顺风和逆风时有些轻微的不同，顺风时，传播速度快一些，逆风时，超声传播时间慢一些. 安装两只相向的导管式超声换能器，它们分别发射一定周期的间隙超声波，通过测量各自的传播时间就可以求出风速.

4.3.4 交通流量的测量

随着经济建设的发展，城市交通矛盾日益突出，为提高道路的通行能力，需对各种类型的车流量进行检测、统计分析，进行对整个城市主干道路交通流量的计算机信息联网，甚至把这一信息通过交通信息台进行全城市主干道路的交通状况预报或实况报道，从而引导、疏散机动车的流向，提高整个城市的交通指挥水平. 先进的交通流量检测系统，还可以根据交通量的大小智能控制红绿灯的时间来动态调节交通，不致于交通阻塞.

超声波车辆流量检测仪就是为上述目的而设计的，它可以检测出车的高度、长度、行驶速度及车辆类型等车流量的必要数据，为提高交通指挥能力发挥重要的作用.

超声波交通流量检测是基于超声波测距的原理，它主要有收发系统、超声换能器和信息处理系统等部分组成. 为了提高空气中换能器的辐射效率，换能器采用弯曲振动模式，其工作频率约为 40kHz 左右. 在辐射面前方还装有喇叭形的辐射罩，从而改善换能器的指向性并提高灵敏度，换能器的波束宽度为 $\theta_{-6\mathrm{dB}} \approx 10^\circ$.

4.3.5 超声-静电除尘

超声-静电除尘是把超声除尘器和静电除尘器结合在一起. 对于静电除尘器无法去除的细微尘埃（直径在 0.01～0.1μm 范围），超声除尘有显著效果，除尘率达到 90%，处理流量可达 160m^3/h. 换能器是模式转换型纵一弯空气换能器形式. 在振动方板的对面平行放置相同尺寸的方板作为反射声板，以形成驻波场. 要求平均声压级在 145dB（0dB 对应为 20μPa）以上才有显著效果.

第 5 章　流体动力型超声换能器

如上所述，在功率超声领域，声能的产生主要通过三种不同的方法，即流体动力法、压电效应法以及磁致伸缩效应法．流体动力式发生器是以流体作为动力源，利用高速流体（高速液体或高速气体）来产生声和超声的发生器．它的独特优点是结构简单、造价低廉、处理量大、操作方便以及经久耐用，尤其适用于大规模的工业应用．流体动力型超声发生器包括气流声源和流体（液体）动力发生器声源两种．气流声源是一种机械式的声频或超声频振动发声器，它依靠气流的动能作为振动能量的来源，可分为低压与高压声源两种．低压声源也称为哨，如通常的哨子及旋涡哨等．高压声源包括哈特曼哨及其各种变异体等．低压气流声源的效率较高，可达 30％左右，但声功率不高，通常不超过数瓦．因此低压气流声源主要应用于控制以及测量设备中，如声控开关等．尽管高压声源的效率较低，但此类声源可获得较大的声功率，因而至今仍存在一定的市场．

流体（液体）动力发生器声源是将液态流体中的涡流能量转换成声波辐射的一种声波换能器．它的工作原理是利用由喷嘴出来的射流与一定几何形状的障碍物的相互作用，或者利用周期性地强迫射流中断的方法使液体媒质发生扰动，从而产生某种形式的速度场与压力场．液体声波发生器也称为液哨，如簧片哨等．此类流体动力发声器能在相当宽的频带内工作，能在 0.3～35kHz 频带内辐射 1.5～2.5W/cm^2 的声强．另外流体（液体）动力发生器声源的优点是可以廉价地获得声能，结构简单．液体流一方面是产生振动的动力源和振动体，另一方面又是传播声波的载体，因此易于声匹配．利用流体动力法产生超声的装置主要包括用于气体中的葛尔登哨、哈特曼哨及旋笛；用于液体中的簧片哨，以及可同时用于气体和液体中的旋涡哨等．流体动力型超声发生器的共同特点是以流体作为动力源，利用高速流体来产生超声，其转换效率一般比较低，大概在 10％左右．其主要应用包括气体中的超声除尘、空气中尘埃的凝聚、气体和重油的阻燃、加速热交换、超声干燥、超声除泡沫以及液体中的油水乳化、加速晶体化过程等．

5.1　流体动力型发声器的种类

5.1.1　共振腔哨

在喷注前用共振腔反馈的哨就是共振腔哨．这类哨包括葛尔登哨和哈特曼哨．

5.1.1.1　葛尔登（Galton）哨

这种哨的结构如图 5.1 所示[11]．空气流经过哨嘴 1 至环形狭缝，通过环形狭缝喷射出高速气流到共振腔而激发空腔气体共振而产生超声．共振腔的深度可

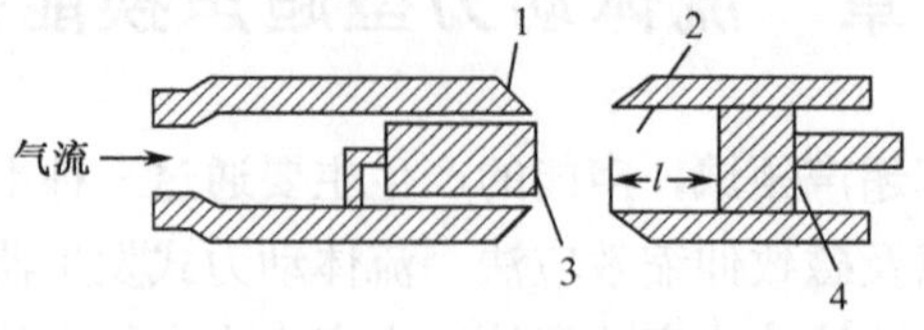

1. 气流喷嘴；2. 共振腔；3. 芯柱；4.活塞

图 5.1　葛尔登哨结构原理

以利用带有测微螺杆的活塞 4 的移动来改变．喷嘴与共振腔之间的距离也可以精密调节．共振腔相当于一头开口、一头封闭的管，其共振频率可近似地由下式决定

$$f=\frac{c}{4(l+k)} \tag{5-1}$$

式中 c 是气体媒质中的声速，l 是共振腔的深度，k 是与气流压力有关的常数，可由实验确定.

5.1.1.2　哈特曼哨

哈特曼哨的结构和原理如图 5.2 所示. 它与葛尔登哨不同，喷嘴内没有芯柱，有时做成锥形，要求空气流速高于其声速. 当气流高速从喷嘴喷出时，在喷嘴与共振腔之间的局部压力产生周期性起伏，这是由于气流速度超过声速而产生的，具有不稳定性. 当把共振腔口置于不稳定区内时，即可激发出强的声波. 声波频率由共振腔的尺寸决定. 如果空腔深度为 l，直径为 d(通常等于喷嘴直径)则其辐射声波的频率为

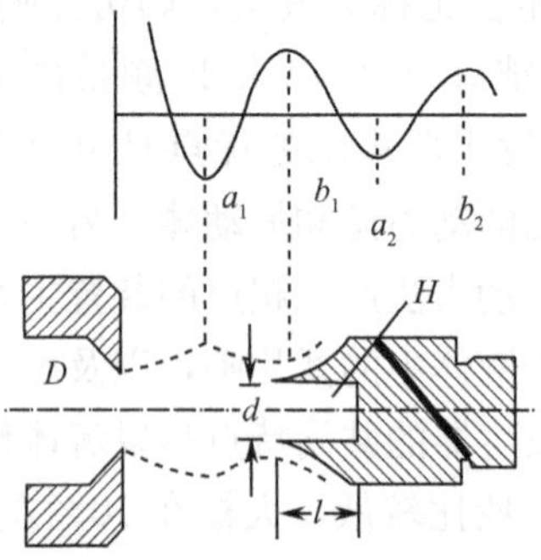

图 5.2　哈特曼哨的基本原理

$$f=\frac{c}{4(l+0.3d)} \tag{5-2}$$

在一般的情况下，哈特曼哨只能在气体中应用. 这种哨不能在液体中应用的原因是液体不可能以大于液体中的声速(1500m/s)通过喷嘴. 葛尔登哨可以在液体中应用，但其效率却很低.

5.1.2　旋笛

旋笛工作原理是用切断气流而形成断续喷注的方法产生声音或超声. 一种装置是在一固定的圆盘上开一些等距离分布的小孔，在另一个能转动的圆盘上开同

样的一些孔.孔数与定盘上的孔数可以不相等,但两个盘上孔的中心必须在同一半径的圆周上.把两个盘安装在一起,并使转盘转动.如果高压气流从孔中通过,气流就会时而通过,时而被切断而形成断续喷注,从而在媒质中产生声或超声,其频率与盘上的孔数及转盘的转速有关,可由下式近似给出

$$f=\frac{nN_p}{60}(\mathrm{Hz}) \tag{5-3}$$

式中 n 是转盘的转速(周/分),N_p 是转盘上的小孔数.为了使声波很好地辐射,一般在发生器的输出端安装有定向辐射的喇叭,一般采用指数形喇叭.在理想情况下,转盘和定盘紧密相贴时,其发声效率最高.但实际上完全密合是不可能的,且高速旋转的转盘和定盘之间总会有间隙而使气体泄漏,效率会下降,因而对旋笛的机械加工要求较高,在某种程度上妨碍了旋笛的应用.旋笛结构的一个例子如图 5.3 所示,图中 1 为转盘,2 为压力小室,3 为定盘;4 为喇叭.

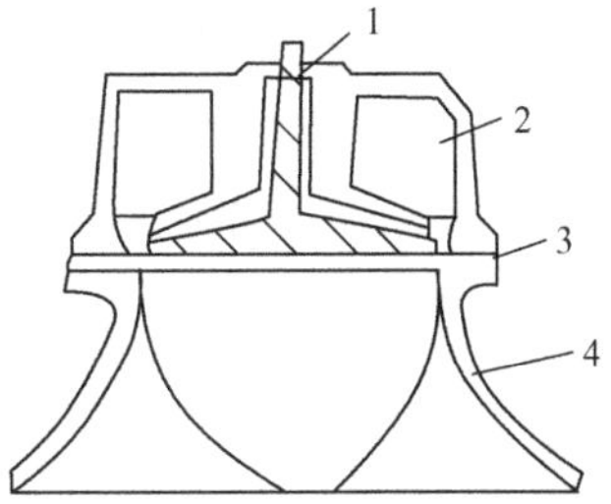

图 5.3 旋笛发声器

5.1.3 簧片哨的基本原理

簧片哨的结构和原理如图 5.4 所示.由喷嘴 D 和簧片 C 组成.在液体中利用液体射流的振动来激发簧片的振动而产生声或超声.簧片的刃做成尖劈形,并正对着喷口安装.在簧片的振动节点 K 处固定.当高速射流从喷嘴喷出时,便激发簧片振动,其振动频率为

$$f=\frac{nu}{h}\left(a+\frac{b}{Re}\right) \tag{5-4}$$

式中 n 是正整数,u 是液体流速,h 是喷嘴到簧片尖端的距离,a、b 是常数,Re 是雷诺数.在一般使用中,Re 的数量级是 10^4,比 b 大得多,故式中的第二项可以忽略.a 值一般在 0.5 附近,a 值和喷口宽度 d、距离 h 以及 n 值有关.例如当 $d=2\mathrm{mm}$,$h=4\mathrm{mm}$,$n=1$ 时,$a=0.44$;而当 $d=2\mathrm{mm}$,$h=4\mathrm{mm}$,$n=2$ 时,$a=0.58$;在上述式子的基础上,对于四固定支撑点的簧片,其固有共振频率还可以近似为下面的形式

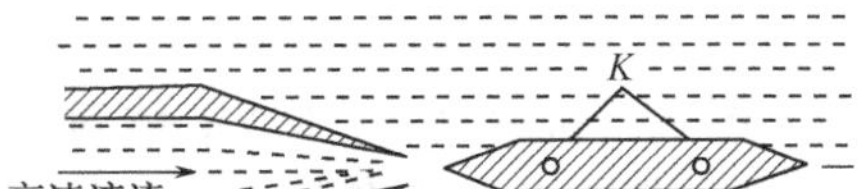

D.喷咀; C.簧片; K.节点处的固定螺钉

图 5.4 簧片哨的基本原理

$$f=\frac{f_A}{(1+\beta)^{1/2}}(\text{Hz}) \tag{5-5}$$

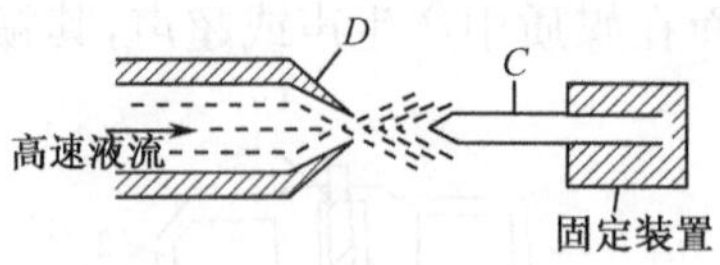

图 5.5　悬臂式簧片哨

式中 $f_A=1.03(t/l^2)(E/\rho)^{1/2}$，$\beta=0.145(\rho_1 l/\rho t)$，$t$ 为簧片的平均厚度，l 为其长度，E 为簧片材料的杨氏模量，而 ρ、ρ_1 分别为簧片材料和液体介质的密度. 簧片哨的另一形式是采用一端自由，一端固定的悬臂梁(图 5.5). 其谐振频率为

$$f=0.162\frac{t}{l^2}c_l \tag{5-6}$$

式中 t 为簧片的厚度，l 为其长度，而 $c_l=(E/\rho)^{1/2}$ 为簧片材料中的纵波速度.

5.1.4　旋涡哨

旋涡哨的结构如图 5.6 所示. 由进气管、圆管形腔体和出气口组成. 进气口位于腔体的切线方向，而出气口则在腔体的轴线方向. 当气流沿切线方向进入圆管形

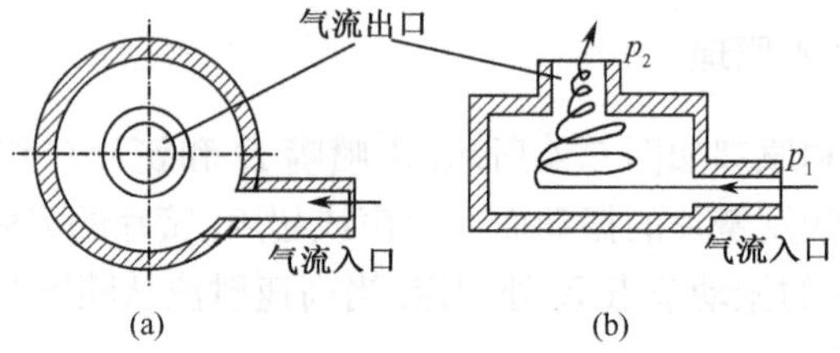

图 5.6　旋涡哨的结构和原理

腔体后，便沿管壁快速旋转，于是形成旋涡而产生超声，从出口辐射到传声介质中. 当进气口压力为 p_1，出气口压力为 p_2 时，旋涡哨产生的超声频率为

$$f=\alpha\left(\frac{c}{\pi d}\right)\left(\frac{p_1-p_2}{p_2}\right)^{1/2} \tag{5-7}$$

式中系数 α 小于 1，c 是声速，d 为圆管直径. 旋涡哨亦可在液体中使用，但目前效率较低.

5.1.5　圆板哨

圆板哨结构的示意图如图 5.7 所示. 由气体或液体射流来激励圆板或具有张力的圆膜振动而产生声或超声，其特点是能将射流与声分开. 图中(a)为不带共振腔的圆板哨；(b)为带共振腔的圆板哨. 具有单面水负载时，圆板的固有频率为

$$f=\frac{1}{2\pi}\left(\frac{tc_{\text{p}}}{a^2}\right)\left\{\frac{3}{4A}\left[K+\frac{m}{M}+\frac{8Q}{3\pi}\left(\frac{\rho_{\text{w}}}{\rho_{\text{p}}}\cdot\frac{a}{t}\right)\right]\right\}^{-\frac{1}{2}}$$

式中 $c_{\text{p}}=[E/(1-\sigma^2)\rho_{\text{p}}]^{1/2}$，$t$、$\sigma$ 和 ρ_{p} 分别为板的厚度、泊松比和材料密度；E 和 a

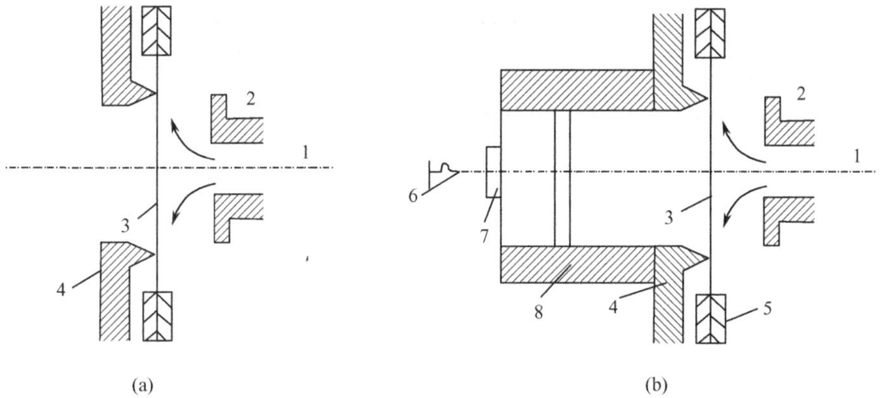

1. 液体；2. 射流喷口；3. 板或模；4. 张力环；5. 支架；6. 螺杆；7. 锁紧帽；8. 共振腔体

图 5.7 圆板哨原理图

分别为板材料的杨氏模量和圆板半径；ρ_w 为水的密度，m 为集中于板中心的等效质量，$M=\pi a^2\rho_p t$ 为板的质量.

$$A=\frac{1+\sigma}{2}\alpha^2+2(1+\sigma)\alpha\beta+\left(\frac{10}{3}+2\sigma\right)\beta^2$$

$$K=1+\frac{\alpha^2}{3}+\frac{\beta^2}{5}+\alpha+\frac{2}{3}\beta+\frac{1}{2}\alpha\beta$$

$$Q=1+\frac{14}{15}\alpha+\frac{5}{21}\alpha^2+\frac{214}{675}\alpha\beta+\frac{314}{525}\beta+\frac{89}{825}\beta^2$$

对于水中夹紧板，$\alpha-2\beta=1$.

5.2 流体动力型发声器的现状和展望

由于流体动力型发声器的结构简单、坚固耐用、处理量大、耗电量小以及它的动力源的方便等原因，因而它很适合于工业上的大规模应用，目前广泛应用于乳化、粉碎、均化、物化以及用于促进化学反应、除尘和阻燃等. 在工业上的应用方面已经显示出它独特的优点，从而体现出它极大的生命力. 然而，由于流体动力型发声器使用流体射流作为动力源来激发声波，而射流的流体动力学是一个较为复杂的研究领域，射流与腔体的耦合发声所涉及到的物理模型和物理机制也是各不相同的，其研究理论更是缺乏. 各种现有的理论都是近似的，不能系统完全地描述其基本规律. 此外，其中涉及的数学处理也是非常复杂和困难的. 因而至今流体动力发生器的发声机理还没有得到较为令人满意的解释，大部分的研究仅限于有关实验现象分析. 在一系列有关的应用中，设计者也是主要根据各种经验公式以及具体不同的实验曲线给出的结果与特征趋势来考虑问题. 对于实际要求来说，理论上的精确预示与计算有关的声波特征，例如发生器的具体结构与辐射声波的频率关系、声波强度与声场分布的规律等，无疑会更有利于此类发生器的广泛应用和控制．因而，对流体动力型发声器的辐射声波机理及其特征的进一步研究是今后值得进一步深入探讨的一个重要的研究方向．

第6章 聚焦超声换能器

6.1 超声聚焦系统的基本工作原理

在超声的一些应用技术中，为了获得高的超声强度，或者将超声能量集中到一定的区域，必须利用聚焦超声.

与光学的聚焦相类似，在超声聚焦过程中可在焦点使声能达到极大值，在一般情况下，焦点的位置与会聚镜镜面的曲率中心相重合. 在声聚焦时，声压、质点振动速度和声强都达到极大. 聚焦系统可分为主动式和被动式两种. 主动式聚焦系统是指具有弯曲辐射表面的超声辐射器，可以直接产生会聚声场，不需要其他辅助设备，如压电陶瓷球型辐射器等. 被动式超声聚焦系统是指通过改变声程的长度 kl（其中 k 是波数、l 是声程的几何长度），将平面波或者扩散波变换成会聚波. 属于被动式超声聚焦系统的有声透镜、反射镜以及电子扫描聚焦等. 功率超声中采用的超声变幅杆或称超声聚能器可以算是主动式的或者被动式的. 在超声成像的声学显示设备中，在声学显微镜、声全息设备中，以及在超声医学诊断设备和超声治疗设备中，经常要用到超声聚焦系统.

有关聚焦超声的应用主要包括两大部分. 第一类是将超声能量聚焦到一定的强度，以便使需要处理的物体产生物理或化学上质的变化，如聚焦超声加热治疗癌症等大功率超声聚焦系统[12]. 第二类利用聚焦超声的应用是超声检测、医学超声和超声探伤等[13]. 在这一类聚焦超声系统中，超声的能量不大，利用超声的目的是为了提高超声检测技术的分辨率和灵敏度等. 实现超声聚焦可以利用三种方法[14,15]，如图6.1所示. 一是采用球面或柱面压电陶瓷超声换能器. 另一类实现超声聚焦的方法是利用凹面反射镜，如抛物面反射镜等. 第三种是利用聚焦声透镜实现超声能量的聚焦. 从理论上讲，所有超声聚焦系统最终都将超声能量聚集到一个几何的点或者几何线，然而由于声的衍射效应以及超声聚焦系统的不规矩等原因，实际的超声聚焦区域不是一个理想的点或线，而是一个比较复杂的区域. 对于球形聚焦系统，其焦区类似于一个椭圆；而对于柱形超声聚焦系统，其焦区则类似于一个圆柱. 同时聚焦超声系统的焦区能量密度也都是有限的，这一点与几何光学和几何声学中的结论是不同的. 实际的焦区能量分布与理想的结论不同的原因可以通过声的衍射效应加以解释. 在垂直于超声聚焦系统主轴的平面内，超声聚焦能量的密度分布可以看成是聚焦系统有效孔径所产生的衍射图案. 这里所说的超声聚焦系统实际上就是聚焦超声换能器、凹面反射镜或者超声聚焦透镜[28~30].

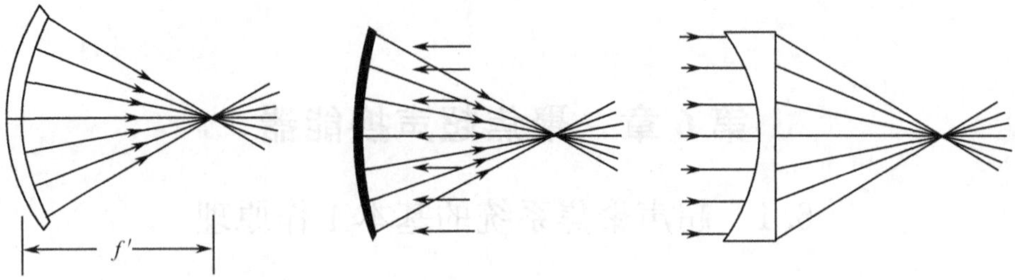

(a) 球型或柱形压电陶瓷辐射器　(b) 凹面反射镜　(c) 聚焦声透镜

图 6.1　超声聚焦系统

在超声聚焦系统中，如果系统的孔径与超声波长相比不是很小，可以近似认为超声聚焦系统在焦区附近的声场分布与圆形活塞辐射器的声场分布相似. 因此，焦平面附近的相对声强分布可以用活塞声源辐射声场指向性的平方来表示，即

$$I \propto \left(\frac{2J_1(ka\sin\theta)}{ka\sin\theta}\right)^2 \tag{6-1}$$

其中 $\sin\theta = r/f$，r 是焦平面上的一点到系统轴线的距离，f 表示系统的焦距. 式(6-1)描述的声强分布可用图 6.2 表示. 从图中可以看出，聚焦系统焦区附近的相对声强分布显示了一个明显的中间最大值以及周围的多个衍射极小值. 聚焦系统的横向聚焦尺寸可用一个临界的距离 r_0 加以表示，其定义是声强度下降到最大值的一半时的横向距离，其表达式可表示为

$$r_0 = 0.257\,\frac{\lambda f}{a} \tag{6-2}$$

式中 λ 是声波波长，a 是聚焦系统孔径的一半. 值得注意的是，在上述推导中，只有当焦区长度与系统的半径相比不是很小时才能得出可靠的结果.

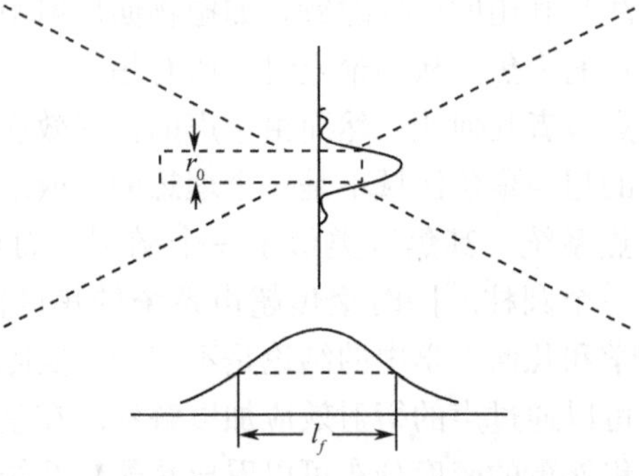

图 6.2　超声聚焦系统焦点附近的声场分布图

聚焦系统的实际焦点不仅在横向具有一定的尺寸，而且在系统的轴向也具有一定的大小. 因此，系统的焦点实际上是一个管状的结构. 焦点的长度可用以下的方法加以估计. 焦区附近的声强沿轴向的分布可由下式近似给出

$$I(z) \approx I_{\max}(\sin u/u)^2 \tag{6-3}$$

式中 z 表示离开焦点的距离，$u=\pi/2(a/f)^2 z/\lambda$. 对于 $u=1.39$，即 $z=0.886(f/a)^2$，声强降到最大值的一半. 因此焦管的长度即焦点的长度是这一长度的 2 倍，即

$$l_f = 1.8\lambda(f/a)^2 \tag{6-4}$$

在聚焦系统几何焦点处的最大声强可由下式表示

$$\frac{I_{\max}}{I_0} = \left(\frac{\pi a^2}{\lambda f}\right)^2 \tag{6-5}$$

式中 I_0 表示未经聚焦时平面波在焦点处的声强.

对于球形压电陶瓷聚焦辐射器，其焦区长度就等于曲率半径；对于凹形反射镜，其焦区长度为其曲率半径的一半. 对于超声聚焦透镜，影响其焦区长度的因素不仅有形状参数，而且还与透镜材料的声速有关. 材料的声速可用类似于光学中的折射系数加以表示，即

$$n = c/c' \tag{6-6}$$

式中 c 和 c' 分别是周围介质和透镜材料的声速. 利用光学中的知识，可以得出薄透镜的焦区长度为

$$\frac{1}{f} = (n-1)\left(\frac{1}{R_1} + \frac{1}{R_2}\right) \tag{6-7}$$

其中 R_1 和 R_2 是透镜表面的曲率半径. 对于凸透镜，曲率半径是正的，对于凹透镜，曲率半径是负的. 与光学透镜相比，声学透镜材料的声速通常大于周围介质的声速，因此折射率基本上都大于 1，而且会聚透镜的焦距也都是正的.

由于超声透镜的材料与周围介质材料的声阻抗率很难一致，因此在每一个透镜表面，将会产生入射波的反射现象. 这一现象对于声的聚焦是不利的. 在光学中，解决这一问题的途径通常是采用抗反射薄膜，可以采用一层，也可以采用多层，薄膜材料的性质一般比较接近. 由于透镜的表面涂有多层薄膜，因此可以影响阻抗匹配，在一定的频率范围内可以消除声的反射. 在超声透镜聚焦领域，有时也采用这种方法来避免声的反射. 避免声反射的另一种方法是利用阶梯透镜. 为了达到理想的聚焦效果，阶梯透镜的包络线形状应尽可能接近理想透镜的曲面形状，同时阶梯透镜每一个阶梯环的厚度应等于透镜材料中纵波波长的整数倍. 根据声波的透声原理，具有半波长厚度的透声板的透声效果是最好的，可以达到完全透射. 然而，值得指出的是，阶梯透镜属于一种共振式透镜，它仅适合于单一频率或频带较窄的超声信号，因此不能用于宽带信号的声聚焦.

除了上述提到的利用声学器件实现超声聚焦以外，目前人们还利用电子聚焦

与声学聚焦相结合的方法，即利用超声波换能器阵列探头实现电子相控阵聚焦．其具体原理是应用电子技术，适当安排换能器各阵元的激励信号的相位，从而实现超声波的聚焦、调焦（动态聚焦）以及波束偏转扫描等．这一技术在超声诊断、超声探伤以及超声检测等方面有着广泛的应用．

根据应用对象的不同，相应的超声波换能器的阵列探头也各有不同．然而，相控阵超声聚焦换能器的基本原理和实现方法基本一致．无论是环形阵、线阵、方阵还是其他形状的聚焦阵列，都是通过控制阵列中不同阵元上激励信号的相位延迟或时间延迟，使各阵元先后发出的声脉冲，能够在声场中形成一个会聚的波阵面，在焦点处实现同相位叠加，以达到通过电子控制实现声学聚焦的效果．电子聚焦除了可以实现同相聚焦以外，通过改变延时时间，还可以改变焦点的位置，即实现动态聚焦．动态聚焦对于超声成像具有重大的意义．因为动态聚焦可以实现在整个观察距离内使波束狭窄，从而全程提高系统的横向分辨率，使成像质量显著提高．

超声聚焦的含义比较广，在不同的应用场合，其内容有所不同．例如在功率超声领域，经常需要利用超声聚焦以达到所需要的高强度超声．对于频率比较低的功率超声应用，例如超声焊接和超声加工等应用，基本上利用超声变幅杆（又称为超声聚能器或超声喇叭）来实现聚焦获得高强度大功率的超声；而在频率比较高的场合，如超声加热治疗癌症以及超声处理生物种子等场合，则利用传统的超声聚焦技术，如球形压电陶瓷聚焦辐射器、声透镜以及抛物面反射聚焦器等．

在超声聚焦系统中，下面一些参数非常重要．第一，会聚镜开角，即声轴与焦点和会聚镜面边缘的连线之间的夹角，相当于光学中的孔径角．第二，焦距，即在声轴上由焦点至聚焦表面的距离．值得注意的是，在一些情况下，会聚镜面的曲率中心和在声轴上的波动焦点是不同的，后者是声强最大的一个斑点．对某种形状的镜面来说，如果它不是球面的或者直角圆柱面的，则其几何焦点与波动的焦点是不相重合的．由于超声波波长的有限性，导致了声波的衍射，由此在焦点处形成了焦斑．在简单的情况下，它是一个轴对称的圆形声束，声束的会聚角很小．焦斑的半径可表示为

$$r_0 = 1.61\lambda \frac{f}{R}$$

其中 λ 是波长，R 是聚焦系统的孔径半径，f 是焦距．聚焦斑点的半径决定了系统的分辨率，焦斑半径越小，分辨率越高．

聚焦系统的一个重要特性是聚焦区内的声压分布情况，它是聚焦系统在输出孔径处绕射波的干涉结果．由于干涉，在垂直于声轴的平面内，声压的分布类似于活塞声源的指向性，即在声轴上出现一个极大值，周围是许多个次极大值，或称为旁瓣．中间一个极大值的宽度决定了球面镜聚焦斑点的直径、或者是柱面镜聚焦带的宽度．通过衡量聚焦系统的声压分布和主极大值的宽度，可以判断所使

用的设备其适用性能如何. 例如在声学电视以及超声诊断仪中最好采用具有窄极大值的聚焦系统，它可以提高分辨率，降低旁瓣，从而在探测中提高信噪比，减少信号的失真，然而在一般的超声设备中，为了降低成本，不需要做到极窄的聚焦. 除了焦距宽度以外，焦距的长度也是一个重要的量，它对于系统的纵向分辨率非常重要.

构成实际聚焦系统的会聚型镜面，它通常与理想的波阵面是不同的，在形状上不完全是球面的一部分或直角圆柱面的一部分，因此就有一定的像差. 实际的波阵面与理想的波阵面之间沿观测方向上的几何距离称为波程相差，由此距离引起的相移称为相位相差. 由相位相差引起的在声轴方向上的声线位移称为纵向声线相差，而在焦平面内的位移称为横向声线相差. 相位相差可导致焦点的声波强度降低，此时焦点产生模糊，能量的聚集程度降低. 实际的聚焦系统都有相差，这与聚焦系统的加工不精确度以及其他因素有关.

在聚焦系统的会聚面上的振幅分布不均匀性对声学系统的聚焦有着重要的影响. 导致辐射面上振幅不均匀性的因素包括：第一，聚焦系统的初始波阵面的面积经过反射和折射后引起了面积的变化，由此产生能量的再分配，出现分布的不均匀性；第二，声波穿过两种介质的界面时的透射系数特性不同；第三，声波在聚焦系统及其周围介质材料中的吸收系数不均匀；最后声波在聚焦系统中的多次反射也影响到辐射面上的振幅分布.

在应用声学聚焦以获得超声波的能量聚焦时，焦点处的声强可以按照均匀分布的情况来近似. 如果声波发射器附近的声强为 I_0，当聚焦系统的放大系数不很大时，考虑按指数衰减的声吸收，则声强为

圆柱聚焦情况
$$I=\frac{W}{2\lambda}\sin\alpha_{\mathrm{m}}\mathrm{e}^{-2\beta f} \tag{6-8}$$

球面聚焦情况
$$I=\frac{\pi W}{4\lambda^2}\sin^2\alpha_{\mathrm{m}}\mathrm{e}^{-2\beta f} \tag{6-9}$$

其中 W 是输入声功率，β 是声吸收系数. 在液体中，声吸收系数正比于频率的平方，可用 $\beta=b\lambda^{-2}$ 表示，其中 b 是一个与介质特性有关的量. 在液体中，超声聚焦存在一个最佳波长，即 $\lambda=\lambda_{\mathrm{opt}}$，这时，焦点处的声强达到最大. 对于单位长度的圆柱形聚焦镜面

$$\lambda_{\mathrm{opt}}=(2bf)^{1/2},\quad I_{\max}=\frac{1}{\sqrt{2}\mathrm{e}}\frac{W}{\lambda_{\mathrm{opt}}} \tag{6-10}$$

对于球面镜

$$\lambda_{\mathrm{opt}}=(bf)^{1/2},\quad I_{\max}=\frac{\pi}{\mathrm{e}}\frac{W}{\lambda_{\mathrm{opt}}} \tag{6-11}$$

之所以存在最佳波长或最佳频率，原因是一方面当频率提高后能量的聚焦程度增大；另一方面由于介质的声吸收阻碍了频率的无限提高.

对于高强度超声聚焦系统，在声聚焦的高声强区会产生声波的非线性吸收现

象．随着入射声强的提高，焦点处的声强也随着增大，这一现象一直持续到当增加的声能与被吸收的声能之间发生平衡时为止．这时在焦点处的声强不再增大，即使继续增加发射声功率，焦点处的声强也不会增大，有时反而会减少，原因是辐射器的效率下降．

6.2 常用的几种超声聚焦系统的声场计算

所有超声聚焦系统的目的都是为了产生一个球形或者圆柱形的波阵面，以便在焦点处实现能量的集中．因此可以想象，只要我们知道了聚焦系统所形成的波阵面上的声学参数（如振动分布等）和几何参数（如半径和孔径等），就可以利用一种统一的方法进行计算．鉴于这一考虑，以下对常用的几种聚焦系统进行了分析，总结出了它们的共性，在此基础上归纳出计算球形聚焦系统焦区附近声场分布的统一方法．利用这种方法，只要知道了聚焦系统所形成的波阵面上的几何参数与声场参数，就可以计算出焦点附近的声场分布、包括声压增益、振速增益和声强增益等．设图 6.3 是某一聚焦系统所产生的球形波阵面，在下面的讨论中引入了以下两个假设：波阵面的曲率半径 F 远大于波长 λ，即 $F\gg\lambda$；波阵面的边缘的衍射可以忽略．图中 F 是波阵面的曲率半径，α_m 是中心轴对称球形波阵面的中心角，O 是焦点，r、η 是以 O 为原点的直角坐标．设波阵面上的声压分布是非均匀的，但与声轴是对称的，即满足

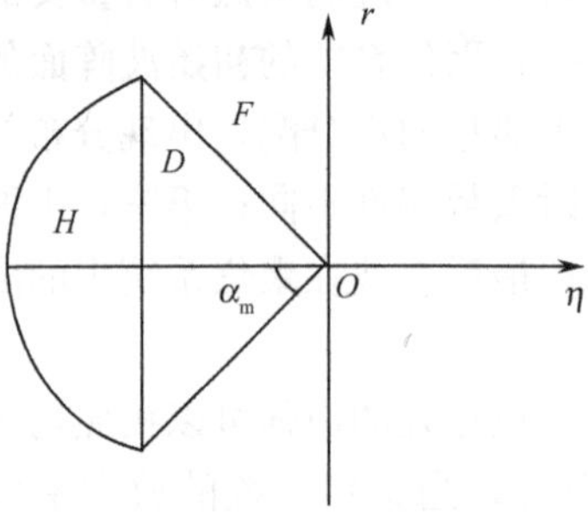

图 6.3　聚焦系统产生的球形波阵面示意图

$$p = p_0\phi(\alpha) \tag{6-12}$$

p_0 是对称轴与波阵面相交点 H 处的声压．$\phi(\alpha)$是声压分布函数，它满足条件

$$\phi(0) = 1 \tag{6-13}$$

根据德拜声压分布的表达式，可得焦点附近，坐标为(η,γ)处的声压为

$$p(\gamma,\eta) = kFp_0\int_0^{\alpha_m}\phi(\alpha)e^{ik\eta\cos\alpha}J_0(k\gamma\sin\alpha)\sin\alpha d\alpha \tag{6-14}$$

式中 $k=2\pi/\lambda$ 为波数，λ 是介质中的声波长，J_0 是零阶贝塞尔函数．在焦点处，即 $\gamma=\eta=0$ 处，声压为 $p_F = kFp_0\int_0^{\alpha_m}\phi(\alpha)\sin\alpha d\alpha$，声压增益为

$$K_p = \frac{p_F}{p_0} = kF\int_0^{\alpha_m}\phi(\alpha)\sin\alpha d\alpha \tag{6-15}$$

同理对于速度分布以及速度增益可得类似的表达式

$$V(\gamma,\eta)=kFV_0\int_0^{\alpha_m}\phi(\alpha)e^{ik\eta\cos\alpha}J_0(k\gamma\sin\alpha)\cos\alpha\sin\alpha d\alpha \tag{6-16}$$

$$V_F=kFV_0\int_0^{\alpha_m}\phi(\alpha)\cos\alpha\sin\alpha d\alpha \tag{6-17}$$

$$K_V=\frac{V_F}{V_0}=kF\int_0^{\alpha_m}\phi(\alpha)\cos\alpha\sin\alpha d\alpha \tag{6-18}$$

在以上的推导中，做了以下的假定：波阵面上的每一个积分微元的线度远大于波长，即把波阵面附近的波近似看成变形的平面波，因而满足

$$V_0=\frac{p_0}{\rho_0C_0} \tag{6-19}$$

其中 ρ_0C_0 为介质的波阻抗. 利用上面的表达式，可以求出声强增益

$$K_I=I_F/I_0=K_pK_V=(kF)^2\int_0^{\alpha_m}\phi(\alpha)\sin\alpha d\alpha\cdot\int_0^{\alpha_m}\phi(\alpha)\sin\alpha\cos\alpha d\alpha \tag{6-20}$$

从上面的各个计算式中可以发现，只要知道了各种聚焦系统的 $\phi(\alpha)$，即波阵面上的声压分布情况，那么就可以计算出焦点附近的声压分布. 因此对于不同的聚焦系统，采用上面的公式，就可以研究焦点附近声场的分布情况. 下面我们就利用上面的公式来讨论一下常用的几种具体聚焦系统所形成的波阵面上的声压分布以及其焦点处声压等参数的分布情况的计算方法.

6.2.1 有源球面聚焦辐射器

此类聚焦系统系用部分球壳或圆管型压电陶瓷元件直接作为超声辐射器. 可分为两种情况. 第一，如果辐射器由径向极化压电片组成，那么在理想情况下，辐射器的表面就是球形波阵面，波阵面的曲率半径就是辐射器的半径 R，也就是系统的焦距 f，即

$$f=F=R$$

此时，波阵面上的声压分布是均匀的，即

$$\phi(\alpha)=1$$

这样，利用上述公式可得出此系统的一些参数分布情况. 焦区附近声压分布

$$p(\gamma,\eta)=kFp_0\int_0^{\alpha_m}e^{ik\eta\cos\alpha}J_0(k\gamma\sin\alpha)\sin\alpha d\alpha$$

焦点处的声压

$$p_F=kFp_0(1-\cos\alpha_m)$$

声压增益

$$K_p=p_F/p_0=kF(1-\cos\alpha_m)$$

速度增益

$$K_V=V_F/V_0=\left(\frac{1}{2}\right)kF\sin^2\alpha_m$$

声强增益

$$K_I = K_p K_V = K_p^2 \cos^2\left(\frac{\alpha_m}{2}\right)$$

第二,如果辐射器是轴向极化压电陶瓷片,则 $\phi(\alpha)=\cos\alpha$. 同样可得

焦点附近声压分布

$$p(\gamma,\eta) = kFp_0\int_0^{\alpha_m} \cos\alpha \mathrm{e}^{\mathrm{i}k\eta\cos\alpha} J_0(k\gamma\sin\alpha)\sin\alpha \mathrm{d}\alpha$$

焦点处声压

$$p_F = kFp_0\int_0^{\alpha_m} \cos\alpha \cdot \sin\alpha \mathrm{d}\alpha = (1/4)kFp_0(1-\cos 2\alpha_m)$$

焦点处振速

$$V_F = kFV_0\int_0^{\alpha_m} \cos^2\alpha \sin\alpha \mathrm{d}\alpha = (1/3)kFV_0(1-\cos^3\alpha_m)$$

振速增益

$$K_V = V_F/V_0 = \frac{1}{3}kF(1-\cos^3\alpha_m)$$

声强增益

$$K_I = K_p \cdot K_V = \frac{1}{12}(KF)^2(1-\cos 2\alpha_m)\cdot(1-\cos^3\alpha_m)$$

6.2.2 声透镜

6.2.2.1 折声材料与声透镜

在制成适当形状后可使沿直线传播的声波产生会聚或发散的器件，称为声透镜. 用于制做声透镜以使声波发生折射的材料，称为折声材料. 与光学透镜一样，声透镜也有发散或会聚之分，但迄今为止，超声工程中实际使用的都是会聚透镜. 而将声束聚焦的目的，就是使其更细，能量更集中，以便提高超声检测和诊断的侧向分辨力或加工与治疗的效能. 折声材料可以是固态，也可以是液态. 但液体不能自成形状，必须有外壳盛装，故使用机会远比固体为少. 显然，折声材料必须是透声材料，应该符合与前后方介质声阻抗匹配和自身具有低衰减系数的要求，但它必须具备的一个更重要条件，就是声速必须和作为检测、诊断、加工或治疗对象的介质不同.

在超声工程中，采用声透镜的主要分支是超声诊断（直接接触或经水）和经水超声检测，而适合这些介质条件的折声材料，只能是塑料或橡胶. 在塑料王国中，对比一下各个品种的声衰减系数、工艺特性、材料来源和价格等，即可发现，确有实用价值的只有聚苯乙烯、ABS 塑料、有机玻璃和环氧树脂等有限几种. 在所有塑料中，聚苯乙烯的声衰减远低于其余所有品种，尤其适用于 MHz 频段. 有机玻璃是比较常用的折声材料，它有来源方便和易于加工的优点. 但在今天，已经得到普及的 ABS 塑料，从声阻抗率、声衰减系数、可加工性、与相

邻材料的黏结强度、价格等综合考虑，理应先于有机玻璃作为选择对象. 环氧树脂的声阻抗率与有机玻璃相近，声衰减偏大，但它的突出优点是可以浇铸成形，且本身就是优质黏合剂，在对其声衰减可以接受的场合常被优先选用.

在橡胶材料中，RTV 硅橡胶声速约为水和人体软组织的 2/3，且具有最低衰减系数，可浇铸成型，室温硫化，自然成为首选对象. 但其纯胶声阻抗率低于 $1.1\times10^6\mathrm{Pa\cdot sm^{-1}}$，且强度甚低. 在经水耦合后尚可应用，作为接触式应用则易于损坏. 为此，一些发达国家对 RTV 硅橡胶的填充改性（提高声阻抗率和强度）做了大量工作. 对填料的主要要求为：(1) 密度高于纯胶，能有效地提高复合体系的声阻抗率；(2) 密度不能太高，且粒径要很小，以尽量少地提高复合体系的声衰减系数；(3) 对硅橡胶有补强作用；(4) 在满足声阻抗率要求（如达到 $(1.5\times10^6\mathrm{Pa\cdot sm^{-1}})$ 的条件下，混合物料应具有足够的流动性，可允许真空除气和浇铸成型. 迄今为止，可供选用的填料只有白炭黑、钛白粉和滑石粉等很少几种. 实践表明，(1)、(2)、(4) 三条间存在明显矛盾，难以兼顾. 作为不得已的处理，只有降低对声阻抗率的要求. 由于在换能器 $\lambda/4$ 匹配层与人体或水之间加入了一个低阻抗层，对探头灵敏度、分辨力和盲区都有不利影响，作为补救措施，有的公司在硅橡胶声透镜外面又加了一个称为“匹配探头”匹配层. 此外，有的公司采用热硫化硅橡胶制做医用超声探头声透镜，以提高强度，延长使用寿命.

显然，在以人体和水为工作对象和工作介质时，塑料必须制成平凹透镜，而橡胶则必须制成平凸透镜. 但透镜越厚，声衰减越甚，且平凸透镜最厚处恰与声压最强的声轴对应，对灵敏度会有明显的不利影响. 因此，除接触式探头外，应优先考虑平凹透镜.

6.2.2.2 *声透镜的设计参数——声焦距与几何焦距*

与光学透镜相似，声透镜的聚焦效果取决于折声材料与对象介质（水或人体组织）的声速比和曲率半径. 若折声材料与介质声速分别为 c_1 和 c_2，透镜曲率半径为 R，则几何焦距为

$$F=\frac{R}{\frac{c_2}{c_1}-1} \tag{6-21}$$

显然，F 取正值对应凸透镜，F 取负值对应凹透镜. 但必须注意，在一般情况下，几何焦距并非声焦距. 若晶片近场区长度为 l_0（对圆形晶片，$l_0=d^2/4\lambda$，d 为晶片直径，λ 为负载材料中波长），则几何焦距 F 与声焦距 F_a 的关系为

$$\frac{F}{l_0}=\frac{1}{1-F_a/l_0}\left[\frac{F_a}{l_0}-0.635\left(\frac{F_a}{l_0}\right)^2+0.2128\left(\frac{F_a}{l_0}\right)^3\right] \tag{6-22}$$

F/l_0 和 F_a/l_0 的关系如图 6.4 所示. 不难看出，声焦距的极限值为近场区长度的 90%，且只有在几何焦距为近场区长度的 2 倍以内时，才能有效地通过改变透镜曲率半径影响声焦距. 还应指出：(1)声焦点并非不占空间的几何点，而是近似圆柱

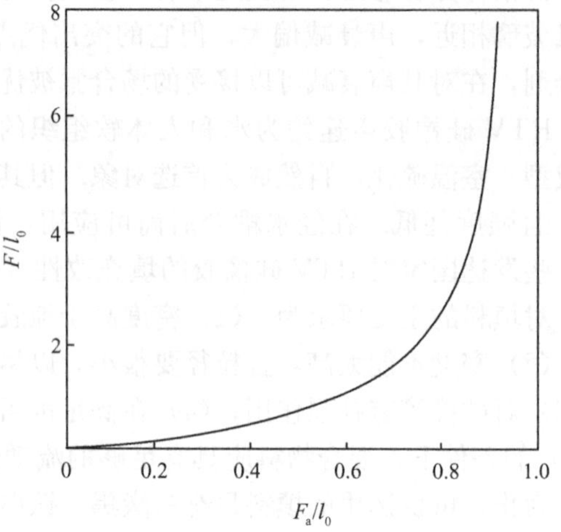

图 6.4 F/l_0 与 F_a/l_0 的关系曲线

体，若晶片半径为 a，则相对轴上声压下降 6dB 处的圆柱体即焦柱直径为

$$d_{-6dB} = 0.71\frac{\lambda F_a}{a} \tag{6-23}$$

圆柱体长度近似为

$$l = \frac{2D}{D^2 - 1}a \tag{6-24}$$

其中 $D=a^2/\lambda F_a$. (2) 鉴于折声材料声阻抗率显著低于晶片相应参数，应在二者之间插入 $\lambda/4$ 匹配层，以提高探头灵敏度和轴向分辨力. (3) 在凹透镜情况下，其中心最薄处应取为 $\lambda/4$ 厚，按匹配层概念处理，应当比按 $\lambda/2$ 取值有更好的灵敏度和轴向分辨力.

与光学透镜相似，声学透镜也是由两个反射面组成的. 透镜材料的声速为 c_2，周围介质材料的声速为 c_1，则声波的折射系数定义为 $n=c_1/c_2$. 借助于改变声波路径的长度和利用透镜边界上的折射来实现声聚焦. 超声透镜的材料可以是固体、液体或气体. 对于液体和气体材料，应当使透镜的外壳足够的薄，以免引起附加的透射损失和不必要的折射. 透镜的性能取决于其本身的材料性能、周围介质的特性以及折射表面的几何形状. 透镜的形状有平-凹型、平-凸型、双凸面型、双凹面型以及凸-凹面型. 具有会聚型镜面的透镜称为会聚或聚焦透镜，而发散型的称为扩散透镜.

根据声波折射系数的不同，当折射系数 $n>1$ 时，称为减速透镜；当 $n<1$ 时，称为加速透镜. 如果 $n>1$，即 $c_1>c_2$，则会聚透镜至少应当有一个凸折射表面，由于声速在透镜中变慢，则在靠近声轴处声波到达的比较晚. 如果 $n<1$，即 $c_1<c_2$，则会聚透镜至少应当有一个凹折射表面，由于远离声轴部分的声速较

快，所以才能形成声线的会聚.

在选择透镜的材料时，尽量使它的声阻抗与周围介质的声阻抗相差不大，这样可以获得最大的透射，同时要注意在工作频率下透镜材料的吸收系数要小.

折射表面可以有不同的形状，如球面的、椭球面的、抛物面的以及双曲面的等，其目的都是为了会聚沿声轴传来的平面波声束. 对于那些与声轴成某一角度传播的声束，它们的相差最大. 因此，为了获得声学成像，最好采用球形折射表面的透镜. 另外加速透镜较之减速透镜有着较小的球面像差. 折射系数越小，则声束像差亦越小. 如果把平面-双曲面透镜做成加速型的，而把平面-椭球面的做成减速型的，则这些透镜将由会聚型的变成扩散型的，入射到它上面的平面波将被转变成发散波（球面波或柱面波）. 当使用小尺寸的发射换能器时，这类透镜可用来获得在较大的空间范围内的均匀声场.

超声透镜的焦距是表征透镜实用性能的基本参数，在焦距处声强达到最大值. 透镜的焦距取决于透镜的折射系数和透镜的几何参数，在下面的分析中，将对具体的透镜进行分析. 另外，超声聚焦透镜的放大系数和分辨本领取决于透镜的最大孔径角，也称为临界角. 在超声成像系统中，通过超声透镜在焦点处的声压放大系数，可以近似计算出接收系统的灵敏度和焦点处的最大声强. 声透镜的放大系数与透镜材料中的吸收系数有很大的关系，因为超声的吸收不仅与材料本身有关，而且与超声的频率和传播距离等也有关系.

超声聚焦透镜不一定是利用一定形状的某种固定材料来作为折射镜，也可以利用按照某种规律使折射率连续变化的材料来构成. 这类透镜称为非均匀透镜，在实际当中多采用球形或直角圆柱形的非均匀透镜. 常用的两种非均匀透镜包括伦伯格透镜和麦克斯韦透镜，这两种透镜都是球面或柱面透镜.

当声波通过截面积逐渐变化的普通透镜时，其声波透射系数与透镜的厚度有关系. 当透镜的厚度等于透镜材料中半波长的整数倍时，声波的透射达到最大值；当透镜的厚度等于透镜材料中 1/4 波长的奇数倍时，声波的透射最小. 因此为了避免声波的透射出现最小值情况，可以采用阶梯形透镜. 在这种透镜中，每一阶梯层的厚度都是半波长的整数倍，因而都是最大透射.

另外一种透镜称为波导透镜. 它是由一组不同长度的波导管组成，波导的长度用波长来表示. 选择各个波导的长度使通过各波导的声波在焦点处同相叠加. 这是一种具有变焦距特性的声透镜，它的外壳是由顺性材料构成，例如充水的橡胶囊，通过改变壳内的压力就可以改变其曲率半径，也就改变了焦距，这样就无需通过机械直接调整焦距.

超声透镜有时与滤波片联合使用. 我们知道，当只用一个透镜时，其孔径尺寸是常数，而透过的声波的指向性指数与波束宽度则是与频率有关系的. 当用一个超声透镜与声学滤波片联合使用时，则可以实现有效接收孔径是随频率而变化的，而指向性指数与波束宽度则可保持常数. 声学滤波片很简单，就是一个沿径向向内逐渐变薄的不锈钢圆板，它的前表面是平面，后表面是锥面. 下面对一些常用的超声透镜的声场分布进行简要分析.

(1) 平-凸型透镜

图 6.5 所示为一个平一凸型声透镜. 图中声波入射面为一平面，折射面则是

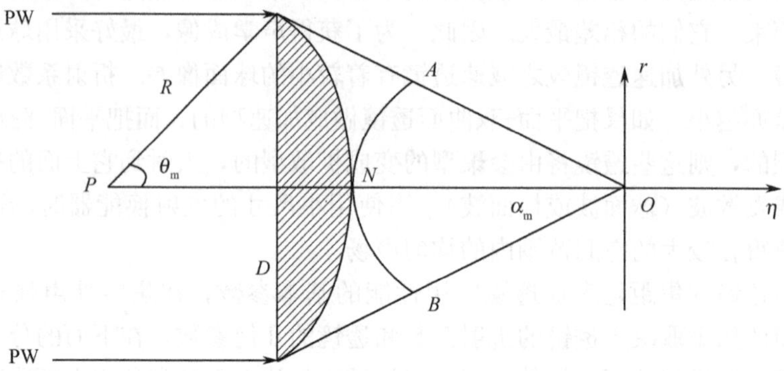

图 6.5 平-凸型声透镜示意图

一半径为 R 的凸球面，球心在 P，中心角为 θ_{m}，透镜材料的折射率为 n，透镜的孔径为 $2D$. 图中圆弧 ANB 是透镜形成的球形波阵面，其曲率半径为 F，此时，$f=F$，f 是透镜的焦距，α_{m} 是波阵面的中心角，由图 6.5 可得它与已知量的关系为

$$f=\frac{R}{n-1}\quad (\text{对凸透镜}, n>1) \tag{6-25}$$

$$\tan\alpha_{\mathrm{m}}=\frac{D}{f+R(1-\cos\theta_{\mathrm{m}})}=\frac{(n-1)\sin\theta_{\mathrm{m}}}{n-(n-1)\cos\theta_{\mathrm{m}}} \tag{6-26}$$

这样球形阵面 ANB 的几何参数已经决定,对于波阵面上的声压分布函数 $\phi(\alpha)$,可得

$$\phi(\alpha)=\frac{(n-1)(n-\cos\alpha)^{1/2}}{(n\cos\alpha-1)^{3/2}} \tag{6-27}$$

上式中忽略了材料损耗,即假定透镜的透射率为 1. 在极限情况,$n\to\infty$,$\phi(\alpha)$变为

$$\phi(\alpha)=\cos^{-\frac{3}{2}}\alpha \tag{6-28}$$

这种情况相当于透镜材料的声速非常小. 这时波阵面上的声压分布为

$$p=p_0\phi(\alpha)=p_0\cos^{-\frac{3}{2}}\alpha \tag{6-29}$$

其中 p_0 是入射波的声压. 因此,利用上面得出的公式可得平一凸型声透镜聚焦系统的焦点附近声压分布

$$p(\gamma,\eta)=kFP_0\int_0^{\alpha_m}\cos^{-\frac{3}{2}}\alpha e^{ik\eta\cos\alpha}J_0(k\gamma\sin\alpha)\sin\alpha d\alpha \tag{6-30}$$

声压增益

$$K_p=\frac{p_F}{p_0}=kF\int_0^{\alpha_m}\cos^{-\frac{3}{2}}\alpha\sin\alpha d\alpha=2KF\left(\frac{1}{\sqrt{\cos\alpha_m}}-1\right) \tag{6-31}$$

速度增益

$$K_V=\frac{V_F}{V_0}=kF\int_0^{\alpha_m}\cos^{-\frac{3}{2}}\alpha\cos\alpha\sin\alpha d\alpha=2kF(1-\sqrt{\cos\alpha_m}) \tag{6-32}$$

声强增益

$$K_I=K_P\cdot K_V=2kF\left(\frac{1}{\sqrt{\cos\alpha_m}}-1\right)\cdot 2kF(1-\sqrt{\cos\alpha_m})$$

$$=(2kF)^2\frac{(1-\sqrt{\cos\alpha_m})^2}{\sqrt{\cos\alpha_m}} \tag{6-33}$$

(2) 平-凹型透镜

如图 6.6 所示为一平-凹超声聚焦透镜的示意图,图中入射面也为一平面,折射面则为一半径为 R 的凹球面,球心在 P,中心角为 θ_m,透镜孔径为 $2D$,折射率为 n,圆弧 ANB 表示此透镜形成的波阵面,其半径为 F,中心角为 α_m,O 是球形波阵面球心,也就是此系统的焦点. 在这种情况下,波阵面的半径 F 不等于透镜的焦距 f. 此时 f 为

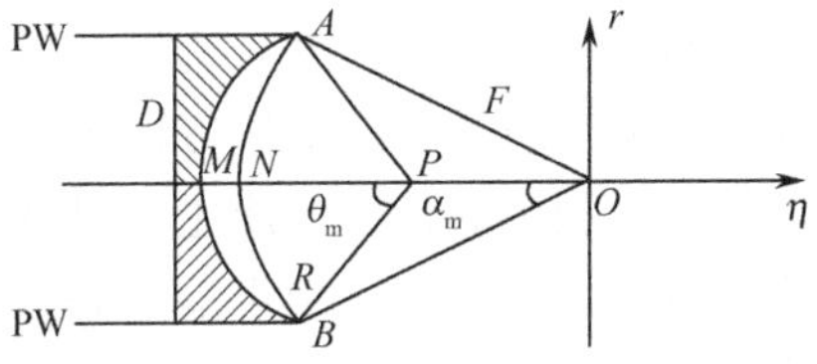

图 6.6 平-凹超声聚焦透镜的示意图

$$f=OM=\frac{R}{1-n}\quad(\text{对凹透镜 } n<1)$$

$$F=ON$$

利用图 6.6 中的几何关系,由 $F\cos\alpha_m+R(1+\cos\theta_m)=f$ 及 $F\sin\alpha_m=R\sin\theta_m$ 可得

$$F=\frac{R}{1-n}\sqrt{1-2n(1-n)(1-\cos\theta_m)} \tag{6-34}$$

$$\sin\alpha_m=\frac{R\sin\theta_m}{F}=\frac{(1-n)\sin\theta_m}{\sqrt{1-2n(1-n)(1-\cos\theta_m)}} \tag{6-35}$$

波阵面上的声压分布为

$$\phi(\alpha)=\frac{(1-n)\cdot\sqrt{\cos\alpha-n}}{(1-n\cos\alpha)^{3/2}} \tag{6-36}$$

在极限情况下,$n\to 0$,相当于声速非常大,则

$$\phi(\alpha)=\cos^{\frac{1}{2}}\alpha \tag{6-37}$$

此时，波阵面上的声压分布

$$p = p_0 \cos^{\frac{1}{2}} \alpha \tag{6-38}$$

p_0 是入射平面波的声压. 有了以上各个参数，即 F、α_m、$\phi(\alpha)$，则可得焦点附近声压分布

$$p(\gamma,\eta) = kFP_0 \int_0^{\alpha_m} \cos^{\frac{1}{2}} \alpha e^{ik\eta\cos\alpha} J_0(k\gamma\sin\alpha) \sin\alpha d\alpha \tag{6-39}$$

声压增益

$$K_P = \frac{p_F}{p_0} = kF \int_0^{\alpha_m} \cos^{\frac{1}{2}} \alpha \sin\alpha d\alpha = \frac{2}{3} kF(1 - \cos^{\frac{3}{2}} \alpha_m) \tag{6-40}$$

速度增益

$$K_V = \frac{V_F}{V_0} = kF \int_0^{\alpha_m} \cos^{\frac{1}{2}} \alpha \cdot \cos\alpha \cdot \sin\alpha d\alpha = \frac{2}{5} kF(1 - \cos^{\frac{5}{2}} \alpha_m) \tag{6-41}$$

声强增益

$$K_I = K_P \cdot K_V = \frac{4}{15}(kF)^2 (1 - \cos^{\frac{3}{2}} \alpha_m)(1 - \cos^{\frac{5}{2}} \alpha_m) \tag{6-42}$$

以上分析的透镜属于最简单的情况，即只有一个折射面. 对于有两个或多个元件组成的系统，同样也可以求出波阵面的几何与声学参数，因此可以计算出透镜焦区的声场分布. 另外，透镜的材料对于透镜的聚焦性能影响极大. 在超声工程领域，采用声透镜的应用方面主要是超声诊断、超声检测、超声治疗以及超声处理等，所利用的传声介质主要是液体，鉴于经济的考虑，水是应用最广的一种传声介质. 因此为了实现声能的高效传输和减少损失，必须选择一些与水的声阻抗比较接近的透镜材料.

6.2.3 反射镜聚焦系统

在声学设备中，在某些场合下经常需要反射镜以实现改变声波路径或使声能聚焦与发散. 声波反射镜是由一块或多块近乎全反射的镜面组成. 反射镜的声学性能取决于它的几何形状、表面光滑程度和表面反射系数. 从形状上可将反射镜分为平面的、球面的、圆柱面的、椭圆面的以及抛物面的等. 反射镜聚焦系统是通过系统的反射镜面将超声平面波反射形成会聚波，从而实现超声聚焦的目的，超声反射镜有抛物面反射镜、椭圆面反射镜、双锥面反射镜以及双曲面反射镜等.

声学反射镜的基本特性可用反射系数 R_r 来表示，它是反射波与入射波的平均声强度之比. 对于一个无限大的平面反射体，当平面波以与法线成一定角度 α 入射到平面上时，反射系数可表示为

$$R_r = \frac{\cos\alpha - q\sqrt{1 - n^2 \sin^2 \alpha}}{\cos\alpha + q\sqrt{1 - n^2 \sin^2 \alpha}} \tag{6-43}$$

其中 q 是入射空间的媒质与反射体材料的波阻抗比，n 是两种介质的折射系数.

常用的聚焦反射镜可将入射的平面波聚焦于空间的某一狭小范围内. 根据它的用途可分为两类，一是作为能量聚集之用，一是作为发射或接收信号的空间变换之用. 前者常应用于超声加工处理以及超声医疗设备中；后者可用于加强声波发射与接收的指向性，常在超声探测和超声成像中加以应用.

6.2.3.1 抛物面聚焦反射镜

抛物面反射镜聚焦情况如图 6.7 所示. 图中抛物线 GPH 的方程为 $Y^2=2PX$，反射镜的孔径为 $2D$. 图中圆弧 APB 是球形波阵面，其半径为 F，也就是反射镜聚焦系统的焦距，即 $F=f=p/2$，α_m 是波阵面的中心角，由图中的几何关系可得，在 G 点，$y=D$，由抛物线方程可得

$$X=\frac{D^2}{2P}$$

$$\sin\alpha_m=\sin(\pi-\alpha_m)=\frac{D}{OG}$$

$$=\frac{D}{\sqrt{D^2+\left(X-\frac{P}{2}\right)^2}}=\frac{2DP}{D^2+P^2}$$

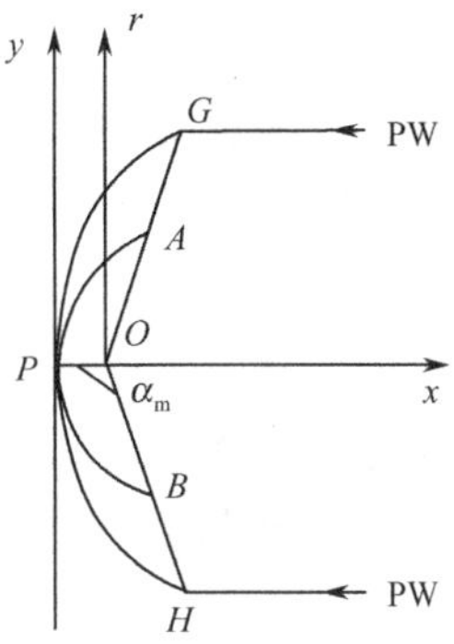

图 6.7 抛物面聚焦反射镜聚焦示意图

至于声压分布，利用已有的结论可得

$$\phi(\alpha)=\frac{1+\cos\alpha}{2}$$

这样可得焦点附近声压分布

$$P(\gamma,\eta)=kFP_0\int_0^{\alpha_m}\frac{1+\cos\alpha}{2}e^{ik\eta\cos\alpha}J_0(k\gamma\sin\alpha)\sin\alpha d\alpha$$

声压增益

$$K_p=\frac{P_F}{P_0}=kF\int_0^{\alpha_m}\frac{1+\cos\alpha}{2}\sin\alpha d\alpha=\frac{kF}{4}[4-(1+\cos\alpha_m)^2]$$

速度增益

$$K_V=kF\int_0^{\alpha_m}\frac{1+\cos\alpha}{2}\cos\alpha\sin\alpha d\alpha=kF\left[\frac{1}{4}(1-\cos^2\alpha_m)+\frac{1}{6}(1-\cos^3\alpha_m)\right]$$

声强增益

$$K_I=K_P\cdot K_V=\frac{(kF)^2}{4}[4-(1+\cos\alpha_m)^2]\left[\frac{1}{4}(1-\cos^2\alpha_m)+\frac{1}{6}(1-\cos^3\alpha_m)\right]$$

6.2.3.2 直角锥面与抛物面的组合聚焦系统

图 6.8 是直角锥面与抛物面组合反射系统的声场聚焦情况示意图. 入射的平面波经过直角锥面反射以后，再经过抛物面的第二次反射，将声能聚焦在系统的焦点上. 在该聚焦系统的声场中，与焦点 F 相距 r 处的声强为

$$I=\frac{(H+h)P}{2\pi Rr^2\sin2\alpha} \tag{6-44}$$

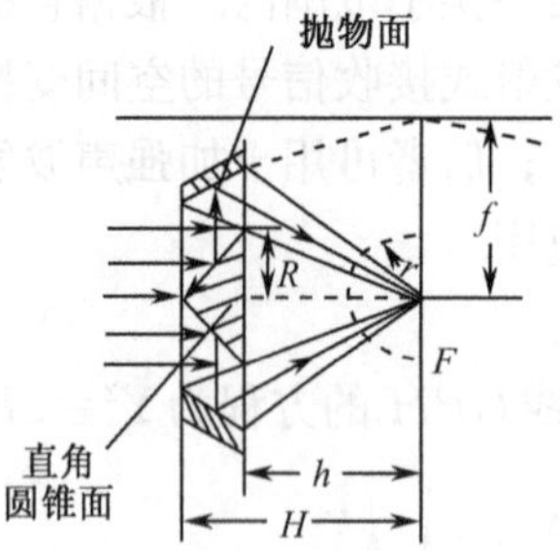

图 6.8 直角锥面与抛物面组合反射聚焦系统的聚焦示意图

式中 P 表示声源辐射到圆锥反射面上的声功率，R 表示直角反射锥体的底面半径，H 是抛物面的前横截面与焦点的距离，h 表示抛物面的后横截面与焦点的距离，α 是反射声束的平均开角.

6.2.3.3 双圆锥反射聚焦系统

利用两个不同锥角的圆锥面共轴倒向组合成为图 6.9 所示的双锥聚焦反射系统，称为双锥反射聚焦器. 其几何焦点位置离开双锥面相接的平面的距离为

$$H = r\frac{\sin\beta}{\cos(\beta-\gamma)}\frac{\sin(2\beta-2\gamma)}{\sin(2\beta-\gamma)} = 2r\frac{\sin\beta\sin(\beta-2\beta_0)}{\sin 2(\beta-\beta_0)} \tag{6-45}$$

式中 r 是双锥面相接圆的半径，γ 是声束在锥面上的一次反射后，与圆锥面轴线的夹角，β 是出射锥面的锥底面的补角，β_0 是入射锥面的锥底面的补角.

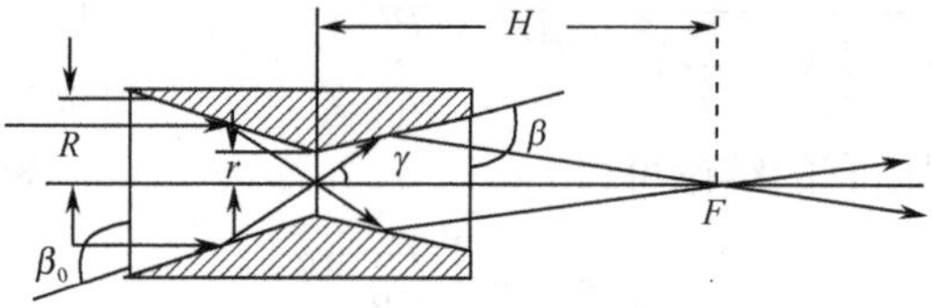

图 6.9 双锥聚焦反射系统的聚焦示意图

6.2.4 超声衍射镜

超声衍射镜又称为超声分区聚焦镜或者波带片聚焦透镜. 其主要部件就是一个圆形压电陶瓷晶片，在压电片的两面刻有一系列圆形的槽，从而形成许多个半径不同的圆环. 当对压电片上相邻的环形区施以反相极化，从而使其具有相反的极性. 最后在圆环的正反两面分别镀银形成两个圆形电极. 当在电极上施加交变电压时，压电陶瓷圆片上的奇数区和偶数区就发射相位相反的声波，对于声波带板，利用相位补偿，使各个波带的声波能够同相地到达焦点，产生衍射极大，达到聚焦的目的，从而形成聚区附近的聚焦声场分布，其聚焦情况如图 6.10. 其中 D 是波带板的半径，其值可近似表示为

$$D_m = \sqrt{(f+m\lambda/2)^2 - f^2}$$

f 为波带板的焦距，m 是整个波带板所划分出来的总的非涅耳波带数，λ 是周围介质中声波的波长. 对于长焦距系统，焦距可近似表示为 $f=\frac{D_{\mathrm{m}}^2}{m\lambda}$. 图中圆弧 ANB 是球形波阵面，其半径 F 也就是焦距，即 $F=f$，α_{m} 是波阵面的中心角，

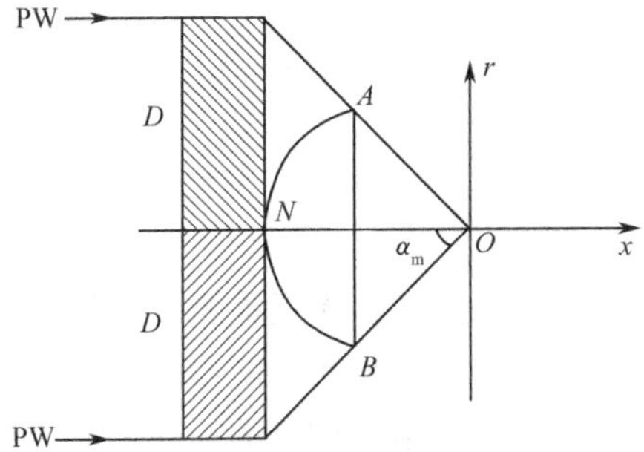

图 6.10　超声波带板聚焦系统示意图

它满足 $\tan\alpha_m = D_m/f$.

根据上述理论，为了获得声场分布，应该确定聚焦系统的几何参数和声场参数. 下面来找出波阵面上的声压分布函数 $\phi(\alpha)$，见示意图 6.11 所示. 为了简化分析，忽略材料吸收，假设透射率为 1，则出射波的声压振幅等于入射波的声压振幅，设为 P_0. 利用能量守恒，通过 ds_0 的声功率等于通过 ds 的声功率，即 $I_0 ds = I ds$. 其中 $I_0 = \dfrac{P_0^2}{2\rho_0 C_0}$，$I = \dfrac{P^2}{2\rho_0 C_0}$，$I_0$，$I$ 分别是 ds_0 与 ds 处的声强，P_0 与 P 是其对应的声压. $\rho_0 C_0$ 为介质的波阻抗. 由几何关系得 $ds_0 = 2\pi F\tan\alpha F\sec^2\alpha d\alpha$，$ds = 2\pi F\sin\alpha F d\alpha$. 因此可得

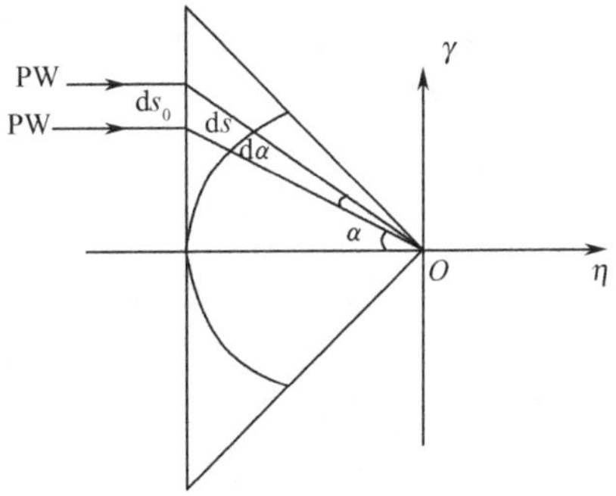

图 6.11　超声波带板聚焦形成的波阵面示意图

$$\frac{P_0^2}{P^2} = \frac{ds}{ds_0} = \frac{\sin\alpha}{\tan\alpha\sec^2\alpha} = \cos^2\alpha$$

$$P = P_0\cos^{-3/2}\alpha = P_0\phi(\alpha)$$

所以 $\phi(\alpha) = \cos^{-3/2}\alpha$，因此，可以求出焦点附近声压分布

$$P(\gamma,\eta) = kFP_0\int_0^{\alpha_m}\cos^{-3/2}\alpha e^{ik\eta\cos\alpha}J_0(k\gamma\sin\alpha)\sin\alpha d\alpha$$

声压增益

$$K_P = \frac{P_F}{P_0} = 2kF\left(\frac{1}{\sqrt{\cos\alpha_m}} - 1\right)$$

速度增益

$$K_V = \frac{V_F}{V_0} = 2kF(1 - \sqrt{\cos\alpha_m})$$

声强增益

$$K_I = K_P \cdot K_V = (2kF)^2 \frac{(1-\sqrt{\cos\alpha_m})^2}{\sqrt{\cos\alpha_m}}$$

6.2.5 平板型阶梯超声聚焦透镜

声学透镜已被广泛地应用于水声、无损检测、医学诊断以及需要聚焦声能的许多领域. 因此如何设计制作分辨率高而声能损耗小的声透镜是非常重要的. 在上面介绍的超声透镜中，基本上忽略了材料的损耗，然而对于实际材料，其损耗是不能忽略的，尤其在高频范围内，而超声聚焦基本上是处于高频段. 根据光学理论，夫琅禾费衍射图样中心亮点的半径为

$$d = \frac{1.22\lambda f}{D} \tag{6-46}$$

其中 D 是圆孔的直径，也就是我们所讨论的透镜的孔径，λ 是声波波长，f 是透镜的焦距. 由上述式子可以看出，要得到比较小的亮点直径，即比较高的分辨率，除了提高超声的频率以外，还必须使比值 f/D（通常称为 F 数）尽可能的小. 这就意味着当透镜的焦距为某一数值时，要提高分辨率就必须增大透镜的孔径. 然而对于一般情况下使用的固体声学透镜来说，如球形透镜等，要增加孔径，则透镜边缘部分的厚度也要相应的增加，因而声能在透镜材料中的损耗也将大大增加，损耗又引起透镜发热，使聚焦性能受到影响，特别是在声强比较大时，有可能导致透镜的损坏. 能不能设计一种分辨率比较高而损耗较小的薄透镜呢? 理论和实验表明，阶梯声透镜可以解决这一问题. 所谓平板型阶梯声透镜就是指在一块平板上刻有许多圆槽，通过适当选择圆槽的半径和圆槽的曲面形状，使声能达到聚焦的效果. 有关平板形阶梯声透镜的研究内容，可参见相关的文献.

第 7 章　夹心式压电陶瓷超声换能器

7.1 概　　论

在功率超声领域，压电陶瓷换能器得到了最为广泛的应用. 与超声检测以及医学超声等其他应用中的超声换能器不同，功率超声换能器大部分工作在低频超声范围，对换能器的功率、效率以及振动位移的要求较高，而对于其他性能参数，如灵敏度、指向性以及分辨率等参数则要求不是很严格.

根据压电陶瓷振子的振动模式分析，压电陶瓷圆片或圆环振子的纵向和厚度振动模式的机电耦合系数比较高，因此为了得到比较高的电声转换效率，在功率超声领域，压电陶瓷换能器的换能元件基本上采用轴向极化的压电陶瓷圆片或圆环. 但是对于纯粹的压电陶瓷元件来说，要得到共振频率在 50kHz 以下的振子，沿其极化方向的厚度应为 4cm 以上. 这样厚的振子，内部阻抗太高，而且烧成和极化工艺都较困难. 为了克服这一困难，在大功率超声和水声领域，常采用一种在压电陶瓷圆片的两端面夹以金属块而组成的夹心式压电陶瓷换能器[16]，或称为复合压电陶瓷换能器，见图 7.1 所示. 由于这种结构的换能器是由法国物理学家朗之万提出来的，因此有时也称为朗之万换能器. 在这种复合换能器中，压电陶瓷圆片的极化方向与振子的厚度方向一致，压电陶瓷圆片或圆环通过高强度胶或应力螺栓与两端的金属块连接在一起，整个振子的厚度等于基波的半波长. 这种换能器结构的优点在于既利用了压电陶瓷振子的纵向效应，又得到了较低的共振频率. 另一方面，由于压电陶瓷本身的特点，即抗张强度差，在大功率工作状态下容易发生破裂，通过采用金属块以及预应力螺栓给压电陶瓷圆片施加预应力，使压电陶瓷圆片在强烈的振动时始终处于压缩状态，从而避免了压电陶瓷片的破裂.

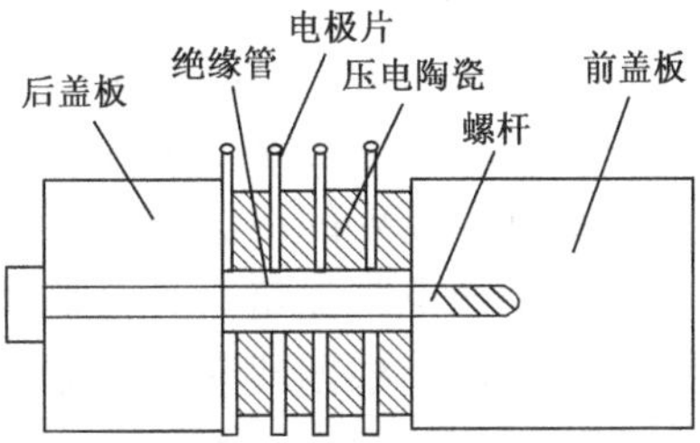

图 7.1　夹心式压电陶瓷换能器的基本结构示意图

由于压电陶瓷属于一种绝缘性材料，因此其导热性能很差，在大功率状态下极易发热，从而造成能量的转换效率下降. 在夹心式压电陶瓷换能器中，由于使用了金属前后盖板，换能器的导热性能会得到很大的改善. 只要金属材料与压电陶瓷材料的厚度以及横向尺寸选择适当，压电陶瓷材料弹性常数的温度系数可以由金属材料弹性常数的温度系数加以补偿，因此夹心式压电陶瓷换能器的频率温度系数可以做得很小，其温度的稳定性也较好.

另外，在夹心式压电陶瓷换能器中，通过改变压电陶瓷材料的厚度和形状以及前后金属盖板的几何尺寸和形状，可以对换能器进行优化设计，来获得不同的工作频率和其他一些性能参数，以适应不同的工作环境和应用场合. 除了上述特点以外，由于夹心式压电陶瓷换能器制作简单方便，因此在功率超声技术以及其他技术中得到了广泛的应用.

夹心式功率超声压电陶瓷换能器主要由中央压电陶瓷片、前后金属盖板、预应力螺栓、金属电极片以及预应力螺栓绝缘套管等组成.

换能器中央部分的陶瓷晶堆由若干片压电陶瓷圆环组成，压电陶瓷晶堆中各晶片之间采用机械串联而电路并联的方式连接. 相邻两片晶片的极化方向相反，使得各个晶片的纵向振动能够同相叠加，以保证压电陶瓷晶堆能够协调一致地振动. 晶片的数目一般是偶数，以便换能器的前后盖板与同一极性的电极相连，否则，换能器的前后盖板与晶片之间要加一绝缘片. 通常为了安全，换能器的前后盖板都与电源的负极相连.

在功率超声领域，夹心式压电陶瓷换能器的压电晶片主要是实现大功率及高效率的能量转换[42～43]，因此应选择机械及介电损耗较低而压电常数和机电转换系数较高的材料，为了适应上述目的，一般选用发射型大功率材料，如 PZT－4 和 PZT－8 等. 压电陶瓷晶片的形状、直径和数量，主要是根据换能器的工作频率、工作模式、需要的声功率输出以及各种不同的应用场合来确定的.

在大功率压电陶瓷超声换能器中，压电陶瓷片的位置对换能器振动性能的影响也是比较大的. 根据理论、实验测试以及许多换能器设计工程师的实践经验，人们发现，在不同的应用场合，压电陶瓷晶堆的位置对换能器的影响是不同的. 对于处于轻负载工作状态的压电陶瓷复合换能器，如超声加工、超声钻孔以及超声金属和塑料焊接等技术，由于换能器的负载较轻，因此换能器的振动位移较大，而电压不是太高，因此，对于轻负载换能器，换能器的机械损耗占主导地位，而换能器的介电损耗则较小. 在这种情况下，当换能器的压电陶瓷晶堆偏离位移节点时，可以减少换能器的机械损耗，以避免陶瓷晶堆所受的应力过大而导致损坏及损耗增大. 对于处于重负载工作状态下的压电陶瓷换能器，如超声清洗等，由于换能器的负载较重，因此换能器的振动位移较小，但需要的换能器驱动电压较高. 在这种情况下，换能器的机械损耗较小，而介电损耗较大. 为了尽量减少换能器的介电损耗，充分发挥压电陶瓷元件的机电转换能力，提高换能器的机电转换效率，应把压电陶瓷晶堆放在换能器的位移节点附近.

关于压电陶瓷晶堆的材料以及几何尺寸的选择，即陶瓷材料的种类和晶堆体积的选择，应根据换能器的工作频率及需要输出的声功率加以确定. 如果换能器的输入电功率比较小，或者换能器处于非连续工作状态，而且为脉冲工作条件，脉冲占空比又比较小，此时可采用 PZT－4 发射型材料. 因为此类材料的压电常数和机电耦合系数比较高，换能器可获得更高的机电转换效率. 如果换能器处于大功率状态下工作，使用条件又比较苛刻，如连续波长时间持续工作，应采用PZT－8发射型材料. 因为此类材料的强场介电损耗低，介电损耗和机械损耗在高电压和高温度情况下变化较小.

关于压电陶瓷元件的设计尺寸，主要是指陶瓷晶堆单个元件在振动方向上的几何尺寸以及整个压电陶瓷晶堆的总体积. 在工程设计中，总是希望压电陶瓷元件能以最小的体积和重量，换来最大的功效，即较高的功率重量比. 这也就是所谓的换能器的功率极限. 换能器的功率极限取决于换能器所能施加的外加允许电场大小以及所能承受的温度及机械应变的大小，前者就是换能器的所谓电极限，后者就是所谓的热极限和机械极限. 所有这些都是与压电陶瓷材料的种类有关的.

根据压电陶瓷材料的性能和种类，在其振动方向上单位长度上所加的电压是不同的. 在理想的情况下，压电陶瓷的外场激励电压可达到4～8kV/cm. 然而在实际设计过程中，为了保证换能器的安全可靠工作，一般都取2kV/cm左右，甚至更低.

关于压电陶瓷元件的横向尺寸，即压电陶瓷元件的直径，应小于对应换能器谐振频率在陶瓷材料中声波波长的四分之一. 对于直径比较大的压电陶瓷元件，除了振子的厚度振动模式以外，换能器还存在许多其他振动模式，如径向振动模式等. 为了避免换能器的谐振频率与压电陶瓷的径向或其他振动模式相互耦合，从而造成换能器的效率下降，应适当设计换能器的谐振频率以及压电陶瓷晶片的直径. 一般情况下，要求换能器的纵向共振频率远低于压电陶瓷晶片以及换能器其他部分，如前后盖板的径向振动的基波谐振频率，以避免换能器的工作频率与压电陶瓷晶片和其他元件的径向频率相互耦合. 对于频率较低的换能器，如功率超声应用场合的换能器，这种情况很少出现. 然而当换能器的工作频率升高时，如用于超声治疗和超声金属焊接等技术中的超声换能器，就可能出现这一情况. 此时可以通过合理的尺寸选择，把换能器的工作频率设计在相邻的两个径向谐振频率之间.

压电陶瓷晶片的数目及其总体积决定，取决于压电陶瓷材料的功率容量. 根据国外的资料报道，锆钛酸铅发射型陶瓷材料的功率容量为6W/cm^3 • kHz. 由此可见，对于高频换能器压电陶瓷的体积可以很小. 但是从另一方面考虑，当频率升高时，换能器的内部机械和介电损耗也会相应地增大，因此应采用辨证的观点来看待这一问题. 在现有的工艺条件下，换能器的功率容量一般取为2～3 W/cm^3 • kHz.

至于压电陶瓷元件的厚度，以及所利用的压电陶瓷片的数目选择，也需要仔细的全面考虑. 这和换能器的电阻抗、机械品质因数以及机电耦合系数都有关系. 晶片的厚度不能太厚，否则不易激励；但也不能太薄，因为太薄时会造成片与片之间的接触面太多，形成多个反射层，影响声的传播. 在功率超声领域，单个压电陶瓷片的厚度一般取为 5～10mm，而换能器中压电片的总长度，即每片的厚度乘以数目，应为换能器总长度的三分之一左右为宜.

夹心式压电陶瓷换能器的前质量块，即前盖板，主要是保证实现将换能器产生的绝大部分能量从它的纵向前表面高效的辐射出去. 另一方面，前盖板实际上也充当一个阻抗变换器. 它能够将负载阻抗加以变换以保证压电陶瓷元件所需的阻抗，从而提高换能器的发射效率，保证一定的频带宽度. 这些作用的实现主要是通过适当选择前盖板的材料、几何尺寸和形状等因素. 在水声及超声领域，换能器前盖板的材料基本上采用轻金属，如铝合金、铝镁合金和钛合金等.

关于换能器前盖板的形状，可以有许多选择，最常用的前盖板形状有圆柱形、圆锥形、指数性、悬链线以及各种复合形状等. 从易于加工的角度出发，在一些应用要求不很高的场合，如超声清洗等，换能器的前盖板基本上都采用圆锥形的.

换能器的后质量块即后盖板，主要是实现换能器的无障板单向辐射，以保证能量能够最小限度地从换能器的后表面辐射，从而提高换能器的前向辐射功率. 为了实现这一功能，换能器的后盖板材料基本上采用一些重金属，如 45 号钢和铜等. 其形状比较单一，主要是圆柱形或圆锥形.

关于夹心式压电陶瓷换能器中前后盖板材料的选择，应遵循以下一些原则：第一，在换能器的工作频率范围内，材料的内部机械损耗应该越小越好；第二，材料的机械疲劳强度要高，而声阻抗率应比较小，即材料的密度与声速的乘积要小；第三，价格低廉，易于机械加工；第四，在一些易于腐蚀的应用场合下，还要求材料的抗腐蚀能力强.

适合上述要求的材料主要有铝合金、钛合金、铜镍合金、及铍青铜等. 钛合金的性能较好，但机械加工较困难，而且价格比较昂贵. 铝合金易于加工，而且价格便宜，但抗空化腐蚀的能力差. 金属钢价格便宜，但机械损耗较大. 在现有的夹心式功率超声换能器中，铝合金被广泛应用于换能器的前盖板，其主要型号包括硬铝及杜拉铝等. 换能器的后盖板主要是钢，为了提高金属钢材料的高机械损耗缺点，常常对其进行热处理，如淬火等工艺.

压电陶瓷材料的抗张强度较低，其数值约为 $5\times10^7\,N/m^2$，而其抗压强度则较高，大概为其抗张强度的 10 倍左右. 因此在大功率状态下，压电陶瓷易于损坏. 为了避免这一现象发生，在功率超声换能器中都采用增加预应力的办法. 换能器的预应力螺栓主要是为了提高换能器的抗张强度，为压电陶瓷晶堆施加一个恒定的预应力，从而保证在换能器振动时，压电陶瓷晶堆始终处于一种压缩状态，而且振动产生的伸张应力总是小于材料的临界抗张强度，同时又不阻碍换能器的纵向伸长，以保证压电陶瓷晶堆的机电耦合系数不会降低.

对于预应力螺栓的要求是既能产生一个很大的恒定预应力，又要有良好的弹性. 预应力螺栓要用高强度的螺栓钢制成，比较常用的有 40 号铬钢、工具钢以及钛合金等. 另一方面，预应力的大小对换能器的性能影响很大. 试验表明，预应力的大小应有一个较合适的范围，所加的预应力大小应调节到大于换能器工作过程中所遇到的最大伸张应力. 如果预应力太小，换能器工作过程中产生的伸缩应力可能大于预应力，使换能器的各个接触面之间产生较大的能量损耗，降低换能器的机电转换效率，严重时可能导致压电陶瓷片破裂，而损坏换能器. 另一方面，换能器的预应力又不能太大，因为太大的预应力可能会使压电陶瓷片的振动受到影响，有时可能也会导致压电陶瓷片破裂.

在夹心式压电陶瓷换能器的制作过程中，有许多工艺都对换能器的性能有很大的影响. 第一，组成换能器的各个元件之间的接触面应光滑平整. 所以各个结合部分的表面要进行研磨，一般应达到接近镜面的水平. 第二，每相邻两片晶片之间、以及晶片和前后金属盖板之间通常要垫一薄金属片作为金属电极，其材料可选用铍青铜、黄铜以及镍片等. 电极的厚度可分为两种情况. 一种是薄电极情况，其厚度一般在 0.2mm 左右. 另一种是厚电极情况，其厚度可根据具体的要求加以选择. 对于厚电极情况，其作用除了用作电极接线以外，还具有散热以及其他功能，如与外界连接等. 第三，一般情况下，在晶片、电极片及金属前后盖板之间用环氧树脂胶合，然后用预应力螺栓将换能器各部件固定在一起并拧紧. 如果换能器各部件的接触面是经过特殊的研磨工艺处理过，也可以不用环氧树脂胶合剂，直接用预应力螺栓拧紧. 但为了消除空气隙的存在，提高超声波在换能器内部的传输效果，采用环氧树脂胶合剂方法是值得推荐的. 另外，应尽量保证预应力螺栓与换能器各个部分的横截面保持垂直，否则换能器可能无法工作或者导致压电陶瓷晶片破裂. 预应力螺栓对换能器的共振频率及其他特性会有一定的影响，但影响不大. 理论上也有一些关于预应力螺栓对换能器共振频率的影响分析，但是计算比较复杂. 在实际的设计及制作过程中，一般采用一些特殊的处理办法，如将换能器的共振频率设计的稍微偏离换能器的设计频率（通常这一频率应略高于设计频率）. 预应力的施加可以采用中心螺栓的办法，也可以采用外加预应力套筒的方法，要根据实际的情况而定.

另外，除了超声清洗以外，其他大部分功率超声应用技术中换能器需要与外界进行连接，为了尽可能小的影响换能器的实际工作状态，应将换能器通过法兰盘与外部机构连接，而法兰盘的位置应位于换能器的位移节点处. 由于理想的位移节点位置是一个几何面，而实际的法兰盘是有一定的厚度的，因此法兰盘不可能完全固定不动，也就是说换能器的振动要与外界产生机械耦合. 为了尽量减轻换能器与外壳的机械耦合，可以采用两种方法. 一是利用多级法兰盘结构，由于每经过一级法兰盘，振动都要经过一次隔振，因此可以实现最终的振动隔离. 二是在保证法兰盘所需的支撑强度的情况下，法兰盘应尽可能薄一些，还可在法兰盘的表面上做一个圆形的槽，以增加其顺性，提高隔振能力.

如上所述，在夹心式压电陶瓷换能器中，金属前盖板常采用铝合金或铝镁合金等轻金属，而后盖板则采用钢或铜等重金属. 这一做法主要是为了获得大的前后盖板位移振幅比，提高换能器的前向辐射能力，使换能器能够实现无障板单向辐射. 因为根据动量守恒定律，换能器节面前后的动量要相等，因此其位移振速与密度成反比. 在利用铝和钢作为换能器的前后盖板的情况下，其位移振幅的比值可以达到 3∶1，因此换能器的前表面将辐射出能量的绝大部分.

在超声清洗等应用中，换能器的前盖板常设计成截面积逐渐增大的喇叭形，可以提高换能器的辐射阻抗，降低机械品质因数. 有时为了更大范围的增大换能器的带宽和电声效率，可以采用在前盖板上沿换能器的振动方向钻一定直径和一定深度的小孔.

在大功率超声换能器中，换能器的实际输出功率受到许多因素的限制. 所有这些因素可以分为两大类，一是外部因素，二是换能器的内部因素. 换能器的内部因素主要包括热极限、电极限和机械极限. 影响换能器输出声功率的外部因素主要是由换能器的负载性质所决定的，也可以称为换能器的声极限.

换能器的辐射声极限主要是针对以液体为介质的换能器而言的. 在大功率状态下，声波在液体负载中传播时会出现空化现象. 空化现象的发生意味着在换能器辐射面的周围出现大量的空化气泡. 当液体中的声波辐射功率或声波强度达到一定的数值时，处于换能器辐射面附近的空化气泡会形成一个声屏障，严重阻碍换能器输出功率的进一步增大. 从另一个角度来考虑，空化气泡的大量增加导致换能器的辐射阻抗下降，从而影响换能器的辐射功率和辐射效率. 为了提高换能器的辐射声功率，可以采用增大换能器辐射面积的方法. 但这种方法对于要求一定的声波强度的情况下是不适合的. 在这种情况下，可以利用提高介质的空化域、提高换能器的工作频率以及采用短脉冲工作方式等方法，也可以采用一种折衷的办法，即损失换能器的电声效率以达到一定的声强度要求.

大功率超声换能器中最常见的问题就是换能器的发热问题，即热极限. 由于大功率换能器主要是由压电陶瓷材料实现能量的转换，而压电陶瓷材料属于铁电材料，在大电场以及高功率情况下，压电陶瓷材料内部的铁电电滞损耗及介电损耗相当大，会产生大量的热量. 若不能采取有效的散热措施，便会出现恶性循环，使压电陶瓷材料的温度不断升高. 当温度达到压电陶瓷材料居里温度的一半时，压电陶瓷换能器的性能处于严重的不稳定状态，甚至会导致换能器的失效. 解决换能器过度发热的措施包括选用损耗小、温度系数小的陶瓷材料，以及采用强制的散热措施，如利用厚电机、风冷及水冷等.

换能器在大功率状态下工作时，断裂及破碎也是比较常见的现象之一. 这就是所谓的换能器的机械极限. 换能器的断裂主要发生在换能器内部应力最大的地方，即换能器的位移节点处. 由于金属材料的机械强度大于压电陶瓷材料的机械强度，因此，从避免材料断裂这一方面考虑，应将换能器的位移节点设计在换能器的金属部分中．但此时换能器的机电转换能力及负载适应能力等性能会受到一定的影响，因此应针对不同的应用场合进行统筹考虑．对于处于重负载状态下的大功率超声换能器，由于换能器的振动位移较小，因此发生断裂的现象较少，偶尔出现可能是由于材料内部的缺陷或换能器的安装不当导致的某处应力集中等，如换能器的预应力太大或者预应力的作用方向与换能器的振动方向不平行等．因此对于超声清洗等重负载换能器，可将换能器的位移节点设计在压电陶瓷材料内部，以充分发挥其固有的机电转换能力．对于处于轻负载情况下的大功率超声换能器，如超声加工以及超声焊接等，由于负载较轻，因此换能器的振动位移较大．此时为了避免陶瓷材料的破裂以及减少换能器的机械损耗，应将换能器的位移节点设计在偏离压电陶瓷元件位置处．

压电陶瓷换能器的电极限是指换能器所能承受的最大输入电能，可以分为两种情况加以分析，即静态和动态情况．在静态的情况下，换能器的电极限主要由陶瓷材料的介电损耗所决定．产生介电损耗的原因主要有陶瓷的弛豫损耗和漏电损耗，它们主要与陶瓷材料的成分、制造工艺等有关．所有这些因素的综合表现之一就是换能器的耐压程度．因此为了提高换能器的电极限，首先必须提高换能器的耐压特性．在动态的情况下，压电陶瓷换能器的电极限比较复杂．它不仅和压电陶瓷的材料有关系，而且与换能器的工作频率、换能器的电匹配状态等有关．当换能器处于电失配状态工作时，换能器中的无功功率增大，导致换能器急剧发热，有时可能损坏换能器．

上面对压电陶瓷换能器的电极限、声极限、热极限以及机械极限分别进行了分析．实际上影响换能器性能的各种参数是相互依存的，不能单从一个方面加以考虑．例如，当换能器由于空化的出现和增强而导致换能器的辐射效率和功率下降时，在增大输入电功率的同时，换能器的输出声功率不仅不会增大，反而会出现变小的现象．这一现象可以解释为一个连锁反应，即当换能器效率下降时，其机械损耗变大，导致换能器发热；换能器发热的结果反过来又使换能器的机械强度下降，从而使换能器的性能进一步下降，辐射功率继续下降．为了增大辐射功率，势必又要增大换能器的输入电功率，而增大换能器电功率的同时又使换能器的电性能受到影响．如果不采取措施，最终必将会影响换能器的正常工作．

目前夹心式压电陶瓷换能器的工作频率大概在几十 kHz 到几百 kHz 之间，最大功率可达到 2kW 左右，其电声转换效率视工作状态不同也有不同的数值，一般情况下可达到 70%以上．对于设计较好的夹心式换能器，其振动模式比较纯，辐射面的振动分布也比较均匀．一般情况下在大功率状态下工作时，此类换能器主要工作在基频振动模式，此时，换能器辐射面中部的振幅最大，边界的位移振幅最小，非常类似于一个活塞辐射器．正因为这个原因，在分析此类换能器的辐射声场及指向性时，都把它近似看成一个活塞辐射器加以处理．

7.2 夹心式压电陶瓷复合换能器的理论分析及设计

根据上面的分析及图 7.1 所示，我们可以看出夹心式压电陶瓷换能器的具体结构是比较复杂的. 但当我们对它进行仔细分析以后不难看出，它不外乎是由金属前盖板、压电陶瓷晶堆以及金属后盖板三个基本构件组合而成. 只要我们对这三种构件的机电振动特性加以分析，再把它们结合到一起，就可以对整个换能器的特性进行宏观的分析及设计，从而达到优化设计的目的.

在实际情况中，为了简化分析夹心式压电陶瓷复合换能器的振动状态，必须对换能器的振动模式及几何尺寸做一些假定[17]. 首先，在此类换能器的使用频率范围内，换能器的总长度可以和声波的波长相比拟，而换能器的直径必须远小于换能器的波长，也就是远小于换能器的纵向长度[18,19]. 在这一假设下，夹心式压电陶瓷换能器的振动可以近似看成一个细长的复合圆棒的纵向振动，换能器任意截面上的振动可用其轴线上的振动表示. 其次，压电陶瓷晶堆是由许多带圆孔的压电陶瓷薄圆片组成，当圆孔很小时，可把带孔薄圆片看成实心薄圆片. 对于轴向极化薄圆片组合而成的压电陶瓷晶堆，根据网络的级联理论，当圆片的厚度远小于波长时，可以等效成一个沿轴向极化的压电陶瓷细长圆棒. 最后，在换能器各组成部件的连接面两侧，位移及力是连续的. 因此对于夹心式压电陶瓷复合换能器，在一维理论的假设情况下，可以抽象成一个复合细棒振动器的理想模型.

7.2.1 变截面细棒的一维纵振动方程及其解

考虑一个由均匀、各向同性材料所组成的变截面棒，不考虑材料的机械损耗，并假设一维平面波沿棒的轴向传播，在这种假设下，在变截面棒的横截面上的应力分布是均匀的，棒中任意横截面上的位移可用细棒轴线上的坐标表示. 此时棒横截面上各质点做等幅同相振动.

图 7.2 是一个变截面棒,其横向尺寸远小于波长,棒的对称轴为坐标轴 x. 对于厚度为 $\mathrm{d}x$ 的小体元,作用于其上的合力为$\dfrac{\partial(S\sigma)}{\partial x}\mathrm{d}x$,根据牛顿定律,可以写出细

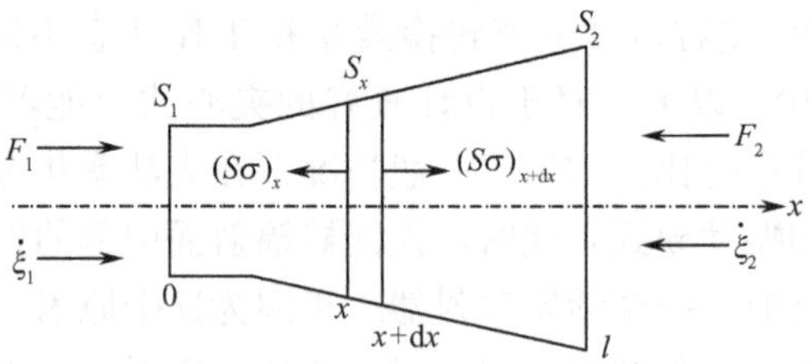

图 7.2 变截面细棒的纵振动示意图

棒的动力学方程为

$$\frac{\partial(S\sigma)}{\partial x}\mathrm{d}x = S\rho\mathrm{d}x\frac{\partial^2\xi}{\partial t^2} \tag{7-1}$$

式中 $S=S(x)$ 为变截面棒的截面积函数，$\xi=\xi(x)$ 是细棒中的质点位移函数，$\sigma=\sigma(x)=E\dfrac{\partial\xi}{\partial x}$ 是应力函数，ρ 为材料的体密度，E 是材料的杨氏模量. 在简谐振动的情况下，上式可写成以下形式

$$\frac{\partial^2\xi}{\partial x^2}+\frac{1}{S}\cdot\frac{\partial S}{\partial x}\cdot\frac{\partial\xi}{\partial x}+k^2\xi=0 \tag{7-2}$$

上式就是变截面细棒一维纵向振动的波动方程. 其中 $k=\omega/c$，k 是波数，ω 是振动的圆频率，$c=\sqrt{E/\rho}$ 是细棒中一维纵向振动的传播速度. 令 $K^2=k^2-\dfrac{1}{\sqrt{S}}\cdot\dfrac{\partial^2(\sqrt{S})}{\partial x^2}$，$\xi=S^{-\frac{1}{2}}y$，可把上式化为如下形式

$$\frac{\partial^2 y}{\partial x^2}+K^2 y=0 \tag{7-3}$$

对于上式，当 K^2 为正数时存在简谐解，即

$$\xi=\frac{1}{\sqrt{S}}(A\sin Kx+B\cos Kx) \tag{7-4}$$

令 $\tau=\dfrac{1}{\sqrt{S}}\cdot\dfrac{\partial^2(\sqrt{S})}{\partial x^2}$，则 K^2 为正常数的条件为 $\tau\leqslant k^2$. 当 $\tau<0$ 时，$\sqrt{S}=C\sin\sqrt{-\tau}x+D\cos\sqrt{-\tau}x$，此时变截面棒为三角函数型变截面棒. 当 τ 等于零时，$\sqrt{S}=Cx+D$，此时变截面棒为锥形变截面棒. 作为一种特例，当常数 $C=0$ 时，则为等截面细棒. 当 τ 大于零时，$\sqrt{S}=C\sinh\sqrt{\tau}x+D\cosh\sqrt{\tau}x$. 如果 $C=0$，为悬链线型变幅杆. 当 $C=D$ 或 $C=-D$ 时，为指数型变截面杆. 令 $\dot{\xi}_1$，$\dot{\xi}_2$ 分别是变截面棒两端的振动速度，根据图 7.2，可得上述式中的常数为

$$B=\frac{\sqrt{S_1}}{\mathrm{j}\omega}\dot{\xi}_1,\quad A=-\frac{\dot{\xi}_2\sqrt{S_2}+\dot{\xi}_1\sqrt{S_1}\cos Kl}{\mathrm{j}\omega\sin Kl}$$

其中 S_1、S_2 分别是变截面棒两端的横截面积，l 是棒的长度. 根据棒两端的力平衡条件，即，$F_1=-(F)_{x=0}$，$F_2=-(F)_{x=l}$，可得以下两式

$$F_1=\frac{\rho c}{2\mathrm{j}k}\left(\frac{\partial S}{\partial x}\right)_{x=0}\dot{\xi}_1+\frac{\rho cKS_1}{\mathrm{j}k}\cot Kl\cdot\dot{\xi}_1+\frac{\rho cK\sqrt{S_1S_2}}{\mathrm{j}k\sin Kl}\dot{\xi}_2 \tag{7-5}$$

$$F_2=-\frac{\rho c}{2\mathrm{j}k}\left(\frac{\partial S}{\partial x}\right)_{x=l}\dot{\xi}_2+\frac{\rho cKS_2}{\mathrm{j}k}\cot Kl\cdot\dot{\xi}_2+\frac{\rho cK\sqrt{S_1S_2}}{\mathrm{j}k\sin Kl}\dot{\xi}_1 \tag{7-6}$$

由此可以得出变截面棒一维纵振动的等效机械图 7.3.

图中 Z_1、Z_2、Z_3 分别是变截面细棒一维纵振动等效电路中的串并联阻抗，其具体表达式为

$$Z_1 = \frac{\rho c}{2jk}\left(\frac{\partial S}{\partial x}\right)_{x=0} + \frac{\rho c K S_1}{jk}\cot Kl - \frac{\rho c K\sqrt{S_1 S_2}}{jk\sin Kl} \tag{7-7}$$

$$Z_2 = -\frac{\rho c}{2jk}\left(\frac{\partial S}{\partial x}\right)_{x=l} + \frac{\rho c K S_2}{jk}\cot Kl - \frac{\rho c K\sqrt{S_1 S_2}}{jk\sin Kl} \tag{7-8}$$

$$Z_3 = \frac{\rho c K\sqrt{S_1 S_2}}{jk\sin Kl} \tag{7-9}$$

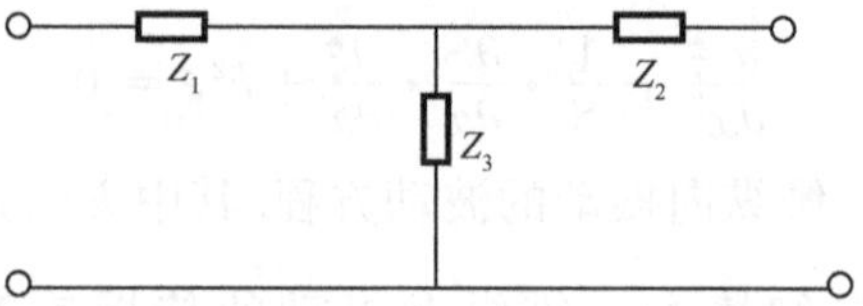

图 7.3　变截面细棒一维纵振动的机械等效图

对于不同的截面变化规律,等效机械图中的等效阻抗有所不同,但其等效机械图的形式是相同的.因此任何变截面棒,其一维振动的等效电路图可用一个 T 型网络来等效.从下面的分析中我们可以看出,在分析换能器的机电振动特性时,这一等效电路是非常方便的.对于功率超声技术中常用的几种变截面棒,如圆锥型、指数型以及悬链线型,其等效电路的等效阻抗如下.

对于圆锥形,其截面的变化规律为 $S=S_1(1-\alpha x)^2$,各个阻抗的具体表达式为

$$Z_1 = -j\frac{\rho c S_1}{kl}\left(\sqrt{\frac{S_2}{S_1}}-1\right) - j\rho c S_1\cot(kl) + j\frac{\rho c\sqrt{S_1 S_2}}{\sin kl}$$

$$Z_2 = -j\frac{\rho c S_2}{kl}\left(\sqrt{\frac{S_1}{S_2}}-1\right) - j\rho c S_2\cot(kl) + j\frac{\rho c\sqrt{S_1 S_2}}{\sin kl}$$

$$Z_3 = \frac{\rho c\sqrt{S_1 S_2}}{j\sin kl}$$

在上面的表达式中,$\alpha=\dfrac{D_1-D_2}{D_1 l}=\dfrac{N-1}{Nl}$,$N=\dfrac{D_1}{D_2}=\sqrt{\dfrac{S_1}{S_2}}$,$S_2=S_1(1-\alpha l)^2$.对于圆锥形盖板,还经常利用一个叫做延展系数 F 的概念,其定义为

$$F = \frac{r_1}{r_2 - r_1} \tag{7-10}$$

式中 r_1、r_2 是盖板喉部及输出端的半径.因此圆锥形盖板的各个阻抗还可由下面的式子给出:

$$Z_1 = -j\frac{\rho c S_1}{klF} - j\rho c S_1\cot(kl) + j\frac{F}{F+1}\cdot\frac{\rho c S_2}{\sin kl}$$

$$Z_2 = -j\frac{\rho c S_2}{kl(F+1)} - j\rho c S_2\cot(kl) + j\frac{F}{F+1}\cdot\frac{\rho c S_2}{\sin kl}$$

$$Z_3 = \frac{F}{F+1}\cdot\frac{\rho c S_2}{j\sin kl}$$

对于指数型，其截面的变化规律为 $S=S_1\mathrm{e}^{-2\beta x}$，$\beta l=\ln N$，$N=\sqrt{S_1/S_2}$. 各个阻抗的具体表达式为

$$Z_1=\mathrm{j}\,\frac{z_1}{k}\beta-\mathrm{j}z_1\,\frac{k'}{k}\cot(k'l)+\mathrm{j}\,\frac{k'}{k}\cdot\frac{\sqrt{z_1z_2}}{\sin k'l}$$

$$Z_2=-\mathrm{j}\,\frac{z_2}{k}\beta-\mathrm{j}z_2\,\frac{k'}{k}\cot(k'l)+\mathrm{j}\,\frac{k'}{k}\cdot\frac{\sqrt{z_1z_2}}{\sin k'l}$$

$$Z_3=\frac{k'}{\mathrm{j}k}\cdot\frac{\sqrt{z_1z_2}}{\sin k'l}$$

式中 $k'=\sqrt{k^2-\beta^2}$，$z_1=\rho cS_1$，$z_2=\rho cS_2$，$k=\omega/c$，$S_2=S_1\mathrm{e}^{-2\beta l}$. 上述各式适用于$k>\beta$的情况，当 $k<\beta$ 时，指数型盖板的各个阻抗为

$$Z_1=\mathrm{j}\,\frac{z_1}{k}\beta-\mathrm{j}z_1\,\frac{\beta'}{k}\cdot\frac{1}{\tanh(\beta'l)}+\mathrm{j}\,\frac{\beta'}{k}\cdot\frac{\sqrt{z_1z_2}}{\sinh(\beta'l)}$$

$$Z_2=-\mathrm{j}\,\frac{z_2}{k}\beta-\mathrm{j}z_2\,\frac{\beta'}{k}\cdot\frac{1}{\tanh(\beta'l)}+\mathrm{j}\,\frac{\beta'}{k}\cdot\frac{\sqrt{z_1z_2}}{\sinh(\beta'l)}$$

$$Z_3=\frac{\beta'}{\mathrm{j}k}\cdot\frac{\sqrt{z_1z_2}}{\sinh(\beta'l)}$$

在上述各式中，$\beta'=\sqrt{\beta^2-k^2}$. 对于悬链线型，其截面的变化规律为 $S=S_2\cosh^2\gamma(l-x)$，$\gamma l=\operatorname{arccosh}N$，$N=\sqrt{S_1/S_2}$. 各个阻抗的具体表达式为

$$Z_1=\mathrm{j}\,\frac{z_1}{k}\gamma\tanh(\gamma l)-\mathrm{j}z_1\,\frac{k'}{k}\cot(k'l)+\mathrm{j}\,\frac{k'}{k}\cdot\frac{\sqrt{z_1z_2}}{\sin k'l}$$

$$Z_2=-\mathrm{j}z_2\,\frac{k'}{k}\cot(k'l)+\mathrm{j}\,\frac{k'}{k}\cdot\frac{\sqrt{z_1z_2}}{\sin k'l}$$

$$Z_3=\frac{k'}{\mathrm{j}k}\cdot\frac{\sqrt{z_1z_2}}{\sin k'l}$$

式中 $k'=\sqrt{k^2-\gamma^2}$，$z_1=\rho cS_1$，$z_2=\rho cS_2$，$k=\omega/c$. 上述各式适用于 $k>\gamma$ 的情况，当 $k<\gamma$ 时，悬链线型盖板的各个阻抗为

$$Z_1=\mathrm{j}\,\frac{z_1}{k}\gamma\tanh(\gamma l)-\mathrm{j}z_1\,\frac{\gamma'}{k}\cdot\frac{1}{\tanh(\gamma'l)}+\mathrm{j}\,\frac{\gamma'}{k}\cdot\frac{\sqrt{z_1z_2}}{\sinh\gamma'l}$$

$$Z_2=-\mathrm{j}z_2\,\frac{\gamma'}{k}\cdot\frac{1}{\tanh(\lambda'l)}+\mathrm{j}\,\frac{\gamma'}{k}\cdot\frac{\sqrt{z_1z_2}}{\sinh\gamma'l}$$

$$Z_3=\frac{\gamma'}{\mathrm{j}k}\cdot\frac{\sqrt{z_1z_2}}{\sinh\gamma'l}$$

式中 $\gamma'=\sqrt{\gamma^2-k^2}$，$S_1=S_2\cosh^2\gamma l$. 对于均匀截面直棒，$S_1=S_2=S$，情况比较简单，各个阻抗的具体表达式为

$$Z_1=Z_2=\mathrm{j}\rho cS\cdot\tan\left(\frac{kl}{2}\right)$$

$$Z_3 = \frac{\rho c S}{\mathrm{j}\sin(kl)}$$

7.2.2 压电陶瓷晶堆的机电状态方程及其等效电路

根据上面的分析及假设，对于夹心式压电陶瓷复合换能器，在由轴向极化薄圆片叠加构成的压电陶瓷晶堆中，仅在轴向有应力波的存在，即 $T_3 \neq 0$，其他应力分量都为零. 相应的对于晶堆中的每个薄圆片，情况也是如此. 对于一个沿轴向加电场的压电陶瓷薄圆片的振动特性，由于 $E_3 \neq 0$，而 $E_1 = E_2 = 0$. 同时考虑陶瓷为绝缘介质，无空间自由电荷，因此电位移矢量是均匀分布的，即 $\partial D_3 / \partial z = 0$. 此时可以利用下面的压电方程

$$S_3 = s_{33}^D T_3 + g_{33} D_3 \tag{7-11}$$

$$E_3 = \beta_{33}^T D_3 - g_{33} T_3 \tag{7-12}$$

根据牛顿定律，可得压电陶瓷片的运动方程为

$$\frac{\partial^2 \xi}{\partial t^2} = \frac{c^2 \partial^2 \xi}{\partial z^2} \tag{7-13}$$

式中 $c = \sqrt{1/(\rho s_{33}^D)}$ 是一维纵向振动在压电陶瓷细长棒中的传播速度. 对于简谐振动，运动方程的解为

$$\xi = (A\sin kz + B\cos kz)\mathrm{e}^{\mathrm{j}\omega t} \tag{7-14}$$

式中 A 和 B 是待定常数，可由压电陶瓷片的边界条件决定. 由此可得晶片中的位移分布为

$$\xi = \frac{\xi_1 \sin k(l-z) - \xi_2 \sin kz}{\sin kl}$$

式中 $\xi_1 = \xi|_{z=0}$，$\xi_2 = -\xi|_{z=l}$ 分别是压电陶瓷两端的振动位移. 根据力学边界条件，即 $F_1 = -ST_3|_{z=0}$，$F_2 = -ST_3|_{z=l}$，可得以下各式

$$F_1 = \left(\frac{\rho c S}{\mathrm{j}\sin kl} - \frac{n^2}{\mathrm{j}\omega C_0}\right)(\dot{\xi}_1 + \dot{\xi}_2) + \mathrm{j}\rho c S \tan\left(\frac{kl}{2}\right)\dot{\xi}_1 + nV \tag{7-15}$$

$$F_2 = \left(\frac{\rho c S}{\mathrm{j}\sin kl} - \frac{n^2}{\mathrm{j}\omega C_0}\right)(\dot{\xi}_1 + \dot{\xi}_2) + \mathrm{j}\rho c S \tan\left(\frac{kl}{2}\right)\dot{\xi}_2 + nV \tag{7-16}$$

其中 $n = \frac{g_{33} S}{l s_{33}^D \bar{\beta}_{33}}$ 是机电转换系数，$\bar{\beta}_{33} = \beta_{33}^T \left(1 + \frac{g_{33}^2}{s_{33}^D \beta_{33}^T}\right)$. V 是陶瓷片两端的端电压，可由下式给出

$$V = \int_0^l E_3 \mathrm{d}z = \mathrm{j}\omega C_0 V - n(\dot{\xi}_1 + \dot{\xi}_2) \tag{7-17}$$

其中 $C_0=\frac{S}{l\beta_{33}}$是压电陶瓷片的一维截止电容. 由上述各式，可以得出压电陶瓷片的机电等效电路图 7.4. 图中 $Z_1=\mathrm{j}\rho cS\tan\left(\frac{kl}{2}\right)$，$Z_2=\frac{\rho cS}{\mathrm{j}\sin kl}-\frac{n^2}{\mathrm{j}\omega C_0}$.

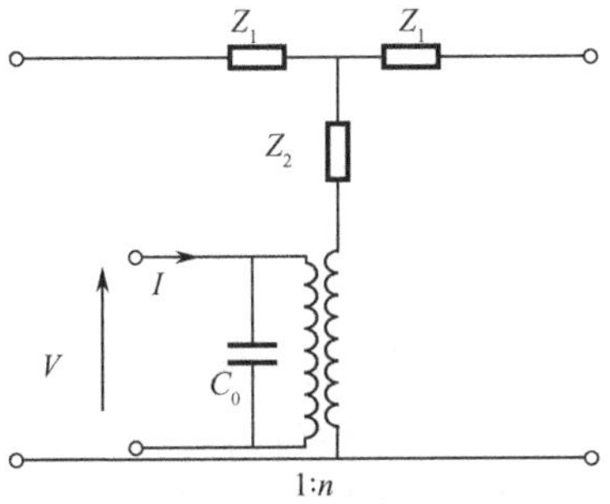

图 7.4 轴向极化压电陶瓷圆片的机电等效电路

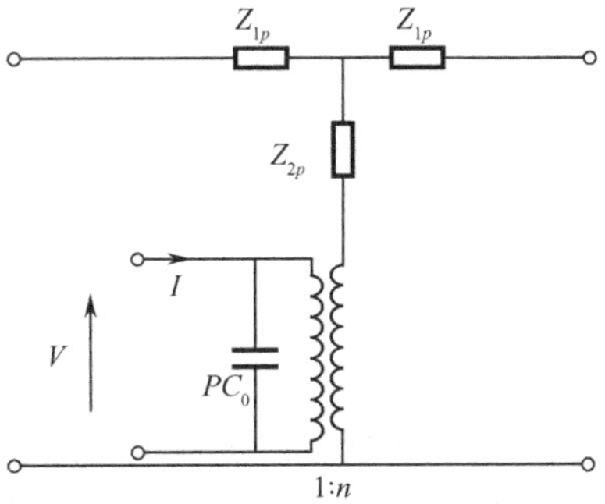

图 7.5 轴向极化压电陶瓷晶堆的机电等效电路

上面得出的是单个压电陶瓷圆片的机电等效电路. 对于 p 个相同的晶片构成的压电陶瓷晶堆，它们之间是采用电路上并联而机械上串联的连接方式. 从电路的理论上讲，就是将 p 个相同的四端网络相互级联. 根据电路中的级联理论，可以得出晶堆的机电等效电路图 7.5. 其中 $Z_{1p}=Z_{2p}=\mathrm{j}\rho c_e S\tan\left(\frac{pk_e l}{2}\right)$，$Z_{3p}=\frac{\rho c_e S}{\mathrm{j}\sin(pk_e l)}$，$k_e=\frac{\omega}{c_e}$，$c_e=c\sqrt{1-k_{33}^2\frac{\tan(kl/2)}{kl/2}}$称为压电陶瓷晶堆中纵向振动的等效声速. 当$\frac{kl}{2}\ll\pi$ 也就是说 $l\ll\lambda$，即压电陶瓷晶堆中每一片的厚度远小于声波的波长时，等效声速可近似为

$$c_e=c\sqrt{1-k_{33}^2}=\frac{1}{\sqrt{\rho s_{33}^E}} \tag{7-18}$$

由此可以看出，压电陶瓷晶堆中的等效声速相当于恒定电场强度时的声速. 从物理意义上来讲，当压电陶瓷片很薄时，陶瓷内部的电场可以认为是均匀的. 因此属于一种电场强度恒定的情况.

7.2.3 夹心式压电陶瓷复合换能器的机电等效电路及其特性分析

如上所述，夹心式压电陶瓷换能器是由金属前后盖板和压电陶瓷晶堆组成. 利用已经得出的各部分的等效电路，根据边界条件，即在相邻部分的边界上，力和振动速度是连续的，三部分的等效电路图应该串联相接. 由此可得复合换能器的机电等效电路图 7.6. 图中 Z_{fl}、Z_{bl}分别是换能器前后辐射面的负载阻抗. 一般情况下，换能器的后表面可看成是空载的，即 $Z_{bl}=0$. 由于换能器的前表面与

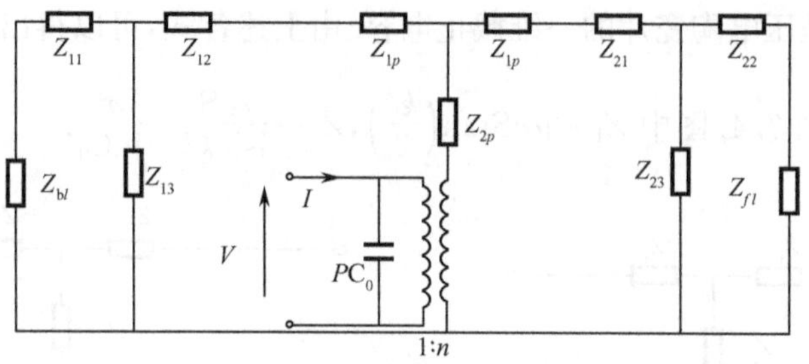

图 7.6　夹心式压电陶瓷复合换能器的机电等效电路图

负载相连，因此对应不同的负载，Z_{fl} 有不同的值. 然而，在换能器的实际设计过程中，由于换能器的负载很难确定，因此设计时一般也把换能器的前表面的负载阻抗忽略，即在换能器的实际设计过程中，把换能器看成是空载的.

7.2.3.1　频率方程

功率超声换能器大部分都工作在谐振状态，此时换能器能辐射出最大的声功率. 换能器的频率方程决定了换能器的材料、形状、几何尺寸以及频率之间的依赖关系. 为了确定换能器的共振频率，必须首先得出换能器的频率方程. 从原则上讲，利用上面得出的换能器的机电等效电路，完全可以得出换能器的频率方程. 其具体步骤可以描述如下：首先利用电路理论，经过一系列变换，求出换能器的等效输入电阻抗. 其次，令换能器的输入阻抗中的抗部分等于零，由此就可以得出换能器的频率方程. 最后，通过换能器的具体尺寸，求解频率方程，得出换能器的共振频率. 然而，从具体的推导过程中我们可以发现，利用这一方法得出的换能器的频率方程是一个非常复杂的超越方程，其求解是非常困难的.

为了简化分析，可以采用另一种方法对换能器的频率方程加以推导. 功率超声夹心式复合换能器基本上都是半波振子. 对于半波振子，在振动时，换能器的两端振动位移最大，而在换能器的内部某个位置，存在一个振动位移为零的截面，称为节面. 换能器的位移节面是一个非常重要的概念，必须精确的确定，以便于和外界连接及固定. 换能器位移节面的位置是由换能器的前后盖板及压电陶瓷晶堆的材料参数、几何尺寸、形状和频率所决定. 因此，在设计夹心式压电陶瓷复合换能器时，假如我们将此位移节面作为一个分界面，把整个换能器看成是由两个四分之一波长的振子组成，就可以利用这两个四分之一波长的振子各求出其频率方程，从而就可以得出换能器的整个频率方程. 图 7.7(a)是一个复合换能器的简化示意图，AB 表示换能器的位移节面，它将换能器分为两个四分之一波长的振子，每一个四分之一波长的振子都是由压电陶瓷晶片和金属盖板组成的，金属盖板可以看成是压电陶瓷的负载. 令位移节面右边四分之一波长振子中陶瓷片的长度为 l_{c2}，左边四分之一波长振子中陶瓷片的长度为 l_{c1}. 图 7.7(b)表示一个位

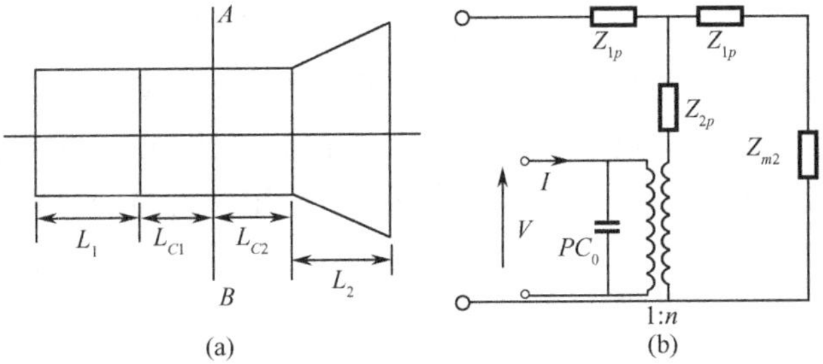

图 7.7 复合换能器及其等效电路的示意图

于位移节面右边的四分之一波长振子的机电等效电路图. 图中 $Z_{1p}=\mathrm{j}\rho c_e S\tan\left(\frac{k_e l_{c2}}{2}\right)$，$Z_{2p}=\frac{\rho c_e S}{\mathrm{j}\sin k_e l_{c2}}$，$S$ 是压电陶瓷晶片的截面积，$Z_{m2}=R_{m2}+\mathrm{j}X_{m2}$ 是换能器前盖板的输入阻抗，也就是压电陶瓷晶堆的负载阻抗. 由于位移节面处的位移振速等于零，因此四分之一波长振子等效电路的左边可以看成是开路的，其频率方程可由回路中总电抗为零的条件来得出，即

$$Z_{1p}+Z_{2p}+\mathrm{j}X_{m2}=0 \tag{7-19}$$

由此可以得出换能器位移节面右边四分之一波长振子的频率方程为

$$\tan k_e l_{c2}=\frac{\rho c_e S}{X_{m2}} \tag{7-20}$$

同理对于换能器位移节面后面四分之一波长的振子，也可得出其频率方程为

$$\tan k_e l_{c1}=\frac{\rho c_e S}{X_{m1}} \tag{7-21}$$

其中 $Z_{m1}=R_{m1}+\mathrm{j}X_{m1}$ 是压电陶瓷晶堆左面部分的负载阻抗，也就是换能器后盖板的输入阻抗. 作为一种简化情况，如果换能器的前后盖板都是由等截面圆柱组成，而且不考虑换能器前后盖板的负载阻抗及压电换能器各部分的材料损耗，此时，换能器中压电陶瓷元件的前后端面的负载阻抗，也就是换能器前后盖板的输入阻抗可简化为下面的形式

$$Z_{m1}=\mathrm{j}X_{m1}=\mathrm{j}\rho_1 c_1 S_1\tan(k_1 l_1) \tag{7-22}$$

$$Z_{m2}=\mathrm{j}X_{m2}=\mathrm{j}\rho_2 c_2 S_2\tan(k_2 l_2) \tag{7-23}$$

式中 ρ_1、c_1、S_1 及 ρ_2、c_2、S_2 分别是换能器中压电陶瓷后盖板和前盖板的密度、声速和截面积. k_1、l_1 及 k_2、l_2 分别是前后盖板材料的波数和长度，$k_1=\omega/c_1$，$k_2=\omega/c_2$，$c_1=\sqrt{E_1/\rho_1}$，$c_2=\sqrt{E_2/\rho_2}$. 利用上述表达式，可以得出具有等截面圆柱前后盖板的夹心式压电换能器的频率方程为

$$\tan k_e l_{c1}=\frac{\rho c_e S}{X_{m1}}=\frac{\rho c_e S}{\rho_1 c_1 S_1}\cdot\cot k_1 l_1 \tag{7-24}$$

$$\tan k_e l_{c2} = \frac{\rho c_e S}{X_{m2}} = \frac{\rho c_e S}{\rho_2 c_2 S_2} \cdot \cot k_2 l_2 \tag{7-25}$$

从上述两式，就可以对换能器的形状、尺寸及共振频率进行设计. 在一般的情况下，利用换能器的频率方程设计换能器的方法有两种. 第一，给定换能器的频率，利用频率方程设计换能器的形状和尺寸. 第二，给定换能器的材料和几何尺寸，由频率方程计算其共振频率. 然而在大部分情况下，一般是给定换能器的频率，然后计算换能器某一部分的几何尺寸，即利用第一种方法.

从上面的分析可以看出，为了得出换能器的共振频率方程，首先应该得出换能器前后盖板的输入机械阻抗. 对于等截面圆柱，其输入阻抗上面已经给出. 然而对于其他形状的前后盖板，如圆锥型、指数型和悬链线型等，其输入阻抗比较复杂. 在空载且不考虑材料机械损耗的情况下，变截面盖板的机械输入阻抗可分别表示如下：

圆锥型盖板

$$Z_m = \mathrm{j}X_m = \mathrm{j}\rho c S_1 \cdot \frac{Nkl\tan kl + (N-1)^2\left(\frac{\tan kl}{kl} - 1\right)}{Nkl + N(N-1)\tan kl} \tag{7-26}$$

指数型盖板

$$Z_m = \mathrm{j}X_m = \mathrm{j}\rho c S_1 \cdot \frac{k'}{k}\left[1 + \left(\frac{\beta}{k'}\right)^2\right] \cdot \frac{\tan k'l}{1 + \frac{\beta}{k'}\tan k'l} \quad (k > \beta) \tag{7-27}$$

$$Z_m = \mathrm{j}X_m = \mathrm{j}\rho c S_1 \cdot \frac{\beta'}{k}\left[\left(\frac{\beta}{\beta'}\right)^2 - 1\right] \cdot \frac{\tanh \beta' l}{1 + \frac{\beta}{\beta'}\tanh \beta' l} \quad (k < \beta) \tag{7-28}$$

悬链线型盖板

$$Z_m = \mathrm{j}X_m = \mathrm{j}\rho c S_1 \cdot \frac{k'}{k}\left(\frac{\gamma}{k'} \cdot \frac{\sqrt{N^2 - 1}}{N} + \tan k'l\right) \quad (k > \gamma) \tag{7-29}$$

$$Z_m = \mathrm{j}X_m = \mathrm{j}\rho c S_1 \cdot \frac{\gamma'}{k}\left(\frac{\gamma}{\gamma'} \cdot \frac{\sqrt{N^2 - 1}}{N} - \tanh \gamma' l\right) \quad (k < \gamma) \tag{7-30}$$

利用上面得出的关于不同截面变化规律的金属盖板的输入阻抗表达式，就可以得出位移节点位于压电陶瓷内部的夹心式压电陶瓷换能器的频率方程.

如果换能器的位移节点不是位于压电陶瓷内部，而是位于换能器的前盖板或者后盖板中，其频率方程可以应用同样的方法导出，但推导过程要比位移节面位于压电陶瓷内部的情况复杂一些. 对于前后盖板都是等截面圆柱的情况，情况比较简单. 图 7.8 是一个位移节点位于换能器前盖板中的夹心式复合换能器. 图中虚线表示位移节面，l_2 部分表示压电陶瓷，其余部分都是金属前后盖板. 从图中可以看出，换能器中节面后面的部分实际上就是一个四分之一波长的夹心式换能器，而位移节面的前面部分则是一个四分之一波长的阶梯型变幅杆. 根据传输线理论可以得出这一换能器的频率方程. 对于位移节面的后面部分，即四分之一波长的夹心式复

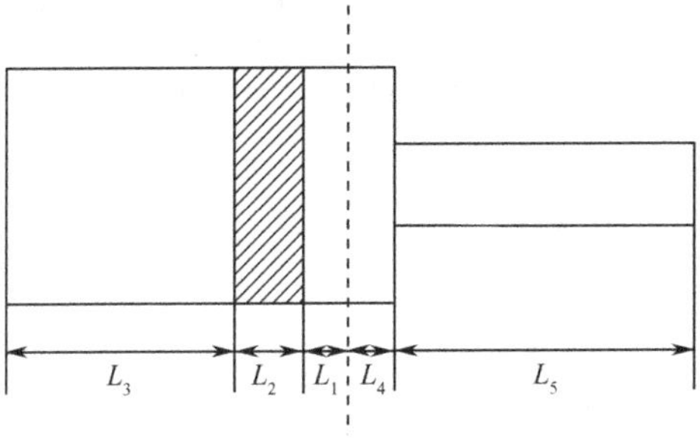

图 7.8　位移节点位于换能器前盖板中的夹心式复合换能器

合换能器，其频率方程为

$$\frac{z_3}{z_2}\tan k_2 l_2 \tan k_3 l_3 + \frac{z_3}{z_1}\tan k_1 l_1 \tan k_3 l_3 + \frac{z_2}{z_1}\tan k_1 l_1 \tan k_2 l_2 = 1 \qquad (7\text{-}31)$$

式中 z_1、z_2、z_3、k_1、k_2、k_3 及 l_1、l_2、l_3 分别是四分之一波长夹心式换能器中各个部分的波阻抗、波数及长度. $z_1=\rho_1 c_1 S_1$，$z_2=\rho_2 c_2 S_2$，$z_3=\rho_3 c_3 S_3$. 对于换能器中位移节面前面的部分，即四分之一波长阶梯变幅杆，其频率方程为

$$\tan k_4 l_4 \tan k_5 l_5 = \frac{z_4}{z_5} \qquad (7\text{-}32)$$

在上面的分析中，都忽略了负载的影响. 然而在实际工作过程中，换能器都是有负载的，而且负载对换能器的频率影响也是比较大的. 尽管换能器的负载非常复杂，不易实验测量，而且可能在工作过程中发生变化，但作为换能器的理论分析，应该考虑到负载的存在. 因此下面将对换能器负载情况下的频率方程加以分析. 根据传统的习惯，同时也为了简化分析，在下面的推导过程中，假设换能器的后盖板是等截面圆柱，并且换能器的后盖板是空载的，即只考虑换能器前盖板的负载阻抗. 从大多数的超声应用情况来说，这种假设与实际是很相符的，而且这种情况也是人们所希望的.

由图 7.6 可以得出换能器前盖板的输入阻抗，即压电陶瓷右面的负载阻抗为

$$Z_{m2} = R_f + \mathrm{j}X_f = Z_{21} + \frac{Z_{23}(Z_{22}+Z_{2l})}{Z_{22}+Z_{23}+Z_{2l}} \qquad (7\text{-}33)$$

式中 Z_{fl} 是换能器前盖板的负载阻抗. 利用 Mobius 变换，上式可写成下面的形式

$$Z_{m2} = R_f + \mathrm{j}X_f = \frac{AZ_{fl} - \mathrm{j}B}{\mathrm{j}CZ_{fl} - D} \qquad (7\text{-}34)$$

式中 A、B、C、D 称为 Mobius 变换系数，它们由换能器前盖板的材料、形状和几何尺寸所决定. 对于后盖板，在空载等截面圆柱的情况下，可得其输入阻抗为

$$Z_{m1} = \mathrm{j}z_1 \tan k_1 l_1 \qquad (7\text{-}35)$$

由图 7.6 可以得出换能器的机械阻抗 Z_m 为

$$Z_m = R_m + \mathrm{j}X_m = Z_{2p} + \frac{(Z_{1p} + Z_{m2})(Z_{1p} + Z_{m1})}{2Z_{1p} + Z_{m2} + Z_{m1}} \tag{7-36}$$

把上述各量的具体表达式代入上式经过整理后可得换能器机械阻抗的具体表达式为

$$R_m = \frac{R_f[z_0\tan(k_e l_c/2) + z_b\tan k_b l_b]^2}{R_f^2 + [X_f + 2z_0\tan(k_e l_c/2) + z_b\tan k_b l_b]^2} \tag{7-37}$$

$$X_m = -\frac{z_0}{\sin k_e l_c} + X_{ml} \tag{7-38}$$

式中

$$X_{ml} = \frac{\left[R_f^2 + X_f^2 + X_f\left(3z_0\tan\frac{k_e l_c}{2} + z_b\tan k_b l_b\right) + z_0\tan\frac{k_e l_c}{2}\left(2z_0\tan\frac{k_e l_c}{2} + z_b\tan k_b l_b\right)\right]FZ1}{R_f^2 + [X_f + 2z_0\tan(k_e l_c/2) + z_b\tan k_b l_b]^2}$$

而 $FZ1 = z_0\tan(k_e l_c/2) + z_b\tan k_b l_b$. 当换能器机械端的抗部分等于零时，即 $X_m = 0$，换能器达到机械共振状态. 经过一系列变换，可以得出换能器的共振频率方程为

$$H' \cdot M \cdot Y = 0 \tag{7-39}$$

式中 $H = \begin{bmatrix} R_f^2 + X_f^2 \\ X_f \\ 1 \end{bmatrix}$，$M = \begin{bmatrix} M_{11} & M_{12} & M_{13} \\ M_{21} & M_{22} & M_{23} \\ M_{31} & M_{32} & M_{33} \end{bmatrix}$，$Y = \begin{bmatrix} Y^2 \\ Y \\ 1 \end{bmatrix}$ 分别是三个矩阵，H' 是 H 的转置矩阵. 矩阵中各个元素的具体表达式为

$$M_{11} = 0,\quad M_{12} = -\sin k_e l_c,\quad M_{13} = z_0\cos k_e l_c$$

$$M_{21} = -\sin k_e l_c,\quad M_{22} = 2z_0\left(\cos k_e l_c - \sin k_e l_c \cdot \tan\frac{k_e l_c}{2}\right)$$

$$M_{23} = 2z_0^2 \cdot \tan\left(\frac{k_e l_c}{2}\right) \cdot \left(\cos^2\frac{k_e l_c}{2} + \cos k_e l_c\right)$$

$$M_{31} = z_0\cos k_e l_c,\quad M_{32} = 2z_0^2 \cdot \tan\left(\frac{k_e l_c}{2}\right) \cdot \left(\cos^2\frac{k_e l_c}{2} + \cos k_e l_c\right)$$

$$M_{33} = 4z_0^2\left(1 - \cos^2\frac{k_e l_c}{2}\right),\quad Y = z_b\tan k_b l_b$$

由上述分析可以看出，夹心式压电陶瓷复合换能器的频率方程包含三个分量，它们分别表示换能器的三个主要组成部分，即 H 矩阵表示换能器的前盖板和负载，M 矩阵表示压电陶瓷元件，而 Y 矩阵则表示换能器的后盖板. 当换能器的各个参数满足频率方程时，换能器达到共振状态.

利用上面得出的夹心式复合换能器的频率方程，当换能器的材料、形状和几何尺寸给定以后，其共振频率仅由换能器的负载确定，因此可以利用上面的结果来分析负载对换能器共振频率的影响.

7.2.3.2 夹心式压电陶瓷复合换能器中晶堆两端的振速比

根据上面的分析可以看出，换能器的前后金属盖板就是压电陶瓷晶堆的负载. 当换能器的外部负载不同以及换能器的前后盖板材料和几何尺寸不同时，晶堆的

负载就不同，相应的换能器内部的振动分布也将不同.令压电陶瓷晶堆两端的振速分别是 $\dot{\xi}_1$、$\dot{\xi}_2$，而且换能器的位移节点位于压电陶瓷内部.根据换能器的机电等效电路，可以推出压电陶瓷晶堆两端的振速比为

$$\frac{\dot{\xi}_2}{\dot{\xi}_1}=\frac{\sin(k_e l_{c2})}{\sin(k_e l_{c1})} \tag{7-40}$$

式中 l_{c1}、l_{c2} 分别是位移节点距压电陶瓷后断面和前端面的长度.从式(7-40)可以看出，当换能器的位移节点位于陶瓷晶堆的后半部时，晶堆的前后振速比比较大.如果同时能够做到使换能器前盖板的声阻抗比较小，而后盖板的声阻抗比较大，则可以大大提高换能器的前向辐射功率，从而实现换能器的无障板单向辐射.

7.2.3.3 夹心式压电陶瓷复合换能器的前后振速比

换能器的前后振速比定义为

$$KG=\frac{\dot{\xi}_f}{\dot{\xi}_b} \tag{7-41}$$

其中 $\dot{\xi}_f$ 和 $\dot{\xi}_b$ 分别是复合换能器的前辐射面及后辐射面处的振动速度.对上述公式略做变换可得如下公式

$$KG=\frac{\dot{\xi}_f}{\dot{\xi}_2}\cdot\frac{\dot{\xi}_2}{\dot{\xi}_1}\cdot\frac{\dot{\xi}_1}{\dot{\xi}_b} \tag{7-42}$$

从上述式子可以看出，换能器的前后振速比等于换能器的三个组成部分的前后振速比之积.由换能器的整体等效电路可以得出如下表达式：

$$\frac{\dot{\xi}_f}{\dot{\xi}_2}=\frac{Z_{23}}{Z_{22}+Z_{23}+Z_{fl}} \tag{7-43}$$

$$\frac{\dot{\xi}_1}{\dot{\xi}_b}=\frac{Z_{11}+Z_{13}+Z_{bl}}{Z_{13}} \tag{7-44}$$

$$\frac{\dot{\xi}_2}{\dot{\xi}_1}=-\frac{Z_{12}+Z_{1p}+Z_{13}-\dfrac{Z_{13}^2}{Z_{11}+Z_{13}+Z_{bl}}}{Z_{21}+Z_{2p}+Z_{23}-\dfrac{Z_{23}^2}{Z_{22}+Z_{23}+Z_{fl}}} \tag{7-45}$$

在一般的情况下，换能器的后表面是空载的，即 $Z_{bl}=0$.另一方面，对于大部分高声强的超声应用，如超声金属和塑料焊接、超声钻孔以及超声细胞粉碎等，换能器的负载也比较小，可以近似认为 $Z_{fl}=0$.因此鉴于以上考虑以及简化分析，下面将对空载条件下的换能器进行分析.当 $Z_{bl}=0$ 以及 $Z_{fl}=0$ 时，换能器的前后振速比为

$$KG=-\frac{Z_{23}}{Z_{22}+Z_{23}}\cdot\frac{Z_{11}+Z_{13}}{Z_{13}}\cdot\frac{Z_{12}+Z_{1p}+Z_{13}-\dfrac{Z_{13}^2}{Z_{11}+Z_{13}}}{Z_{21}+Z_{2p}+Z_{23}-\dfrac{Z_{23}^2}{Z_{22}+Z_{23}}} \tag{7-46}$$

从上式可以看出，换能器的前后振速比与前后盖板的材料、形状、几何尺寸以及压电陶瓷元件的形状和几何尺寸都有关. 同时，还与换能器的频率有关. 由于在大部分情况下夹心式功率超声换能器都工作在谐振状态，因此频率对换能器前后振速比的影响一般都不考虑. 当换能器的后盖板以及压电陶瓷元件为圆柱和圆环形时，上式可进一步简化为

$$KG = \cos k_b l_b \cdot \frac{Z_{23}}{Z_{22}+Z_{23}} \cdot \frac{\mathrm{j}z_b \tan k_b l_b + \mathrm{j}z_0 \tan(k_e l_c/2)}{\dfrac{Z_{23}^2}{Z_{22}+Z_{23}} - Z_{23} - Z_{21} - \mathrm{j}z_0 \tan(k_e l_c/2)} \tag{7-47}$$

在下面的分析中，我们将保持换能器的压电陶瓷元件的参数一定，如压电材料的种类、压电元件的形状和几何尺寸等一定，同时保持换能器的共振频率也一定. 在这一条件下，结合换能器的共振频率方程，通过改变换能器前盖板的形状和几何尺寸来探讨换能器的前后振速比对形状和尺寸的依赖关系，以便找出换能器的最大前后振速比以及对应这一最大放大系数的形状和几何尺寸，即对换能器的前后振速比进行优化设计.

对于圆锥型、指数型以及悬链线型前盖板，把 Z_{21}、Z_{22} 以及 Z_{23} 的具体表达式代与上式可得不同形状盖板条件下换能器的前后振速比分别为

圆锥型

$$KG = -\cos k_b l_b \cdot \frac{z_b \tan k_b l_b + z_0 \tan(k_e l_c/2)}{\dfrac{F}{F+1} \cdot \dfrac{z_2}{\sin k_2 l_2} + \left(\dfrac{F+1}{F}\cos k_2 l_2 - \dfrac{\sin k_2 l_2}{F k_2 l_2}\right)\left[z_0 \tan(k_e l_c/2) - \dfrac{z_1}{F k_2 l_2} - z_1 \cot k_2 l_2\right]} \tag{7-48}$$

指数型

$$KG = \frac{-\cos k_b l_b [z_b \tan k_b l_b + z_0 \tan(k_e l_c/2)]}{\sqrt{\dfrac{z_2}{z_1}}\left(\cos k' l_2 + \dfrac{\beta}{k'}\sin k' l_2\right)\left(z_0 \tan\dfrac{k_e l_c}{2} + \dfrac{z_1 \beta}{k} - \dfrac{z_1 k'}{k \tan k' l_2}\right) + \dfrac{k' \sqrt{z_1 z_2}}{k \sin k' l_2}} \quad (k > \beta) \tag{7-49}$$

$$KG = \frac{-\cos k_b l_b [z_b \tan k_b l_b + z_0 \tan(k_e l_c/2)]}{\sqrt{\dfrac{z_2}{z_1}}\left(\cosh \beta' l_2 + \dfrac{\beta}{\beta'}\sinh \beta' l_2\right)\left(z_0 \tan\dfrac{k_e l_c}{2} + \dfrac{z_1 \beta}{k} - \dfrac{z_1 \beta'}{k \tanh \beta' l_2}\right) + \dfrac{\beta' \sqrt{z_1 z_2}}{k \sinh \beta' l_2}} \quad (k < \beta) \tag{7-50}$$

悬链线型

$$KG = \frac{-\cos k_b l_b [z_b \tan k_b l_b + z_0 \tan(k_e l_c/2)]}{\sqrt{\dfrac{z_2}{z_1}}\cos k' l_2\left(z_0 \tan\dfrac{k_e l_c}{2} + \dfrac{z_1 \gamma \tanh \gamma l_2}{k} - \dfrac{z_1 k'}{k \tan k' l_2}\right) + \dfrac{k' \sqrt{z_1 z_2}}{k \sin k' l_2}} (k > \gamma) \tag{7-51}$$

$$KG=\frac{-\cos k_b l_b[z_b\tan k_b l_b+z_0\tan(k_e l_c/2)]}{\sqrt{\frac{z_2}{z_1}}\cosh\gamma' l_2\left(z_0\tan\frac{k_e l_c}{2}+\frac{z_1\gamma\tanh\gamma l_2}{k}-\frac{z_1\gamma'}{k\tan\gamma' l_2}\right)+\frac{\gamma'\sqrt{z_1 z_2}}{k\sinh\gamma' l_2}}(k<\gamma)$$

(7-52)

利用上述公式，就可以研究换能器的前后振速比与前盖板的形状之间的关系. 通过计算，可以得出以下结论：

(1) 对于每一种形状的前盖板，如圆锥型、指数型或悬链线型，换能器都存在一个最佳的设计方案，对应于这一方案，换能器的前后振速比达到最大.

(2) 后盖板采用重金属，前盖板采用轻金属，可以提高换能器的前后振速比.

(3) 对于三种常用的前盖板形状，即圆锥型、指数型或悬链线型，悬链线型前盖板的振速比最大，其次是指数型，最差的是圆锥形.

(4) 换能器的前后振速比与换能器前盖板的两端的直径有关，直径比越大，振速比越大.

(5) 对于复合型前盖板，如圆锥与等截面直棒组成的复合前盖板，可以获得比单一形状盖板高的前后振速比，而且振速比还与复合盖板两部分的相对长度有关.

第 8 章　扭转振动超声换能器

随着科学技术的飞速发展，一些传统的功率超声技术得到了人们的普遍重视，其应用范围也越来越广．与此同时，作为超声设备的核心部分，即超声振动系统也得到了不断发展及改进，其性能不断改善，种类也越来越多．传统的超声换能器大多是振动模式单一的纵向伸缩式换能器，然而为了适应不同超声设备以及一些新的功率超声技术的需要，如超声马达、超声旋转加工、超声研磨、超声焊接和疲劳试验等，扭转、弯曲以及复合振动模式超声换能器也得到了一定的发展，并且受到了人们的重视[64~69]．与纵向振动系统一样，大功率扭转振动系统也包括扭转换能器、扭转变幅杆以及加工工具头三部分．

压电陶瓷振子是超声换能器、陶瓷滤波器、压电传感器、压电陀螺等器件的主要组成部分，而关于压电陶瓷振子振动模式的研究则是设计这些器件的理论基础．压电陶瓷振子的振动模式很多，其中包括伸缩振动模式以及剪切振动模式等．关于振子的伸缩振动模式以及矩形振子的厚度剪切振动，已经有了比较系统的设计理论．但是对于圆形振子的厚度剪切振动即扭转振动，尚缺乏系统的设计理论．

关于扭转振动的产生，目前主要有两种方法．传统的方法主要利用振动模式的转换，由于此类换能器转换效率低，而且结构复杂，因此，至今未得到广泛的应用．第二种方法是利用切向极化的压电陶瓷元器件．现在切向极化压电陶瓷薄圆环的制作成为可能，因此出现了类似于纵向振动模式的夹心式扭转振动超声换能器，该换能器的压电激发元件为切向极化的压电陶瓷晶堆，其他部分与纵向振动换能器类似．在下面的分析中，将对切向极化压电陶瓷元器件的扭转振动，以及夹心式压电陶瓷扭转换能器进行较为系统的分析．

8.1　切向极化压电陶瓷细长棒的扭转振动

在水声及超声换能器的设计及研制过程中，纵向极化压电陶瓷振子是主要的机电转换元件，其设计理论已基本建立．近几年来，在研究超声马达时，提出了一种夹心式扭转振动压电陶瓷超声换能器，其压电元件为切向极化的压电陶瓷圆片．但是关于这种切向极化压电陶瓷圆片的理论分析及计算，至今尚缺乏一种类似于纵向极化压电陶瓷片的系统分析理论．本节从压电及运动方程出发，研究了切向极化压电陶瓷细棒的扭转振动，在一维理论的条件下，得出了振子的等效电路及频率方程，并提出了截面扭转系数的概念，所得结果为扭转振动换能器的设计及计算提供了一定的理论基础.

图 8.1 所示是一切向极化的压电陶瓷细长棒,其高度及半径分别为 l 和 a. 为满足一维理论的要求,必须满足 $l \gg a$,实际上要求振子的横向尺寸远小于扭转振动的波长,在极坐标下,振子的极化方向沿着 θ 方向,即切向,而激发电场则沿着 z 轴,即高度方向. 因为电场沿着 z 轴方向,故 $E_z \neq 0$, $D_z \neq 0$,而 $E_r = E_\theta = 0$ 以及 $D_r = D_\theta = 0$. 另外,由于棒的横向尺寸远小于波长,而高度可和波长相比,因此,对于棒的纯扭转振动,有以下关系

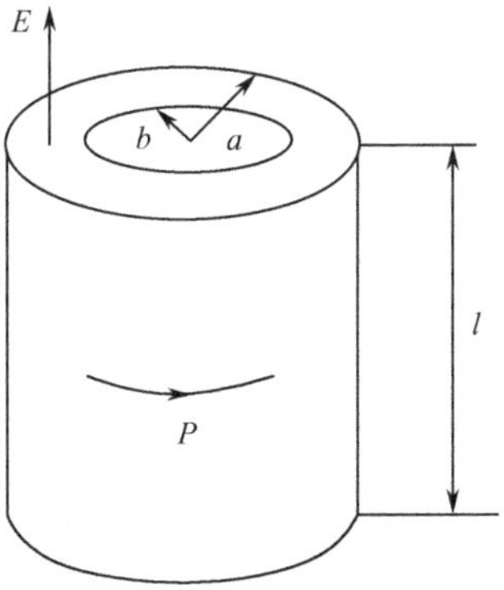

图 8.1　切向极化压电陶瓷细长棒的几何示意图

$$T_{\theta z} \neq 0, \quad T_r = T_\theta = T_z = T_{rz} = T_{r\theta} = 0 \tag{8-1}$$

此时,以电位移及应力作为独立变量,可得以下形式的压电方程,即 g 型压电方程

$$S_{\theta z} = s_{55}^D T_{\theta z} + g_{15} D_z \tag{8-2}$$

$$E_z = - g_{15} T_{\theta z} + \beta_{11}^T D_z \tag{8-3}$$

式中 $T_{\theta z}$ 为切应力,D_z 为电位移分量,s_{55}^D 为恒电位移时的弹性柔顺常数,g_{15} 为压电电压常数,β_{11}^T 为自由介电隔离率,$S_{\theta z}$ 为切应变,它与棒的扭转角 φ 之间的关系为

$$S_{\theta z} = r\left(\frac{\partial \varphi}{\partial z}\right) \tag{8-4}$$

8.1.1　扭转振动的机械方程式

由式(8-2)可得切应力 $T_{\theta z}$ 为

$$T_{\theta z} = \frac{(S_{\theta z} - g_{15} D_z)}{s_{55}^D} \tag{8-5}$$

由此可得棒中的扭转力矩 M 为

$$M = \iint_s T_{\theta z} \cdot r \mathrm{d}s \tag{8-6}$$

式中 s 表示棒的横截面积,把式(8-4)及式(8-5)代入式(8-6)积分后可得

$$M = \frac{I_p\left(\frac{\partial \varphi}{\partial z}\right)}{s_{55}^D} - \frac{g_{15} D_z W}{s_{55}^D} \tag{8-7}$$

式中 $I_p = \iint_s r^2 \mathrm{d}s$ 称为棒的极惯性矩,$W = \iint_s r \mathrm{d}s$. 另外,根据棒的力矩平衡条件,可得以下运动方程

$$\left(\frac{\partial M}{\partial z}\right)\mathrm{d}z = \Theta\left(\frac{\partial^2 \varphi}{\partial t^2}\right) \tag{8-8}$$

式中 $\Theta=\iint_s r^2\mathrm{d}m=\iint_s r^2\rho\mathrm{d}s\cdot\mathrm{d}z=\rho\mathrm{d}zI_\mathrm{p}$ 为惯量矩. 把式(8-7)代入式(8-8),考虑到$\partial D_z/\partial z=0$,可得

$$\frac{\partial^2\varphi}{\partial z^2}=\rho s_{55}^D\left(\frac{\partial^2\varphi}{\partial t^2}\right)\tag{8-9}$$

令 $c_t=[1/(s_{55}^D\rho)]^{1/2}$ 称为细棒中扭转振动传播速度,可得

$$\frac{\partial^2\varphi}{\partial z^2}=\frac{\left(\dfrac{\partial^2\varphi}{\partial t^2}\right)}{c_t^2}\tag{8-10}$$

式(8-10)是压电陶瓷细长棒中扭转振动的波动方程.

8.1.2 电路状态方程式

把 $T_{\theta z}$ 的表达式(8-5)代入式(8-3)可得

$$E_z=-\frac{g_{15}(S_{\theta z}-g_{15}D_z)}{s_{55}^D}+\beta_{11}^T D_z=-\frac{g_{15}S_{\theta z}}{s_{55}^D}+\left(\frac{g_{15}^2}{s_{55}^D}+\beta_{11}^T\right)D_z\tag{8-11}$$

令 $\bar{\beta}_{11}^T=g_{15}^2/s_{55}^D+\beta_{11}^T$ 上式化为

$$E_z=-\frac{g_{15}S_{\theta z}}{s_{55}^D}+\bar{\beta}_{11}^T D_z\tag{8-12}$$

把式(8-12)乘以 r,然后沿棒的横截面取积分,利用 $S_{\theta z}$ 的表达式(8-4),可得

$$E_z=-\frac{\left(\dfrac{\partial\varphi}{\partial z}\right)g_{15}I_\mathrm{p}}{(s_{55}^D W)}+\bar{\beta}_{11}^T D_z\tag{8-13}$$

利用式(8-13),可得振子两电极间的电压 V 为

$$V=\int_0^l E_z\mathrm{d}z=-\frac{g_{15}I_\mathrm{p}}{(s_{55}^D W)}\int_0^l\left(\frac{\partial\varphi}{\partial z}\right)\mathrm{d}z+\bar{\beta}_{11}^T D_z l\tag{8-14}$$

令 φ_1 和 φ_2 分别为振子两端的扭转角,即

$$\int_0^l\left(\frac{\partial\varphi}{\partial z}\right)\mathrm{d}z=-\varphi_2-\varphi_1\tag{8-15}$$

代入式(8-14)可得

$$V=\frac{g_{15}I_\mathrm{p}}{(s_{55}^D W)}(\varphi_1+\varphi_2)+\bar{\beta}_{11}^T D_z l\tag{8-16}$$

令 I 为流过振子的电流,可得

$$I=\frac{\mathrm{d}Q}{\mathrm{d}t}=\mathrm{j}\omega Q=\mathrm{j}\omega D_z S\tag{8-17}$$

式中 Q 代表电量，s 为振子的横截面积. 由式(8-17)求出 D_z 代入式(8-16)可得

$$V = \frac{g_{15} I_p}{(s_{55}^D W)}(\varphi_1 + \varphi_2) + \frac{\bar{\beta}_{11}^T lI}{(\mathrm{j}\omega s)} \tag{8-18}$$

由此可得

$$I = \mathrm{j}\omega C_0 V - n(\dot{\varphi}_1 + \dot{\varphi}_2) \tag{8-19}$$

式中 $\dot{\varphi}_1 = \mathrm{j}\omega\varphi_1$，$\dot{\varphi}_2 = \mathrm{j}\omega\varphi_2$，$\dot{\varphi}_1$ 和 $\dot{\varphi}_2$ 为振子两端面的扭转角速度，$C_0 = s/(\bar{\beta}_{11}^T l)$ 称为扭转振动压电陶瓷细棒的一维截止电容，$n = g_{15} I_p s/(s_{55}^D W \bar{\beta}_{11}^T l)$ 称为机电转换系数.

8.1.3 机电等效电路图

令扭转角 $\varphi = \Phi(z)\exp(\mathrm{j}\omega t)$，$\Phi(z)$ 仅为位置的函数，代入运动方程(8-10)可得

$$\frac{\mathrm{d}^2\Phi(z)}{\mathrm{d}z^2} + k_t^2\Phi(z) = 0 \tag{8-20}$$

式中 $k_t = \omega/c_t$ 称为扭转波波数. 由(8-20)的解可得扭转角 φ 的表达式为

$$\varphi = [A\sin(k_t z) + B\cos(k_t z)]\exp(\mathrm{j}\omega t) \tag{8-21}$$

式中 A、B 为待定常数，可由振子的边界条件决定. 令 φ_1 和 φ_2 为振子两端的扭转角，即

$$\varphi|_{z=0} = \varphi_1, \quad \varphi|_{z=l} = -\varphi_2 \tag{8-22}$$

把式(8-21)代入式(8-22)可得待定常数 A 和 B

$$A = -[\varphi_2 + \varphi_1\cos k_t l]\frac{\exp(\mathrm{j}\omega t)}{\sin(k_t l)}; \quad B = \varphi_1\exp(-\mathrm{j}\omega t) \tag{8-23}$$

把式(8-23)代入式(8-21)可得扭转角分布函数为

$$\varphi = \frac{\{\varphi_1\sin[k_t(l-z)] - \varphi_2\sin(k_t z)\}}{\sin(k_t l)} \tag{8-24}$$

把式(8-24)代入式(8-7)可得扭矩 M 的分布函数

$$M = -\left(\frac{I_p k_t}{s_{55}^D}\right)\frac{\{\varphi_1\cos[k_t(l-z)] + \varphi_2\cos(k_t z)\}}{\sin(k_t l)} - \frac{g_{15} D_z W}{s_{55}^D} \tag{8-25}$$

令 M_1 和 M_2 分别为振子两端面的扭矩，即

$$M|_{z=0} = -M_1, \quad M|_{z=l} = -M_2 \tag{8-26}$$

把式(8-25)代入式(8-26)可得

$$M_1 = \left(\frac{I_p k_t}{s_{55}^D}\right)\frac{[\varphi_1\cos(k_t l) + \varphi_2]}{\sin(k_t l)} + \frac{g_{15} D_z W}{s_{55}^D} \tag{8-27}$$

$$M_2 = \left(\frac{I_p k_t}{s_{55}^D}\right)\frac{[\varphi_1 + \varphi_2\cos(k_t l)]}{\sin(k_t l)} + \frac{g_{15} D_z W}{s_{55}^D} \tag{8-28}$$

为了简化下面的推导，把式(8-27)和式(8-28)乘以 $I_p s/W^2$，可得

$$M'_1 = \frac{\left(\frac{I_p^2 s k_t}{s_{55}^D W^2}\right)[\varphi_1 \cos(k_t l) + \varphi_2]}{\sin(k_t l)} + \frac{g_{15} D_z I_p s}{(s_{55}^D W)} \tag{8-29}$$

$$M'_2 = \frac{\left(\frac{I_p^2 s k_t}{s_{55}^D W^2}\right)[\varphi_1 + \varphi_2 \cos(k_t l)]}{\sin(k_t l)} + \frac{g_{15} D_z I_p s}{(s_{55}^D W)} \tag{8-30}$$

式中 $M'_1 = M_1 I_p s/W^2$，$M'_2 = M_2 I_p s/W^2$，为等效扭矩. 另外，把电路状态方程式(8-16)乘以 n 可得

$$nV = \frac{g_{15} I_p (\varphi_1 + \varphi_2) n}{s_{55}^D W} + \beta_{11}^T D_z n l \tag{8-31}$$

由 n 的表达式可得

$$\frac{g_{15} I_p}{s_{55}^D W} = \frac{n \bar{\beta}_{11}^T l}{s} \tag{8-32}$$

把上式及 n 的表达式代入式(8-31)可得

$$nV = \frac{(\varphi_1 + \varphi_2) n^2 \bar{\beta}_{11}^T l}{s} + \frac{g_{15} I_p s D_z}{s_{55}^D W} \tag{8-33}$$

利用 V 的表达式，上式可化为

$$nV = \frac{(\dot{\varphi}_1 + \dot{\varphi}_2) n^2}{\mathrm{j}\omega C_0} + \frac{g_{15} I_p s D_z}{s_{55}^D W} \tag{8-34}$$

由式(8-34)解出 $g_{15} I_p s D_z/(s_{55}^D W)$，代入式(8-29)和式(8-30)二式可得

$$M'_1 = \frac{\left(\frac{I_p^2 s k_t}{s_{55}^D W^2}\right) \cdot [\varphi_1 \cos(k_t l) + \varphi_2]}{\sin(k_t l)} + nV - \frac{(\dot{\varphi}_1 + \dot{\varphi}_2) n^2}{\mathrm{j}\omega C_0} \tag{8-35}$$

$$M'_2 = \frac{\left(\frac{I_p^2 s k_t}{s_{55}^D W^2}\right) \cdot [\varphi_1 + \varphi_2 \cos(k_t l)]}{\sin(k_t l)} + nV - \frac{(\dot{\varphi}_1 + \dot{\varphi}_2) n^2}{\mathrm{j}\omega C_0} \tag{8-36}$$

令 $Z'_t = Z_t I_p s/W^2$，$Z_t = \rho c_t I_p$，Z_t 称为细棒扭转振动的特性声阻抗，Z'_t 称为等效特性声阻抗，式(8-35)和式(8-36)二式可化为

$$M'_1 = \left[\frac{Z'_t}{\mathrm{j}\sin(k_t l)} - \frac{n^2}{\mathrm{j}\omega C_0}\right](\dot{\varphi}_1 + \dot{\varphi}_2) + \mathrm{j} Z'_t \tan\left(\frac{k_t l}{2}\right) \dot{\varphi}_1 + nV \tag{8-37}$$

$$M'_2 = \left[\frac{Z'_t}{\mathrm{j}\sin(k_t l)} - \frac{n^2}{\mathrm{j}\omega C_0}\right](\dot{\varphi}_1 + \dot{\varphi}_2) + \mathrm{j} Z'_t \tan\left(\frac{k_t l}{2}\right) \dot{\varphi}_2 + nV \tag{8-38}$$

利用式(8-19)、式(8-37)和式(8-38)三式，可以得出切向极化压电陶瓷细长棒扭转振动的机电等效电路图，如图 8.2 所示，其中 $Z_1 = Z_2 = \mathrm{j} Z'_t \tan(k_t l/2)$，$Z_3 = Z'_t/[\mathrm{j}\sin(k_t l)]$. 可以看出，图 8.2 与轴向极化压电陶瓷细棒纵向振动的等效电路是类似的，不同之处在于图中各量的数学表达式及物理意义不同. 另外，我们可以

看出，在上面的分析及推导中，等效扭矩及等效特性声阻抗中都包含一个共同的量，即 $I_{\mathrm{p}}s/W^2$. 根据上面关于 I_{p} 及 W 的定义，可以看出，该量仅与棒的截面形状及尺寸有关系. 令 $\tau=I_{\mathrm{p}}s/W^2$ 称为截面扭转系数，很显然，对于实心圆截面棒，$\tau=9/8$，对于空心圆截面棒，$\tau=[9(a_1^2+a_2^2)(a_1+a_2)^2]/[8(a_1^2+a_1a_2+a_2^2)^2]$. 利用截面扭转系数的定义，上文引入的等效扭矩及特性声阻抗可分别表示为

$$M'_1=M_1\tau,\quad M'_2=M_2\tau,\quad Z'_t=Z_t\tau$$

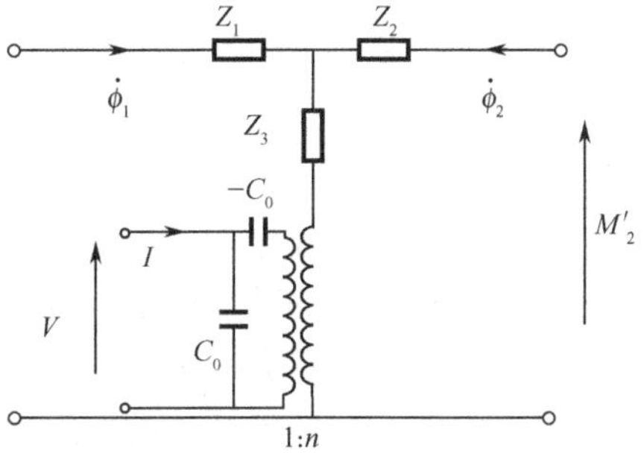

图 8.2　切向极化压电陶瓷细棒扭转振动的机电等效图

8.1.4　切向极化压电陶瓷细棒扭转振动的频率方程

由图 8.2 可以得出扭转振动压电陶瓷细棒的输入电阻抗 Z_{i}

$$Z_{\mathrm{i}}=\frac{1}{\mathrm{j}\omega c_0}\left[(1-k_{15}^l)^2\frac{\tan(k_tl/2)}{k_tl/2}\right] \tag{8-39}$$

式中 $k_{15}^l=k_{15}/\tau$，$k_{15}=g_{15}/(s_{55}^D\bar{\beta}_{11}^T)^{1/2}$，$k_{15}^l$ 称为切向极化压电陶瓷细棒扭转振动的机电耦合系数，简称为长度剪切机电耦合系数，利用压电陶瓷常数之间的关系，即 $\beta_{11}^T=1/\varepsilon_{11}^T$，$s_{55}^E=s_{44}^E$，$s_{55}^D=s_{44}^D$，$s_{55}^E-s_{55}^D=d_{15}^2\cdot\varepsilon_{11}^T$，由上文得出的 $\bar{\beta}_{11}^T$ 的表示式可得，$\bar{\beta}_{11}^T\cdot s_{55}^D=\beta_{11}^Ts_{55}^E$，因此 k_{15}^l 可进一步表示为 $k_{15}^l=g_{15}/(s_{55}^E\beta^T)^{1/2}\tau$，由式(8-39)，令 $Z_{\mathrm{i}}=0$，可得共振频率方程

$$1-(k_{15}^l)^2\frac{\tan\left(\frac{k_tl}{2}\right)}{\left(\frac{k_tl}{2}\right)}=0 \tag{8-40}$$

令 $Z_{\mathrm{i}}=\infty$，可得反共振频率方程

$$\tan\left(\frac{k_tl}{2}\right)=\infty \tag{8-41}$$

由上述分析，我们可以看出，切向极化压电陶瓷细棒的扭转振动是一种纵效应振动，即刚度振动模式，因此，振子的一些参数，例如传播速度、共振频率方程等都与振子的压电常数以及电学边界条件有关.

在上面的分析中，研究了切向极化压电陶瓷细棒的扭转振动，推出了其等效电

路及频率方程式,主要结论如下:

(1) 给出了截面扭转系数的定义,对于实心圆棒,其截面扭转系数为 9/8.

(2) 切向极化压电陶瓷细棒中的扭转振动是一种横波,但属于纵效应振动,即刚度振动模式,因为振动的传播方向垂直于质点的振动方向,但平行于外加电场方向.

(3) 上述理论属于一维理论,它要求振子的横向尺寸必须远小于振子的扭转波波长.

8.2 切向极化压电陶瓷薄圆环的扭转振动

图 8.3 所示为一压电陶瓷薄圆片振子,极化方向沿圆周的切向,即 θ 方向,电极涂在振子的上下两主平面上,工作时振子的外加激励电场方向沿着 z 轴,其中箭头所示方向 P 表示振子的极化方向. 对于压电陶瓷薄圆片的厚度剪切振动,由于横向尺寸即振子的半径远大于其厚度 l,而厚度与剪切波波长可相比拟,因此,可以只考虑沿厚度方向的传播波,而把振子的横向看成是刚性受夹的,故只有应变分量 $S_{\theta z}\neq 0$,而其他应变分量都等于零. 另外,由于假定振子材料是绝缘的,没有漏泄电流,同时忽略边缘效应,因此有 $D_r=D_\theta=0, D_z\neq 0, \frac{\partial D_r}{\partial z}=0$,当选择应变 S 及电位移 D 作为自变量时,可得以下压电方程

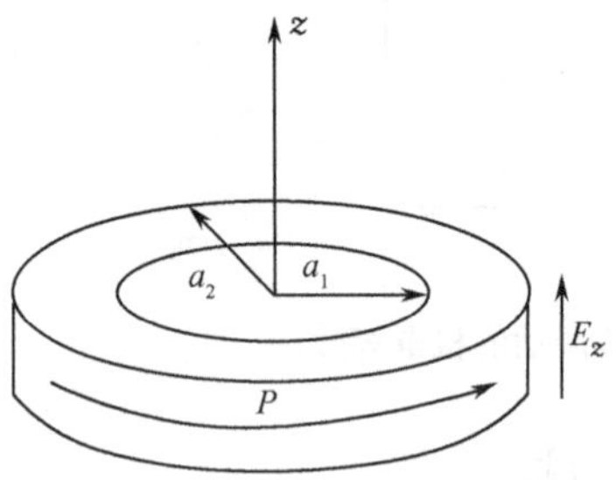

图 8.3 切向极化压电陶瓷薄圆环的几何示意图

$$T_{\theta z} = c_{55}^D S_{\theta z} - h_{15} D_z \tag{8-42}$$

$$E_z = -h_{15} S_{\theta z} + \beta_{11}^S D_z \tag{8-43}$$

式中 $T_{\theta z}$ 及 $S_{\theta z}$ 为切向应力及应变;D_z 及 E_z 为电位移及电场强度的轴向分量,c_{55}^D 为恒电位移下的弹性刚度常数;h_{15} 是压电劲度常数;β_{11}^S 为恒应变下的介电隔离率. 令 φ 为压电陶瓷剪切振动的扭转角,在薄圆片的条件下,扭转角 φ 与切应变 $S_{\theta z}$ 的关系为

$$S_{\theta z} = r\frac{\partial \varphi}{\partial z} \tag{8-44}$$

式中 r 表示振子中任一点的半径. 由于压电陶瓷振子的振动由电路及机械运动两部分决定,因此下面分别进行研究.

8.2.1 振子的机械运动方程式

振子振动时,其内部任一横截面处的扭矩 M 由下式决定

$$M = \iint_s T_{\theta z} \cdot r \mathrm{d}s \tag{8-45}$$

式中，S 表示压电陶瓷片振子的横截面积，把式(8-42)代入式(8-45)，利用 $S_{\theta z}$ 的表达式(8-44)积分后，可得

$$M = c_{55}^D I_\mathrm{p} \frac{\partial \varphi}{\partial z} - h_{15} D_z W \tag{8-46}$$

式中 $I_\mathrm{p} = \iint_s r^2 \mathrm{d}s$，称为振子的截面极惯性矩；$W = \iint_s r \mathrm{d}s$. 对于振子内部厚为 $\mathrm{d}z$ 的任一微分元，其力矩平衡方程为

$$\frac{\partial M}{\partial z} \mathrm{d}z = \Theta \frac{\partial^2 \varphi}{\partial t^2} \tag{8-47}$$

式中 $\Theta = \iint_s r^2 \mathrm{d}m = \iint_s r^2 \rho \mathrm{d}z \cdot \mathrm{d}s = I_\mathrm{p} \rho \mathrm{d}z$，为振子内厚为 $\mathrm{d}z$ 部分的转动惯量. 把式(8-46)代入式(8-47)，利用$\partial D_z/\partial z = 0$，可得振子的运动方程为

$$\frac{\partial^2 \varphi}{\partial z^2} = \frac{1}{c_t^2} \frac{\partial^2 \varphi}{\partial t^2} \tag{8-48}$$

式中 $c_t = (c_{55}^D/\rho)^{1/2}$ 为压电陶瓷薄圆片的剪切波的传播速度，也就是扭转波的传播速度. 对于简谐振动，令 $\varphi = \phi(z) \mathrm{e}^{\mathrm{j}\omega t}$，代入式(8-48)可得

$$\frac{\mathrm{d}^2 \phi(z)}{\mathrm{d}z^2} + k_t^2 \phi(z) = 0 \tag{8-49}$$

式中 $k_t = \omega/c_t$，为剪切波波数. 由式(8-49)的解可得压电陶瓷薄片振子扭转振动的扭转角分布为

$$\varphi = (A \sin k_t z + B \cos k_t z) \mathrm{e}^{\mathrm{j}\omega t} \tag{8-50}$$

式中 A、B 为待定常数，可由振子的边界条件决定，令 φ_1 及 φ_2 为振子两端面的扭转角，由此可得以下边界条件

$$\varphi|_{z=0} = \varphi_1, \quad \varphi|_{z=l} = -\varphi_2 \tag{8-51}$$

把式(8-50)代入式(8-51)可得待定常数 A 和 B 为

$$A = -\frac{\varphi_2 + \varphi_1 \cos k_t l}{\sin k_t l} \mathrm{e}^{-\mathrm{j}\omega t}, \quad B = \varphi_1 \mathrm{e}^{-\mathrm{j}\omega t} \tag{8-52}$$

把式(8-52)代入式(8-50)可得扭转角 φ 的分布规律为

$$\varphi = \frac{\varphi_1 \sin k_t (l - z) - \varphi_2 \sin k_t z}{\sin k_t l} \tag{8-53}$$

把式(8-53)代入式(8-46)可得扭矩 M 的分布函数为

$$M = -c_{55}^D I_\mathrm{p} k_t \frac{\varphi_1 \cos k_1 (l - z) + \varphi_2 \cos k_t z}{\sin k_t l} - h_{15} D_Z W \tag{8-54}$$

令 M_1 和 M_2 分别为振子两端面的外加力矩，即

$$M|_{z=0} = -M_1, \quad M|_{z=l} = -M_2 \tag{8-55}$$

把式(8-54)代入式(8-55)可得以下运动方程

$$M_1 = c_{55}^D I_p k_t \frac{\varphi_1 \cos k_t l + \varphi_2}{\sin k_t l} + h_{15} D_z W \tag{8-56}$$

$$M_2 = c_{55}^D I_p k_t \frac{\varphi_1 + \varphi_2 \cos k_t l}{\sin k_t l} + h_{15} D_z W \tag{8-57}$$

8.2.2 压电陶瓷薄圆片振子的电路状态方程式

把式(8-43)两边沿振子的横截面取面积分可得

$$\iint_s E_z \mathrm{d}s = -\iint_s h_{15} S_{\theta z} \mathrm{d}s + \iint_s \beta_{11}^s D_z \mathrm{d}s \tag{8-58}$$

把 $S_{\theta z} = r\dfrac{\partial \varphi}{\partial z}$代入上式积分后可得

$$E_z = -h_{15} \frac{W}{S} \frac{\partial \varphi}{\partial z} + \beta_{11}^s D_z \tag{8-59}$$

式中 S 为振动的横截面积. 由式(8-59)可得振子两端的电压 V 为

$$V = \int_0^l E_z \mathrm{d}z = -h_{15} \frac{W}{S} \int_0^l \frac{\partial \varphi}{\partial z} \mathrm{d}z + \beta_{11}^s D_z l \tag{8-60}$$

因为振子两端面的扭转角分别为 φ_1 和 φ_2，故

$$\int_0^l \frac{\partial \varphi}{\partial z} \mathrm{d}z = -\varphi_2 - \varphi_1 \tag{8-61}$$

把式(8-61)代入式(8-60)可得

$$V = h_{15} \frac{W}{S}(\varphi_1 + \varphi_2) + \beta_{11}^s D_z l \tag{8-62}$$

令通过振子的电流为 I，它与电荷量 Q、电位移 D_z 之间的关系为

$$I = \frac{\mathrm{d}Q}{\mathrm{d}t} = \mathrm{j}\omega Q = \mathrm{j}\omega D_Z S \tag{8-63}$$

由式(8-63)求出 D_Z 后代入式(8-62)可得

$$V = h_{15} \frac{W}{S}(\varphi_1 + \varphi_2) + \beta_{11}^s l \frac{I}{\mathrm{j}\omega s} \tag{8-64}$$

利用式(8-64)解出电流 I 可得

$$I = \mathrm{j}\omega C_0 V - n(\dot{\varphi}_1 + \dot{\varphi}_2) \tag{8-65}$$

式中 $\dot{\varphi}_1 = \mathrm{j}\omega\varphi_1$，$\dot{\varphi}_2 = \mathrm{j}\omega\varphi_2$，$\dot{\varphi}_1$ 和 $\dot{\varphi}_2$ 为振子两端面的扭转角速度，$C_0 = \dfrac{S}{\beta_{11}^s l}$为振子厚度剪切振动的截止电容；$n = \dfrac{h_{15} W}{\beta_{11}^s l}$为振子厚度剪切振动模式的机电转换系数. 式(8-65)就是振子的电路状态方程式.

8.2.3 振子的机电等效图

把式(8-62)的两边乘以机电转换系数 n 可得

$$nV = (\varphi_1 + \varphi_2)h_{15}\frac{W}{S}n + \beta_{11}^{s}D_Z nl \tag{8-66}$$

由 n 的表达式可得

$$h_{15}W = \beta_{11}^{s}nl \tag{8-67}$$

把 n 的表达式及式(8-67)代入式(8-66)可得

$$nV = (\dot{\varphi}_1 + \dot{\varphi}_2)\frac{n^2}{\mathrm{j}\omega C_0} + D_z h_{15}W \tag{8-68}$$

由式(8-68)可得

$$D_z h_{15}W = nW - (\dot{\varphi}_1 + \dot{\varphi}_2)\frac{n^2}{\mathrm{j}\omega C_0} \tag{8-69}$$

把式(8-69)代入运动方程式(8-66)和式(8-67)可得

$$M_1 = c_{55}^{D}I_{\mathrm{p}}k_t\frac{\varphi_1\cos k_t l + \varphi_2}{\sin k_t l} + nV - (\dot{\varphi}_1 + \dot{\varphi}_2)\frac{n^2}{\mathrm{j}\omega C_0} \tag{8-70}$$

$$M_2 = c_{55}^{D}I_{\mathrm{p}}k_t\frac{\varphi_1 + \varphi_2\cos k_t l}{\sin k_t l} + nV - (\dot{\varphi}_1 + \dot{\varphi}_2)\frac{n^2}{\mathrm{j}\omega C_0} \tag{8-71}$$

利用 $c_t^2 = c_{55}^{D}/\rho$，可得 $c_{55}^{D}I_{\mathrm{p}}K_t = \rho I_{\mathrm{p}}c_t\omega$，令 $Z_t = \rho I_{\mathrm{p}}c_t$，称为压电陶瓷薄圆片振子厚度剪切振动或扭转振动的特性声阻抗，可把式(8-70)及式(8-71)化为

$$M_1 = \left(\frac{Z_t}{\mathrm{j}\sin k_t l} - \frac{n^2}{\mathrm{j}\omega C_0}\right)(\dot{\varphi}_1 + \dot{\varphi}_2) + \mathrm{j}Z_t\tan\frac{k_t l}{2}\cdot\dot{\varphi}_1 + nV \tag{8-72}$$

$$M_2 = \left(\frac{Z_t}{\mathrm{j}\sin k_t l} - \frac{n^2}{\mathrm{j}\omega C_0}\right)(\dot{\varphi}_1 + \dot{\varphi}_2) + \mathrm{j}Z_t\tan\frac{k_t l}{2}\cdot\dot{\varphi}_2 + nV \tag{8-73}$$

利用式(8-65)、式(8-72)和式(8-73)三式可得压电陶瓷圆片振子厚度剪切振动的机电等效图，见图 8.4，其中 $Z_1 = \mathrm{j}Z_t\tan\frac{k_t l}{2}$，$Z_2 = \frac{Z_t}{\mathrm{j}\sin k_t l}$，很显然图 8.4 与压电陶瓷细棒纵向振动的机电等效图、薄片厚度伸缩以及矩形薄片的厚度剪切振动的机电

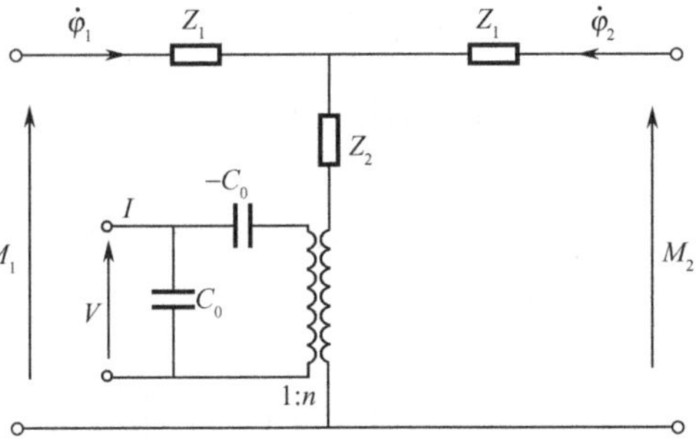

图 8.4 切向极化压电陶瓷薄圆片振子厚度剪切振动的机电等效图

等效图是类似的.由此可以看出,压电陶瓷薄圆片的厚度剪切振动模式是一种刚度振动模式,即纵效应振动,因为振子激发电场的方向平行于剪切波的传播方向.另外,由剪切波的传播方向垂直于质点的振动方向(切向),故振子中的波动是一种横波.

8.2.4 压电陶瓷薄圆片振子厚度剪切振动的频率方程

当振子的两端不受外加力矩作用时,即振子自由振动时,外加力矩作用时,即振子自由振动时,外加力矩 M_1 及 M_2 等于零.此时,由图 8.4 可得振子的输入电阻抗 Z_i 为

$$Z_{\mathrm{i}} = \frac{1}{\mathrm{j}\omega C_0}\left[1-(k_{15}^t)^2\frac{\tan\dfrac{k_t l}{2}}{\dfrac{k_t l}{2}}\right] \tag{8-74}$$

式中 $k_{15}^t=\dfrac{h_{15}W}{\sqrt{\beta_{11}^s S I_{\mathrm{p}} c_{55}^D}}$,为压电陶瓷薄圆片振子厚度剪切振动的机电耦合系数.令 $\tau=\dfrac{I_{\mathrm{p}}S}{W^2}$为振子的截面扭转系数,很显然该系数仅与振子的截面形状及尺寸有关.由 I_{p} 及 W 的定义式,对于实心圆片 $\tau=9/8$;对于内外半径分别为 a_1 和 a_2 的空心圆片,$\tau=\dfrac{9(a_1+a_2)^2(a_1^2+a_2^2)}{8(a_1^2+a_1a_2+a_2^2)^2}$,由 τ 的定义式可把机电耦合系数 k_{15}^t 化为

$$k_{15}^t = \frac{k_{15}}{\tau} = \frac{h_{15}}{\sqrt{\beta_{11}^s c_{55}^D}\,\tau} \tag{8-75}$$

由式(8-74)可得振子的频率方程.当 $Z_{\mathrm{i}}=0$ 时,振子的共振频率方程为

$$1-(k_{15}^t)^2\frac{\tan\dfrac{k_t l}{2}}{\dfrac{k_t l}{2}} = 0 \tag{8-76}$$

当 $Z_{\mathrm{i}}=\infty$时,振子的反共振频率方程为

$$\tan\frac{k_t l}{2} = \infty \tag{8-77}$$

由上述分析可以看出,由于振子的厚度剪切振动模式是一种刚度振动模式,因此其传播速度、共振频率方程等都与振子的电学边界条件以及压电常数有关.如果压电陶瓷振子的机电耦合系数 k_{15}^t 比较小,即压电效应较弱,作为一种近似,可把振子的共振及反共振频率近似看为相等的.

8.3 切向极化压电陶瓷晶片堆的扭转振动

在夹心式水声及超声换能器中,切向极化的压电陶瓷晶堆是换能器的激励元

件,如图 8.5 所示. 当晶堆的横向尺寸远小于扭转振动的波长时,可被看成一个切

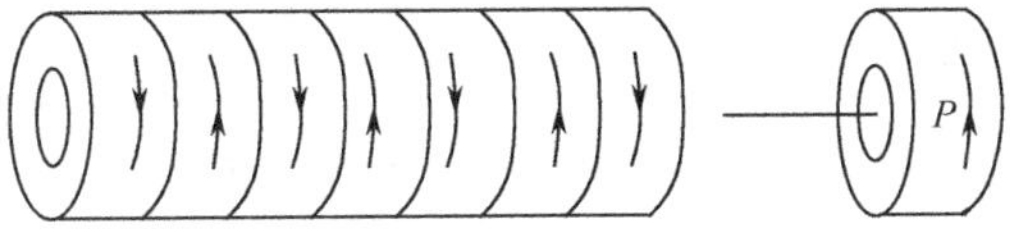

图 8.5　切向极化压电陶瓷晶堆的几何示意图

向极化的细长压电陶瓷圆棒. 在下面的分析中将利用网络理论对压电陶瓷晶堆的扭转振动特性加以分析. 图 8.2 是一个六端网络,其机械端是一个四端网络. 该四端网络的网络方程为

$$\begin{bmatrix} M_1 - nV \\ \dot{\varphi}_1 \end{bmatrix} = [M] \begin{bmatrix} M_2 - nV \\ \dot{\varphi}_2 \end{bmatrix} \tag{8-78}$$

其中,$|M|$ 是四端网络的传输矩阵,它可以表示成下列形式

$$[M] = \begin{bmatrix} 1 + Z_1/Z_2 & Z_1(2 + Z_1/Z_2) \\ 1/Z_2 & 1 + Z_1/Z_2 \end{bmatrix} \tag{8-79}$$

令 $\gamma = \cosh^{-1}(1 + Z_1/Z_2)$,称为传输常数,可以表示成下面的形式

$$\gamma = 2\sinh^{-1}\left[\frac{Z_1}{(2Z_2)}\right]^{1/2} \tag{8-80}$$

根据四端网络的基本知识可知,网络的特性阻抗为 $Z_0 = [Z_1 Z_2 (2 + Z_1/Z_2)]^{1/2}$. 因此(8-79)可表示成以下形式

$$[M] = \begin{bmatrix} \cosh\gamma & Z_0 \sinh\gamma \\ \sinh\gamma / Z_0 & \cosh\gamma \end{bmatrix} \tag{8-81}$$

假如压电陶瓷晶堆是由 p 个相同的压电陶瓷薄圆环组成. 考虑到各个压电陶瓷晶片在电学端是并联的,而在机械端是串联的. 利用边界条件,即扭矩及扭转角速度连续. 可把压电陶瓷晶堆看成是一个由 p 个四端网络的级联而成. 令压电陶瓷晶堆两端的扭矩和扭转角速度分别为 M_0、$\dot{\varphi}_0$ 和 M_p、$\dot{\varphi}_p$,利用四端网络理论,压电陶瓷晶堆的网络方程为

$$\begin{bmatrix} M_0 - nV \\ \dot{\varphi}_0 \end{bmatrix} = [M_p] \begin{bmatrix} M_p - nV \\ \dot{\varphi}_p \end{bmatrix} \tag{8-82}$$

式中 $[M_p] = [M]^p$,$[M_p]$ 是晶堆的传输矩阵. 利用双曲函数的变换规律,可将晶堆的传输矩阵转换为以下形式

$$[M_p] = \begin{bmatrix} \cosh(p\gamma) & Z_0 \sinh(p\gamma) \\ \sinh(p\gamma)/Z_0 & \cosh(p\gamma) \end{bmatrix} \tag{8-83}$$

很显然,压电陶瓷晶堆的特性阻抗与单一压电陶瓷片的特性阻抗相同. 然而压电陶瓷晶堆的传输常数与单一晶片的不同. 另一方面,晶堆的传输矩阵还可以表示为下

面的形式

$$[M_p]=\begin{bmatrix}1+Z_{1p}/Z_{2p} & Z_{1p}(2+Z_{1p}/Z_{2p})\\ 1/Z_{2p} & 1+Z_{1p}/Z_{2p}\end{bmatrix} \tag{8-84}$$

式中 Z_{1p} 和 Z_{2p} 分别是压电陶瓷晶堆四端网络 T 型等效电路的串臂及并臂阻抗. 结合式(8-83)和式(8-84)可以得出

$$Z_{1p}=Z_0\tanh\left(\frac{p\gamma}{2}\right) \tag{8-85}$$

$$Z_{2p}=\frac{Z_0}{\sinh(p\gamma)} \tag{8-86}$$

为了获得压电陶瓷晶堆的机电等效电路，必须知道 Z_{1p} 和 Z_{2p} 的具体表达式. 利用特性阻抗的定义及 Z_1 和 Z_2 的表达式可得

$$\begin{aligned}Z_0&=Z_t\left[1-(k_{15}^l)^2\frac{\tan\left(\frac{k_tl}{2}\right)}{\left(\frac{k_tl}{2}\right)}\right]^{1/2}\\ C_{te}&=C_t\left[1-(k_{15}^l)^2\frac{\tan\left(\frac{k_tl}{2}\right)}{\left(\frac{k_tl}{2}\right)}\right]^{1/2}\end{aligned} \tag{8-87}$$

其中 C_{te} 称为切向极化压电陶瓷细长晶堆中扭转振动的传播速度. 考虑到 $Z_t=\rho C_tI_\mathrm{p}$，晶堆的特性阻抗可表示为下面的形式

$$Z_0=\rho C_{te}I_\mathrm{p} \tag{8-88}$$

假如压电陶瓷晶堆中每一片晶片的厚度远小于扭转振动的波长，也就是说，$l\ll\lambda$，由此可得，$k_tl/2\ll\pi$ 以及 $\tan(k_tl/2)=k_tl/2$. 利用这一关系可以得出压电陶瓷晶堆中扭转振动的传播速度为

$$C_{te}=C_t[1-(k_{15}^l)^2]^{1/2} \tag{8-89}$$

其中 C_{te} 称为压电陶瓷晶堆中扭转振动的有效传播速度. 利用传播常数的定义可得

$$\sinh\left(\frac{\gamma}{2}\right)=\left[\frac{Z_1}{(2Z_2)}\right]^{1/2}=\mathrm{j}\frac{\sin(k_tl/2)}{\left[1-(k_{15}^l)^2\frac{\sin(k_tl)}{(k_tl)}\right]^{1/2}} \tag{8-90}$$

当 $l\ll\lambda$ 时，$\sinh(\gamma/2)=\gamma/2$，$\sinh(k_tl/2)=k_tl/2$. 因此可把上式变换为

$$\gamma=\frac{\mathrm{j}k_tl}{[1-(k_{15}^l)^2]^{1/2}} \tag{8-91}$$

利用波数的定义，即 $k_t=\omega/C_t$ 以及公式(8-89) 可得

$$\gamma = \mathrm{j}k_{te}l \tag{8-92}$$

其中 $k_{te}=\omega/C_{te}$，称为扭转振动的有效波数. 把式(8-92)代入式(8-85)和式(8-86)可得

$$Z_{1p} = \mathrm{j}Z_0 \tan\left(\frac{pk_{te}l}{2}\right) \tag{8-93}$$

$$Z_{2p} = \frac{Z_0}{\mathrm{j}\sin(pk_{te}l)} \tag{8-94}$$

利用上面得出的数学关系可以得出压电陶瓷晶堆的机电等效电路如图 8.6 所示. 可以看出扭转振动压电陶瓷晶堆的机电等效电路与单一压电陶瓷细长棒的等

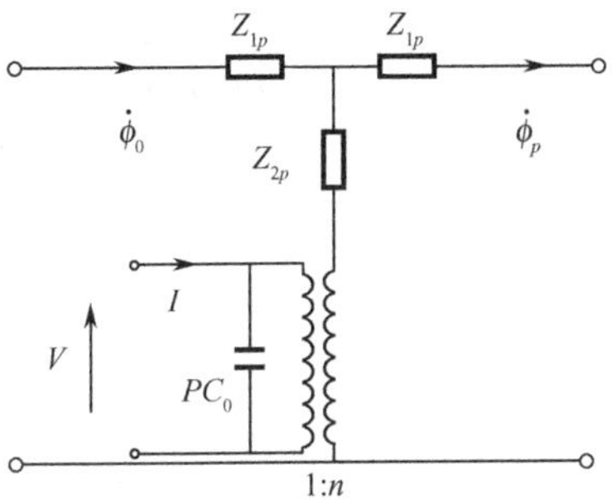

图 8.6　扭转振动压电陶瓷晶堆的机电等效电路

效电路不同的. 二者的不同之处在于两个方面. 第一，对于压电陶瓷晶堆，等效电路中的负电容不再存在. 第二，压电陶瓷细长晶堆中扭转振动的传播速度不同于压电陶瓷细长棒中的传播速度. 经过进一步的分析可以看出，压电陶瓷细长晶堆中的扭转振动传播速度可以看成恒定电场强度时的传播速度. 利用上述公式可得

$$C_{te} = C_t\left(1-\frac{k_{15}^2}{\tau^2}\right)^{1/2} = C_t\left[\frac{(1-k_{15}^2)}{\tau^2}+\frac{(\tau^2-1)}{\tau^2}\right]^{1/2} \tag{8-95}$$

把 $1-k_{15}^2=s_{55}^D/s_{55}^E$ 代入式(8-95)可得

$$C_{te} = C_t\left[\frac{\left(\frac{1}{\tau^2}\right)s_{55}^D}{s_{55}^E}+\frac{\tau^2-1}{\tau^2}\right]^{1/2} \tag{8-96}$$

把单一压电陶瓷细长棒中扭转振动的传播速度 C_t 代入上式可得

$$C_{te} = C_{0e}\left\{\frac{1}{\tau^2}+\frac{(\tau^2-1)}{\tau^2(1-K_{15}^2)}\right\}^{1/2} \tag{8-97}$$

式中 $C_{0e}=[1/(\rho s_{55}^E)]^{1/2}$ 称为恒定电场强度时的扭转振动传播速度. 由上述公式可以看出，当压电陶瓷晶堆的材料参数及几何尺寸给定以后，就可以完全确定晶堆中扭转振动的有效传播速度. 值得指出的是，压电陶瓷晶堆中扭转振动的传播规律与纵向振动的传播规律不同. 其传播速度不但依赖于压电陶瓷的材料参数，而且依赖

于压电陶瓷晶堆的横截面形状和尺寸. 而对于压电陶瓷晶堆中的纵向振动,其转播速度仅与材料参数有关. 压电陶瓷晶堆中纵向振动的传播速度表达式为 $C_{1e}=\left[\frac{1}{(\rho s_{33}^{E})}\right]^{1/2}$.

8.4 夹心式压电陶瓷扭转振动换能器的设计理论

8.4.1 夹心式扭转振动换能器的频率方程

图 8.7 为一夹心式压电超声扭转振动换能器的几何示意图. 图中Ⅰ,Ⅱ,Ⅲ部分分别表示前后金属圆块及切向极化的带孔压电陶瓷圆片;直线 AB 表示换能器的节面位置,l_1、l_2、l_{01}及 l_{02}表示前后金属块及节面前后陶瓷片的长度. 为了满足一维理论的要求,换能器的横向尺寸必须远小于扭转振动的波长,对于均匀截面棒的扭转振动,其运动方程为

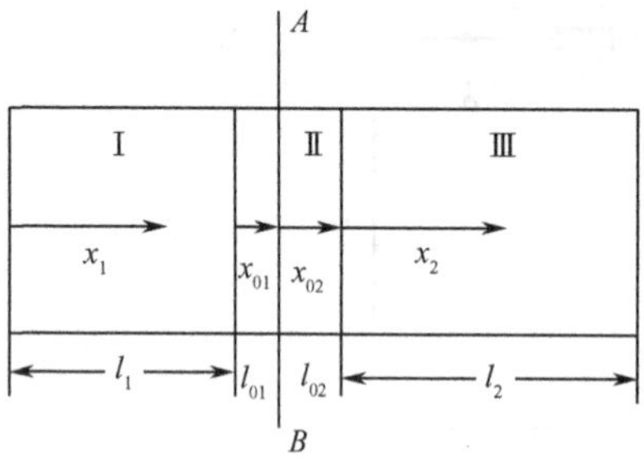

图 8.7 扭转振动换能器

$$\frac{\partial^2\theta}{\partial x^2}=\frac{\rho I}{K}\cdot\frac{\partial^2\theta}{\partial t^2} \qquad (8\text{-}98)$$

式中 θ 为扭转角,x 为轴向坐标;ρ 为材料的体密度;$I=\iint_s r^2\mathrm{d}s$ 为棒截面的极惯性矩,对于实心圆棒,$I=\pi a^4/2$,a 为圆棒半径;对于空心圆棒,$I=\pi(a_1^4-a_2^4)/2$,a_1、a_2 为圆棒的内外半径;K 为抗扭刚度,它与棒的材料及截面形状有关. 对于圆形棒,$K=IG$,G 为材料的剪切模量;对于各向同性材料,G 与材料杨氏模量 E 之间的关系为 $G=E/[2(1+\nu)]$,ν 为材料的泊松系数;对于压电陶瓷,必须针对不同的样品形状和尺寸分别加以处理. 对于压电陶瓷细长棒,$G=1/s_{55}^{D}$,对于压电陶瓷薄圆板,$G=c_{55}^{D}$;对于压电陶瓷晶堆,$G=1/s_{55}^{E}$. s_{55}^{D}及 c_{55}^{D}分别为压电陶瓷材料在恒定电位移强度情况下的弹性柔顺常数和弹性常数. 因此,由式(8-98),对于扭转振动的圆棒可得以下方程

$$\frac{\partial^2\theta}{\partial x^2}=\frac{1}{c_t^2}\cdot\frac{\partial^2\theta}{\partial t^2} \qquad (8\text{-}99)$$

式中 $c_t=\sqrt{G/\rho}$称为剪切波的传播速度. 对于简谐振动,令 $\theta=\theta_A\exp(\mathrm{j}\omega t)$,$\theta_A$ 仅为位置坐标 x 的函数,代入式(8-99)可得

$$\frac{\mathrm{d}^2\theta_A}{\mathrm{d}x^2}+k_t^2\theta_A=0 \qquad (8\text{-}100)$$

式中 $k_t=\omega/c_t$ 称为剪切波的波数,由式(8-100)可得扭转角为

$$\theta=(A\sin k_t x+B\cos k_t x)\exp(\mathrm{j}\omega t) \qquad (8\text{-}101)$$

式中 A、B 为待定常数,可由边界条件决定. 另外对于圆形截面的棒,扭矩 M 与扭

转角的关系为

$$M = K\frac{\partial\theta}{\partial x} = IG\frac{\partial\theta}{\partial x} \tag{8-102}$$

利用式(8-101)可得

$$M = IGk_t(A\cos k_t x - B\sin k_t x)\exp(j\omega t) \tag{8-103}$$

令 $Z_t = \rho I c_t$，Z_t 称为扭转振动细棒的特性声阻抗，式(8-103)可化为

$$M = Z_t\omega(A\cos k_t x - B\sin k_t x)\exp(j\omega t) \tag{8-104}$$

式(8-101)及式(8-104)就是扭转振动细棒扭转角及扭矩的具体表达式. 在下面的分析中，对于扭转换能器各个不同的组成部分，其各个参数将分别以不同的下标表示. 另外，由于换能器的负载性质比较复杂，其具体数值难以确定，因此，在以下的分析中，仅分析空载换能器，而不考虑负载的影响. 由于换能器多为半波振子，故其内部必有一节面，为简化分析，暂且令节面位于压电陶瓷内部，因此半波换能器可看成两个四分之一波长的振子组成，以下将分别加以分析.

8.4.1.1 节面以前

在节面 AB 以前，包括长为 l_{02} 及 l_2 的压电陶瓷片及前金属盖板，其扭转角及扭矩分别为

压电陶瓷

$$\theta_{02} = (A_{02}\sin k_{02}x_{02} + B_{02}\cos k_{02}x_{02})\exp(j\omega t) \tag{8-105}$$

$$M_{02} = Z_{02}\omega(A_{02}\cos k_{02}x_{02} - B_{02}\sin k_{02}x_{02})\exp(j\omega t) \tag{8-106}$$

金属前盖板

$$\theta_2 = (A_2\sin k_2 x_2 + B_2\cos k_2 x_2)\exp(j\omega t) \tag{8-107}$$

$$M_2 = Z_2\omega(A_2\cos k_2 x_2 - B_2\sin k_2 x_2)\exp(j\omega t) \tag{8-108}$$

式中，x_{02} 及 x_2 为位置坐标，其原点及方向见图 8.7；$k_{02}=\omega/c_{02}$，$c_{02}=\sqrt{G_{02}/\rho_{02}}$，$Z_{02}=\rho_{02}I_{02}c_{02}$，$k_2=\omega/c_2$，$c_2=\sqrt{G_2/\rho_2}$，$Z_2=\rho_2 I_2 c_2$ 分别为压电陶瓷及金属前盖板的波数、剪切声速及特性声阻抗；A_{02}、B_{02}、A_2、B_2 为待定常数，由以下边界条件决定：

(1) $x_{02}=0$

由上面分析可知，此处即为换能器的扭转位移节点位置，扭转角为零，由此可得

$$B_{02} = 0 \tag{8-109}$$

(2) $x_{02}=l_{02}$ 或 $x_2=0$

此时，扭转角及扭矩连续，由上述公式可得

$$A_{02}\sin k_{02}l_{02} = B_{02},\quad Z_{02}A_{02}\cos k_{02}l_{02} = Z_2 A_2 \tag{8-110}$$

(3) $x_2 = l_2$

在 $x_2 = l_2$ 处，换能器空载，扭矩为零，由式(8-108)可得

$$A_2 \cos k_2 l_2 - B_2 \sin k_2 l_2 = 0 \tag{8-111}$$

利用式(8-110)求出 A_2 及 B_2 后代入式(8-111)可得

$$\tan(k_2 l_2) \cdot \tan(k_{02} l_{02}) = \frac{Z_{02}}{Z_2} \tag{8-112}$$

式(8-112)决定了换能器节面以前两部分的材料参数及几何尺寸之间的依赖关系，实际上就是换能器节面前半部分的频率方程，即四分之一波长扭转振动换能器的频率方程.

8.4.1.2 节面以后

在换能器节面 AB 以后，包括长为 l_{01} 及 l_1 的切向极化压电陶瓷圆片及金属后盖板，其各自的扭转角及扭矩分布为

压电陶瓷

$$\theta_{01} = (A_{01} \sin k_{01} x_{01} + B_{01} \cos k_{01} x_{01}) \exp(\mathrm{j}\omega t) \tag{8-113}$$

$$M_{01} = Z_{01} \omega (A_{01} \cos k_{01} x_{01} - B_{01} \sin k_{01} x_{01}) \exp(\mathrm{j}\omega t) \tag{8-114}$$

金属后盖板

$$\theta_1 = (A_1 \sin k_1 x_1 + B_1 \cos k_1 x_1) \exp(\mathrm{j}\omega t) \tag{8-115}$$

$$M_1 = Z_1 \omega (A_1 \cos k_1 x_1 - B_1 \sin k_1 x_1) \exp(\mathrm{j}\omega t) \tag{8-116}$$

式中 x_{01} 及 x_1 为图 8.7 所示的两部分的位置坐标，$k_{01} = \omega / c_{01}$，$c_{01} = \sqrt{G_{01} / \rho_{01}}$，$Z_{01} = \rho_{01} I_{01} c_{01}$，$k_1 = \omega / c_1$，$c_1 = \sqrt{G_1 / \rho_1}$，$Z_1 = \rho_1 I_1 c_1$ 分别为节面以后两部分的波数、剪切波声速及特性声阻抗；A_{01}、B_{01}、A_1、B_1 为待定常数，可由以下边界条件决定：

(1) $x_1 = 0$

此处换能器空载，扭矩为零，由此可得

$$A_1 = 0 \tag{8-117}$$

(2) $x_1 = l_1$ 或 $x_{01} = 0$

在这一位置，陶瓷及金属部分的扭转角及扭矩相等，可得以下公式

$$B_1 \cos k_1 l_1 = B_{01}, \quad -Z_1 B_1 \sin k_1 l_1 = Z_{01} A_{01} \tag{8-118}$$

(3) $x_{01} = l_{01}$

此处为扭转角节面，扭转角为零，由式(8-113)可得

$$A_{01} \sin k_{01} l_{01} + B_{01} \cos k_{01} l_{01} = 0 \tag{8-119}$$

利用式(8-118)求出 A_{01}，B_{01} 后代入式(8-119)可得

$$\tan(k_1 l_1) \cdot \tan(k_{01} l_{01}) = Z_{01} / Z_1 \tag{8-120}$$

很显然，式(8-120)就是换能器节面以后四分之一波长部分的频率设计方程，它决定了振子的材料、几何尺寸及共振频率三者之间的关系.

上面我们从扭转振动细棒的波动方程出发，分析了扭转振动夹心换能器的共振频率方程. 从所得结果可以看出，扭转振动换能器的共振频率方程与纵向振动换

能器的共振频率方程在形式上是完全相同的，惟一不同之处就在于式中各个参数所表示的物理意义不同. 总结上文分析，我们可以看出，扭转振动与纵向振动的各个量之间具有如下的对应关系：

$$\theta(\text{扭转角})——\xi(\text{纵振动位移})$$

$$I(\text{截面的极惯性矩})——S(\text{棒的横截面积})$$

$$k_t(=\omega/c_t)——k_l(=\omega/c_l)$$

$$Z_t(=\rho I c_t)——Z_l(=\rho S c_l)$$

因此，通过上述变换，有关纵振动换能器的设计理论可直接用到扭转振动夹心式压电超声换能器的理论计算及设计中.

8.4.2 讨论

上面我们对节面位于压电陶瓷内部的扭转振动夹心式压电超声换能器进行了分析，得出了换能器的共振频率设计方程. 为了使本文研究具有更大的适应性，下面对一些特殊的情况进行简单的分析.

8.4.2.1 节面位于前盖板与压电陶瓷片的交界面处

此时，$x_{02}=0$，由频率方程式(8-112)可得

$$\tan(k_2 l_2) \to \infty \tag{8-121}$$

由此可得前金属盖板的长度 l_2 为

$$l_2 = \frac{\lambda_2}{4} \tag{8-122}$$

式中 $\lambda_2=c_2/f$ 为扭转波在前金属盖板中的波长，f 为换能器的共振频率. 很显然，当节面位于压电陶瓷与前金属盖板的交界面时，前金属盖板的长度为四分之一扭转波波长. 此时，关于节面以后四分之一波长换能器的设计仍由频率方程式(8-122)决定.

8.4.2.2 节面位于压电陶瓷与后金属盖板的交界面处

此时，利用类似的分析，可得金属后盖板的长度 l_1 为

$$l_1 = \frac{\lambda_1}{4} \tag{8-123}$$

式中 $\lambda_1=c_1/f$ 为扭转波在金属后盖板中的波长，$c_1=\sqrt{G_1/\rho_1}$. 此时，换能器后盖板的长度为四分之一波长，而节面以前的四分之一波长部分仍由频率方程式(8-112)决定.

8.4.2.3 节面位于金属盖板中

此时，分析可分为两种情况，即节面位于前金属盖板或后金属盖板中. 由于两种情况的分析是类似的，因此，以下仅给出一种情况的分析. 假定节面位于金属前盖板中，此时，换能器的几何示意图见图 8.8. 图中，AB 仍表示节面位置，l_1 为后盖板长度，l_0 为陶瓷长度，$l_2+l'_2$ 为前盖板的长度. 对于节面以前部分，根据以上的分

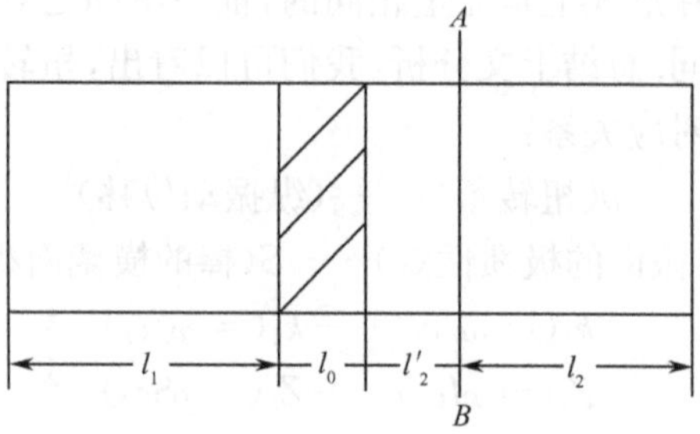

图 8.8　节面位于金属前盖板时换能器的几何示意图

析可得 $l_2=\lambda_2/4$. 对于节面以后的四分之一波长换能器，利用各部分的扭转角及扭矩分布函数及边界条件，经过一系列运算可得以下方程

$$\frac{Z_1}{Z_0}\tan(k_1l_1)\cdot\tan(k_0l_0)+\frac{Z_1}{Z_2}\tan(k_1l_1)\cdot\tan(k_2l'_2)+\frac{Z_1}{Z_2}\tan(k_2l'_2)\cdot\tan(k_0l_0)=1 \tag{8-124}$$

式(8-124)就是节面以后部分换能器的共振频率方程.

8.4.3　负载对换能器共振频率方程的影响

一般情况下，声负载阻抗是一个极为难以测量或估算的未知量，尤其是在功率超声的一些应用技术中，不但不能得出声阻抗的具体数值，而且声阻抗在换能器的整个工作周期中处于变化状态. 因此，在一般的理论计算和分析中，可以根据声阻抗的性质(电阻性的、电感性的或电容性的)对换能器的共振频率进行定性的分析. 至于实际换能器的设计，通常都是首先根据空气中(空载)的频率方程进行计算，然后，在实际设计时加以调整，以达到设计要求.

8.4.4　换能器各部分材料参数的选取及计算

从上面的分析，我们可以看出，对于扭转振动的超声换能器，影响频率设计精度的一个重要参数就是材料剪切波声速的选取. 对于各向同性的前后金属盖板，当其横截面尺寸远小于扭转波波长时，扭转波(即剪切波)声速可近似用 $c_t=\sqrt{G/\rho}$ 计算，其中 G 和 ρ 分别为材料参数的标称值. 对于压电陶瓷，由于其各向异性，并且一般的材料参数表中不给出其剪切模量，因此，其剪切波声速不易确定. 针对这一问题，我们进行了一些探讨，发现在夹心式纵振动换能器中，压电陶瓷中的纵振动声速 c_l 可以用下式计算

$$c_l=\sqrt{\frac{1}{s_{33}^E\rho}} \tag{8-125}$$

对于 PZT-4，$c_l=2932\text{m/s}$. 这一结果与人们在一般工程设计时，选取的压电陶瓷

材料的修正声速(2950m/s、2898m/s、2930m/s)非常接近. 根据这一结果,对于压电陶瓷中的剪切波声速,我们推出了以下的设计公式

$$c_t = \sqrt{\frac{1}{s_{55}^E \rho}} \tag{8-126}$$

利用式(8-126)可以看出,对于压电陶瓷,其等效的剪切模量 G_t 可以表示为

$$G = \frac{1}{s_{55}^E} \tag{8-127}$$

很显然,式(8-127)与描述各向同性体材料的剪切模量与杨氏模量的关系是一致的. 利用式(8-126)给出的剪切声速计算公式,我们进行了一些有关扭转振动换能器的计算,所得出的结果(换能器的共振频率)与现有的一些计算结果及实验数据基本一致.

8.4.5 切向极化压电元件的制作工艺技术

如上所述,对于扭转振动夹心式压电换能器,其设计理论可由纵振动换能器的结果类推. 但关于切向极化压电陶瓷圆片的加工工艺,国内现在尚不完善. 因此,目前在扭转振动夹心式换能器的研制中存在的主要问题是切向极化压电元件的制作工艺技术. 我们相信,随着这一问题的解决,扭转振动换能器将获得广泛的应用.

8.4.6 小结

(1) 本节推出了夹心式压电超声扭转振动换能器的共振频率方程.

(2) 给出了决定压电陶瓷圆片中剪切波传播速度的数学表达式,为工程设计提供了一定的理论基础.

(3) 扭转振动换能器的有关设计理论可由纵振动换能器的结果类推得出.

(4) 与纵振动换能器一样,扭转振动换能器的负载也比较复杂,实际设计时可先按空载计算,最后进行有载调整.

(5) 为了加速扭转振动换能器的发展,必须从理论及工艺上解决压电陶瓷片的切向极化问题.

(6) 所得结果属于一维理论,其适用范围必须满足一维理论的要求,即换能器的横向尺寸远小于扭转波波长.

第9章 弯曲振动超声换能器

在超声技术领域，弯曲振动也是一种应用较为普遍的振动模式. 与纵向振动和扭转振动相比，弯曲振动的分析要复杂得多. 弯曲振动系统的复杂性在于它同时经历两种运动，即截面的扭转和轴的弯曲运动. 由于弯曲振动的复杂和特殊性，使得描述弯曲振动的运动方程也比纵向和扭转振动的要复杂得多. 弯曲振动的特点是弯曲振动系统的位移分布规律并不是一种简谐振动，弯曲振动的传播速度不仅依赖于系统的材料特性，而且依赖于系统的截面形状和尺寸以及频率. 因此弯曲振动系统是一种频散系统. 利用弯曲振动系统的频散特性，已经获得了体积小频率低的声和超声器件. 同时利用弯曲振动系统的频散特性，可以研制负载适应能力强、抗负载变化的超声振动系统. 另外弯曲振动系统还可以用于振动方向的变换、振动能量的分解与合成等.

由于弯曲振动规律的复杂性，有关弯曲振动系统的分析理论远不及纵向和扭转振动理论那样完善和系统，然而弯曲振动系统的应用却很普遍[20,21]. 在超声技术应用中，利用弯曲振动的换能器系统在空气换能中得到了广泛的应用，原因在于弯曲振动换能器能够与空气介质更好的实现声匹配[22]. 有些超声应用领域，例如超声车削、超声手术刀、超声金属焊接、超声消除泡沫和超声除尘等采用弯曲振动系统会更方便和有效.

弯曲振动是压电体振动的一大类，它不同于其他的单一振动. 人们采用压电振子做成弯曲振动，已获得体积小、频率低的器件. 目前产生弯曲振动的方式主要有三种[66,67]：一种是利用压电陶瓷片或压电陶瓷片与金属片组成的复合双叠片和三叠片，其中包括圆形叠片结构和矩形结构等. 这类换能器主要用于水声换能器、气介超声换能器以及压电滤波器等. 产生弯曲振动的第二种结构类似于夹心式纵向和扭转振动超声换能器. 它是将多片压电陶瓷元件置于两段细长的金属棒之间，通过一定的预应力将陶瓷片压紧. 与纵向和扭转换能器不同的是，在弯曲振动夹心式换能器中，压电陶瓷元件不是一个完整的圆片，而是将整个圆片切成相同的两个半圆，并将其极化的方向反转. 这种夹心式弯曲振动换能器结构简单而且能够承受较大功率. 此类换能器主要应用于超声金属焊接、超声手术刀以及超声马达等技术中，但由于问题本身的复杂性，此类换能器的理论分析尚不完善. 第三类产生弯曲振动的方法是利用振动模式的转换来产生弯曲振动. 例如用夹心式纵向振动换能器来激发圆盘、板或棒而产生弯曲振动. 以前大多采用这种方式并在超声焊接、车削、悬浮、除尘及消泡中得到应用. 在向空气介质辐射时，这种弯曲振动盘或板的辐射效率高、指向性好. 在以下的分析中，将对这三种弯曲振动换能器进行较为详细的介绍和分析.

9.1 叠片式弯曲振动压电陶瓷换能器

弯曲振动压电陶瓷换能器，尤其是双叠片或三叠片弯曲圆盘换能器，具有结构简单、重量轻、尺寸小、易于与空气及水匹配、容易制作等特点. 由于弯曲圆盘的基模本征频率与它的半径平方成正比，因此工作在低频时，它的几何尺寸较小，是一种理想的低频谐振声源，用做中等功率超声波发射器.

弯曲振动压电陶瓷圆盘换能器的最简单结构是由两个压电陶瓷薄圆片黏接在一起构成的. 可用三种不同的方法对圆盘进行支撑，即边界自由、边界简支和边界固支三种方式.

三叠片振子形成弯曲振动的原理如下：若使外加电场的方向与一个压电陶瓷圆片的极化方向相同，而与另一个圆片的极化方向相反，那么当振子受外场激励时，一个圆片产生伸张应变时，则另一个产生收缩应变，结果就使整个双层圆片发生弯曲应变[23].

理论分析表明，空气中的弯曲振动双叠片换能器采用边界简支和固支较为理想. 对于水中的声纳换能器，采用边缘简支双叠片弯曲圆盘换能器也较为理想，但由于换能器置入海水中要受到很大的静压力，当它用做声纳换能器时还要受到冲击力作用，而且这种二叠片圆盘结构形式的换能器其抗压、抗冲击强度都不大. 为了克服这一弱点，改善换能器的机械性能和机电耦合，以及结构安装的方便，普遍采用三叠片（中间为金属圆盘，两边为压电陶瓷片）式的压电弯曲换能器，即在两陶瓷片之间胶合一金属薄片（硬铝或钛合金），以便于支撑和进行电的连接. 金属片经常延伸到压电陶瓷片以外. 串联或并联工作方式的选择，由所要求的电压和阻抗大小而定. 由于层与层之间的任何相对滑动，将会明显降低弯曲振子的性能，因此层与层之间的胶合层要非常薄、坚固和稳定. 金属与陶瓷之间的胶合，用低温环氧树脂较为适宜，而且在环氧树脂固化过程中要加以适当的压力.

弯曲振动换能器的理论分析方法，一般从弹性理论出发，得出板的振动微分方程，考虑到压电陶瓷的压电性，对某些参量进行适当修正. 对于圆盘，需把它在直角坐标系中的振动方程转换到圆柱坐标系中，振动方程的解则为贝塞尔函数的组合，依据方程的解和边界条件可进一步导出频率方程、位移函数和振速分布、中心位移、电导纳以及振子的有效机电耦合系数等. 实践证明，采用直接解振动微分方程的方法，数学上甚为麻烦，得出的结果不能满足实际应用的要求. 沃利特（Wollett）为了解决这一问题，采用了瑞利（Rayleigh）和兰姆（Lamb）方法对弯曲圆盘换能器的工作特性进行了理论研究，所得结果较为简单且与实际测试结果符合较好.

瑞利法是瑞利在研究微振动时，估算一个振动系统中某种模式振动的特征频率所使用的方法．即首先应确定所要研究的振动模式及其振动位移分布曲线，利用它求出对应于该模式的动能和势能的关系式，再由此关系式来确定该模式应具有的特性频率．沃利特将该方法应用于弯曲振动圆盘的分析研究．首先假定圆盘做基模振动，并设定了对应于这种基模振动位移分布为一随径向位置 r 变化的幂级数所描述的曲线，利用振动位移分布函数，求出圆盘的动能、电压恒定和电流恒定条件下的势能．由瑞利原理及边界条件确定位移分布函数中各个待定系数，再由动能和势能的关系式，求出无负载情况下的谐振频率方程，通过恒流、恒压条件下的势能关系式导出等效机电耦合系数，由动能关系式求出在谐振频率附近的等效质量，由恒压势能表达式求出等效柔顺性系数，并由截止状态时所储存的电能求出静态电容，再由等效柔顺性系数、静态电容及耦合系数等求得机电转换系数，最后得出无负载时的等效电路方程及等效电路图．若将换能器置于水中，须考虑圆盘在水介质中的同振质量，略加修正，用相似的方法便可求得弯曲圆盘换能器在水介质中的频率方程、等效参数及其等效电路图．从等效图可进一步求出开路电压接收灵敏度，根据换能器的功率极限，导出它的电功率极限和机械功率极限，由静压力下的弹性势能求出所能承受的最大静压力．关于叠片型超声换能器详细的分析理论，可以参见相关的文献．以下对叠片型弯曲换能器的基本性能进行简单的分析．

9.1.1 叠片式弯曲振动压电陶瓷换能器的种类及特点

叠片式压电陶瓷弯曲振动换能器包括圆形及矩形两种形状，而每一种形状又包括单片、双叠片以及三叠片等多种结构．对于矩形压电陶瓷弯曲换能器，其弯曲振动包括长度弯曲振动、宽度弯曲振动及厚度弯曲振动等．

如上所述，对于压电陶瓷振子的伸缩振动模式及剪切振动模式，都是由压电效应直接产生的基本的振动模式，而对于弯曲振动模式，是由于同时存在伸长和缩短两种形变所造成的，因此可以认为弯曲振动是一种间接产生的振动模式．

9.1.1.1 矩形压电陶瓷振子的弯曲振动

1．压电陶瓷矩形振子的长条厚度弯曲振动模式

如图 9.1 所示，把两个厚度相同、背有电极的陶瓷片黏接在一起，可以产生弯曲振动．被黏接的上下两个陶瓷片的极化方向相反时，应以串联方式（串联型振子）接入电源．上下两个陶瓷片的极化方向相同时，应以并联方式（并联型振子）接入电源．

对于串联型振子，当上电极为正、下电极为负时，通过逆压电效应，上片伸长，下片缩短，产生凸形弯曲形变，如图 9.2（a）所示．当上电极为负，下电极为正时，上片缩短，下片伸长，产生凹形弯曲形变．当外加电压为交变电压时，产生如图 9.2（b）所示的弯曲振动．从图中看出，黏合片内各点振动方向

与 3 方向平行，而振动传播方向则与 1 方向平行（如图 9.1）. 振动方向与传播方向垂直，是一个横波. 弯曲振动时，上部分要伸长（或缩短），下部分要缩短（或伸长），一定会存在一个既不伸长又不缩短的面. 对于厚度相同的黏合片，这个面就是黏合面. 黏合面上的 a、b 两点，在振动时始终保持不动，被称为节点（或波节）. 节点 a、b 分别位于距片子端点 $0.224l$ 处，其中 l 等于片子的长度. 电极引线就在节点附近的电极面焊接[18].

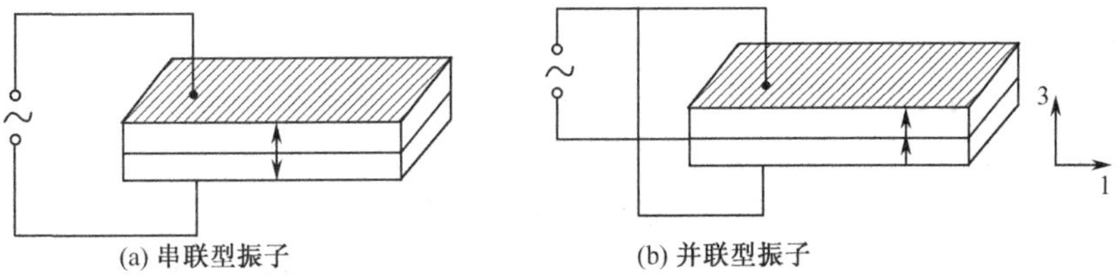

图 9.1　串、并联型厚度弯曲振子

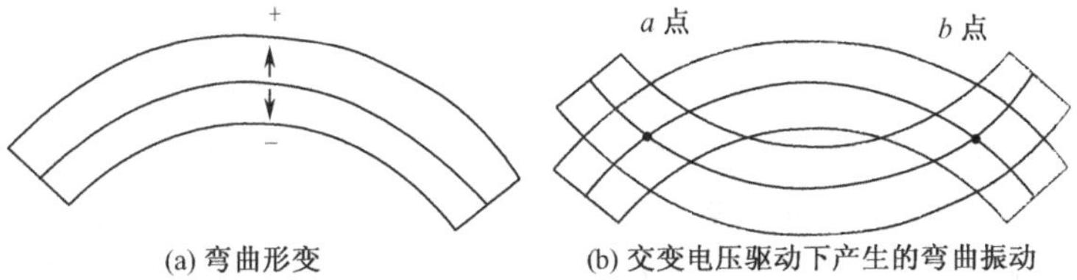

图 9.2　厚度弯曲振动模式示意图

从上面的分析可知，只要是两个黏合片中，其中一片的极化方向和外加电场方向相同，而另一片的极化方向和外加电场方向相反，就可以在交变电压作用下产生弯曲振动. 在黏合片中，如果激励其中的一片，也能产生弯曲振动，不过换能器的功率较小，而且损耗要比两片同时激励时大，相对带宽也窄.

此外，还可用两个陶瓷片粘合在一薄金属片上，或者用一个陶瓷片与一个薄金属片黏合在一起，来产生厚度弯曲振动模式，如图 9.3 所示. 薄金属片及黏结剂对压电陶瓷元件的性能影响很大，通常薄金属片都用高稳定性的镍铬钛合金材料.

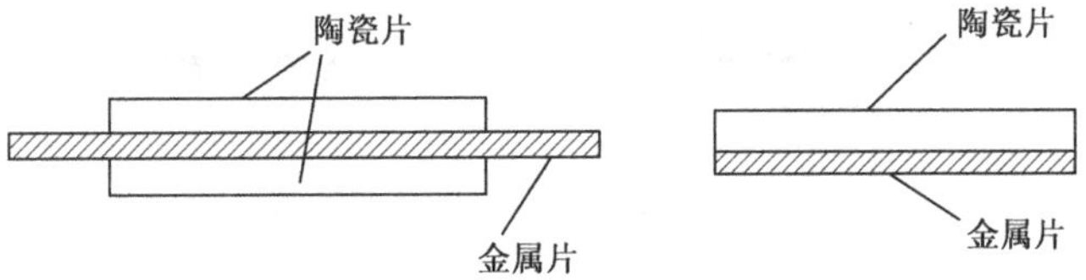

图 9.3　陶瓷片与金属片黏合示意图

压电陶瓷厚度弯曲振动模式振子的谐振频率与陶瓷片的长度 l 和黏合片的总

厚度 t 之间的关系为

$$f_r = N_{lt} \frac{t}{l^2} \tag{9-1}$$

式中 N_{lt} 为频率常数. 厚度振动弯曲换能器的相对带宽为

$$W = 0.2k_{31}^2 \text{ 或 } W = 0.1(1-\sigma)k_p^2 \tag{9-2}$$

其中 k_{31} 及 k_p 为压电陶瓷振子的机电耦合系数. 对于此类矩形压电陶瓷弯曲振动超声换能器,其尺寸之间的关系一般取为

$$l = (6 \sim 10)w, \quad w \gg 3.5t \tag{9-3}$$

其中 l、w、t 分别为矩形换能器的长度、宽度和厚度. 厚度弯曲振动模式所适用的频率范围大约在 500Hz～40kHz 之间.

2. 压电陶瓷矩形振子的长条宽度弯曲振动模式

采用分割电极的方法,可使单一压电陶瓷片产生沿宽度方向的弯曲振动(或称为棱边弯曲振动模式). 如图 9.4(a)所示. 沿矩形压电陶瓷薄长片的二面电极的中线将电极面分割成两部分,这样就相当于两个片子沿宽度方向黏合在一起. 它与厚度弯曲振动模式相类似. 在外电场作用下,如果使得两部分的任何一部分的极化方向和电场方向相同,而另一部分的极化方向和电场方向相反,就会产生沿宽度方向的弯曲形变,在交变电场作用下,便产生沿宽度方向的弯曲振动,如图 9.4(b)所示. 在振动时,压电陶瓷片的中线(电极分割线)既不伸长也不缩短,两个位移节点也分别位于片端 0.224l 处. 如上所述,长条宽度弯曲振子的激励方式应该有两种,如图 9.5 所示. 图中箭头方向表示极化方向.

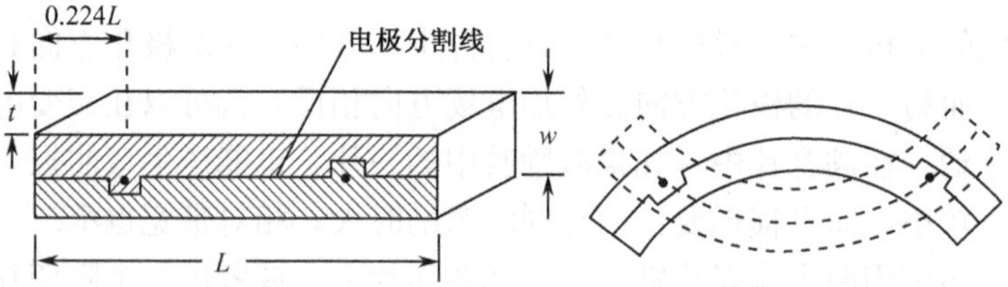

(a) 电极分割法　　(b) 宽度弯曲振动

图 9.4　宽度弯曲振动模式示意图

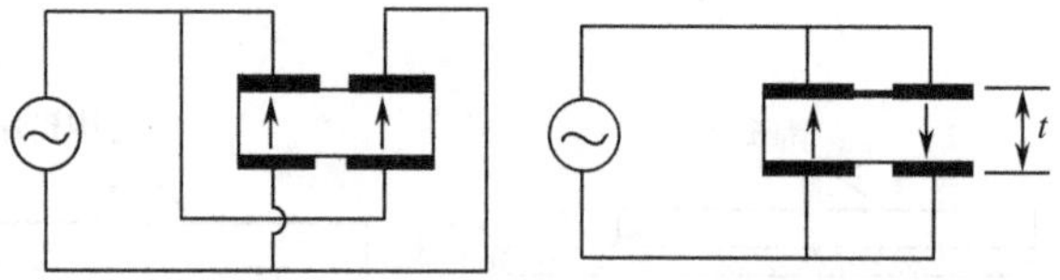

图 9.5　宽度弯曲振子的激励方式

长条宽度弯曲振动模式的谐振频率可以写成如下形式

$$f_r = N_{lw} \frac{w}{l^2} \tag{9-4}$$

式中 l 为片的长度，w 为宽度，N_{kw} 为长条宽度弯曲振动模式的频率常数. 这种振动模式的相对带宽约为

$$W = 0.06k_p^2 \tag{9-5}$$

对于此类弯曲振动超声换能器，振子尺寸之间的关系一般取为

$$w = (4 \sim 10)t, \quad l \geqslant 3.5w \tag{9-6}$$

宽度弯曲振动模式适用的频率范围约为几 kHz 到几十 kHz.

另外，如图 9.6 所示的马蹄形振子，为一开口环形振子，也是宽度弯曲振动模式中的一种，其谐振频率与环的宽度成正比，与环周长的平方成反比，所以可以通过改变槽口的大小来调整频率.

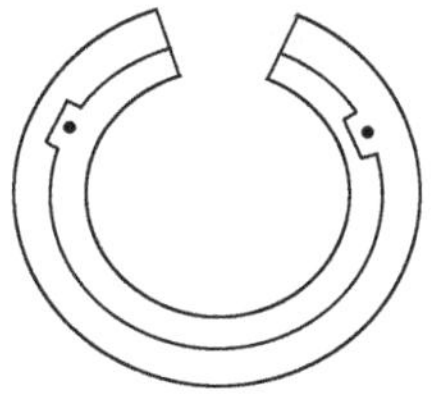

图 9.6 马蹄形弯曲振子

9.1.1.2 压电陶瓷圆片厚度弯曲振动模式

如图 9.7 所示，若将两个径向振动薄圆片振子，如同长条振子一样黏接起来，并以同样方式极化和激励，就可以得到圆片厚度弯曲振动. 振动方向为厚度方向，波沿径向传播. 此种弯曲振动的谐振频率 f_r 与振子的厚度 t 成正比，与半径 r 或直径 D 的平方成反比，即

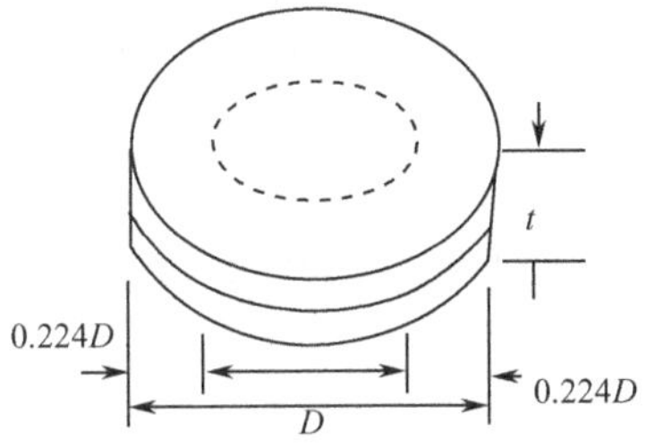

图 9.7 圆片厚度弯曲振子

$$f_r = N_{rt}\frac{t}{D^2} \tag{9-7}$$

式中 N_{rt} 是圆片振子厚度弯曲振动模式的频率常数. 振子的相对带宽为

$$W = 0.24k_p^2 \tag{9-8}$$

圆片弯曲振动模式所使用的频率范围为 2～70kHz. 与矩形弯曲振动压电陶瓷换能器类似，圆形压电陶瓷弯曲振动换能器也有单片、双叠片及三叠片等种类.

9.1.2 叠片式弯曲振动压电陶瓷换能器的理论分析

9.1.2.1 矩形压电陶瓷弯曲振动换能器

如上所述，矩形压电陶瓷弯曲振动可分为长条厚度弯曲振动、长条宽度弯曲振动和开槽圆环振动等种类. 这里以长条厚度弯曲振动为例子来分析这类振动的特征. 将长条伸缩振动的两个压电振子，用黏结剂重叠起来（现在大量采用的是用一个或两个压电片和一个金属片贴合），使两片的极化强度 P 的方向和激励电场 E 的方向相反，如图 9.8 所示. 这样在外加电场 E 的作用下，当一片产生伸长形变时，另一片就产生缩短形变，由于两片是紧密地贴合的，所以叠片就做厚度弯曲振动. 波的传播方向则与振子长度方向平行，这是一种横波.

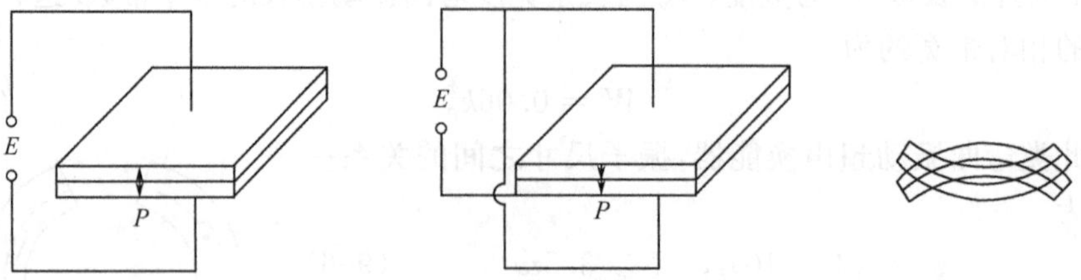

(a) 同 E 异 P　　(b) 同 P 异 E　　(c) 形变示意图

图 9.8　长条厚度弯曲压电振子

细长条矩形压电陶瓷振子的弯曲振动

为了使分析问题简单，对于这类问题可从如下假设出发来建立微分方程式和求解微分方程式. 假设

(a)压电振子的长度 l 远大于宽度 l_w 和厚度 l_t(即 $l \gg l_w \gg l_t$)，这样就可以把长条形振子视为一根细棒来处理；

(b) 棒的长度方向保持平面对称形式；

(c) 弯曲振动仅在与弯曲平面平行方向发生，即可只考虑与弯曲平面平行的分量；

(d) 作用到任何截面上的垂直应力的总和等于零.

依据这些假设可得到棒状矩形截面压电振子的弯曲振动的基本方程式

$$\frac{\partial^2 u}{\partial t^2} - r^2 \frac{\partial^4 u}{\partial x^2 \partial t^2} + \frac{Er^2}{\rho} \cdot \frac{\partial^4 u}{\partial x^4} = 0 \tag{9-9}$$

式中，u 是振动位移，r 是回旋半径，E 是杨氏模量，ρ 是振子的材料密度. 假定棒状压电振子上传播的波是简谐波，则式(6-45)的解有如下形式

$$u = C\cos k(vt - x) \tag{9-10}$$

式中 $k = 2\pi/\lambda$，k 及 v 分别表示弯曲振动的波数及传播速度. 把上式代入式(9-9)可得

$$v^2 = \frac{k^2 r^2}{1 + k^2 r^2} \cdot \frac{E}{\rho} \tag{9-11}$$

由上式可见长棒弯曲振动波的传播速度是波长(或说传播常数 k 和频率)的函数，而不是如纵振动棒一样具有一个固定的传播速度. 因此，当对弯曲振动的振子施加任意波形的振动激励后，它们各自的傅里叶分量分别以其自己的固有传播速度传播. 在传播到某距离时就变成与开始时不同的波形，故对于这种弯曲振动波就不能使用傅里叶分量迭加求通解的办法来表征此种波的特性.

当压电振子截面尺寸与长度相比很小时，弯曲振动的波长远大于截面尺寸，式(9-9)的第二项与第一项相比可以忽略不计，所以波动方程式变成

$$\frac{\partial^2 u}{\partial t^2} + \frac{Er^2}{\rho} \cdot \frac{\partial^4 u}{\partial x^4} = 0 \tag{9-12}$$

假定式(9-12)的解是 $u=\cos(\omega t+\varphi)$，则

$$\frac{\partial^4 u}{\partial x^4}=m^4 u \tag{9-13}$$

式中 $m^4=\omega^2\rho/Er^2$. 令此式解为 $u=\exp(pmx)$，代入得

$$p=+1,-1,+i,-i$$

则式(9-13)的通解为

$$u=(A\cosh mx+B\sinh mx+C\cos mx+D\sin mx)\cos(\omega t+\varphi) \tag{9-14}$$

下面讨论压电陶瓷弯曲振动细长条振子在不同边界条件时的振动特性.

在式(9-14)中，常数 A、B、C、D 在不同的边界条件下有不同的值，因而其振动特性就不一样. 当坐标原点选择在棒的中央处时，弯曲振动细长矩形条的边界条件主要有如下几种：

(a)两端自由的条件

$$x=\pm l/2\ \text{时},M=0,\quad F=0$$

(b)一端自由，另一端固定的条件

$$x=l/2\ \text{时},F=0,\quad M=0(\text{自由端})$$

$$x=-l/2\ \text{时},\mathring{\theta}=0,\quad u=0\ (\text{固定端})$$

(c)两端被支撑的条件

$$x=\pm l/2\ \text{时},\quad u=0,M=0$$

其中 $\mathring{\theta}$(或用 u')为回旋角，M(或用 u'')为力偶，F(或用 u''')为切力. 以下分别对各边界条件进行分析.

1. 两端自由的情况

把边界条件(a)代入方程式(9-14)定常数 A、B、C、D 和 m 值. 其解法有多种，此处重点讨论表征以棒对中心($x=0$)为对称振动的解. 由于这种对称中心为原点，所以式(9-14)只有双曲函数的余弦项和圆函数的余弦项存在，于是振动位移(省略 $\cos(\omega t+\varphi)$)为

$$u=A\cosh mx+C\cos mx \tag{9-15}$$

代入边界条件整理后得

$$A\cosh\left(\frac{ml}{2}\right)-C\cos\left(\frac{ml}{2}\right)=0$$

$$A\sinh\left(\frac{ml}{2}\right)+C\sin\left(\frac{ml}{2}\right)=0$$

故有

$$\tanh\left(\frac{ml}{2}\right)=-\tan\left(\frac{ml}{2}\right) \tag{9-16}$$

$$A=\cos\left(\frac{ml}{2}\right),\quad C=\cosh\left(\frac{ml}{2}\right) \tag{9-17}$$

m 值可从超越方程式(9-16)中求出. 为了直观和方便，也可用图解法求解. 令 $x=$

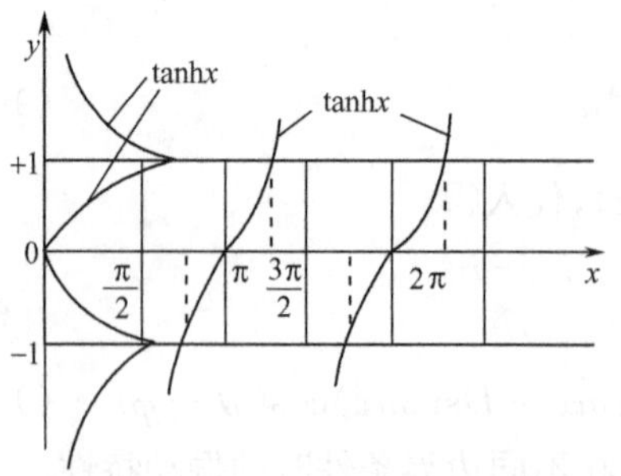

图 9.9　式(9-16)的图解示意图

ml/l，并以 x 为横轴分别绘出 $\pm\tanh x$ 和 $\tan x$ 随 x 变化的曲线，这样就可以求出满足两条曲线的 x 值，此值便是两条曲线的交点，如图 9.9 所示. 两条曲线的交点有多个，不过从图能明显看出这些值大致在 $x=(n-1/4)\pi$，$n=1,2,3,\cdots$ 的附近. 因此设第 n 个交点为 $x_n=(n-1/4)\pi+\alpha_n$，α_n 为第 n 个交点距精确值的偏离值，一般它很小，可以忽略. 从而第 n 个交点的值为 $m_n=2x_n/l$，故 $\omega_n=m_n^2r(E/\rho)^{1/2}=(2x_n/l)^2r(E/\rho)^{1/2}$ 或 $f_n=(2x_n/l)^2r(E/\rho)^{1/2}/(2\pi)$. 这说明对称振动方式的泛音序列比和振动阶数的关系可用表 9.1 来表示.

表 9.1

n	1	2	3	4	5
ω_n/ω	3^2	7^2	11^2	13^2	19^2

当 $n=1$ 时，$x=3\pi/4$，而回旋半径 $r=l_t/\sqrt{12}$，所以，$f_1=\left(\dfrac{9\pi l_t}{8\sqrt{12}}\right)(E/\rho)^{1/2}\approx\dfrac{1.6l_t}{l}(E/\rho)^{1/2}$. 我们知道，压电振子做长度纵振动的基频为 $f_1'=\dfrac{1}{2l}(E/\rho)^{1/2}$，所以 $f_1/f_1'=3.2l_t/l$. 因为 $l_t\ll l$，所以有 $f_1\ll f_1'$. 这说明同样尺寸的压电陶瓷振子做厚度弯曲振动的频率比长度纵振动的频率低得多，故用弯曲振动可获得较低的频率响应. 常数 A、C 已由式(9-17)求出，于是对称弯曲振动的位移

$$u=\left[\cos\left(\frac{ml}{2}\right)\cosh mx+\cosh\left(\frac{ml}{2}\right)\cos mx\right]\cos(\omega t+\varphi) \tag{9-18}$$

振动节点可以从 $\partial u/\partial x=0$ 值求出. 式(9-18)对 x 微分等于零，则有

$$\cos\left(\frac{ml}{2}\right)\sin mx=\cosh\left(\frac{ml}{2}\right)\sin mx \tag{9-19}$$

而 $n=1$ 时，$x_1=0.75\pi$ 或 $\frac{1}{2}ml=2.36$，则式(9-19)变为

$$0.7\sinh mx_1=4\sin mx_1$$

同样用图解法求得，$x_1=\pm0.276l$，即节点离两端点的距离为

$$0.5l-0.276l=0.224l$$

图 9.10(a)示出了棒状振子做弯曲振动时，基波对称振动的位移分布.

对于反对称形的振动，式(9-14)中只有下列两种正弦项，即 $u=B\sinh mx+D\sin mx$.

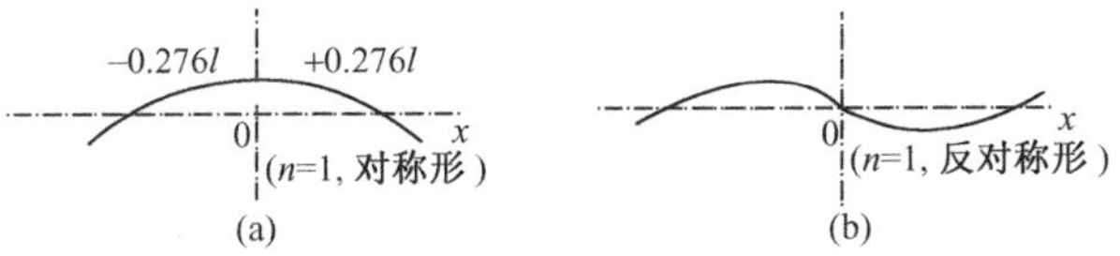

图 9.10 弯曲对称振动的示意图

完全采用上述的解法得

$$x'_n = \left(n + \frac{1}{4}\right)\pi + \beta_n$$

$$u = \left[\sin\left(\frac{ml}{2}\right)\sinh mx + \sinh\left(\frac{ml}{2}\right)\sin mx\right]\cos(\omega t + \varphi) \tag{9-20}$$

图 9.10(b)示出了此种反对称基波振动位移分布.

2. 一端固定、一端自由的振动特性

图 9.11 示出了 $x=-\dfrac{l}{2}$点固定，$x=\dfrac{l}{2}$点自由的压电振子，满足边界条件(b)的一种情况是

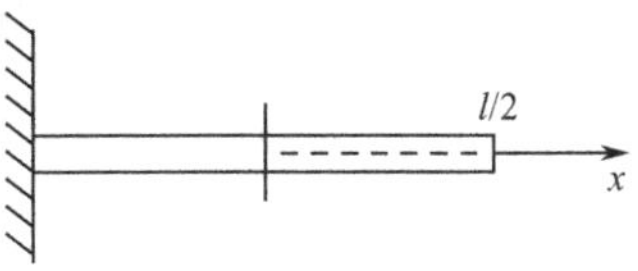

图 9.11 一端固定、一端自由的压电振子

$$u = A\cosh mx - D\sin mx$$

$$A\cosh\left(\frac{ml}{2}\right) - D\sin\left(\frac{ml}{2}\right) = 0$$

$$-A\sinh\left(\frac{ml}{2}\right) - D\cos\left(\frac{ml}{2}\right) = 0$$

即

$$-\coth\left(\frac{ml}{2}\right) = \tan\left(\frac{ml}{2}\right)$$

$$A = \sin\left(\frac{ml}{2}\right),\quad D = \cosh\left(\frac{ml}{2}\right)$$

$$\frac{ml}{2} = \left(n + \frac{1}{4}\right)\pi + \alpha'_n$$

于是位移为

$$u = \left[\sin\left(\frac{ml}{2}\right)\cosh mx + \cosh\left(\frac{ml}{2}\right)\sin mx\right]\cos(\omega t + \varphi) \tag{9-21}$$

满足边界条件(b)的另一种情况是 $u=B\sinh mx+C\cos mx$. 利用相似的推导可得

$$\coth\left(\frac{ml}{2}\right) = -\tan\left(\frac{ml}{2}\right)$$

$$\frac{ml}{2} = \left(n - \frac{1}{4}\right)\pi - \beta'_n$$

$$u = \left[\sin\left(\frac{ml}{2}\right)\sinh mx + \cosh\left(\frac{ml}{2}\right)\cos mx\right]\cos(\omega t + \varphi) \tag{9-22}$$

两种情况的振动频率

$$f_n = \frac{\pi}{2l^2}\left(\frac{ml}{\pi}\right)^2 r\left(\frac{E}{\rho}\right)^{1/2}$$

其泛音序列为：3^2、5^2、7^2.

3. 两端支撑的情况

两端支撑的压电振子如图 9.12 所示. 由于两端受支撑，因此在两端点没有位移，而端截面可自由旋转，因此满足第(c)种边界条件.

$$对称振动 \quad u = C\cos mx\cos(\omega t+\varphi), \quad \frac{ml}{\pi}=1,3,5,\cdots \tag{9-23}$$

$$反对称振动 \quad u = C\sin mx\cos(\omega t+\varphi), \quad \frac{ml}{\pi}=2,4,6,\cdots \tag{9-24}$$

当 $x=0$ 时，即在中央处的振动有

$$对称振动 \quad u = C_{\max}\cos(\omega t-\varphi)$$

$$反对称振动 \quad u = 0$$

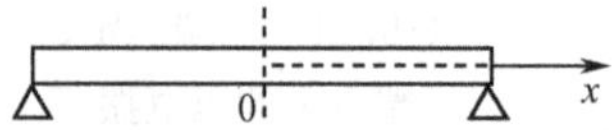

图 9.12 两端支撑的压电振子

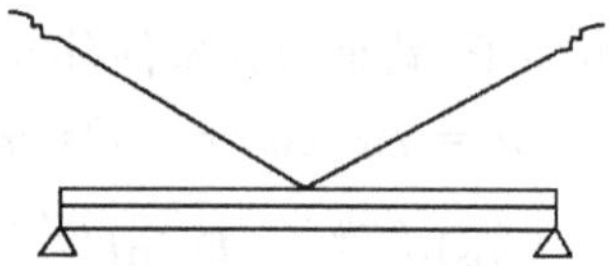

图 9.13 压电传声器示意图

这说明在中央位置，只有对称振动存在，且振幅达到最大值，反对称振动为节点. 如果棒是双压电片组成，就可在中央位置处装上一锥形辐射膜，构成压电式传声器，如图 9.13 所示.

9.2 有限宽度矩形板压电陶瓷振子的弯曲振动

如上所述，弯曲振动压电陶瓷振子在压电陶瓷滤波器、空气超声换能器及水声换能器中有非常广泛的应用. 这主要是因为弯曲振动压电陶瓷振子不仅具有辐射阻抗低，易于与空气及水等介质实现声匹配，而且能够在同一几何尺寸下，产生比纵向、厚度及径向振动频率低得多的共振频率. 关于圆形薄板压电陶瓷振子的弯曲振动，国内外学者已进行了比较系统地理论及实验研究. 但对于矩形压电陶瓷薄板的弯曲振动，满足边界条件的解则不易找到，尤其是在边界自由的情况下. 在下面的分析中，从矩形薄板压电陶瓷振子的压电方程出发，通过对振子内部的应力及应变进行分析，将薄板的弯曲振动简化为两个矩形截面细棒弯曲振动的组合，在一定的近似条件下，推出矩形薄板压电陶瓷振子弯曲振动的共振频率方程．根据这一方程，通过一定的修正，得出决定振子共振频率的解析表达式．在此基础上，设计并制作了一些压电陶瓷矩形薄板振子，并对其共振频率进行了实验测试．

如图 9.14 所示，当把两个厚度相同、有电极的矩形压电陶瓷片粘结在一起时，可以产生弯曲振动．极化方向相反时，以串联方式接入电源，如图 9.14(a)所示．极化方向相同时，以并联方式接入电源，如图 9.14(b)所示．在电场激励下，当某一时刻其中一片伸张时，另一片则收缩，整个陶瓷片产生弯曲振动，这就是双叠片弯曲振动压电陶瓷换能器的工作原理．在以下的分析中，坐标的选取及振子的尺寸如图 9.15 所示，其中 L、W 及 H 分别为振子的长度、宽度及厚度．为简化分析，只考虑薄板情况，即板的厚度远小于板的长度及宽度．此时，根据弹性力学原理，对于薄板的小挠度弯曲振动，其形变分量可表示为

$$\varepsilon_x = -\left(\frac{\partial^2 u}{\partial x^2}\right)z \tag{9-25}$$

$$\varepsilon_y = -\left(\frac{\partial^2 u}{\partial y^2}\right)z \tag{9-26}$$

$$\varepsilon_z = -2\left(\frac{\partial^2 u}{\partial x \partial y}\right)z \tag{9-27}$$

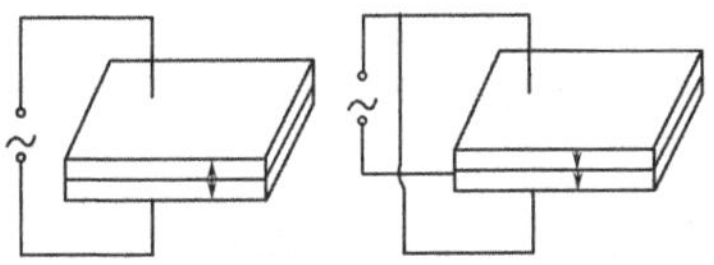

(a) (b)

图 9.14 矩形压电陶瓷振子

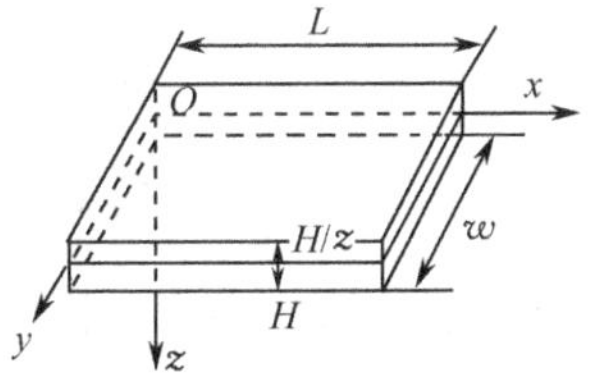

图 9.15 弯曲振动矩形薄版几何示意图

式中 $u=u(x,y,t)$为板的挠度，即横向位移．与各向同性薄板的弯曲振动不同，由于压电陶瓷是各向异性体，并具有压电效应，因此描述其应力与应变之间的关系式应是压电方程．对于陶瓷薄板情况，其压电方程可简化为

$$\varepsilon_x = s_{11}^E \sigma_x + s_{12}^E \sigma_y + d_{31} E_z \tag{9-28}$$

$$\varepsilon_y = s_{12}^E \sigma_x + s_{11}^E \sigma_y + d_{31} E_z \tag{9-29}$$

$$D_z = d_{31}(\sigma_x + \sigma_y) + \varepsilon_{33}^T E_z \tag{9-30}$$

式中 E_z 及 D_z 为厚度方向的电场及电位移分量，s_{11}^E 及 s_{12}^E 为弹性柔顺常数，ε_x、ε_y 为长度及宽度方向的应变及应力分量，d_{31} 为压电应变常数，ε_{33}^T 为自由介电常数分量．令 $n=\sigma_x/\sigma_y$，称为机械耦合系数，代入式(9-28)和式(9-29)可得

$$\varepsilon_x = \left(s_{11}^E + \frac{s_{12}^E}{n}\right)\sigma_x + d_{31} E_z \tag{9-31}$$

$$\varepsilon_y = (s_{11}^E + s_{12}^E n)\sigma_y + d_{31} E_z \tag{9-32}$$

由式(9-31)和式(9-32)可见,引入机械耦合系数以后,薄板的弯曲振动可等效为两个弯曲振动,一个是绕 y 轴弯曲振动,另一个是绕 x 轴弯曲振动. 此时,板的横向位移可近似用下式表示

$$u = u(x,y,t) = u_x(x)u_y(y)\exp(\mathrm{j}\omega t) \tag{9-33}$$

为方便起见,在以下的分析中皆忽略时间因子 $\exp(\mathrm{j}\omega t)$. 然而由于泊松效应的存在,这两个分振动尽管表面上互相独立,实质上却是相互联系的. 这种相互联系一方面通过机械耦合系数体现出来,另一方面也体现在振子的共振频率方面.

9.2.1 矩形薄板绕 y 轴的弯曲振动

由式(9-31)可得

$$\sigma_x = \frac{(\varepsilon_x - d_{31}E_z)}{(s_{11}^E + s_{12}^E/n)} \tag{9-34}$$

在 x 为常数的横截面上,由 σ_x 产生的弯矩可表示为

$$M_x = \int_{-H/2}^{H/2} \sigma_x W z \,\mathrm{d}z \tag{9-35}$$

把式(9-34)代入式(9-35),利用 ε_x 的表达式,积分后得

$$M_x = -\frac{WH^3}{12(s_{11}^E + s_{12}^E/n)} \cdot \frac{\partial^2 u}{\partial x^2} \tag{9-36}$$

对于长为 $\mathrm{d}x$ 的微分块,根据力矩平衡方程,在不计转动的条件下可得

$$F_z = -\frac{WH^3}{12(s_{11}^E + s_{12}^E/n)} \cdot \frac{\partial^3 u}{\partial x^3} \tag{9-37}$$

式中 F_z 为板中的横向力,由此得矩形薄板绕 y 轴的弯曲振动方程为

$$-\frac{\partial^4 u}{\partial x^4} = \frac{1}{c_x^2 R^2} \cdot \frac{\partial^2 u}{\partial t^2} \tag{9-38}$$

式中 $R=H/\sqrt{12}$为板的截面回旋半径. $c_x^2=[\rho s_{11}^E(1-\nu/n)]^{-1}$, $\nu=-s_{12}^E/s_{11}^E$,ρ 为板的体密度,由式(9-38)可得矩形薄板绕 y 轴弯曲振动的位移分布为

$$u_x(x) = A_x\cosh\frac{\omega}{k_x}x + B_x\sinh\frac{\omega}{k_x}x + C_x\cos\frac{\omega}{k_x}x + D_x\sin\frac{\omega}{k_x}x \tag{9-39}$$

式中 $k_x=\sqrt{\omega c_x R}$,A_x、B_x、C_x、D_x 为待定常数.

9.2.2 矩形薄板绕 x 轴的弯曲振动

利用类似的分析可得以下各式

$$M_y = -\frac{LH^3}{12(s_{11}^E + s_{12}^E n)} \cdot \frac{\partial^2 u}{\partial y^2} \tag{9-40}$$

$$F_z = -\frac{LH^3}{12(s_{11}^E + s_{12}^E n)} \cdot \frac{\partial^3 u}{\partial y^3} \tag{9-41}$$

$$-\frac{\partial^4 u}{\partial y^4} = \frac{1}{c_y^2 R^2} \cdot \frac{\partial^2 u}{\partial t^2} \tag{9-42}$$

$$u_y(y) = A_y\cosh\frac{\omega}{k_y}y + B_y\sinh\frac{\omega}{k_y}y + C_y\cos\frac{\omega}{k_y}y + D_y\sin\frac{\omega}{k_y}y \tag{9-43}$$

式中 $c_y^2=[\rho s_{11}^E(1-\nu n)]^{-1}$，$k_y=\sqrt{\omega c_y R}$.

9.2.3 压电陶瓷矩形薄板弯曲振动的共振频率

9.2.3.1 矩形薄板四边自由

此时，由式(9-39)及式(9-43)，利用边界条件，即边缘的弯矩及横向力为零，可得其共振频率方程为

$$\cosh\frac{\omega}{k_y}L \cdot \cos\frac{\omega}{k_y}L = 1 \tag{9-44}$$

$$\cosh\frac{\omega}{k_y}W \cdot \cos\frac{\omega}{k_x}W = 1 \tag{9-45}$$

由式(9-44)及式(9-45)可得其解为

$$\frac{\omega}{k_x}L = R(i), \qquad i = 0,1,2,\cdots \tag{9-46}$$

$$\frac{\omega}{k_y}W = R(j), \qquad j = 0,1,2,\cdots \tag{9-47}$$

其中 $R(i)$、$R(j)$分别为方程(9-44)及(9-45)的解，正整数 i 与 j 的不同组合表示薄板的各种振动模式．由式(9-46)及式(9-47)，可得关于机械耦合系数及振子共振频率的方程式

$$\nu\frac{R^4(i)}{R^4(j)}n^2 + \left[\left(\frac{L}{W}\right)^4 - \frac{R^4(i)}{R^4(j)}\right]n - \nu\left(\frac{L}{W}\right)^4 = 0 \tag{9-48}$$

$$(1-\nu^2)\omega^4 - c_r^2R^2\left[\frac{R^4(i)}{L^4} + \frac{R^4(j)}{W^4}\right]\omega^2 + \frac{c_r^4R^4(i)R^4(j)R^4}{L^4W^4} = 0 \tag{9-49}$$

式中 $c_r^2=1/(s_{11}^E\rho)$，由式(9-48)及式(9-49)可见，当矩形薄板压电陶瓷振子的材料、几何尺寸及振动模式给定后，就可以得出振子的机械耦合系数及其两个分振动的共振频率，由于频率方程(9-49)是一个关于 ω^2 的二次方程，因此可得出两个根. 这两个根分别表示矩形振子在 x 及 y 方向上弯曲振动分振动的共振频率. 由于在以上的分析中，把矩形板的弯曲振动等效为两个独立的弯曲振动，忽略了由于泊松效应而引起的耦合振动，因此，频率方程式的解并不具备一定的实际意义. 为了体现矩形振子弯曲振动中 x 方向与 y 方向弯曲振动的相互作用，必须考虑这种相互作用引起的频率变化，由此可得出以下矩形薄板弯曲振动共振频率的数学表达式

$$\omega_{ij}^2 = \omega_x^2 + \omega_y^2 + \frac{2}{\sqrt{1-\nu^2}}\omega_x\omega_y \tag{9-50}$$

式中 ω_{ij} 表示矩形薄板弯曲振动某一振动模式的共振频率，ω_x 及 ω_y 为方程(25)的解. 由式(9-49)，可把式(9-50)化为以下形式

$$\omega_{ij} = \frac{c_r R}{\sqrt{1-\nu^2}}\left[\frac{R^2(i)}{L^2} + \frac{R^2(j)}{W^2}\right] \tag{9-51}$$

式(9-51)就是边界自由压电陶瓷矩形薄板弯曲振动共振频率的最终表达式. 对应不同的振动模式(正整数 i 和 j 的不同组合)，板的共振频率是不同的.

9.2.3.2 矩形薄板四边简支

此时，板的边界条件为横向位移及弯矩等于零，利用式(9-39)及式(9-43)可得决定振子两个等效弯曲振动的共振频率方程式

$$\sin\frac{\omega}{k_x}L = 0 \tag{9-52}$$

$$\sin\frac{\omega}{k_y}W = 0 \tag{9-53}$$

二式的解为

$$\frac{\omega}{k_x}L = i\pi, \qquad i = 1,2,3,\cdots \tag{9-54}$$

$$\frac{\omega}{k_y}W = j\pi, \qquad j = 1,2,3,\cdots \tag{9-55}$$

由此可得关于机械耦合系数及 x 和 y 方向弯曲振动共振频率的方程式为

$$\nu\frac{i^4}{j^4}n^2 + \left[\left(\frac{L}{W}\right)^4 - \frac{i^4}{j^4}\right]n - \nu\left(\frac{L}{W}\right)^4 = 0 \tag{9-56}$$

$$(1-\nu^2)\omega^4 - c_r^2R^2\pi^4\left[\frac{i^4}{L^4} + \frac{j^4}{W^4}\right]\omega^2 + \frac{c_r^4 i^4 j^4 R^4 \pi^8}{L^4 W^4} = 0 \tag{9-57}$$

矩形薄板弯曲振动的共振频率由下式决定，即

$$\omega_{ij} = \frac{c_r R\pi^2}{\sqrt{1-\nu^2}}\left[\frac{i^2}{L^2} + \frac{j^2}{W^2}\right]$$

9.2.4 弯曲振动矩形薄板的几种特殊振动模式

在以下的分析中，仅讨论矩形振子四边自由的情况. 当振子的几何尺寸满足一定的条件时，板的弯曲振动可简化为一些比较简单的弯曲振动.

当 $L/W\to 0$ 时，矩形薄板振子变成一长为 W 而宽度 L 很小的矩形截面细长棒，由式(9-48)可得机械耦合系数 $n=0$ 以及 $c_x=0$，$c_y=c_r$，由此可得细棒弯曲振动的共振频率为 $f_y=\frac{c_r R}{2\pi}\cdot\frac{R^2(j)}{W^2}$，式中 f_y 是长为 W 的细长棒绕 x 轴弯曲振动的共振频率.

当 $L/W\to\infty$ 时，矩形薄板变成一长为 L 而宽度 W 很小的细长棒，由式(9-48)可得，$n=\infty$，$c_x=c_r$，$c_y=0$，由此可得长为 L 的细棒绕 y 轴弯曲振动的共振频率为

$$f_x = \frac{c_r R}{2\pi} \cdot \frac{R^2(i)}{L^2}$$

当 $i \neq 0, j=0$ 时，由方程(9-44)及式(9-45)的解知，$R(i) \neq 0, R(j)=0$. 利用式(9-48)可得机械耦合系数 $n=1/\nu$，以及 $c_x^2 = 1/[\rho s_{11}^E(1-\nu^2)]$，$c_y \to \infty$代入式(9-46)可得此时薄板的共振频率为 $f_i = \frac{c_r R}{2\pi\sqrt{1-\nu^2}} \cdot \frac{R^2(i)}{L^2}$，$f_i$ 是矩形薄板绕 y 轴产生的条纹模式弯曲振动的共振频率.

当 $j \neq 0, i=0$ 时，$R(j) \neq 0, R(i)=0$，由式(9-48)可得 $n=\nu$，$c_y^2 = 1/[\rho s_{11}^E(1-\nu^2)]$，$c_x \to \infty$. 由此可得矩形薄板绕 x 轴产生的条纹模式弯曲振动的共振频率为 $f_j = \frac{c_r R}{2\pi\sqrt{1-\nu^2}} \cdot \frac{R^2(j)}{W^2}$.

9.2.5 实验

为了验证矩形压电陶瓷薄板弯曲振动的设计理论，对振子的共振频率进行了实验测试. 测试样品由两片厚度为 2mm 的压电陶瓷薄片黏结而成，振子的材料参数分别为 $\rho = 7.5 \times 10^3 \text{kg/m}^3$，$s_{11}^E = 12.5 \times 10^{-12} \text{m}^2/\text{N}$，$s_{12}^E = 4.05 \times 10^{-12} \text{m}^2/\text{N}$. 采用标准小信号传输线测试电路，矩形薄板的边界自由. 测试结果见表 9.2，f_T 为理论计算频率，f_m 为测试频率，$\Delta = |f_m - f_T|/f_m$，i 与 j 的不同组合表示振子的不同振动模式.

表 9.2 边界自由压电陶瓷矩形薄板的共振频率测试结果

振子	L/mm	W/mm	H/mm	i	j	f_T/Hz	f_m/Hz	Δ/%
1	54	18	4	1	0	4917	5035	2.34
				2	0	13556	13524	0.24
2	52	20	4	1	0	5303	5391	1.63
				1	1	41154	40412	1.84
3	56	14	4	1	0	4573	4531	0.93
				2	0	12605	12280	2.65
4	47	31	4	1	0	6492	6632	2.11
				0	1	14922	15054	0.88
5	50	14	6	1	0	8604	8103	6.18
				2	0	23717	25157	5.72

从表中数据可以看出，由上述理论计算出的边界自由压电陶瓷矩形薄板振子共振频率与测试值基本符合. 振子的厚度增大时，频率测试出现较大的误差，这可能是因为板的厚度太大，不满足薄板理论所致.

9.3 夹心式弯曲振动压电陶瓷超声换能器

随着超声技术的发展，弯曲振动超声换能器的应用越来越广，例如，超声焊接、超声手术刀、超声振动车削以及超声马达等. 由于弯曲振超声换能器具有尺寸小，能量传播方向容易改变以及负载能力强等优点，因此具有广泛的应用前景. 在传统的弯曲振动超声换能器的设计理论中，振动体的弯曲振动的产生大都通过振动模式的转换，例如由纵向振动换能器与弯曲振动传振杆或弯曲振动的圆盘及矩形盘组成的纵-弯振动模式转换系统. 由于振动系统间的连接方式、声学和机械系统之间的耦合以及加工工艺等方面的研究尚未完善，因此，此类振动系统的振动能量转换效率较低，而且系统的结构较复杂. 日本学者曾提出了一种螺钉紧固式弯曲振动换能器，并进行了一些理论和实验研究，但文章中给出的换能器的频率方程是近似的，因为方程中没有考虑压电陶瓷元件的影响，仅仅对单一弯曲振动棒的长度进行了一些修正. 为了系统地研究此类换能器的振动性能，必须从理论上推导其频率方程的解析表达式. 下面将采用不同的方法对夹心式弯曲换能器进行分析.

9.3.1 夹心式弯曲振动压电陶瓷换能器的波动方程分析法

夹心式弯曲振动压电超声换能器在结构上与纵向振动夹心式换能器（即朗之万换能器）是相似的，二者的差别在于各自的振动模式不同. 对于纵向振动振子，由于其振动的理论分析比较简单，因此其系统的设计理论已基本完善. 然而，对于弯曲振动夹心式压电换能器，由于其振动理论本身的复杂性，因此，类似于纵向振动换能器的设计理论尚未建立. 本文将从细棒的弯曲振动理论出发，将夹心式弯曲振动换能器看成是由三段弹性直杆组合而成，根据复合振动系统的边界条件，推出其频率方程，分析其振动位移分布.

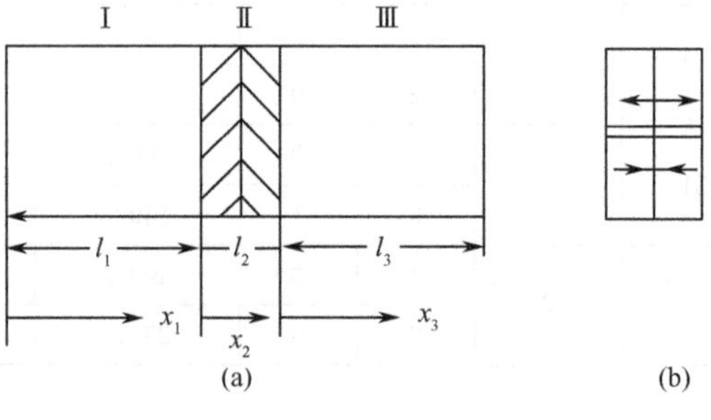

图 9.16 弯曲振动夹心式压电换能器

9.3.1.1　弯曲振动夹心式换能器的频率方程

图 9.16 (a) 为一弯曲振动夹心式压电换能器的结构示意图. Ⅰ、Ⅱ、Ⅲ分别表示换能器的前后盖板及压电陶瓷堆，l_1、l_2、l_3 为各部分的长度，换能器的前后盖板为圆柱状. 陶瓷堆为四片半圆状晶片，为了产生弯曲振动，相邻两片压电陶瓷片的极化方向与纵向振动振子中的陶瓷片极性的排列不同，见图 9.16 (b)，四片轴向极化的压电陶瓷半圆片通过预应力螺栓固定于两块前后金属盖板之间. 四片陶瓷半圆片组成两个中间带有一定间隔的圆片，其极化方向如图 9.16 (b) 中箭头所示，当外加高频激励电信号加到压电陶瓷片上时，四片陶瓷半圆片中上部的相邻两片将产生膨胀，而下部的相邻两片则产生收缩形变，因此在陶瓷片中将产生一弯曲力矩，从而激发整个结构产生弯曲振动. 由此可见，只要在纵向振动夹心式压电超声换能器的基础上将压电陶瓷片的形状及极化方向做适当改变，就可产生弯曲振动. 为了简化分析及数学运算，在推导弯曲振动夹心式换能器的频率方程中，假定

(1) 换能器的长度远大于其横向尺寸；

(2) 换能器各部分的形变看成是中性面一边被拉长，而另一边被压缩，不考虑剪切形变；

(3) 只考虑换能器垂直于其中心轴线的位移，不考虑其旋转惯性.

在上述假定条件下，不考虑压电陶瓷片的压电效应，根据细棒的弯曲理论，可得换能器各部分的弯曲振动位移

$$y_1 = A_1\cosh k_1x_1 + B_1\sinh k_1x_1 + C_1\cos k_1x_1 + D_1\sin k_1x_1 \tag{9-58}$$

$$y_2 = A_2\cosh k_2x_2 + B_2\sinh k_2x_2 + C_2\cos k_2x_2 + D_2\sin k_2x_2 \tag{9-59}$$

$$y_3 = A_3\cosh k_3x_3 + B_3\sinh k_3x_3 + C_3\cos k_3x_3 + D_3\sin k_3x_3 \tag{9-60}$$

式中 $k_1=\omega/v_1$, $k_2=\omega/v_2$, $k_3=\omega/v_3$, $v_1=\sqrt{\omega c_1R_1}$, $v_2=\sqrt{\omega c_2R_2}$, $v_3=\sqrt{\omega c_3R_3}$, $R_1=a_1/2$, $R_2=a_2/2$, $R_3=a_3/2$, a_1、a_2、a_3 分别是换能器各部分的横截面半径，R_1、R_2、R_3 为换能器各部分界面的回旋半径. $\omega=2\pi f$, f 为频率. $c_1=\sqrt{E_1/\rho_1}$, $c_2=\sqrt{E_2/\rho_2}$, $c_3=\sqrt{E_3/\rho_3}$, v_1、v_2、v_3 及 c_1、c_2、c_3 分别是细棒中弯曲振动及纵向振动的传播速度. 当换能器的两端面边界自由时，可得各个边界条件如下：

(a) $x_1=0$ 处边界自由

由于换能器的边界是自由的，因此弯矩 M 及剪应力 Q 为零，即

$$M_1(0)=0,\quad Q_1(0)=0 \tag{9-61}$$

(b) $x_1=l_1$ 或 $x_2=0$ 处，相邻部分的弯曲位移、弯角、弯矩及剪应力是连续的，即

$$y_1(l_1)=y_2(0),\quad \varphi_1(l_1)=\varphi_2(0),\quad M_1(l_1)=M_2(0),\quad Q_1(l_1)=Q_2(0) \tag{9-62}$$

(c) $x_2=l_2$ 或 $x_3=0$ 处，相邻部分的弯曲位移、弯角、弯矩及剪应力也是连续的，即

$$y_2(l_2)=y_3(0),\quad \varphi_2(l_2)=\varphi_3(0),\quad M_2(l_2)=M_3(0),\quad Q_2(l_2)=Q_3(0) \tag{9-63}$$

(d) $x_3=l_3$ 处边界自由

换能器在该处的弯矩和剪应力为零，即

$$M_3(l_3)=0,\quad Q_3(l_3)=0 \tag{9-64}$$

根据细棒的弯曲振动理论，转角 φ、弯矩 M 以及剪应力 Q 与横向位移 y 具有以下关系，即

$$\varphi=\frac{\partial y}{\partial x},\quad M=-ER^2S\frac{\partial^2 y}{\partial x^2},\quad Q=-ER^2S\frac{\partial^3 y}{\partial x^3} \tag{9-65}$$

式中 E、S、R 分别为振动体的杨氏模量、横截面积和回旋半径. 根据上述分析，由边界条件式(9-61)～(9-64)可得 12 个方程，与方程(9-58)～(9-60)中的待定常数的个数是相同的. 根据式(9-61)～(9-64)中的 12 个方程，经过一系列数学运算，消去待定常数以后，可以得出在边界自由的条件下，弯曲振动夹心式压电超声换能器的共振频率方程为

$$Z_1(i)\cdot Z_2(i,j)\cdot Z'_3(j)=0,\quad i,j=1,2,3,\cdots,6 \tag{9-66}$$

式中 $Z_1(i)$ 和 $Z_3(j)$ 是 2 个 1×6 矩阵，$Z_2(i,j)$ 是一个 6 阶方阵，$Z'_3(j)$ 是 $Z_3(j)$ 的转置矩阵，即 $Z'_3(j)$ 是一个 6×1 矩阵. 上述 3 个矩阵的各个元素的具体表达式可见表 9.2 和表 9.3. 在表中，$u_1=k_1l_1$，$u_2=k_2l_2$，$u_3=k_3l_3$，$p_1=E_1R_1^2S_1k_1^2$，$p_2=E_2R_2^2S_2k_2^2$，$p_3=E_3R_3^2S_3k_3^2$. 由表 9.3 和表 9.4 可以看出，当换能器的频率、材料及横截面尺寸给定后，矩阵 $Z_1(i)$ 仅为长度 l_3 的函数，$Z_2(i,j)$ 仅是压电陶瓷片长度 l_2 的函数，而 $Z_3(j)$ 仅是长度 l_1 的函数，即矩阵 $Z_1(i)$、$Z_2(i,j)$ 和 $Z_3(j)$ 分别表示组成弯曲振动夹心换能器的三个部分. 当换能器的任何两个组成部分的

表 9.3　行矩阵 $Z_1(i)$(第 1 行)及 $Z_3(j)$(第 2 行)的各个元素表达式

1	1	$\sin u_3\sinh u_3+\cos u_3\cosh u_3$	$\cos u_3\cosh u_3-\sin u_3\sinh u_3$	$k_3(\sin u_3\cosh u_3+\cos u_3\sinh u_3)$	$(\cos u_3\sinh u_3-\sin u_3\cosh u_3)/k_3$
$p_1^2(\cosh u_1\cos u_1-1)-p_2^2(1+\cosh u_1\cdot\cos u_1)$	$p_1^2(\cosh u_1\cos u_1-1)-2p_1p_2\sinh u_1\sin u_1+p_2^2(1+\cosh u_1\cos u_1)$	$p_1^2(1-\cosh u_1\cdot\cos u_1)-2p_1\cdot p_2\sinh u_1\cdot\sin u_1-p_2^2(1+\cosh u_1\cdot\cos u_1)$	$p_1^2(\cosh u_1\cdot\cos u_1-1)-p_2^2(1+\cosh u_1\cdot\cos u_1)$	0	0

几何尺寸给定后，由式(9-66)就可求出其第三部分的几何尺寸. 因此，方程式(9-66)就是用于设计弯曲振动夹心换能器的频率方程. 尽管式(9-66)比较复杂，但随着数值计算技术及电子计算机的飞速发展，其解是可以得出的.

表 9.4　六阶方阵 $Z_2(i,j)$ 的各个元素表达式

$k_2(p_3-p_2)^2$	$k_2(p_2^2-p_3^2)(\sin u_2\sinh u_2+\cosh u_2\cos u_2)$	$k_2(p_3^2-p_2^2)(\cos u_2\cosh u_2-\sinh u_2\sin u_2)$	$k_2(p_3+p_2)^2$	$k_2(p_2^2-p_3^2)(\sin u_2\cosh u_2+\sinh u_2\cos u_2)$	$k_2(p_3^2-p_2^2)(\cos u_2\sinh u_2-\cosh u_2\sin u_2)$
$k_2(p_3+p_2)^2$	$k_2(p_2^2-p_3^2)(\sin u_2\sinh u_2+\cosh u_2\cos u_2)$	$k_2(p_3^2-p_2^2)(\cos u_2\cosh u_2-\sinh u_2\sin u_2)$	$k_2(p_3-p_2)^2$	$k_2(p_2^2-p_3^2)(\sin u_2\cosh u_2+\sinh u_2\cos u_2)$	$k_2(p_2^2-p_3^2)(\cos u_2\sinh u_2-\cosh u_2\sin u_2)$
$k_2(p_2^2-p_3^2)$	$k_2[(p_2+p_3)^2(\cos u_2\cosh u_2+(p_3-p_2)^2\cdot\sin u_2\sinh u_2]$	$k_2[(p_2+p_3)^2\sin u_2\sinh u_2-(p_3-p_2)^2\cdot\cos u_2\cosh u_2]$	$k_2(p_2^2-p_3^2)$	$k_2[(p_2+p_3)^2(\cos u_2\sinh u_2+(p_3-p_2)^2\cdot\sin u_2\cosh u_2]$	$k_2[(p_2+p_3)^2\sin u_2\cosh u_2-(p_3-p_2)^2\cdot\cos u_2\sinh u_2]$
$k_2(p_2^2-p_3^2)$	$k_2[(p_3-p_2)^2\cos u_2\cosh u_2+(p_3+p_2)^2\cdot\sin u_2\sinh u_2]$	$k_2[(p_3-p_2)^2\sin u_2\sinh u_2-(p_3+p_2)^2\cdot\cos u_2\cosh u_2]$	$k_2(p_2^2-p_3^2)$	$k_2[(p_3-p_2)^2\cos u_2\sinh u_2+(p_3+p_2)^2\cdot\sin u_2\cosh u_2]$	$k_2[(p_3-p_2)^2\sin u_2\cosh u_2-(p_3+p_2)^2\cdot\cos u_2\sinh u_2]$
0	$4p_2p_3\sinh u_2\cos u_2$	$4p_2p_3\cosh u_2\sin u_2$	0	$4p_2p_3\cosh u_2\cos u_2$	$4p_2p_3\sinh u_2\sin u_2$
0	$4k_2^2p_2p_3\cosh u_2\sin u_2$	$-4k_2^2p_2p_3\sinh u_2\cos u_2$	0	$4k_2^2p_2p_3\sinh u_2\sin u_2$	$-4k_2^2p_2p_3\cosh u_2\cos u_2$

9.3.1.2　实验

为了验证弯曲振动夹心式压电超声换能器的频率方程，我们加工了三个弯曲

表 9.5　夹心式弯曲振动压电陶瓷换能器的几何尺寸及频率测试值

换能器	a_1/mm	l_1/mm	a_0/mm	a_i/mm	l_2/mm	f_t/Hz	f_m/Hz	$\|f_t-f_m\|/f_m$
1	12.5	27.2	12.5	4	12	10000	10510	4.85%
2	12.5	32.1	12.5	4	12	10000	10750	6.97%
3	12.5	98.2	12.5	4	12	10000	9770	2.35%

振动超声换能器，为了简化计算，换能器均为对称的结构形式，即 $l_1=l_3$，$S_1=S_3$，$E_1=E_3$，$\rho_1=\rho_3$. 换能器的压电元件为 25mm×8mm×6mm 的 PZT-4 晶片，Ⅰ和Ⅲ部分的材料为 45 号钢. 由于晶片是圆环形，所以其回旋半径为 $R_2=\frac{\sqrt{a_0^2-a_i^2}}{2}$，$a_0$ 及 a_i 分别是晶片的内外半径. 三个换能器的理论设计频率均为 10kHz，但是与此频率对应的弯曲振动模式是不同的，表 9.5 列出了换能器的几何尺寸、频率的计算及测试结果，表中 f_t 为理论设计频率，f_m 为测量结果，从表中数据可以看出，换能器共振频率的测量值与计算值基本符合. 关于频率计算值与测量值的误差来源，我们认为有以下几点：(1) 当换能器的横向尺寸不是很小时，细棒的经典初等弯曲理论带来一定的误差；(2) 材料参数的取值与实际值有出入；(3) 计算中没有考虑预应力螺栓及压电陶瓷片的压电效应的影响.

9.3.1.3 小结

对于弯曲振动夹心式压电超声换能器，我们推出了类似于纵向振动换能器的频率方程. 对于一般结构的弯曲振动换能器，频率方程式 (9-66) 有利于计算机的应用，且三个矩阵分别与换能器的三个组成部分的长度有关，即换能器的三个部分分别与频率方程中的三个矩阵一一对应.

夹心式弯曲振动压电超声换能器是一种新型的弯曲振动换能器，它具有结构简单、能量转换效率较高等优点，在超声车削、超声外科手术等应用中具有较广泛的应用前景，本节得出的关于此类换能器的频率方程将为弯曲振动夹心式压电超声换能器的研究提供理论基础，以推动此类换能器研究的进一步发展.

9.3.2 弯曲振动夹心式压电陶瓷换能器的近似设计理论

如上所述，对于弯曲振动夹心式压电换能器的分析，方法之一就是从细棒的弯曲振动波动方程出发，通过求解各部分的运动方程，利用边界条件决定换能器的共振频率方程. 通过上一节的分析可以看出，尽管分析中利用的是初等理论，同时忽略了压电效应，而且利用一维理论，将夹心式弯曲振动换能器看成是三段弹性体的复合，但由于棒的弯曲振动解比较复杂，因此所得结果较繁，不利于工程设计及计算. 在本节的分析中，将弯曲振动夹心式压电换能器当作弯曲振动的均匀细棒进行处理，然后对压电陶瓷片的影响进行近似修正，此种近似分析方法计算简单，所得出的设计公式易于工程计算，而且无需用计算机就可以得出所需结果.

9.3.2.1 夹心式弯曲振动压电陶瓷换能器的频率设计方程

1. 两端自由弯曲振动细棒的共振频率方程

根据上面的分析，弯曲振动夹心式压电换能器可等效于一两端自由的弯曲振动均匀细棒，其共振频率方程为

$$\tan\left(\frac{\omega L}{2v}\right)=\pm\tanh\left(\frac{\omega L}{2v}\right) \tag{9-67}$$

式中 L 为细棒的长度，ω 为角频率，$v=\sqrt{\omega cR}$（c 为细棒中纵振动的传播速度，R 为细棒横截面的回旋半径）．对于半径为 a 的圆截面棒，$R=a/2$；对于厚度为 t 的矩形截面细棒，$R=t/\sqrt{12}$，另外，式中的正负号分别对应弯曲振动细棒的两种振动模式，其中正号对应的是反对称弯曲振动模式；负号对应的是对称振动模式．通过求解式（9-67），可以求出弯曲振动细棒不同振动模式的共振频率为

$$f_i=\frac{\pi cR}{8L^2}R^2(i) \tag{9-68}$$

式中 R（1）$=3.0112$，R（i）$=2i+1$，i 表示细棒不同的弯曲振动模式．对于棒的第 i 次弯曲振动模式，存在 $i+1$ 个弯曲振动位移节点，因此，当棒的材料及几何尺寸给定后，由式(9-68)就可求出细棒各次弯曲振动模式的共振频率.

2．压电陶瓷片引起的细棒长度修正

在弯曲振动夹心式压电换能器中，压电陶瓷片位于金属棒之中，其作用是产生一弯曲力矩，以促使细棒产生弯曲振动．为简化分析，假设压电陶瓷片位于均匀细棒的中间位置，即弯曲振动夹心式换能器的结构是对称的，在此基础上，可把压电陶瓷片所处位置的弯曲振动位移分布近似看成是按正弦或余弦规律分布的．根据压电陶瓷片与细棒连接处的边界条件，即弯矩及剪力连续，对于对称模式的弯曲振动，即当 i 为奇数时，有

$$E_1R_1^2S_1A_1k_1^2\cos(k_1L_0)=E_2R_2^2S_2A_2k_2^2\cos(k_2L_c) \tag{9-69}$$

$$E_1R_1^2S_1A_1k_1^3\sin(k_1L_0)=E_2R_2^2S_2A_2k_2^3\sin(k_2L_c) \tag{9-70}$$

而对于反对称模式的弯曲振动，即当 i 为偶数时，有

$$E_1R_1^2S_1A_1k_1^2\sin(k_1L_0)=E_2R_2^2S_2A_2k_2^2\sin(k_2L_c) \tag{9-71}$$

$$E_1R_1^2S_1A_1k_1^3\cos(k_1L_0)=E_2R_2^2S_2A_2k_2^3\cos(k_2L_c) \tag{9-72}$$

式中 A_1、A_2 为待定常数，E_1、R_1、S_1 及 E_2、R_2、S_2 分别为压电陶瓷片及均匀细棒的杨氏模量和回旋半径及横截面积．对于压电陶瓷片圆环，$R=\sqrt{a^2+b^2}/2$，b、a 分别为圆环的内外半径．对于均匀截面实心细棒，$R_2=a/2$，$S_2=\pi a^2$．另外，式中 L_0 为压电陶瓷片的半长度，L_c 为压电陶瓷片引入的细棒修正长度的一半；$k_1=\omega/v_1$，$k_2=\omega/v_2$，$v_1=\sqrt{\omega c_1R_1}$，$v_2=\sqrt{\omega c_2R_2}$，$c_1=[1/(s_{33}^E\rho_1)]^{1/2}$，$c_2=(E_2/\rho_2)^{1/2}$，$c_1$ 为压电陶瓷片中的纵向等效声速，c_2 为均匀细棒中的纵振动传播速度；s_{33}^E 为压电陶瓷材料的弹性柔顺常数；ρ_1 及 ρ_2 分别为陶瓷及细棒的材料密度．由式(9-69)、式(9-70)以及式(9-71)、式(9-72)可得

$$\text{对称模式}\quad k_1\tan(k_1L_0)=k_2\tan(k_2L_c) \tag{9-73}$$

$$\text{反对称模式}\quad \frac{\tan(k_1L_0)}{k_1}=\frac{\tan(k_2L_c)}{k_2} \tag{9-74}$$

由式(9-73)及式(9-74)可见，当压电陶瓷片的材料、尺寸以及均匀细棒的材料给定后，对于一定共振频率的换能器，由上述二式就可以求出由于压电陶瓷片的插入而

引起的均匀细棒的长度变化.经过上述修正后,弯曲振动夹心式压电换能器的总长度为

$$L_t = 2\left(\frac{L}{2} - L_c + L_0\right) + L - 2L_c + 2L_0 \tag{9-75}$$

通过上述分析可见,夹心式弯曲振动换能器的共振频率方程可由式(9-67)、式(9-71)及式(9-72)决定.具体的计算设计步骤为:(1)给定换能器的频率,由式(9-67)可求出一换能器近似长度;(2)给定压电陶瓷片的形状、材料及尺寸,在相同的共振频率下,由式(9-71)或式(9-72)可求出一修正长度;(3)由式(9-75)求出换能器的总长度,此时,夹心式弯曲振动压电换能器的共振频率、形状及几何尺寸可以完全决定,换能器的设计基本完成.

9.3.2.2 换能器实际设计时的一些问题讨论

上面我们研究了夹心式弯曲振动压电陶瓷换能器的结构及设计,并得出了其共振频率设计方程. 从理论上说,当给定了换能器的共振频率以及材料参数后,由前面所述的设计公式可以设计各种不同频率及尺寸的弯曲振动夹心式压电陶瓷换能器. 然而,由于本理论及一些实际问题的限制,在实际设计时尚有许多因素需要加以考虑. 下面分别逐一加以讨论,以尽量保证设计值与实测值的一致.

1. 理论依据

本理论是基于经典的细棒弯曲初等理论,即 Bernoulli-Euler 弯曲细棒理论. 根据这一理论,细棒的横向尺寸必须远小于其长度,实际上要求棒的横向尺寸远小于棒中弯曲波的波长 λ_F,即

$$D \ll \lambda_F \tag{9-76}$$

式中 D 为棒的最大横向尺寸,$\lambda_F = \sqrt{2\pi c R/f}$. 在一般情况下,当横向尺寸小于1/4 弯曲波波长时,初等弯曲理论不会带来较大的误差. 很显然,细棒中的弯曲波波长不仅取决于棒的材料,而且与棒的振动频率有关. 因此,对于细棒的不同振动模式,由于其本征频率不同,故对其横向尺寸的要求也不同,必须适当选择棒的频率及横向尺寸,以满足细棒初等弯曲理论的要求. 另外,对于细棒的高次振动模式,初等弯曲理论将会带来一定的误差. 鉴于以上考虑,在根据本书得出的夹心式弯曲振动压电陶瓷换能器的设计公式实际设计换能器时,必须选择适当的横向尺寸以及一定的弯曲振动模式,以保证理论与实测值的一致. 然而,在一些实际的应用场合,为了保证一定的振动功率,换能器的横向尺寸必须增大,此时,换能器的横向尺寸很大,因而不满足细棒初等弯曲理论的要求,因此,在这种情况下,必须利用其他的弯曲振动理论,例如考虑截面旋转惯性在内的瑞利理论,以及同时考虑截面的旋转惯性和剪切形变在内的 Timoshenko 理论,然而,由于这些理论本身的复杂性,其解很难得出. 至于其近似解以及在弯曲振动夹心式压电陶瓷换能器中的应用将在以后的工作中加以探讨.

2. 压电陶瓷片长度的确定

关于压电陶瓷片引入的细棒的长度修正，由于分析中假设压电陶瓷片所处位置的弯曲振动位移分布为正弦或余弦分布，因此，压电陶瓷片的总长度不能太长，否则正弦或余弦位移分布的近似条件将不再满足，从而引起一定的频率误差. 因此，必须限制压电陶瓷片的总长度，根据弯曲振动细棒的位移分布规律，一般情况下，其长度应满足以下关系

$$2L_0 < \frac{\lambda_F}{8} \tag{9-77}$$

3. 压电陶瓷片位置选择

根据上面关于陶瓷片处弯曲振动位移的正弦或余弦分布规律的假设，为保证这一近似条件，压电陶瓷片必须放置于细棒中弯曲振动位移的波腹或波节处. 根据细棒的弯曲振动理论. 对于细棒的对称弯曲振动模式，棒的中心为弯曲位移腹点；对于细棒的反对称弯曲振动模式，其中心为弯曲位移节点. 因此，当陶瓷片的位置位于棒的中心时. 其中的位移分布满足正弦或余弦分布规律. 另外，棒中其他的位移腹点或节点处也满足正弦或余弦的位移分布规律，原则上也可把陶瓷片放在这些位置. 但由于其具体位置不易精确决定，因此，弯曲振动压电陶瓷换能器中压电陶瓷片的最佳位置应是在棒的中间，即换能器为对称结构.

在设计换能器时，如果对上述因素能够加以统筹考虑，换能器振动模式以及共振频率的测量值与设计值将不会出现较大的误差.

9.3.2.3 实验

加工并制作了几个实际的夹心式弯由振动压电陶瓷换能器. 换能器的前后金属盖板的材料为 45 号钢，其材料参数为 $\rho_2=7800\text{kg/m}^3$，$E_2=21.6\times10^{10}\text{N/m}^2$，$c_2=5263\text{m/s}$. 压电陶瓷片的材料为 PZT-4，其材料参数为 $\rho_1=7500\text{kg/m}^3$. $s_{33}^E=15.5\times10^{-12}\text{m}^2/\text{N}$，$c_1=2933\text{m/s}$. 利用传输线电路测量了换能器的弯曲振动共振频率，测量结果见表 9.6. 其中 f 及 f_m 分别表示弯曲振动夹心式压电陶瓷换能器共振频率的设计及测量值，i 表示换能器的振动模式. 另外表中同时列出了换能器各部分的几何尺寸. 在上述换能器中，前后金属圆盖板的半径与压电陶瓷圆片的外半径是相同的，表中 $\Delta=|f-f_\text{m}|/f_\text{m}$ 为频率测试的相对误差，表中其他参数的物理意义见上文所述. 从表中可以看出，利用本书理论设计的弯曲振动夹心式压电陶瓷换能器，其共振频率的设计值与测试值基本一致，频率的误差范围对一般的工程设计也是可以接受的. 另外，关于频率的误差来源，我们认为主要由以下因素引起：(1)换能器的横向尺寸不是很小. 因此不满足细棒弯曲振动的初等理论；(2)在换能器共振频率及几何尺寸的计算中，换能器各部分的材料参数皆为标准值，因此与材料的实际参数值有出入；(3)在理论设计时并未考虑预应力螺栓的影响，而实际的换能器是用预应力螺栓固定的.

表 9.6 弯曲振动夹心式压电陶瓷换能器的共振频率

a/mm	a/mm	L_0/mm	L/mm	L_c/mm	L_t/mm	i	f/Hz	f_m/Hz	$\Delta=\|f-f_m\|/f_m$/%
12.5	4.0	6.0	108.2	6.1	108.0	1	10000	9632	3.82
12.5	4.0	6.0	179.7	6.1	179.5	2	10000	9487	5.41
10.0	5.0	5.0	79.1	5.1	78.9	1	15000	14658	2.33
10.0	5.0	5.0	131.2	5.1	131.0	2	15000	14192	5.69
10.0	5.0	4.0	68.4	4.1	68.2	1	20000	19337	3.43
10.0	5.0	4.0	113.7	4.1	113.5	2	20000	18959	5.49

9.3.2.4　小结

本小节研究了弯曲振动夹心式压电陶瓷换能器的理论设计及其振动特性，推导出了换能器的共振频率设计方程，并得出了换能器中由于压电陶瓷片所引起的长度修正值. 同时，讨论了影响换能器共振频率设计精度的一些实际问题，由此可得以下结论：

(1) 在均匀细棒初等弯曲振动理论的基础上，介绍了一种用于设计夹心式弯曲振动压电陶瓷换能器的近似设计理论，导出了换能器的共振频率方程.

(2) 为了满足书中的近似条件，压电陶瓷片应位于弯曲振动的位移腹点或节点处，考虑到弯曲振动细棒的位移分布情况，因此，换能器应设计成对称结构形式，此时压电陶瓷片位于换能器的中间位置.

(3) 为了保证陶瓷换能器共振频率的设计精度，换能器的横向尺寸应远小于弯曲波的波长，同时，压电陶瓷片的总长度也应远小于弯曲波的波长.

(4) 基于细棒的初等弯曲理论，它要求换能器的横向尺寸必须远小于弯曲波的波长. 如果换能器的横向尺寸较大，书中方法不再适用，此时，必须利用棒的其他弯曲振动理论，即同时考虑棒的旋转惯性及剪切形变.

9.3.3　考虑压电效应夹心式弯曲振动换能器的波动方程分析法

在 9.3.1 和 9.3.2 两部分，对夹心式弯曲振动压电陶瓷换能器的波动方程及近似分析方法进行了探讨. 由于在上述的分析理论中采用的是细棒的初等弯曲振动理论，而且忽略了压电效应，因此使结果受到了一定的限制. 例如，换能器横向尺寸不能过大，使用的超声频率一般较低. 另外，仅用初等弯曲理论来求解理论本身的误差就较大. 有必要寻找另一种设计方法以满足一些较精确设计的需要.

在本节的分析中，考虑压电效应，对弯曲振动换能器进行更系统的研究. 由弯曲振动的特性出发，建立并分析压电陶瓷的弯曲振动方程及其解，在考虑压电效应和压电片厚度的影响下，以 Timoshenko 理论为基础，推导出较精确的换能器设计频率方程. 实验表明，理论设计和实验符合较好，能满足精度较高的设计要求.

9.3.3.1 压电晶堆弯曲振动分析

此类换能器的结构很简单，将一完整的压电片沿中央割开按上下相反极性连接，这样在同一信号激励下，处于前后盖板之间的陶瓷片上下两部分交替伸长或压缩，致使换能器产生弯曲振动. 考虑压电晶堆一微元段(图 9.17)，先利用初等弯曲理论分析压电晶堆弯曲振动. 所取每片压电片很薄，使其长度和波长满足 $L/\lambda<1/16$ 时，可近似认为每片陶瓷片的电极是等位面，即每片的电场强度是均匀相等的，整个压电晶堆处于恒 E 状态.

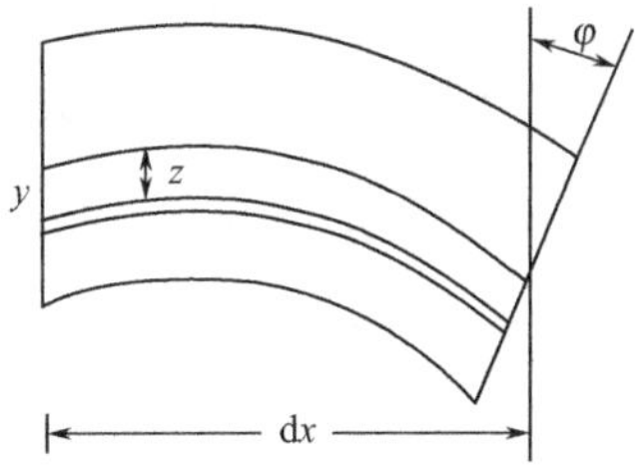

图 9.17 压电元段弯曲振动示意图

规定极化方向为 3,则纵向应变以 S_3 表示,由此可写出压电晶堆的压电方程为

$$
\begin{aligned}
S_3 &= s_{33}^E T_3 + d_{33} E_3 \\
D_3 &= d_{33} T_3 + \varepsilon_{33}^T E_3
\end{aligned}
\tag{9-78}
$$

由式(9-78)得

$$
\begin{aligned}
T_3 &= \left(\frac{1}{s_{33}^E}\right)(S_3 - d_{33}E_3) \\
D_3 &= \frac{d_{33}S_3}{s_{33}^E} + \left(\varepsilon_{33}^T - \frac{d_{33}^2}{s_{33}^E}\right)E_3
\end{aligned}
\tag{9-79}
$$

压电陶瓷的上下两部分交替伸长和压缩,中间必存在一个既不伸长也不压缩的面,称为中性面,设 z 为陶瓷棒上任意一点到中性面的距离,φ 为微元段的相对弯角(如图 9.17 所示). 由图 9.17 可直接看出

$$
\begin{aligned}
S_3 &= \frac{z\varphi}{\mathrm{d}x} \\
\varphi &= \left.\frac{\partial y}{\partial x}\right|_x - \left.\frac{\partial y}{\partial x}\right|_{x+\mathrm{d}x} = -\frac{\partial^2 y}{\partial x^2}\mathrm{d}x \\
S_3 &= -z\frac{\partial^2 y}{\partial x^2}
\end{aligned}
\tag{9-80}
$$

纵向力相对于中性面产生的弯矩为

$$M_x = \int z T_3 \mathrm{d}s$$

将式(9-79)代入上式得

$$M_x = \int \frac{1}{s_{33}^E} S_3 z \mathrm{d}s - \int \frac{d_{33}E_3}{s_{33}^E} z \mathrm{d}s \tag{9-81}$$

联立式(9-80)及式(9-81)得

$$M_x = -\frac{Ar^2}{s_{33}^E} \cdot \frac{\partial^2 y}{\partial x^2} + \frac{d_{33}E_3}{s_{33}^E} r_0 \tag{9-82}$$

式中 A 为压电陶瓷的横截面积，r 是回旋半径，$r_0 = -\int z\mathrm{d}s = \frac{4}{3}R^3$.

理论上对式(9-81)后一项全积分结果为 0，但实际上下两部分产生的力矩方向却是相同的，故此项积分值应为沿一半面积积分的 2 倍. 注意到 $\frac{\partial E_3}{\partial x} = 0$，可得其弯曲振动方程为

$$\frac{\partial^4 y}{\partial x^4} + \frac{1}{c_0^2 r^2} \cdot \frac{\partial^2 y}{\partial t^2} = 0 \tag{9-83}$$

式中 $c_0 = \sqrt{\frac{1}{s_{33}^E \rho}}$. 由式(9-83)可以看出，只要以 $1/s_{33}^E$ 来代替压电晶堆的弹性模量，压电晶堆和直棒的弯曲振动方程及其解的形式是一样的. 以上结论虽然是由初等理论得到的，但可以类推到其他理论.

9.3.3.2　夹心式弯曲振动换能器的频率方程

在设计纵向换能器时，为了简化设计，可先规定节点处于压电陶瓷的某一位置，以此条件对前后盖板分段进行设计. 借鉴上述方法，我们对弯曲振动换能器也进行类似设计，但由于弯曲振动比纵振动要复杂得多，为使过程简化，所以其限定条件就要更多一些. 我们以下考虑的是压电陶瓷具有对称解的情况，其中心为波节或波腹；同时，为使设计更加准确，整个设计以 Timoshenko 理论为基础.

我们知道，弯曲振动的杆两端自由时有对称形式的解，分为偶对称振动模式和奇对称模式. 对于偶振动模式，对应杆上有偶数节点(2、4、6、…)，分别称一偶、二偶等，此时波腹位于杆的中央，杆的振动对于 y 轴(竖直轴)对称. 其振动解为

$$\begin{aligned} y_b &= A\cosh m_1 x + C\cos m_2 x \\ y_s &= S_1 A\cosh m_1 x + S_2 C\cos m_2 x \\ y &= (1+S_1)A\cosh m_1 x + (1+S_2)C\cos m_2 x \end{aligned} \tag{9-84}$$

对于奇振动模式，对应杆上有奇数个节点(3、5、7、…)，这种振动波节位于中央，其振动关于原点对称，由上述类似的推导，其振动解为

$$\begin{aligned} y_b &= B\sinh m_1 x + D\sin m_2 x \\ y_s &= S_1 B\sinh m_1 x + S_2 D\sin m_2 x \\ y &= (1+S_1)B\sinh m_1 x + (1+S_2)D\sin m_2 x \end{aligned} \tag{9-85}$$

式中 y_b 是纯弯曲形变引起的挠度；y_s 是剪切形变引起挠度；总挠度 $y = y_b + y_s$；$m_1 = \sqrt{-\frac{a}{2} + \sqrt{b^2 + \frac{a^2}{4}}}$，$m_2 = \sqrt{\frac{a}{2} + \sqrt{b^2 + \frac{a^2}{4}}}$，$S_1 = \frac{-(\omega^2 + C_0^2 m_1^2)}{C_s^2} r^2$，$S_2 = \frac{-(\omega^2 - C_0^2 m_2^2)}{C_s^2} r^2$；$\omega$ 为角频率，r 为回旋半径. 而 $a = \omega^2 \left(\frac{1}{C_0^2} + \frac{1}{C_s^2}\right)$，$b^2 =$

$\omega^2\left(\frac{1}{C_0^2 r^2}-\frac{\omega^2}{C_0^2 C_s^2}\right)$, $C_0=\sqrt{E/\rho}$,E 是材料弹性模量,ρ 为密度,$C_s=\sqrt{k'G/\rho}$,k'为形状因数,圆截面的 $k'=1/1.11$,方截面的 $k'=1/1.2$,$G=E/[2(1+\sigma)]$为材料的剪切模量,σ 为泊松比. 这里 A、B、C、D 为任意常数.

在换能器中压电片处于前后盖板之间,其边界不再是自由状态,但只要其两端能满足一定的对称状态,这种对称形式的解仍然是存在的. 我们可以认为这种情况是两端自由压电棒的一部分. 图 9.18 为一偶状态振动示意图. AA'为两自由端,如设想从 BB'处截下,或振动棒的两端能满足 BB'端的边界条件,那么棒就应有对称形式的解,而压电晶堆处于前后盖板之间,这种状态是可以实现的.

1. 偶振动的频率方程

此时波腹位于晶堆的中央,仅考虑前盖板的设计,后盖板可类似推出. 以 l_1 代表压电晶堆的半长度,以 l_3 代表前盖板的长度,如图 9.19 所示.

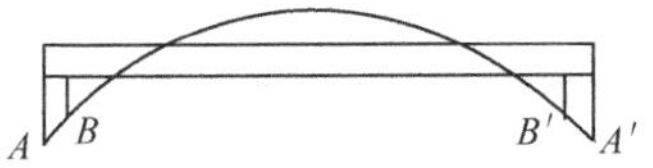

图 9.18 具有对称解的振动示意图

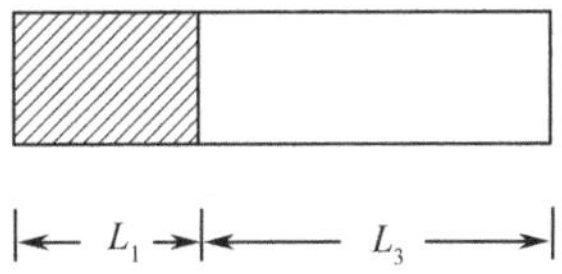

图 9.19 换能器前盖板示意图

由两者连接处位移连续、弯角($\partial y/\partial x$)连续、弯矩($-EI\partial^2 y_b/\partial x^2$)连续($I=Ar^2$)、剪力($AGk'\partial^2 y_s/\partial x^2$)连续、前盖板的弯矩为 0、剪力为 0 得关于压电晶堆和前盖板振动解中任意常数 A_1、C_1、A_3、B_3、C_3、D_3 方程为

$$[a][A_3 \quad B_3 \quad C_3 \quad D_3 \quad A_1 \quad C_1]^{\mathrm{T}}=0 \tag{9-86}$$

其频率方程为

$$|a|=0 \tag{9-87}$$

$[a]$中各量表示如下:

$a_{11}=1+S_3$,$a_{12}=0$,$a_{13}=1+S_4$,$a_{14}=0$,$a_{15}=-(1+S_1)\cosh u_1$,$a_{16}=-(1+S_2)\cos u_2$,$a_{21}=0$,$a_{22}=(1+S_3)m_3$,$a_{23}=0$,$a_{24}=(1+S_4)m_4$,$a_{25}=-(1+S_1)m_1\sinh u_1$,$a_{26}=(1+S_2)m_2\sin u_2$,$a_{31}=E_3m_3^2$,$a_{32}=0$,$a_{33}=-E_3m_4^2$,$a_{34}=0$,$a_{35}=-E_1m_1^2\cosh u_1$,$a_{36}=E_1m_2^2\cos u_2$,$a_{41}=0$,$a_{42}=G_3S_3m_3$,$a_{43}=0$,$a_{44}=G_3S_4m_4$,$a_{45}=-G_1S_1m_1\sinh u_1$,$a_{46}=G_1S_2m_2\sin u_2$,$a_{51}=m_3^2\cosh u_3$,$a_{52}=m_3^2\sinh u_3$,$a_{53}=-m_4^2\cos u_4$,$a_{54}=-m_4^2\sin u_4$,$a_{55}=0$,$a_{56}=0$,$a_{61}=S_3m_3\sinh u_3$,$a_{62}=S_3m_3\cosh u_3$,$a_{63}=-S_4m_4\sin u_4$,$a_{64}=S_4m_4\cos u_4$,$a_{65}=0$,$a_{66}=0$. 其中 $u_1=m_1l_1$,$u_2=m_2l_1$,$u_3=m_3l_3$,$u_4=m_4l_3$. 下标 1、2 表示压电晶堆各量,下标 3、4 表示前盖板各量,各量意义同式(9-84)、(9-85).

2. 奇振动频率方程

推导方法同上，[a]中只需改变以下各量为：

$a_{15}=-(1+S_1)\sinh u_1$，$a_{25}=-(1+S_1)m_1\cosh u_1$，$a_{35}=-E_1m_1^2\sinh u_1$，$a_{45}=-G_1S_1m_1\cosh u_1$，$a_{16}=-(1+S_2)\sin u_2$，$a_{26}=-(1+S_2)m_2\cos u_2$，$a_{36}=E_1m_2^2\sin u_2$，$a_{46}=-G_1S_2m_2\cos u_2$.

9.3.3.3 换能器共振频率测试

选用 PZT-4 压电材料，加工成 5 个换能器，压电片外径 25 mm，内径 8 mm，每片厚度 6mm. 前后盖板均为圆柱形，直径 25mm，各材料参数选取如表 9.7，其中 E 表示弹性模量，ρ 为材料密度，σ 是泊松比.

表 9.7 几种材料的参数

材料	$E/(10^{10}\text{N/m}^2)$	$\rho/(\text{kg/m}^3)$	σ
45 号钢	20.0	7800	0.28
硬铝	7.2	2700	0.33
PZT-4	6.5	7500	0.32

利用传输线法测量出换能器共振频率及理论计算值比较如表 9.8. 表 9.9 为几种设计方法理论值与实测值的比较.

表 9.8 换能器共振频率测量值及计算值

编号	l_1/mm	l_2/mm	l_3/mm	n	f_c/Hz	f_m/Hz	Δ/%
1	6.0	63.8	63.8	一偶	4560	4328	5.3
				二偶	20000	19523	2.5
2	6.0	65.9	63.8	一偶	4631	4291	7.9
				二偶	20000	19630	2.0
3	6.0	27.2	27.2	一偶 二偶	13980	13667	2.3
4	12.0	98.0	98.0	一偶	1820	1752	4.0
				二偶	9871	9533	3.5
5	6.0	32.2	32.1	一偶 二偶	11414	11162	2.3

表 9.8 中，l_1 表示压电晶堆的半长度，l_2、l_3 分别表示前后盖板的长度，n 表示振动级别，一偶二偶指第一偶振动和第二偶振动，f_c 表示计算值，f_m 表示实测值，Δ 为理论值和实测值间相对误差. 2 号换能器前盖板为铝，后盖板为钢，其他换能器前后盖板均为钢，且为对称结构.

表 9.9 几种设计方法理论值与实测值的比较

编号	n	f_m/Hz	f_c/Hz	Δ_1/%	f_2/Hz	Δ_2/%	f_3/Hz	Δ_3/%
1	一偶	4328	4560	5.3	5479	26.5	5302	22.5
	二偶	19523	20000	2.5	23414	19.2	29091	45.1
2	一偶	4291	4631	7.9	5257	22.5	5100	18.8
	二偶	19630	20000	2.0	21893	11.5	27053	37.8
3	一偶	13667	13980	2.3	19822	45.0	19552	43.1
4	一偶	1752	1820	4.0	2047	16.9	1890	7.8
	二偶	9533	9871	3.5	10209	8.2	10927	16.3
5	一偶	11162	11414	2.3	15900	42.4	15440	38.3

表 9.9 中，f_m 为实测频率，f_c 为本文方法设计值，Δ_1/%为两者间相对误差，f_2 为 Eiji Mori 方法的理论值；Δ_2/%为其相对实际测量值的相对误差，f_3 为初等弯曲理论的计算值，Δ_3/%为这时的相对误差.

由以上测量数据可以看出，设计这种换能器时如仅用初等理论将会产生较大的误差，特别是在频率较高时，若不计压电晶堆及压电效应的影响，尽管以较精确的 Timoshenko 理论来计算也还会有一定误差，难以满足设计精度较高的需要. 我们所研究的方法能克服以上不足，设计精度可控制在 5%之内. 利用该方法设计时还可选取不同的材料来做前后盖板，以获得一定的前后盖板振速比，增大功率输出，这是以往方法所不及的.

9.4 模式转换型弯曲振动超声换能器

目前，在功率超声的各种应用中，纵向振动模式换能器的应用最广泛，原因在于此类换能器的设计简单，激发容易且具有较高的效率. 随着超声技术应用范围的扩大，纵向振动换能器往往不能满足一些特殊应用的需要，例如在超声焊接、超声手术刀以及超声振动切削等技术中，弯曲振动换能器具有更好的效果及适应性. 弯曲振动的产生主要有两种途径. 一是利用换能器本身，通过合理选择压电元件的极化方向，在电端采取正确的连接方式[24]，便可使换能器产生弯曲振动. 另一种产生弯曲振动的方式是利用纵-弯振动模式的转换，在纵向振动换能器的输出端连接一个与其振动方向垂直的振动体，通过合理选择振动体的形状及尺寸，振动体便产生弯曲振动. 在这种方式中，纵向振动换能器与弯曲振动体可以作为一个整体进行设计，也可以分成两个系统单独进行设计，但无论采用那种方式，二者必须在同一频率上共振，以便获得高的能量转换效率和稳定的工作性能.

9.4.1 纵向换能器与细棒组成的弯曲振动换能器

本节讨论一种由纵向振动夹心式压电换能器和弯曲振动细棒组成的纵-弯模式转换弯曲振动超声换能器，对模式转换换能器的振动模式、连接条件以及频率方程进行研究，为弯曲振动换能器的系统分析及研究提供一定的理论基础. 同时从理论上对此类换能器的两种振动模式进行分析，并推出了其共振条件. 实验表明，换能器共振频率的测量值与理论值符合很好，弯曲振动换能器的能量转换效率较高，性能稳定，在实际生产中具有广泛的应用.

9.4.1.1 纵-弯模式转换弯曲振动换能器的理论设计

图 9.20 是模式转换型弯曲振动换能器的几何示意图，Ⅰ表示半波长纵向振动换能器，Ⅱ表示纵向振动变幅杆，Ⅲ表示弯曲振动细棒系统. 纵向换能器及变幅杆激发弯曲振动细棒，细棒便按照一定的模式产生弯曲振动. 图 9.21 是变幅杆及细棒的等效模型，根据振动理论，纵向振动变幅杆及细棒的振动方程分别为

$$\frac{\partial^2 \xi}{\partial t^2} = c^2 \left(\frac{\partial^2 \xi}{\partial y^2} + \frac{1}{S(y)} \cdot \frac{\partial S(y)}{\partial y} \cdot \frac{\partial \xi}{\partial y} \right) \tag{9-88}$$

$$\frac{\partial^2 \eta}{\partial t^2} = - K^2 c^2 \frac{\partial^4 \eta}{\partial x^4} \tag{9-89}$$

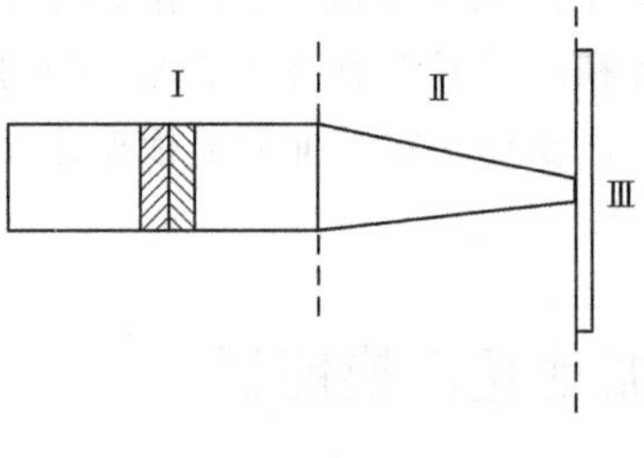

图 9.20 弯曲振动换能器

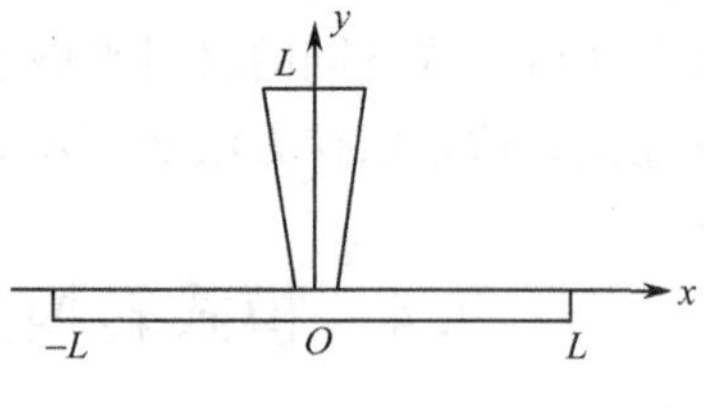

图 9.21 变幅杆及细棒的等效模型

式中 $\xi = \xi(y)$ 表示变幅杆的位移分布，$S = S(y)$ 为其截面变化函数，$c^2 = E/\rho$ 为细棒中的纵波速度，$\eta(x)$ 表示弯曲振动细棒的横向位移分布，K 为细棒的截面回旋半径，S 为棒的截面积. 厚度为 h，矩形截面均匀细棒的回旋半径 $K = h/\sqrt{12}$. E 和 ρ 为材料的杨氏模量及密度. 对于圆锥形变幅杆，$S(y) = S_1(1 - \alpha y)^2$，$\alpha = (N-1)/NL$，$N = (S_1/S_2)^{1/2}$，$S_1$ 及 S_2 为变幅杆两端面积，L 为其高度. 解方程(9-88)和(9-89)得

$$\xi(y) = \frac{1}{1 - \frac{1}{\alpha}} (A\cos ky + B\sin ky) \tag{9-90}$$

$$\eta(x) = C\cosh\frac{\omega}{v}x + D\sinh\frac{\omega}{v}x + E\cos\frac{\omega}{v}x + F\sin\frac{\omega}{v}x \tag{9-91}$$

其中 $\xi(y)$ 及 $\eta(x)$ 为位移分布函数，C、D、E、F 为待定常数，$k=\omega/c$，$\omega=2\pi f$，$v=\sqrt{\omega cK}$. 当变幅杆与细棒的连接方式不同时，其边界条件不同，振动模式也不同，以下对两种边界条件加以研究.

1. 变幅杆与细棒在振动的腹点连接

此时，振动系统的边界条件为

$$\left.\frac{\partial\xi}{\partial y}\right|_{y=0} = \left.\frac{\partial\xi}{\partial y}\right|_{y=L} = 0$$

$$\xi\,|_{y=0} = \eta\,|_{x=0}$$

$$\left.\frac{\partial\eta}{\partial x}\right|_{x=0} = 0$$

$$\left.\frac{\partial^2\eta}{\partial x^2}\right|_{x=-l} = \left.\frac{\partial^2\eta}{\partial x^2}\right|_{x=l} = 0$$

$$\left.\frac{\partial^3\eta}{\partial x^3}\right|_{x=-l} = \left.\frac{\partial^3\eta}{\partial x^3}\right|_{x=l} = 0 \tag{9-92}$$

把式(9-90)、式(9-91)代入式(9-92)，整理可得

$$\left[\tan kL - \frac{kL}{1+\dfrac{N}{(N-1)^2}(kL)^2}\right]\cdot\left[\tanh\frac{\omega}{v}l + \tan\frac{\omega}{v}l\right] = 0 \tag{9-93}$$

很显然，式(9-93)是由半波长圆锥形变幅杆的频率方程与两端自由弯曲振动细棒对称模式振动的频率方程组合而成. 当振动系统的参数满足上述的频率方程时，变幅杆与细棒的连接点为波幅.

2. 变幅杆与细棒在振动节点连接

此时，振动系统的边界条件为

$$\left.\frac{\partial\xi}{\partial y}\right|_{y=L} = 0$$

$$\left.\xi\right|_{y=0} = \left.\eta\right|_{x=0}$$

$$\left.\frac{\partial^2\eta}{\partial x^2}\right|_{x=-l} = \left.\frac{\partial^2\eta}{\partial x^2}\right|_{x=l} = 0$$

$$\left.\frac{\partial^3\eta}{\partial x^3}\right|_{x=-l} = \left.\frac{\partial^3\eta}{\partial x^3}\right|_{x=l} = 0 \tag{9-94}$$

同理可得振动系统的频率方程

$$\left(\frac{\tan kL}{kL} + \frac{1}{N-1}\right)\cdot\left(\tanh\frac{\omega}{v}l - \tan\frac{\omega}{v}l\right) = 0 \tag{9-95}$$

由式(9-95)可得两个独立的方程，一个是 1/4 波长节点在小端的圆锥形变幅杆的

频率方程，另一个是两端自由弯曲振动细棒反对称振动模式的频率方程，当系统的参数满足上述条件时，变幅杆与细棒的连接点为节点.

从上述的理论分析可见，在这两种边界条件下，变幅杆与弯曲振动细棒可以单独设计，但是为了保证系统的谐振状态，二者必须在同一频率上达到共振. 另外，在上面的分析中，变幅杆为圆锥形，为了改善系统的性能，变幅杆也可采用其他形状，例如指数型、悬链线型以及直棒，其分析是类似的，在此不再赘述.

9.4.1.2　实验

按照上述理论，加工了一些纵向变幅杆及细棒，其材料为45号钢，其几何尺寸及共振频率的测量结果见表9.10，表中 $\Delta=|f-f_m|/f_m$，R_1 和 R_2 为纵向变幅杆两端的半径，W 为弯曲振动细棒的宽度，l 为弯曲振动细棒的长度，n 为细棒的振动节线数目，f 为理论设计频率，f_m 为测量频率，实验时，纵向激发换能器的共振频率为20kHz. 另外，为了比较振动系统在两种边界条件下的振动性能，在大功率下对弯曲换能器进行了定性的研究，观察了细棒的位移分布及其喷水情况. 实验发现，在波腹连接的情况下，细棒的弯曲振动容易激发，系统的位移振幅大，且性能稳定. 当变幅杆与细棒在波节连接时，系统的振动较差，且系统的振动性能不稳定.

表9.10　弯曲振动换能器的测量结果

振型	L/mm	$2l$/mm	R_1/mm	R_2/mm	W/mm	h/mm	n	f/Hz	f_m/Hz	Δ/%
对称	146	51	5	20	10	10	2	20000	19578	2.16
	126	118	5	5	10	10	4	20000	19215	4.09
反对称	63	85	5	5	10	10	3	20000	20617	2.99
	63	152	5	5	10	10	5	20000	20985	4.69

总结上述分析，可得以下结论：

(1) 利用纵向换能器与细棒组成的弯曲振动换能器，当二者在腹点连接时，弯曲振动容易激发，换能器性能稳定.

(2) 纵向换能器与细棒的连接可有两种方式，即波腹或波节连接，连接方式不同，系统具有不同的振动模式.

(3) 纵-弯模式转换弯曲换能器是一种新型的振动能量产生装置，为了提高其振动性能，必须对其进行全面的探讨，例如频率、阻抗特性以及能量转换效率等.

9.4.2　纵向换能器与圆盘组成的模式转换弯曲振动换能器

图9.22所示为一夹心式纵向换能器与弯曲振动辐射圆板组成的模式转换型换能器，由于结合了纵向换能器的高效大功率以及弯曲圆盘辐射板的低辐射阻抗及大辐射面积等特点，在大功率气介超声领域中获得了广泛的应用.

本节对此类换能器的振动特性进行了研究，得出了弯曲圆盘辐射器在不同边界条件下的共振频率设计方程及其等效质量和弹性，并研究了其等效电路及其整体共振频率方程. 所得结论对于此类换能器的设计及计算具有理论及应用指导价值.

由于此类换能器由两部分组成，即纵向换能器和弯曲振动圆盘，因此对其分析也分为两部分. 但由于纵向换能器的分析理论早已成熟，因此这里仅对弯曲振动圆盘的振动加以分析. 惟一值得指出的是，由于此类换能器是由固定于圆盘中心的纵向换能器组合而成，因而必须考虑了二者的边界条件. 也就是说，纵向换能器和弯曲振动圆盘通过边界条件连成一体，而这一边界条件在数学上就表示为位移的连续.

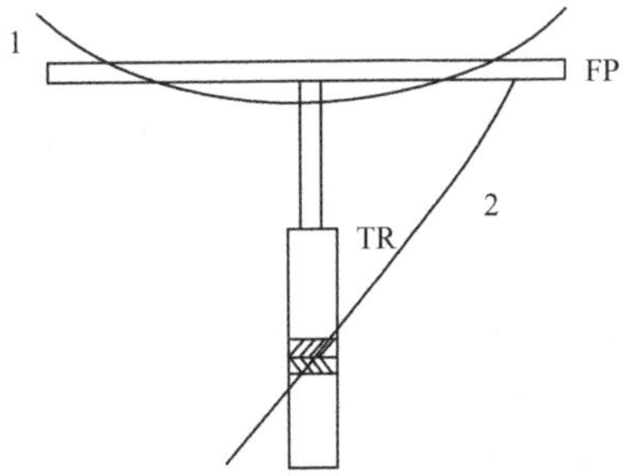

图 9.22　纵向换能器与圆盘组成的模式转换弯曲振动换能器的几何示意图

9.4.2.1　弯曲振动圆盘的共振频率设计方程

令弯曲振动圆盘的厚度以及半径分布为 h 和 a. 在下面的分析中，假定弯曲振动圆盘的横向位移很小，并且圆盘的厚度远小于其半径. 在这种情况下，线性弹性理论以及薄板的弯曲振动理论可以应用，并且板中的剪切以及扭转惯性可以忽略. 对于薄板的小振幅弯曲振动，其轴对称的弯曲位移 $y(\rho,t)$ 为

$$y(\rho,t)=[AJ_0(k\rho)+BI_0(k\rho)]\exp(\mathrm{j}\omega t) \tag{9-96}$$

式中 $J_0(k\rho)$ 和 $I_0(k\rho)$ 是零阶贝塞尔函数，$k^4=\rho_v h\omega^2/D$，$D=Eh^3/12(1-\sigma^2)$，E 是杨氏模量，D 是板的刚度常数，ρ_v 是密度，σ 是泊松比，$c=(E/\rho_v)^{1/2}$ 是细棒中纵向振动的传播速度，ω 是角频率. A 和 B 是待定常数，可由圆盘的边界条件确定. 在下面的分析中，针对三种不同的边界条件，即自由、简支以及固定边界，对弯曲圆盘的振动特性进行了分析.

1. 固定边界

在这种情况下，圆盘边界处的横向位移及其导数等于零，由此可得以下关系

$$-AJ_0(ka)=BI_0(ka) \tag{9-97}$$

$$AJ_1(ka)=BI_1(ka) \tag{9-98}$$

根据式(9-97)和式(9-98)，可以得出固定边界条件下，弯曲振动圆盘的共振频率方

程为

$$J_0(ka)I_1(ka)+I_0(ka)J_1(ka)=0 \tag{9-99}$$

令式(9-99)的解为 $R(n)$，即 $k_n a=R(n)$，我们可以得出圆盘弯曲振动的共振频率

$$f_n=\frac{R^2(n)h}{2\pi a^2}\sqrt{\frac{E}{12\rho_v(1-\sigma^2)}},\quad n=1,2,3,\cdots \tag{9-100}$$

式中，正整数 n 对应弯曲振动圆盘不同的振动模式. 对应圆盘的前四阶振动，方程(9-99)的根为 3.1962，6.3064，9.4395 和 12.5771. 对应圆盘的第 n 阶振动，其位移分布，即本征函数为

$$y_n(\rho,t)=[A_nJ_0(k_n\rho)+B_nI_0(k_n\rho)]\exp(\mathrm{j}\omega_n t) \tag{9-101}$$

由此可得固定边界圆盘自由振动的横向位移为

$$y(\rho,t)=\sum_{n=1}^{\infty}[A_nJ_0(k_n\rho)+B_nI_0(k_n\rho)]\exp(\mathrm{j}\omega_n t) \tag{9-102}$$

2. 自由边界

在这种情况下，弯曲振动圆盘边界处的弯矩以及横向剪力皆为零. 由此可得以下二式

$$A\left[kJ_0(ka)-\frac{J_1(ka)}{a}+\frac{\sigma J_1(ka)}{a}\right]-B\left[kI_0(ka)-\frac{I_1(ka)}{a}+\frac{\sigma I_1(ka)}{a}\right]=0 \tag{9-103}$$

$$AJ_1(ka)+BI_1(ka)=0 \tag{9-104}$$

由式(9-103)和式(9-104)，可以得出边界自由圆盘弯曲振动的共振频率方程为

$$ka[J_0(ka)I_1(ka)+I_0(ka)J_1(ka)]=2(1-\sigma)J_1(ka)I_1(ka) \tag{9-105}$$

根据式(9-105)，当圆盘的材料参数给定时，就可以得出其几何尺寸与共振频率的关系式，并由此得出其共振频率.

3. 简支边界

在简支边界的情况下，圆盘边界处的横向位移以及弯矩等于零，利用式(9-96)可得

$$AJ_0(ka)+BI_0(ka)=0 \tag{9-106}$$

$$-A\left[\frac{\sigma J_1(ka)}{a}+kJ_0(ka)-\frac{J_1(ka)}{a}\right]+B\left[\frac{\sigma I_1(ka)}{a}+kI_0(ka)-\frac{I_1(ka)}{a}\right]=0 \tag{9-107}$$

由上述二式可得边界简支圆盘弯曲振动的共振频率方程为

$$J_0(ka)I_1(ka)+I_0(ka)J_1(ka)=\frac{2kaJ_0(ka)I_0(ka)}{(1-\sigma)} \tag{9-108}$$

把方程(9-108)的解代入式(9-100)就可以得出其共振频率.

由频率方程式(9-99)、式(9-105)和式(9-108)，可以看出，对应薄圆盘的弯曲振动，即使圆盘的几何尺寸和材料参数皆相同，当边界条件不同时，圆盘的共振频率也不同. 表 9.11 列出了在不同的边界条件下，利用数值方法得出的圆盘弯曲振动频率方程的根. 其中圆盘的材料为 45 号钢，其泊松比为 $\sigma=0.28$. 从表中数值可以看出，对应相同的几何尺寸和材料，固定边界弯曲振动圆盘的共振频率最高，简支边界圆盘的共振频率最低，自由边界圆盘的共振频率居中.

表 9.11　弯曲振动圆盘不同边界条件下的频率方程根值

模式	1	2	3	4	5	6
固定	3.19622	6.30644	9.43950	12.5771	15.7164	18.85650
自由	2.99306	6.19680	9.36527	12.5211	15.6714	18.81890
简支	2.21482	5.44949	8.61012	11.7600	14.9062	18.05070

9.4.2.2　弯曲振动圆盘的等效质量和弹性

从上面的分析可以看出，弯曲振动圆盘是一个分布参数系统. 根据传统的理论，对于分布参数系统，如果采用集中参数的概念，其分析将大为简化. 下面将对弯曲振动圆盘的集中参数，即等效质量和等效弹性系数进行分析，并最终得出气介式复合超声换能器的等效电路及其整体共振频率方程. 从下面的分析我们可以看出，对于中心激发的弯曲振动圆盘，即这里所研究的情况，等效集中参数的概念是非常有利的.

根据式(9-101)，对于圆盘的第 n 阶弯曲振动，其振动的动能可以由下式给出

$$E_n=-\pi\rho_v h\omega_n^2\exp(2\mathrm{j}\omega_n t)\int_0^a[A_n^2J_0^2(k_n\rho)+B_n^2I_0^2(k_n\rho)+2A_nB_nJ_0(k_n\rho)I_0(k_n\rho)]\rho\mathrm{d}\rho \tag{9-109}$$

利用贝塞尔函数的积分公式以及弯曲振动圆盘的共振频率方程，可以得出固定边界条件下弯曲振动圆盘第 n 阶弯曲振动的动能为

$$E_n=-\pi a^2\rho_v h\omega_n^2\exp(2\mathrm{j}\omega_n t)A_n^2J_0^2(k_na) \tag{9-110}$$

利用式(9-96)，可以得出弯曲振动圆盘中心处的振动速度为

$$v_n=(A_n+B_n)\mathrm{j}\omega_n\exp(\mathrm{j}\omega_n t) \tag{9-111}$$

当把圆盘的中心作为参考点时，其第 n 阶弯曲振动的振动动能 E'_n 也可由下式表示

$$E'_n=-M_n(A_n+B_n)^2\omega_n^2\frac{\exp(2\mathrm{j}\omega_n t)}{2} \tag{9-112}$$

式中 M_n 是边界固定弯曲振动圆盘第 n 阶弯曲振动的等效质量. 令 E'_n 等于 E_n，可以得出固定边界圆盘等效质量的具体表达式为

$$M_n=2m\frac{J_0^2(k_na)I_0^2(k_na)}{[I_0(k_na)-J_0(k_na)]^2} \tag{9-113}$$

式中 $m=\pi a^2 h\rho_v$ 是圆盘的质量. 由此可得圆盘的等效弹性常数 C_n 为

$$C_n=\frac{1}{\omega_n^2 M_n} \tag{9-114}$$

式中 $\omega_n=2\pi f_n$，f_n 和 ω_n 是圆盘弯曲振动的第 n 阶本征频率和本征角频率，皆可由圆盘的共振频率方程求出. 当弯曲振动圆盘的等效质量和弹性系数决定以后，就可以利用换能器的等效电路对弯曲振动圆盘对纵向夹心式激发换能器的影响进行研究.

在上面的分析中，我们研究了固定边界弯曲振动圆盘的等效质量和等效弹性系数. 对于边界自由和简支的弯曲振动圆盘，可以采用相同的方法进行分析. 对于边界自由的圆盘，其等效质量为

$$M_n=m\frac{J_0^2(k_na)I_1^2(k_na)+J_1^2(k_na)I_0^2(k_na)-4J_1^2(k_na)I_1^2(k_na)\dfrac{1-\sigma}{(k_na)^2}}{[I_1(k_na)-J_1(k_na)]^2} \tag{9-115}$$

对于边界简支的弯曲振动圆盘，其集中参数的等效质量为

$$M_n=m\frac{J_1^2(k_na)I_0^2(k_na)-J_0^2(k_na)I_1^2(k_na)-2J_0^2(k_na)I_0^2(k_na)\left(\dfrac{1+\sigma}{1-\sigma}\right)}{[I_0(k_na)-J_0(k_na)]^2} \tag{9-116}$$

结合式(9-114)，可以非常方便的得出其等效弹性系数.

根据上述分析，可以得出大功率气介式复合超声换能器的集中参数等效电路如图 9.23 所示. 其中 R_0 和 C_0 是夹心式纵向激发换能器的介电损耗阻抗和钳定电容. R_e、C_e、和 M_e 是纵向换能器的等效机械损耗阻抗、等效弹性常数和等效质量. M_n、C_n 和 R_n 分别是弯曲振动圆盘的集中参数等效质量、等效弹性系数和等效机械损耗阻抗. 在上面的分析中，由于忽略了圆盘弯曲振动的机械损耗，因此 $R_n=0$. 在实际情况下，振动系统的机械损耗并不为零，而且与系统的振动幅度有关. 关于系统机械损耗的研究是比较复杂的，在实际设计时，机械损耗通常是通过实验测量

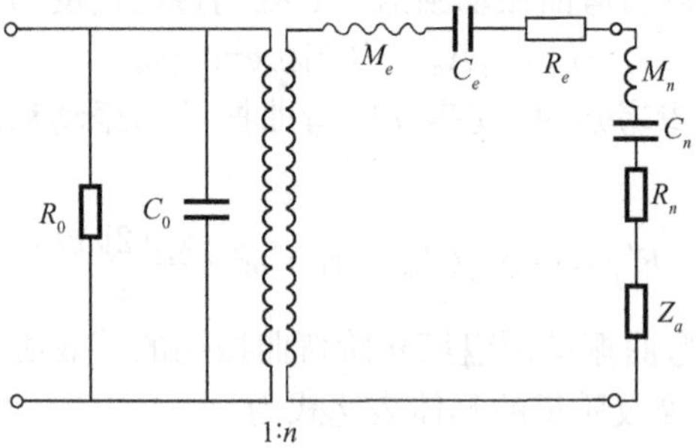

图 9.23　气介式大功率复合超声换能器的机电等效电路

而得到. 另外,图中 Z_a 是弯曲振动圆盘的辐射阻抗,可由下式表示

$$Z_a = R_a + jX_a \tag{9-117}$$

其中 R_a 是圆盘弯曲振动的辐射阻,它决定了圆盘的声辐射能力的大小和辐射功率的多少. X_a 是辐射抗,它反映了负载对弯曲振动圆盘的反作用. 辐射抗 X_a 主要对系统的振动频率产生影响. 由图 9.23 可以得出气介式弯曲振动复合换能器的共振频率方程为

$$X_a + \omega(M_e + M_n) - \frac{C_e + C_n}{\omega C_e C_n} = 0 \tag{9-118}$$

当忽略换能器的辐射阻抗时,其共振频率方程为

$$\omega(M_e + M_n) - \frac{C_e + C_n}{\omega C_e C_n} = 0 \tag{9-119}$$

把式(9-114)代入上式可得

$$\omega^2 = \omega_n^2 \cdot \frac{1 + \dfrac{C_n}{C_e}}{1 + \dfrac{M_e}{M_n}} \tag{9-120}$$

根据传统的换能器设计理论,对于由多个振动元件组成的复合振动系统,当各个元件的共振频率皆相同时,整个复合振动系统处于最佳工作状态,并且复合振动系统的共振频率就等于其组成元件的共振频率. 利用这一结论以及等式(9-114),我们可以得到

$$C_n M_n = M_e C_e \tag{9-121}$$

由式(9-121),我们可以得出以下结论,即为了实现弯曲圆盘复合振动系统的最佳工作状态,夹心式纵向激发换能器的共振频率必须等于弯曲振动圆盘的共振频率.

9.4.2.3 实验

对加工好的一些弯曲振动圆盘和夹心式换能器的共振频率进行了测试. 测量方法利用传统的发射-接收法,其测试方框图如图 9.24 所示. 图中 FP 是待测的弯曲振动圆盘,ET 和 RT 分别是发射及接收换能器. 为了提高频率测试精度,发射和接收换能器的最低共振频率必须远高于待测弯曲圆盘的共振频率. 圆盘的频率测试结果如表 9.12 所示. 其中 n 表示圆盘的振动模式,f 是理论设计频率,$f_{\rm m}$ 是测试频率. 从测试结果可以看出弯曲振动圆盘共振频率的计算值和测试值基本符合. 关于频率的测试误差,主要有以下原因:第一,材料参数的标准值与实际值有差别;第二,圆盘的边界条件并不是理想的自由、简支和固定边界.

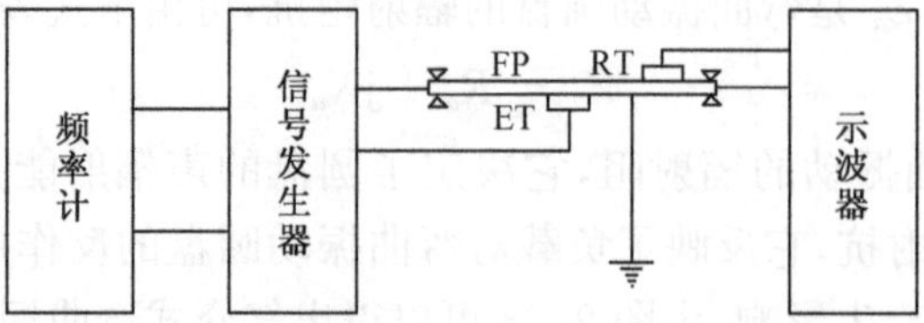

图 9.24　弯曲振动圆盘的频率测试框图

表 9.12　弯曲圆盘共振频率的计算及测试结果

模式	N	h/mm	a/mm	f_m/Hz	f/Hz
固定	3	3	56.6	19435	20000
	4	3	75.3	19378	20000
自由	3	3	56.1	19735	20000
	4	3	75.0	19617	20000
简支	3	3	51.6	19589	20000
	4	3	70.5	19491	20000

9.4.2.4　小结

本节研究了大功率气介式功率超声复合换能器的振动特性，得出了不同的边界条件下弯曲振动圆盘的共振频率设计方程，推出了圆盘的集中参数等效质量和弹性系数以及复合换能器的机电等效电路，并得出了复合换能器的整体频率方程. 主要结论如下：

(1) 边界条件影响换能器的振动特性. 具有相同材料和几何尺寸的弯曲振动圆盘，边界固定圆盘的共振频率最高，边界简支圆盘的共振频率最低.

(2) 为了实现气介式大功率弯曲振动复合换能器的最佳工作状态，纵向激发夹心式换能器的共振频率必须等于弯曲振动圆盘的共振频率.

9.4.3　纵向换能器与矩形盘组成的模式转换弯曲振动换能器

上一节研究了由夹心式纵向换能器与弯曲振动圆形薄板辐射器组成的模式转换型超声换能器. 对于由纵向夹心式换能器与弯曲振动矩形辐射板组成的复合式换能器，由于结合了纵向换能器的高效大功率以及弯曲振动矩形辐射板的低辐射阻抗及大辐射面积等特点，在大功率气介超声领域中也获得了广泛的应用.

关于矩形薄板的弯曲振动研究，主要利用经典的分析方法. 然而，由于矩形板弯曲振动的复杂性，对于具有不同边界条件的弯曲振动矩形板，其振动方程的解析解很难得到，因而在设计矩形薄板辐射器时，就不能利用传统的频率方程进行解析分析. 尽管数值方法可以用于振动系统本征频率的分析及计算，但数据处

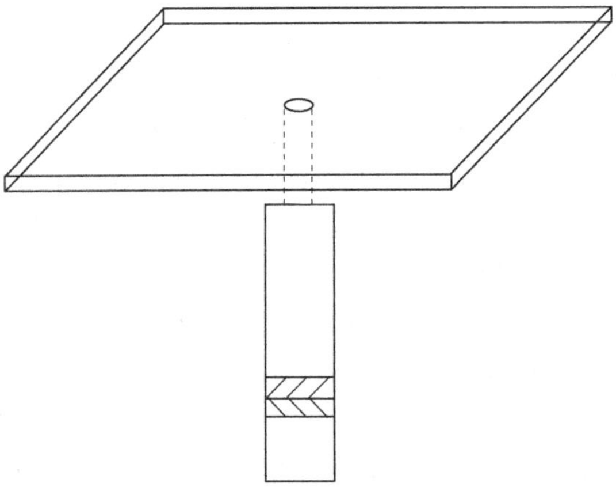

图 9.25　纵向换能器与矩形盘组成的模式转换弯曲振动换能器的几何示意图

理量大，且物理意义不明显.

本节对不同边界条件下矩形薄板的弯曲振动进行了分析，得出了三种边界条件下（自由、简支、固定）矩形薄板的本征频率方程，并对其振动模式进行了研究. 理论分析表明，细棒经典的弯曲振动理论以及矩形薄板的条纹振动模式，是弯曲振动矩形薄板的一些极限振动模式，都可由本书理论直接导出. 实验表明，弯曲振动矩形薄板的共振频率测试值与计算值符合很好，并且矩形薄板弯曲振动位移分布的理论与实测结果完全一致.

9.4.3.1　弯曲振动矩形薄板的共振频率方程及位移分布

令弯曲振动矩形薄板的长度、宽度以及高度分别为 L、W 和 T. 在下面的分析中，假定弯曲振动矩形薄板的横向位移很小，并且板的长度和宽度远大于其厚度. 在这种情况下，线性弹性理论以及薄板的弯曲振动理论可以应用，并且板中的剪切以及扭转惯性可以忽略. 对于薄板的小振幅弯曲振动，其轴向应力和应变之间存在如下关系

$$\varepsilon_x = \frac{(\sigma_x - \nu\sigma_y)}{E} \tag{9-122}$$

$$\varepsilon_y = \frac{(\sigma_y - \nu\sigma_x)}{E} \tag{9-123}$$

其中 ε_x、ε_y 和 σ_x、σ_y 分别是板中的轴向应变和应力；E 和 v 是材料的杨氏模量和泊松系数. 令 $n=\sigma_x/\sigma_y$，称为机械耦合系数. 根据式（9-122）和式（9-123）可以得到

$$E_x = \frac{E}{1-\dfrac{\nu}{n}} \tag{9-124}$$

$$E_y = \frac{E}{1 - \nu n} \tag{9-125}$$

式中 $E_x = \sigma_x/\varepsilon_x$，$E_y = \sigma_y/\varepsilon_y$，分别称为 x 和 y 方向的等效弹性系数. 按照薄板的经典弯曲理论，轴向应力 σ_x 和 σ_y 分别使矩形板产生沿着 x 和 y 轴方向的弯矩. 因此根据上述两式，矩形薄板的弯曲振动可以近似看成两个等效的弯曲振动的相互耦合. 这两个等效的弯曲振动分别是长为 L、宽为 W、厚度为 T、等效弹性常数为 E_x 的矩形截面细棒的弯曲振动，以及长为 W、宽为 L、厚度为 T、等效弹性常数为 E_y 的矩形截面细棒的弯曲振动. 应该指出，这两个等效的弯曲振动并不是相互独立的，而是通过机械耦合系数相互作用的.

通过上述分析可以看出，当引进矩形薄板的机械耦合系数概念以后，矩形薄板的弯曲振动被分解为两个等效的细棒弯曲振动，而矩形薄板的振动则可以看成是这两个等效的弯曲振动的机械耦合. 这也正是等效弹性法的基本思路. 在下面的分析中，将利用这一方法对两种边界条件下矩形薄板的弯曲振动进行分析，即边界固定以及边界自由矩形薄板的弯曲振动. 而根据矩形薄板弯曲振动的经典分析理论，矩形薄板的弯曲振动在这两种边界条件下是没有解析解的.

1. 边界自由矩形薄板的弯曲振动

(1) 共振频率方程

根据等效弹性法理论，边界自由的矩形薄板的弯曲振动，可以看成是由两个等效的边界自由矩形截面细棒的弯曲振动耦合而成. 由传统的细棒弯曲振动理论，对于两端自由，长度为 L、宽为 W 的矩形截面细棒，其共振频率方程分别为

$$\cos(k_x L)\cosh(k_x L) = 1 \tag{9-126}$$

$$\cos(k_y W)\cosh(k_y W) = 1 \tag{9-127}$$

式中 $k_x = \omega/V_x$, $k_y = \omega/V_y$, $V_x = (\omega C_x R_x)^{1/2}$，$V_y = (\omega C_y R_y)^{1/2}$，$C_x = (E_x/\rho)^{1/2}$，$C_y = (E_y/\rho)^{1/2}$, $R_x = R_y = T/\sqrt{12}$. V_x、V_y 和 C_x、C_y 分别是细棒中弯曲振动及纵向振动的传播速度，R_x 和 R_y 矩形截面细棒的回旋半径，k_x 和 k_y 是细棒中弯曲振动的波数. 根据上述两式，可以得出频率方程的解为

$$\frac{\omega L}{2V_x} = P(i), \quad i = 0,1,2,3,\cdots \tag{9-128}$$

$$\frac{\omega W}{2V_y} = Q(j), \quad j = 0,1,2,3,\cdots \tag{9-129}$$

式中 $P(i)$ 和 $Q(j)$ 分别是频率方程式(9-126)和式(9-127)的解，且有 $P(0) = Q(0) = 0$. 当正整数 i 和 j 的值不等于零且很大时，$P(i) = \pi(2i+1)/4$，$Q(j) = \pi(2j+1)/4$. 每一对 i 和 j 分别对于矩形薄板弯曲振动的不同阶次，相应的振动位移节线数分别为 $i+1$ 和 $j+1$. 由上述分析可以看出，对于矩形薄板的自由弯曲振动，正整数 i 和 j 不能同时为零，否则，将不会产生弯曲振动. 由上述分析可以得出

决定弯曲振动矩形薄板的机械耦合系数及等效共振频率的方程式

$$\nu P^4(i)W^4n^2+[Q^4(j)L^4-P^4(i)W^4]n-\nu Q^4(j)L^4=0 \tag{9-130}$$

$$(1-\nu^2)A^2-\left[\frac{R_x^2P^4(i)}{L^4}+\frac{R_y^2Q^4(j)}{W^4}\right]A+\frac{R_x^2R_y^2P^4(i)Q^4(j)}{L^4W^4}=0 \tag{9-131}$$

式中 $A=\omega^2/(16C^2)$，$\omega=2\pi f$，$C^2=E/\rho$，C 是细棒中纵向振动的传播速度. 可以看出，当矩形薄板的材料、机械尺寸及振动阶次给定后，利用上述两式就可以得到弯曲振动薄板的机械耦合系数和两个等效的共振频率. 方程(9-131)的两个解分别为

$$A_1=\frac{R_x^2P^4(i)}{(1-\nu^2)L^4},\qquad A_2=\frac{R_y^2Q^4(j)}{(1-\nu^2)W^4} \tag{9-132}$$

由此可得出这两个等效的共振频率为

$$f_1=\frac{2CR_xP^2(i)}{\pi L^2\sqrt{1-\nu^2}},\qquad f_2=\frac{2CR_yQ^2(j)}{\pi W^2\sqrt{1-\nu^2}} \tag{9-133}$$

值得指出的是，式(9-133)描述的这两个等效共振频率并没有实际意义. 然而，根据这两个等效共振频率，可以得到边界自由矩形薄板弯曲振动的实际共振频率. 由于矩形薄板的弯曲振动可以看成两个相互垂直的弯曲振动耦合而成，因此，矩形薄板弯曲振动的共振频率 f_{ij} 应该表示为上述两个分振动等效共振频率的矢量和，即

$$f_{ij}=(f_1^2+f_2^2)^{\frac{1}{2}} \tag{9-134}$$

(2) 位移分布

根据上述分析，矩形薄板的弯曲振动是由两个等效的弯曲振动耦合而成，因此其弯曲振动位移可表示为这两个等效的弯曲振动位移的乘积

$$\eta_{ij}(x,y)=\eta_i(x)\eta_j(y) \tag{9-135}$$

$$\eta_i(x)=A_i\cosh u+B_i\sinh u+C_i\cos u+D_i\sin u \tag{9-136}$$

$$\eta_j(y)=A_j\cosh v+B_j\sinh v+C_j\cos v+D_j\sin v \tag{9-137}$$

式中 $u=\omega x/V_x=2P(i)x/L$，$v=\omega y/V_y=2Q(j)y/W$. 从表面上看，式(9-136)和式(9-137)是相互独立的，然而实际上，它们是通过机械耦合系数相互联系的. 当矩形薄板的边界自由时，上述三式可简化为

$$\eta_i(x)=A_i[\cosh u+\cos u-P(\sinh u+\sin u)] \tag{9-138}$$

$$\eta_j(y)=A_j[\cosh v+\cos v-Q(\sinh v+\sin v)] \tag{9-139}$$

$$\begin{aligned}\eta_{ij}(x,y)=&A_iA_j[\cosh u+\cos u-P(\sinh u+\sin u)]\\&[\cosh v+\cos v-Q(\sinh v+\sin v)]\end{aligned} \tag{9-140}$$

式中 $P=\dfrac{\sinh[2P(i)]-\sin[2P(i)]}{\cosh[2P(i)]+\cos[2P(i)]}$，$Q=\dfrac{\sinh[2Q(j)]-\sin[2Q(j)]}{\cosh[2Q(j)]+\cos[2Q(j)]}$，$A_i$ 和 A_j 是待定常数. 给定薄板的弯曲振动阶次，就可得出其位移分布函数. 对于 $i\neq0$，$j=0$，其位移分布为

$$\eta_{i0}(x,y)=2A_iA_j[\cosh u+\cos u-P(\sinh u+\sin u)] \tag{9-141}$$

可以看出，由于 $u=2P(i)x/L$，$\eta_{i0}(x,y)$ 仅依赖于 x. 因此，对于这种振动模式，矩

形板上只有平行于 y 轴的位移节线.

2. 边界固定矩形薄板的弯曲振动

根据细棒的弯曲振动理论,边界固定与边界自由细棒的共振频率方程相同. 因此,对于边界固定矩形薄板的共振频率分析,可利用上面得到的有关公式. 然而,其弯曲振动位移分布是不同的. 由边界固定细棒弯曲振动的位移表达式,可得边界固定矩形薄板的弯曲振动位移为

$$\eta_{ij}(x,y) = A_i A_j[\cosh u - \cos u - P(\sinh u - \sin u)] \times[\cosh v - \cos v - Q(\sinh v - \sin v)] \tag{9-142}$$

式中,$P=\dfrac{\cosh[2P(i)]-\cos[2P(i)]}{\sinh[2P(i)]-\sin[2P(i)]}$,$Q=\dfrac{\cosh[2Q(j)]-\cos[2Q(j)]}{\sinh[2Q(j)]-\sin[2Q(j)]}$,$A_i$ 和 A_j 也是待定常数. 由上式可以看出,边界固定矩形薄板的弯曲振动位移分布与边界自由的情况相似,其位移节线也是分别平行于坐标轴的,平行于坐标轴的位移节线数为 $i+1$ 和 $j+1$,而且板的边界就是位移节线.

3. 边界简支矩形薄板的弯曲振动

对于边界简支的矩形薄板,可以精确得到满足边界条件的解析解

$$\eta_{ij}(x,y) = A\sin\frac{i\pi x}{L}\sin\frac{j\pi y}{W} \tag{9-143}$$

式中 A 是待定常数. 由此可导出边界简支矩形薄板的本征频率方程

$$\omega_{ij} = \pi^2\left(\frac{i^2}{L^2}+\frac{j^2}{W^2}\right)\sqrt{\frac{D}{\overline{m}}} \tag{9-144}$$

式中 $\omega_{ij}=2\pi f_{ij}$,$D=\dfrac{ET^3}{12(1-\nu^2)}$是薄板的弯曲刚度,$\overline{m}=\rho T$ 是薄板单位面积的质量. 在这种情况下,板上共有 $i+1$ 和 $j+1$ 条节线.

9.4.3.2 矩形薄板的振动模式分析

从上面的分析可以看出,弯曲振动的矩形薄板存在许多振动模式. 在下面的分析中,将对一些特殊的振动模式进行研究. 为节约篇幅,下面的分析仅限于边界自由的矩形板. 至于其他边界条件的矩形薄板,其分析基本相似.

1. $L/W\to 0$

在这种情况下,矩形薄板变成了一个长为 W、宽度 L 很小的矩形截面细棒,根据方程(9-124)、式(9-125)和式(9-130),可以得出

$$n=0,\quad E_x=0,\quad E_y=E \tag{9-145}$$

由此可得其共振频率为

$$f=\frac{2CR_yQ^2(j)}{\pi W^2} \tag{9-146}$$

很显然，这正是根据初等弯曲振动理论得出的边界自由矩形截面细棒的共振频率.因此，矩形截面细棒的弯曲振动理论可以本节的理论直接得到，而其振动模式仅是矩形薄板在一定条件下的一种极限振动模式.

2. $L/W\to\infty$

在这种情况下，矩形薄板变成了一个长为 L，宽度 W 很小的矩形截面细棒，根据相似的步骤可以得出

$$n\to\infty,\quad E_x=E,\quad E_y=0 \tag{9-147}$$

$$f=\frac{2CR_xP^2(i)}{\pi L^2} \tag{9-148}$$

3. $i\neq0,j=0$

对于这种振动模式，弯曲振动矩形板仅存在平行于 y 轴的位移节线.根据方程式(9-128)和式(9-129)可以得到，$P(i)\neq0,Q(j)=0$.由等式(9-124)、式(9-125)和式(9-130)可得，$n=1/\nu$，$E_x=E/(1-\nu^2)$，$E_y\to\infty$.由此可得板的共振频率

$$f_{i0}=\frac{\pi T}{8L^2}\times\left[\frac{E}{12\rho(1-\nu^2)}\right]^{1/2}\times(2i+1)^2 \tag{9-149}$$

令 $C_D=[E/12\rho(1-\nu^2]^{1/2}$，$N=i+1$，$N$ 是平行于 y 轴的位移节线数，上式可简化为

$$f_{i0}=\frac{\pi TC_D\left(N-\frac{1}{2}\right)^2}{2L^2} \tag{9-150}$$

可以看出等式(9-150)与现有文献中得出的关于矩形薄板条纹模式振动的共振频率表达式完全相同.因此，矩形薄板的条纹振动模式是矩形薄板的特殊振动模式之一，可由本书理论直接得出.

4. $i=0,j\neq0$

利用相似的程序可得，$P(i)=0,Q(j)\neq0,n=\nu,E_x\to\infty,E_y=E/(1-\nu^2)$，其共振频率为

$$f_{0j}=\frac{\pi TC_D\left(N-\frac{1}{2}\right)^2}{2W^2} \tag{9-151}$$

式中 $N=j+1$.对于这种情况，板上仅有平行于 x 轴的位移节线，因此这也是一种条纹模式振动.

5. $i\neq0,j\neq0$

结合上述分析，可以看出，这是一种较复杂的振动模式.此时，板上存在相互垂直且平行于板边界的位移节线.由式(9-133)和式(9-134)可得板的共振频率为

$$f_{ij}=\frac{2T}{\pi}\sqrt{\frac{E}{12\rho(1-\nu^2)}}\times\sqrt{\frac{P^4(i)}{L^4}+\frac{Q^4(j)}{W^4}} \tag{9-152}$$

由于板的振动阶次 i 和 j 可取任意正整数，因此板的振动频率很多，适合用作超

声辐射器.

9.4.3.3 实验

1. 弯曲振动矩形薄板的共振频率测试

根据上述得出的关于边界自由矩形薄板的弯曲振动理论,加工了一些不同尺寸的矩形薄板辐射器. 板的材料为不锈钢,其材料参数分别为 $\nu=0.28$, $E=19.5\times 10^{10}\,\text{N/m}^2$, $\rho=7.80\times 10^3\,\text{kg/m}^3$. 共振频率的测量采用声学技术中常用的发射-接收法. 实验框图如图 9.26 所示. 图中 FP 表示待测弯曲振动矩形薄板,发射换能器 ET 位于矩形板的一边. 在板的另一边,用一支架将板支撑,为尽量满足自由边界的条件,在支架与板之间放置了海绵. 接收换能器 RT 位于板的另一边上面. 另外,在本实验中,发射换能器也充当另一个支架的作用. 为保证频率的测量精度,发射及接收换能器与板的接触点应尽量小,以保证点接触. 另外接收换能器应尽量小,以减少对板的负载作用. 另一方面,实验用的发射及接收换能器的共振频率应远高于待测矩形板的共振频率,以保证在频率测试范围内,发射及接收换能器的频率响应尽量平坦. 实验中,在保证信号发生器输出信号基本不变的情况下,改变信号的频率,当接收换能器的输出达到最大时,对应的发生器输出信号的频率就是待测矩形薄板的共振频率. 待测矩形薄板的几何尺寸、理论计算及测试频率如表 9.13 所示. 其中 f 和 f_m 分别是理论计算和实验测量频率, $\Delta=|f-f_m|/f_m$. 关于误差来源,主要有以下几个方面. 第一,测试过程中矩形板的边界并非完全自由. 第二,板的实际材料参数与标称值有差异. 第三,对于矩形薄板来说,接收换能器是一个外部负载,它将对频率的测试结果产生影响.

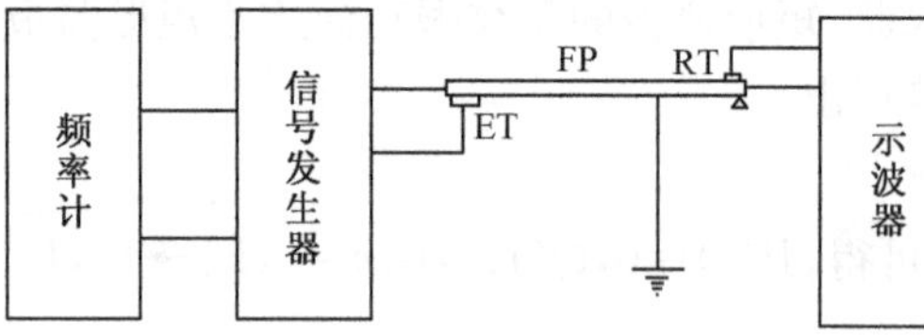

图 9.26 矩形薄板共振频率的测试框图

表 9.13 矩形薄板共振频率的理论计算及测试结果

Mode(i, j)	L/mm	W/mm	T/mm	f/Hz	f_m/Hz	Δ/%
(10, 0)	200	80	3	19528	19117	2.15
(0, 4)	200	80	3	22418	21789	2.89
(9, 3)	200	80	3	20963	20257	3.49
(13, 0)	250	100	3	20660	19972	3.44
(0, 5)	250	100	3	21433	20876	2.67
(11, 4)	250	100	3	20751	20113	3.17
(15, 0)	240	120	2	19702	19218	2.52
(0, 8)	240	120	2	23699	22892	3.53
(13, 6)	240	120	2	20382	19616	3.90

2. 弯曲振动矩形薄板位移分布的实验观察

为了研究弯曲振动矩形薄板在大功率情况下的振动特性，在板的中心连接一夹心式纵向振动换能器，并在板的辐射面上撒一些粉末. 当纵向换能器的共振频率与板的某一阶振动模式的频率一致时，板产生共振，其位移振幅最大. 在板的振动过程中，粉末将集中在振动位移的节线上. 因此，粉末的分布图案就是板的位移节线分布图. 通过观察发现，矩形薄板位移分布的计算结果与实验观察结果完全一致.

9.4.3.4　小结

本节研究了不同边界条件下矩形薄板的弯曲振动，得出了边界自由及固定条件下矩形薄板弯曲振动方程的解析解，并得出了其共振频率方程的解析表达式及位移分布. 分析表明，矩形薄板存在许多弯曲振动模式，并且具有辐射面积大、辐射阻抗低、易于与空气介质匹配等优点，可望在气体中的超声检测及处理等技术中获得应用.

第10章 复合振动模式压电超声换能器

传统的超声应用技术，例如超声清洗、超声加工及超声检测等[25]，需要纵向模式超声换能器. 由于纵向模式超声换能器不仅计算简单，而且结构及工艺容易实现，同时换能器的电声效率也比较高. 因此，纵向模式超声换能器获得了广泛的应用，然而，随着超声技术的发展，一些新的超声应用技术对超声振动能量的传播方式及作用形式提出了不同的要求[68~77]. 例如超声旋转加工等需要扭转或纵-扭复合振动模式超声换能器；超声振动切削需要弯曲、纵-弯或扭-弯复合模式超声换能器；超声马达需要纵-扭、纵-弯或扭-弯复合振动系统. 另外，一些传统的超声应用技术，例如超声焊接、超声疲劳实验等，为了提高振动能量的作用效果，往往也需要一些复合模式的超声振动系统. 由于上述因素，复合振动模式超声换能器受到了人们的普遍关注. 复合模式超声振动系统包括纵扭复合超声振动系统、纵弯复合超声振动系统以及扭转弯曲复合超声振动系统等. 目前，复合振动模式超声换能器主要应用在功率超声振动系统中. 在下面的分析中，将对复合振动模式超声换能器、变幅杆等进行理论及实验研究，以便为此类复合模式超声振动系统今后的实际应用及性能改善提供系统的理论基础及设计数据.

对于复合模式超声振动系统，由于系统中存在两种振动模式，以及每种振动模式的传播速度是不相同的. 因此在一般的情况下，复合模式超声振动系统中两种振动模式的共振频率、振速及应力分布都是不相同的. 因此复合模式超声振动系统的设计理论比单一模式振动系统要复杂得多. 对于大功率复合模式超声振动系统来说，主要存在三个方面的问题. 第一，由于不同振动模式的共振频率不同，因而给复合模式超声振动系统的电激励带来困难，也就是说，为了保证不同的振动模式都能达到共振，必须利用频率特性不同的两组电激励源. 这也就给超声电源的设计和制作带来了困难. 第二，由于复合模式超声振动系统中不同振动模式的应力及振速分布是不同的，因而其位移节点不在同一位置. 这就给复合模式超声振动系统的机械固定带来了极大的不便. 第三，复合模式超声振动系统中存在着不同振动模式之间的相互耦合，而对这一问题的研究及分析是非常复杂的.

针对上述问题，作者对有关的问题进行了一些探讨，试图能对这一问题的解决或深入了解有所帮助. 以下的分析就是作者近几年来在这一方面科研工作的总结.

关于复合模式超声振动的产生，目前主要有两种方法. 第一就是利用不同极化方向和几何形状的压电陶瓷元件. 通过选择适当的极化方向及电激励方向，可以产生复合模式超声振动. 第二种方法是利用振动模式的转换来产生复合振动. 例如，对于纵扭复合模式超声振动的产生，可以采用麻花钻型超声传振杆，从而可以将部分纵向振动转换为扭转振动来产生纵扭复合振动. 对于纵弯复合模式振动，可以采用纵向振动换能器激励细长棒或圆盘及矩形盘的方法[26].

10.1 纵扭复合模式超声振动系统

纵扭复合振动模式超声振动系统的主要应用领域包括超声马达、超声机械加工、超声塑料焊接、超声金属疲劳试验以及超声研磨等[27]. 在下面的分析内容中，将对不同结构的纵扭复合模式超声振动系统进行较为系统地探讨[31]、[32].

10.1.1 夹心式圆形等截面纵扭复合模式超声换能器

图 10.1 为一个纵-扭复合振动模式超声换能器的几何示意图，其中 L_1、L_2 及 L_3 分别表示三段圆截面金属细棒的长度，L_{01} 为纵向极化压电陶瓷晶堆的长度，其作用是产生纵向振动；L_{02} 为切向极化压电陶瓷晶堆的长度，用于产生扭转振动. 下面对换能器中的纵向振动及扭转振动分别加以研究.

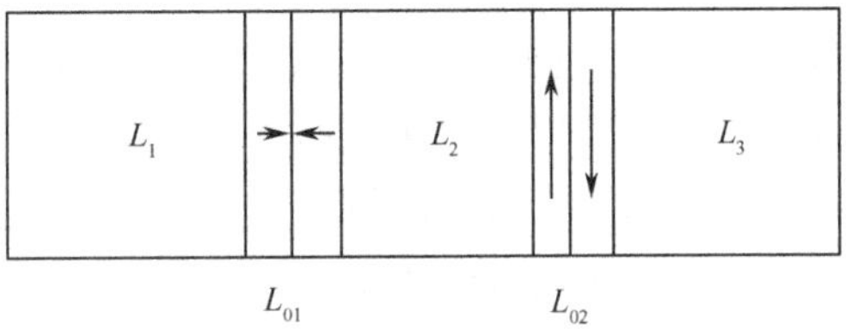

图 10.1 夹心式圆形等截面纵扭复合模式换能器的几何示意图

10.1.1.1 纵向振动

当换能器的横向尺寸远小于其纵向尺寸时，根据一维分析理论，可得换能器纵向振动的等效电路如图 10.2 所示，图中

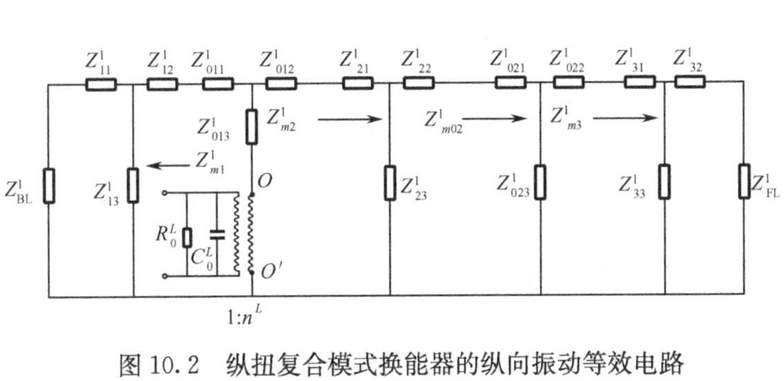

图 10.2 纵扭复合模式换能器的纵向振动等效电路

$$Z_{i1}^{l} = Z_{i2}^{l} = jZ_i^{l}\tan\left(\frac{k_i^{l}L_i}{2}\right) \tag{10-1}$$

$$Z_{i3}^{l} = \frac{Z_i^{l}}{j\sin(k_i^{l}L_i)} \tag{10-2}$$

式中 $i=1$、2、3 分别表示换能器的三段金属圆柱，$Z_i^{l}=\rho_i c_i^{l} S_i$，$k_i^{l}=\omega/c_i^{l}$，$c_i^{l}=(E_i/\rho_i)^{1/2}$. 图中各量的上标 l 表示纵向振动，$Z_{BL}^{l}$ 及 Z_{FL}^{l} 为纵向振动换能器两端面的外部负载. 在本文的分析中，换能器的纵向和扭转振动时分别单独激发的，因此当换能器纵向振动时，切向极化的压电陶瓷片可以看成是一机械振动体，而忽略其压电效应. 至于换能器中两种振动模式同时存在时出现的耦合振动将在今后的工作中加以讨论. 图中其余各量的具体表达式为

$$Z_{0j1}^{l} = Z_{0j2}^{l} = jZ_{0j}^{l}\tan\left(\frac{k_{0j}^{l}L_{0j}}{2}\right) \tag{10-3}$$

$$Z_{0j3}^{l} = \frac{Z_{0j}^{l}}{j\sin(k_{0j}^{l}L_{0j})} \tag{10-4}$$

式中 $j=1$、2 分别表示两组极化方向不同的压电陶瓷晶片，$Z_{0j}^{l}=\rho_{0j}c_{0j}^{l}S_{0j}$，$k_{0j}^{l}=\omega/c_{0j}^{l}$，$c_{0j}^{l}$ 为压电晶堆中纵向振动的传播速度，其具体的表达式为

$$c_{0j}^{l} = \left[\frac{1}{(s_{33j}^{E}\rho_{0j})}\right]^{\frac{1}{2}} \tag{10-5}$$

式中 s_{33j}^{E} 为恒定电场时陶瓷材料的弹性柔顺系数. 另外，R_0^{l}、C_0^{l} 及 n^{l} 为纵向振动时换能器的介电损耗电阻、钳定电容以及机电转换系数. 利用传输线阻抗转移公式，由图 10.2 可得换能器各部分的输入机械阻抗为

$$Z_{m1}^{l} = jZ_1^{l}\tan(k_1^{l}L_1 + \alpha_1^{l}) \tag{10-6}$$

$$Z_{m3}^{l} = jZ_3^{l}\tan(k_3^{l}L_3 + \alpha_3^{l}) \tag{10-7}$$

$$Z_{m02}^{l} = jZ_{02}^{l}\tan(k_{02}^{l}L_{02} + \alpha_{02}^{l}) \tag{10-8}$$

$$Z_{m2}^{l} = jZ_2^{l}\tan(k_2^{l}L_2 + \alpha_2^{l}) \tag{10-9}$$

式中 α_1^{l}、α_3^{l}、α_{02}^{l} 以及 α_2^{l} 是为了方便起见而引进的一些常数，其具体表达式为

$$\tan(\alpha_1^{l}) = \frac{Z_{BL}^{l}}{jZ_1^{l}} \tag{10-10}$$

$$\tan(\alpha_3^{l}) = \frac{Z_{FL}^{l}}{jZ_3^{l}} \tag{10-11}$$

$$\tan(\alpha_{02}^{l}) = \frac{Z_3^{l}}{Z_{02}^{l}}\tan(k_3^{l}L_3 + \alpha_3^{l}) \tag{10-12}$$

$$\tan(\alpha_2^{l}) = \frac{Z_{03}^{l}}{Z_2^{l}}\tan(k_{02}^{l}L_{02} + \alpha_{02}^{l}) \tag{10-13}$$

由此可得换能器纵向振动时，其机械端 OO' 间的机械阻抗为

$$Z_{oo'}^{l} = \frac{Z_{01}^{l}}{j\sin(k_{01}^{l}L_{01})} -$$

$$\frac{\left(Z_{01}^{l}\tan\frac{k_{01}^{l}L_{01}}{2}\right)^{2}+Z_{01}^{l}\tan\frac{k_{01}^{l}L_{01}}{2}[Z_{1}^{l}\tan(k_{1}^{l}L_{1}+\alpha_{1}^{l})}{2\mathrm{j}Z_{01}^{l}\tan\frac{k_{01}^{l}L_{01}}{2}+\mathrm{j}Z_{1}^{l}\tan(k_{1}^{l}L_{1}+\alpha_{1}^{l})+\mathrm{j}Z_{2}^{l}\tan(k_{2}^{l}L_{2}+\alpha_{2}^{l})}+$$

$$\frac{Z_{2}^{l}\tan(k_{2}^{l}L_{2}+\alpha_{2}^{l})]+Z_{1}^{l}Z_{3}^{l}\tan(k_{1}^{l}L_{1}+\alpha_{1}^{l})\tan(k_{2}^{l}L_{2}+\alpha_{2}^{l})}{2\mathrm{j}Z_{01}^{l}\tan\frac{k_{01}^{l}L_{01}}{2}+\mathrm{j}Z_{1}^{l}\tan(k_{1}^{l}L_{1}+\alpha_{1}^{l})+\mathrm{j}Z_{2}^{l}\tan(k_{2}^{l}L_{2}+\alpha_{2}^{l})} \tag{10-14}$$

当 $Z_{\infty'}^{l}=0$ 时，换能器处于机械共振，由此可得换能器的纵向振动共振频率方程为

$$1+\cot(k_{01}^{l}L_{01})\cdot\left[\frac{Z_{1}^{l}}{Z_{01}^{l}}\tan(k_{1}^{l}L_{1}+\alpha_{1}^{l})+\frac{Z_{2}^{l}}{Z_{02}^{l}}\tan(k_{2}^{l}L_{2}+\alpha_{2}^{l})\right]$$

$$=\frac{Z_{1}^{l}Z_{2}^{l}}{(Z_{01}^{l})^{2}}\tan(k_{1}^{l}L_{1}+\alpha_{1}^{l})\tan(k_{2}^{l}L_{2}+\alpha_{2}^{l}) \tag{10-15}$$

当换能器前后两端面空载时，Z_{BL}^{l} 及 Z_{FL}^{l} 等于零，由式(10-10)及式(10-11)可得，$\alpha_{1}^{l}=0$，$\alpha_{3}^{l}=0$. 由式(10-15)可得换能器空载时的纵向振动共振频率方程为

$$1+\cot(k_{01}^{l}L_{01})\cdot\left[\frac{Z_{1}^{l}}{Z_{01}^{l}}\tan k_{1}^{l}L_{1}+\frac{Z_{2}^{l}}{Z_{02}^{l}}\tan(k_{2}^{l}L_{2}+\alpha_{2}^{l})\right]$$

$$=\frac{Z_{1}^{l}Z_{2}^{l}}{(Z_{01}^{l})^{2}}\tan k_{1}^{l}L_{1}\tan(k_{2}^{l}L_{2}+\alpha_{2}^{l}) \tag{10-16}$$

10.1.1.2 扭转振动

当换能器处于扭转振动模式工作时，纵向极化的压电晶堆可看成一机械振动体，而忽略其压电效应，由此可得换能器扭转振动的等效电路如图 10.3 所示，图中各量的上标 t 表示扭转振动，各量的具体表达式为

$$Z_{i1}^{t}=Z_{i2}^{t}=\mathrm{j}Z_{i}^{t}\tan\left(\frac{k_{i}^{t}L_{i}}{2}\right) \tag{10-17}$$

$$Z_{i3}^{t}=\frac{Z_{i}^{t}}{\mathrm{j}\sin(k_{i}^{t}L_{i})} \tag{10-18}$$

$$Z_{0j1}^{t}=Z_{0j2}^{t}=\mathrm{j}Z_{0j}^{t}\tan\left(\frac{k_{0j}^{t}L_{0j}}{2}\right) \tag{10-19}$$

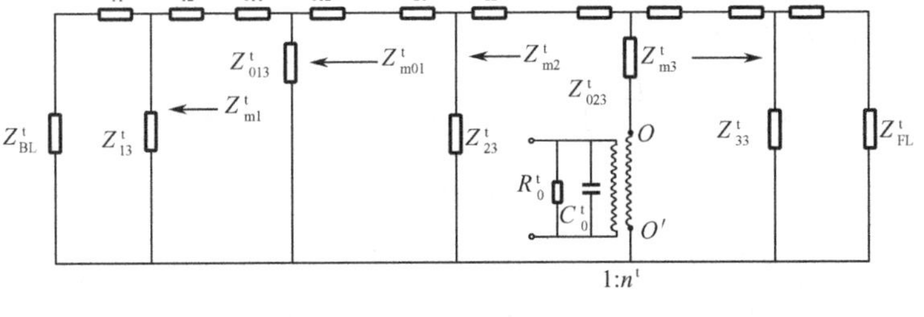

图 10.3 纵-扭复合模式超声换能器扭转振动的等效电路

$$Z_{0j3}^{t}=\frac{Z_{0j}^{t}}{\mathrm{j}\sin(k_{0j}^{t}L_{0j})} \tag{10-20}$$

式中 $i=1$、2、3 分别表示换能器的三段金属圆柱，j=1、2 表示两组压电陶瓷片，$Z_i^t=\rho_i c_i^t I_{pi}$，$k_i^t=\omega/c_i^t$，$c_i^t=(G_i/\rho_i)^{1/2}$，$I_{pi}$ 为换能器各部分截面的极惯性矩．对于实心圆柱，$I_{pi}=\frac{\pi}{2}R_i^4$；对于圆环，$I_{pi}=\frac{\pi}{2}(R_i^4-r_i^4)$，$R_i$、$r_i$ 为圆环各自的内外半径. $Z_{0j}^t=\rho_j c_{0j}^t I_{p0j}$，$k_{0j}^t=\omega/c_{0j}^t$，$c_{0j}^t$ 为压电陶瓷圆环晶堆中扭转振动的传播速度，其具体的表达式由下式给出

$$c_{0j}^{t}=c_{tj}[1-(K_{15}^{l})^{2}]\approx\left[\frac{1}{\rho_0 s_{55}^{E}}\right]^{1/2} \tag{10-21}$$

式中 $c_{tj}=[1/(\rho_0 s_{55}^D)]^{1/2}$ 为切向极化压电陶瓷晶堆中扭转振动的传播速度，s_{55}^D 为恒定电位移时陶瓷材料的弹性柔顺常数，K_{15}^l 为压电陶瓷细长棒扭转振动的机电耦合系数．另外，图 10.3 中 R_0^t、c_0^t 及 n^t 分别表示换能器扭转振动时的介电损耗电阻、钳定电容及机电转换系数，Z_{BL}^t 及 Z_{FL}^t 为扭转换能器两端面的外部负载. 由图 10.3 可得换能器各部分的机械输入阻抗为

$$Z_{m1}^{t}=\mathrm{j}Z_1^t\tan(k_1^tL_1+\alpha_1^t) \tag{10-22}$$

$$Z_{m3}^{t}=\mathrm{j}Z_3^t\tan(k_3^tL_3+\alpha_3^t) \tag{10-23}$$

$$Z_{m01}^{t}=\mathrm{j}Z_{01}^{l}\tan(k_{01}^tL_{01}+\alpha_{01}^t) \tag{10-24}$$

$$Z_{m2}^{t}=\mathrm{j}Z_2^t\tan(k_2^tL_2+\alpha_2^t) \tag{10-25}$$

式中 α_1^t、α_3^t、α_{01}^t 以及 α_2^t 也是为了方便起见而引进的一些常数，其具体表达式为

$$\tan(\alpha_1^t)=\frac{Z_{BL}^t}{\mathrm{j}Z_1^t} \tag{10-26}$$

$$\tan(\alpha_3^t)=\frac{Z_{FL}^t}{\mathrm{j}Z_3^t} \tag{10-27}$$

$$\tan(\alpha_{01}^t)=\frac{Z_1^t}{Z_{01}^t}\tan(k_1^tL_1+\alpha_1^t) \tag{10-28}$$

$$\tan(\alpha_2^t)=\frac{Z_{01}^t}{Z_2^t}\tan(k_{01}^tL_{01}+\alpha_{01}^t) \tag{10-29}$$

由上述各式及图 10.3 可得换能器扭转振动的输入机械阻抗为

$$\begin{aligned}Z_{\infty'}^{t}=&\frac{Z_{02}^t}{\mathrm{j}\sin(k_{02}^tL_{02})}\\&-\frac{\left(Z_{02}^t\tan\frac{k_{02}^tL_{02}}{2}\right)^2+Z_{02}^t\tan\frac{k_{02}^tL_{02}}{2}[Z_3^t\tan(k_3^tL_3+\alpha_3^t)}{2\mathrm{j}Z_{02}^t\tan\frac{k_{02}^tL_{02}}{2}+\mathrm{j}Z_3^t\tan(k_3^tL_3+\alpha_3^t)+\mathrm{j}Z_2^t\tan(k_2^tL_2+\alpha_2^t)}+\\&\frac{Z_2^t\tan(k_2^tL_2+\alpha_2^t)]+Z_2^tZ_3^t\tan(k_3^tL_3+\alpha_3^t)\tan(k_2^tL_2+\alpha_2^t)}{2\mathrm{j}Z_{02}^t\tan\frac{k_{02}^tL_{02}}{2}+\mathrm{j}Z_3^t\tan(k_3^tL_3+\alpha_3^t)+\mathrm{j}Z_2^t\tan(k_2^tL_2+\alpha_2^t)}\end{aligned} \tag{10-30}$$

当 $Z^{t}_{\infty'}=0$ 时，由式(10-30)可得换能器扭转振动的共振频率方程为

$$1+\cot(k^{t}_{02}L_{02})\cdot\left[\frac{Z^{t}_{3}}{Z^{t}_{02}}\tan(k^{t}_{3}L_{3}+\alpha^{t}_{3})+\frac{Z^{t}_{2}}{Z^{t}_{02}}\tan(k^{t}_{2}L_{2}+\alpha^{t}_{2})\right]$$

$$=\frac{Z^{t}_{3}Z^{t}_{2}}{(Z^{t}_{02})^{2}}\tan(k^{t}_{3}L_{3}+\alpha^{t}_{3})\tan(k^{t}_{2}L_{2}+\alpha^{t}_{2}) \tag{10-31}$$

同理，当换能器空载时，Z^{t}_{BL} 及 Z^{t}_{FL} 等于零，$\alpha^{t}_{1}=0$，$\alpha^{t}_{3}=0$，利用式(10-31)可容易地得出空载换能器扭转振动的共振频率方程

$$1+\cot(k^{t}_{02}L_{02})\cdot\left[\frac{Z^{t}_{3}}{Z^{t}_{02}}\tan k^{t}_{3}L_{3}+\frac{Z^{t}_{2}}{Z^{t}_{02}}\tan(k^{t}_{2}L_{2}+\alpha^{t}_{2})\right]$$

$$=\frac{Z^{t}_{3}Z^{t}_{2}}{(Z^{t}_{02})^{2}}\tan k^{t}_{3}L_{3}\tan(k^{t}_{2}L_{2}+\alpha^{t}_{2}) \tag{10-32}$$

以上分析了当分别激发换能器的纵向及扭转振动模式时，换能器的纵向及扭转振动模式的共振频率方程，由于纵向振动与扭转振动不是同时存在于换能器中，因此，纵-扭振动模式之间的振动耦合可以不考虑. 然而，如果同时激发换能器的纵向极化陶瓷片及切向极化陶瓷片，则换能器中将同时存在纵向及扭转两种振动模式，此时换能器中将出现不同振动模式之间的相互作用，引起换能器的纵向与扭转振动共振频率发生变化，因此，换能器的共振频率方程将发生变化.

10.1.1.3 复合换能器共振频率的实验研究

利用频率方程(10-16)及式(10-32)，实际制作了 3 个纵-扭复合振动模式超声换能器. 金属圆柱的材料为硬铝，其截面尺寸为 ϕ40mm，纵向极化压电陶瓷片为国产的两片 38mm×20mm×5mm 的发射型晶片，切向极化的两个晶片是利用一些宽度方向极化的矩形陶瓷片通过切割、拼凑而成，其实际尺寸可近似看成 38mm×20mm×2.5mm. 压电晶片的材料参数采用标准的 PZT-4 材料参数的标称值. 实验测试了换能器的纵向及扭转振动共振频率，换能器有关参数的计算值及测试值见表 10.1，其中 f_{l} 及 f_{t} 为纵向及扭转共振频率的计算值，f_{lm} 及 f_{tm} 为测试值. 由表中数据可以看出，频率的测试值与计算值是比较符合的. 关于频率的误差来源，可归结为以下几点：①换能器材料参数的实际值与标准值有差异；②切向极化晶片的实际极化方向并非圆周的切线方向；③对扭转振动而言，换能器的横向尺寸与纵向尺寸相比偏大. 根据上述分析，可以得出以下一些基本结论.

表 10.1 纵扭复合模式超声换能器共振频率的测试值

L_1/mm	L_2/mm	L_3/mm	L_{01}/mm	L_{02}/mm	f_l/mm	f_t/mm	f_{lm}/mm	f_{tm}/mm
42	30	30	10	5	20000	12440	19644	11982
16	30	30	10	5	25000	15366	23978	14673
19	20	20	10	5	30000	18761	28735	17694

(1) 同一换能器中纵向振动与扭转振动的共振频率是不相同的，这主要是因为纵向振动与扭转振动的声速不同而造成的.

(2) 在不考虑纵向与扭转振动模式相互耦合的情况下，得出了换能器纵向及扭转振动的共振频率方程，并给出了压电晶堆中纵向振动与扭转振动的传播速度.

(3) 当换能器被同时激发出纵向与扭转振动时，换能器中纵向与扭转振动会产生相互耦合，换能器的共振频率方程会发生变化.

10.1.2 夹心式单面指数盖板纵-扭复合模式超声换能器研究

本节研究的复合模式换能器由圆柱型金属后盖板、指数型金属前盖板及轴向极化和切向极化的二组压电陶瓷晶堆组成. 大家知道，同一材料中的纵向振动与扭转振动的传播速度是不同的，因此在一般情况下，复合模式换能器中的纵向振动与扭转振动很难在同一频率上共振. 鉴于这种情况，把换能器的前盖板设计成变截面指数棒，由于指数型棒中的纵向及扭转振动的传播速度与棒的截面变化规律有关，因此通过选择变截面指数棒的面积减缩系数 β，就可以使换能器中的纵向及扭转振动模式在同一频率上共振. 这也正是本研究的基本思想.

在本节的分析中，导出了换能器中纵向振动与扭转振动模式的共振频率方程，并得出了两种振动同频共振的条件，实验表明，换能器的测试频率与设计频率符合很好，且换能器的纵向共振频率与扭转共振频率基本一致.

图 10.4 为单一指数型复合模式超声换能器的几何示意图，其中 L_1 和 L_2 分别是圆柱后盖板及指数前盖板的长度，变截面指数棒的半径变化规律为 $R=R_1\mathrm{e}^{-\beta x}$，$R_1$ 为其大端半径，β 是半径减缩系数，$\beta L_2=\ln N$，$N=R_1/R_2$，R_2 为前盖板输出端的半径. 压电陶瓷片的总长度为 $2PL_0$，其中 L_0 为单片陶瓷的厚度，

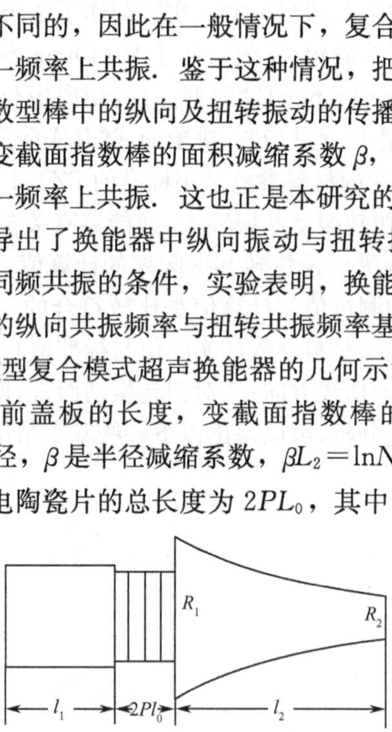

图 10.4 纵-扭复合模式超声换能器的几何示意图

P 为切向及轴向极化陶瓷片的数目，轴向极化及切向极化晶堆的长度皆为 PL_0. 轴向极化的晶堆使换能器产生纵向振动，切向极化的晶堆使换能器产生扭转振动. 下面对换能器中的纵向振动及扭转振动分别加以研究.

10.1.2.1　纵向振动模式

根据夹心式压电超声换能器的一维设计理论，在换能器前后辐射面空载的情况下，可得其纵向振动的等效电路如图 10.5 所示，图中，$Z_{bi}^1=\mathrm{j}Z_b^1\tan(k_b^1L_1)$ 为圆柱后盖板的输入机械阻抗，$Z_b^1=\rho_b c_b^1 S_b$，ρ_b、c_b^1、S_b 分别为圆柱的密度、纵向振动的传播速度和后盖板的横截面积，$k_b^1=\omega/c_b^1$，$Z_{fi}^1=\mathrm{j}Z_f^1\tan(k_f^1L_{2e}^1)$ 为指数前盖板的输入阻抗，其中 $Z_f^1=\rho_f c_f^1 S_1$，ρ_f、c_f^1 分别为前盖板的材料密度和纵向振动的传播速度，S_1 为指数型前盖板的大端面积，$k_f^1=\omega/c_f^1$，L_{2e}^1 为指数型前盖板的等效圆柱长度，可由下式决定

$$\tan(k_f^1L_{2e}^1)=\frac{k_f^1L_2}{\beta L_2+k_{f1}^1L_2\cot(k_{f1}^1L_2)} \tag{10-33}$$

式中 $k_{f1}^1=[(k_f^1)^2-\beta^2]^{1/2}$. 另外，图中 $Z_{01}^1=\mathrm{j}Z_0^1\tan(Pk_0^1L_0/2)$，$Z_{02}^1=\mathrm{j}Z_0^1/[\mathrm{j}\sin(Pk_0^1L_0)]$，$Z_0^1=\rho_0c_0^1S_0$，$c_0^1=[1/(\rho_0 s_{33}^E)]^{1/2}$，$\rho_0$、$S_0$ 分别为压电陶瓷圆环的密度和截面积，c_0^1 为晶堆中纵向振动的传播速度. 由图 10.5 可得轴向极化压电陶瓷晶堆的负载阻抗为

$$Z_1=\mathrm{j}\,\frac{Z_f^1\tan(k_f^1L_{2e}^1)+Z_0^1\tan(Pk_0^1L_0)}{1-(Z_f^1/Z_0^1)\tan(k_f^1L_{2e}^1)\tan(Pk_0^1L_0)} \tag{10-34}$$

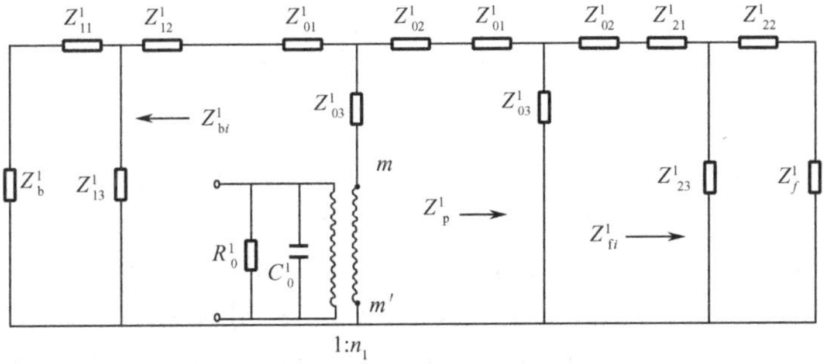

图 10.5　纵-扭复合模式超声换能器的纵向振动等效电路

由此可得纵向振动换能器机械端 OO' 之间的输入机械阻抗 Z_m^1 为

$$Z_m^1=\frac{Z_0^1}{\mathrm{j}\sin(Pk_0^1L_0)}+\frac{[\mathrm{j}Z_0^1\tan(Pk_0^1L_0)+\mathrm{j}Z_b^1\tan(k_b^1L_1)][Z_1+\mathrm{j}Z_0^1\tan(Pk_0^1L_0)]}{2\mathrm{j}Z_0^1\tan(Pk_0^1L_0)+\mathrm{j}Z_b^1\tan(k_b^1L_1)+Z_1} \tag{10-35}$$

由式(10-35)，当 $Z_m^1=0$ 时，换能器处于机械共振，由此可得纵-扭复合模式换能器中纵向振动的共振频率方程为

$$\tan(2Pk_0^{\rm l}L_0)+\frac{Z_{\rm b}^{\rm l}}{Z_0^{\rm l}}\tan(k_{\rm b}^{\rm l}L_1)+\frac{Z_{\rm f}^{\rm l}}{Z_0^{\rm l}}\tan(k_{\rm f}^{\rm l}L_{2e}^{\rm l})$$

$$=\frac{Z_{\rm b}^{\rm l}Z_{\rm f}^{\rm l}}{(Z_0^{\rm l})^2}\tan(2Pk_0^{\rm l}L_0)\tan(k_{\rm b}^{\rm l}L_1)\tan(k_{\rm f}^{\rm l}L_{2e}^{\rm l}) \tag{10-36}$$

当换能器的材料及几何尺寸给定后，由式(10-36)就可求出换能器纵向振动共振频率或某一部分的长度. 值得指出的是，在上面以及下面的分析中，下标 b 和 f 分别表示后盖板和前盖扳，上标 l 和 t 分别表示纵向振动和扭转振动.

10.1.2.2 扭转振动模式

根据与上述相类似的分析. 可得复合模式超声换能器中扭转振动的等效电路，如图 10.6 所示，图中 $Z_{\rm bi}^{\rm t}={\rm j}Z_{\rm b}^{\rm t}\tan(k_{\rm b}^{\rm t}L_1)$，$Z_{\rm b}^{\rm t}=\rho_{\rm b}c_{\rm b}^{\rm t}I_{\rm pb}$，其中 $c_{\rm b}^{\rm t}$ 为后盖板中扭转振动传播速度，$I_{\rm pb}$ 为后盖板的截面极惯性矩；$Z_{\rm fi}^{\rm t}={\rm j}Z_{\rm f}^{\rm t}\tan(k_{\rm f}^{\rm t}L_{2e}^{\rm t})$，其中 $Z_{\rm f}^{\rm t}=\rho_{\rm f}c_{\rm f}^{\rm t}I_{\rm pf}$，$c_{\rm f}^{\rm t}$ 为前盖板中扭转振动的传播速度，$I_{\rm pf}$ 为前盖板的截面极惯性矩. $L_{2e}^{\rm t}$ 由下式决定

$$\tan(k_{\rm f}^{\rm t}L_{2e}^{\rm t})=\frac{k_{\rm f}^{\rm t}L_2}{2\beta L_2+k_{\rm f1}^{\rm t}L_2\cot(k_{\rm f1}^{\rm t}L_2)} \tag{10-37}$$

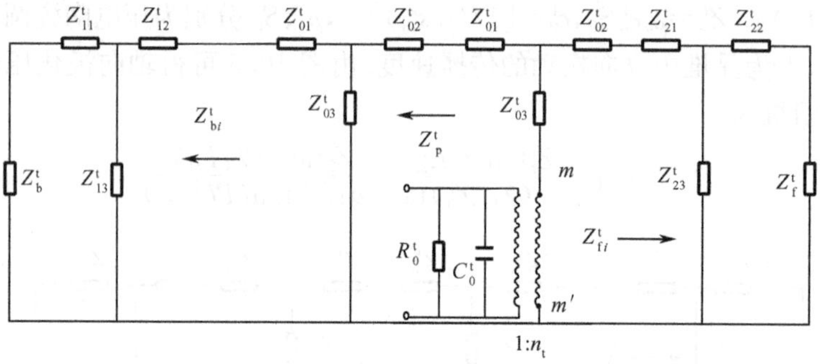

图 10.6 纵-扭复合模式超声换能器的扭转振动等效电路

式中 $k_{\rm f1}^{\rm t}=[(k_{\rm f}^{\rm t})^2-4\beta^2]^{1/2}$. 另外，图中 $Z_{01}^{\rm t}={\rm j}Z_0^{\rm t}\tan(Pk_0^{\rm t}L_0/2)$，$Z_{02}^{\rm t}=Z_0^{\rm t}/[{\rm j}\sin(Pk_0^{\rm t}L_0)]$，$Z_0^{\rm t}=\rho_0c_0^{\rm t}I_{\rm p0}$，$c_0^{\rm t}=[1/(\rho_0s_{55}^E)]^{1/2}$，$\rho_0$、$S_0$ 分别为扭转振动压电陶瓷圆环的密度和横截面积，$c_0^{\rm t}$ 为压电陶瓷晶堆中扭转振动的传播速度. 与纵向振动模式的分析相似，可得以下各式

$$Z_{\rm t}={\rm j}\,\frac{Z_{\rm b}^{\rm t}\tan(k_{\rm b}^{\rm t}L_1)+Z_0^{\rm t}\tan(Pk_0^{\rm t}L_0)}{1-(Z_{\rm b}^{\rm t}/Z_0^{\rm t})\tan(k_{\rm b}^{\rm t}L_1)\tan(Pk_0^{\rm t}L_0)} \tag{10-38}$$

$$Z_{\rm m}^{\rm t}=\frac{Z_0^{\rm t}}{{\rm j}\sin(Pk_0^{\rm t}L_0)}+\frac{[{\rm j}Z_0^{\rm t}\tan(Pk_0^{\rm t}L_0)+jZ_{\rm f}^{\rm t}\tan(k_{\rm f}^{\rm t}L_{2e}^{\rm t})][Z_{\rm t}+{\rm j}Z_0^{\rm t}\tan(Pk_0^{\rm t}L_0)]}{2{\rm j}Z_0^{\rm t}\tan(Pk_0^{\rm t}L_0)+{\rm j}Z_{\rm f}^{\rm t}\tan(k_{\rm f}^{\rm t}L_{2e}^{\rm t})+Z_{\rm t}}\cdot \tag{10-39}$$

$$\tan(2Pk_0^{\rm t}L_0)+\frac{Z_{\rm b}^{\rm t}}{Z_0^{\rm t}}\tan(k_{\rm b}^{\rm t}L_1)+\frac{Z_{\rm f}^{\rm t}}{Z_0^{\rm t}}\tan(k_{\rm f}^{\rm t}L_{2e}^{\rm t})$$

$$= \frac{Z_b^t Z_f^t}{(Z_0^t)^2} \tan(2Pk_0^t L_0) \tan(k_b^t L_1) \tan(k_f^t L_{2e}^t) \qquad (10\text{-}40)$$

当换能器的材料及几何尺寸给定后，利用式(10-40)，就可求出换能器扭转振动的共振频率或者换能器某一部分的几何尺寸.

10.1.2.3 纵向振动与扭转振动同频共振的条件

在一般情况下，由于同一种材料中纵向振动与扭转振动的传播速度不同，换能器中的纵向振动与扭转振动很难在同一频率上实现同频共振，因而必须利用两组不同的超声电源分别激发换能器的不同振动模式. 本节试图通过改变指数型变截面前盖板的半径减缩系数，使指数型变截面棒中的纵向与扭转振动速度发生改变，从而实现同一换能器中纵向与扭转振动的同频共振. 根据变截面杆中的振动传播理论，可得指数型杆中纵向及扭转振动的传播速度为

$$c_{f1}^l = \frac{c_f^l}{\sqrt{1-(\beta c_f^l/\omega)^2}} \qquad (10\text{-}41)$$

$$c_{f1}^t = \frac{c_f^t}{\sqrt{1-(2\beta c_f^t/\omega)^2}} \qquad (10\text{-}42)$$

式中 $c_{f1}^l=\omega/k_{f1}^l$，$c_{f1}^t=\omega/k_{f1}^t$. 利用上述两式，可以看出改变 β 可使换能器中的纵向与扭转振动的传播速度发生变化，从而实现两种振动模式的同频共振. 由于共振频率方程式(10-36)和式(10-40)是关于长度及频率的超越方程，因此很难得出方程的解析解. 本书利用数值法对指数型纵-扭复合模式超声换能器进行设计及计算，具体步骤如下：

(1)确定换能器的共振频率，该频率即换能器中纵向振动及扭转振动的共振频率；

(2)确定换能器各部分的材料，为提高换能器性能，应尽量选取损耗低、弹性好的金属材料；

(3)确定换能器中压电陶瓷元件的几何尺寸，其中包括内外半径、厚度及总片数；

(4)确定换能器后盖板金属圆柱的几何尺寸，包括截面直径及长度 L_1；

(5)任意选定指数型前盖板的半径减缩系数 β，由方程(10-36)和式(10-40)可得出换能器中纵向及扭转振动共振时，指数前盖板的两个长度 L_{21} 和 L_{22}；

(6)改变 β，直到由方程(10-36)和式(10-40)得出的两个长度相等，即 $L_{21}=L_{22}=L_2$.

由上述分析可见，由于纵向及扭转振动在指数型前盖板中的传播速度不同，且依赖于其截面半径减缩系数，因此通过选择适当的系数 β，就可使纵向与扭转振动在同一频率上共振. 根据这一原则. 利用上述导出的频率方程，就可以设计不同频率，不同用途的纵-扭复合模式压电超声换能器.

10.1.2.4 换能器共振频率的测试

为了验证纵-扭复合模式超声换能器的设计理论，专门加工了一些复合模式换

能器，其前后盖板的材料为硬铝，材料参数为 $\rho=2.7\times10^3\text{kg/m}^3$，$E=7.02\times10^{10}\text{N/m}^2$，$G=2.62\times10^{10}\text{N/m}^2$. 压电元件共有 4 片，其中两片是轴向极化的圆环，另外两片是切向极化的圆环. 4 片陶瓷圆环的几何尺寸基本相同，即 38mm×20mm×5mm. 压电陶瓷属于 PZT-4 发射型材料，其材料参数为 $\rho_0=7.5\times10^3\text{kg/m}^3$，$s_{33}^E=15.5\times10^{-12}\text{m}^2/\text{N}$，$s_{55}^E=39.0\times10^{-12}\text{m}^2/\text{N}$. 用传输线法测量换能器的纵向及扭转共振频率，测试结果见表 10.2. 其中 f 为理论设计频率，f_l 及 f_t 为纵向及扭转频率的测试值，$\beta L_2=\ln N$. 由表中数据可以看出，换能器共振频率的测试值与设计值基本符合，并且纵向与扭转振动的共振频率也很接近. 关于换能器频率测试的误差来源. 主要有以下两点：(1)换能器材料参数的标称值与实际值有差异；(2)切向极化陶瓷环的制作工艺比较粗糙，并且其极化方向并不是理想的切线方向.

表 10.2　换能器纵向及扭转振动的共振频率测试值

L_1/mm	L_2/mm	β/m^{-1}	N	f/Hz	f_l/Hz	f_t/Hz
20.0	158.2	18.59	18.93	20000	19485	19379
30.0	172.9	19.90	31.21	20000	19532	19417
15.0	159.4	18.45	18.93	20000	19426	19308
15.0	128.9	23.95	21.91	25000	23915	23684

10.2　夹心式纵弯复合模式超声换能器

在一些新的超声应用中，对振动能量的传播方式及作用形式提出了不同的要求，例如超声旋转加工需要扭转或纵-扭复合振动模式的超声换能器，超声振动切削需要弯曲或纵-弯复合振动模式的换能器，超声马达需要纵-弯或纵-扭复合振动模式的超声换能器，而外科手术用的超声手术刀，则需利用纵-弯复合振动模式的超声振动系统，其中弯曲振动产生有效的侧向分离力，纵向振动则完成对组织的切除任务. 针对上述考虑，本节对纵-弯复合振动模式的超声换能器进行初步的理论及实验研究，以便为今后的实际应用及性能改善提供一定的理论及设计基础.

关于纵-弯复合振动模式超声换能器，日本学者曾给出了一个实际的设计例子，但并未给出具体的频率设计公式. 本节从均匀细棒的弯曲和纵向振动理论出发，通过引入压电陶瓷片的长度修正，从理论上推出了纵-弯复合振动模式超声换能器的频率设计公式，并给出了一定的实验数据.

10.2.1　纵-弯复合振动模式超声换能器的频率设计公式

图 10.7 为本文所研究的纵-弯复合振动模式超声换能器的几何示意图. 图中

F 和 B 为换能器的前后金属盖板，其横截面为圆形. LP 及 BP 分别为产生纵向振动和弯曲振动的两组压电陶瓷元件，其中 LP 为两片压电陶瓷圆环，BP 也为两个圆环，但分别由两个半圆环压电陶瓷片组成. 箭头表示压电陶瓷元件的极化方向. 为了简化分析，假定各个压电陶瓷片的材料和几何尺寸（包括内外半径、厚度）是相同的（制作时，四片做弯曲振动的半圆环可由两片厚度极化的圆片切割而成），换能器的结构是对称的（即压电陶瓷元件位于换能器的中间位置），换能器前后盖板为同一材料，且横向尺寸远小于长度（即换能器的横向尺寸小于换能器中的纵向波长及弯曲波长的四分之一）. 上述换能器元件是用中心螺钉紧固在一起的.

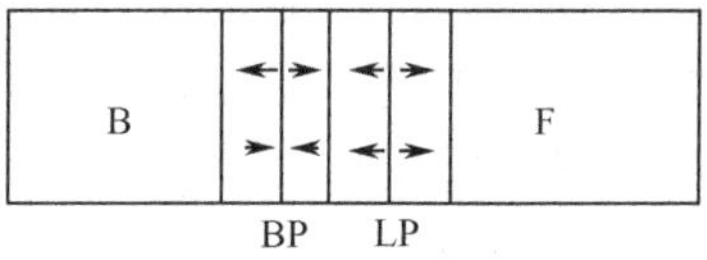

图 10.7　纵-弯复合模式超声换能器的几何示意图

在纵-弯复合振动模式超声换能器的实际设计中，最重要的也是最不易解决的问题，就是换能器的纵向振动共振频率与弯曲振动共振频率不易做成一致. 这是因为在同一种材料中纵向振动的声速与弯曲振动的声速不一样，且弯曲振动的声速还与频率有关. 然而，为了保证两种振动模式在高频信号激励下能同时处于共振状态，必须使换能器的纵向共振频率与弯曲振动共振频率达到一致，只有这样才能简化激励电路，提高电声效率，同时保证换能器中两种振动模式同步共振工作. 对于这一问题，本文提出的解决途径可简述如下：(1)当换能器的横向尺寸远小于其长度时，由于弯曲振动细棒的共振频率与其截面尺寸有关，而纵向振动频率则与截面尺寸无关. 因此，通过选择不同的截面尺寸，可以使同一长度细棒的弯曲振动频率等于纵向振动频率. (2)在此基础上，对压电陶瓷片的影响进行近似的长度修正，这样便可基本保证换能器中弯曲振动共振频率等于纵向振动共振频率. 下面就这一问题做具体分析.

10.2.1.1　具有相同纵向振动频率与弯曲振动频率的均匀细棒的设计

对于一长为 l，截面半径为 a 的细棒，其纵向振动及弯曲振动的共振频率方程分别为

$$f_l = \frac{ic}{2l} \tag{10-43}$$

$$f_b = \frac{\pi cR}{8l^2}(2j+1)^2 \tag{10-44}$$

式中 f_l 及 f_b 分别为纵向振动和弯曲振动共振频率，i、j 分别表示纵向振动和弯曲振动的振动模式阶次，c 为细棒中纵向振动的传播速度，R 为弯曲振动细棒的截面回旋半径，对于均匀圆截面细棒，$R=a/2$. 令 $f_l=f_b$，由上述两式可得

$$l = \frac{\pi a}{8}\frac{(2j+1)^2}{i} \tag{10-45}$$

可以看出，当棒的长度和半径满足上述关系时，棒中第 i 次纵向振动模式的共振频率等于第 j 次弯曲振动模式的共振频率．在一般情况下，换能器的共振频率作为已知量是给定的，因此，由上述三式可以很容易地决定细棒的长度及半径．

10.2.1.2　换能器中压电陶瓷片引起的细棒长度修正

对于由压电陶瓷片与金属盖板组成的复合模式超声换能器，原则上可以从各部分的运动方程出发，利用边界条件分别推出纵向振动和弯曲振动的频率方程．然而，由于弯曲振动的频率方程很复杂，不适用一般的工程设计及计算，所以本文将纵-弯复合模式超声换能器近似看成一均匀细棒，利用纵向振动及弯曲振动的位移分布，求出由于压电陶瓷片的插入而引起的细棒长度修正．当压电陶瓷片位于换能器的纵向振动位移及弯曲振动位移的波节或波腹附近时，其位移分布可以近似看成是按正弦或余弦规律分布的，根据换能器各部分的边界条件（即对于纵向振动，相邻两部分的纵向位移及纵向力连续；而对于弯曲振动，则横向位移及横向力连续），可得以下方程

$$\text{纵向振动}\quad \frac{\tan(k_0 l_0)}{\rho_0 c_0 S_0} = \frac{\tan(k_1 l_{11})}{\rho_1 c_1 S_1} \tag{10-46}$$

$$\text{弯曲振动}\quad \frac{\tan(\nu_0 l_0)}{E_0 R_0^2 S_0 \nu_0^3} = \frac{\tan(\nu_1 l_{1b})}{E_1 R_1^2 S_1 \nu_1^3} \tag{10-47}$$

式中 l_0 为压电陶瓷片总长度的一半，l_{11}及 l_{1b}分别为纵向振动及弯曲振动时由压电陶瓷片而引起的细棒修正长度的一半．ρ_0、c_0、S_0、E_0 及 ρ_1、c_1、S_1、E_1 分别为压电陶瓷和金属盖板的密度，纵向振动声速，横截面积及弹性模量；$k_0=\omega/c_0$ 及$k_1=\omega/c_1$ 分别为陶瓷及金属中的纵向振动波数，$\nu_0=\omega/c_{0b}$，$\nu_1=\omega/c_{1b}$分别为陶瓷及金属中弯曲振动的波数；$c_0=[1/(s_{33}^E\rho_0)]^{1/2}$为陶瓷中纵向振动的声速，$c_{0b}=\sqrt{\omega c_0 R_0}$及 $c_{1b}=\sqrt{\omega c_1 R_1}$分别为陶瓷和金属中弯曲振动的声速；$R_0=\sqrt{a^2+b^2}/2$，$R_1=a/2$，其中 a、b 分别为压电陶瓷的外半径及内半径，这里假定金属盖板的外径与陶瓷片的外径相同．当换能器的频率、截面形状及尺寸给定后．由上述二式可得出细棒由纵向振动陶瓷引起的长度修正值 l_{11}和由弯曲振动陶瓷引起的长度修正值 l_{1b}．显然，l_{11}与 l_{1b}是不相同的，而且 l_{11}始终大于 l_{1b}．但是如果压电陶瓷片的总长度比较小，考虑到弯曲振动的频率与长度的平方成反比，而纵向振动的频率与长度成反比，我们就可得出如下细棒长度的近似修正公式

$$l_c = \frac{l_{11} l_{1b}}{l_{11} + l_{1b}} \tag{10-48}$$

式中 l_c 是弯曲和纵向两种振动模式同时存在时细棒的长度修正值．根据上述分析，可以得出经过长度修正后纵弯复合模式超声换能器的总长度为

$$l_t = 2\left(\frac{l}{2} - l_c + l_0\right) = l - 2l_c + 2l_0 \tag{10-49}$$

此时，换能器前后金属盖板的长度 l_B 及 l_F 为

$$l_B = l_F = \frac{l}{2} - l_c \tag{10-50}$$

根据上述分析，我们可以看出，纵-弯复合模式超声换能器的频率设计方程包括式(10-45)～式(10-50). 具体的设计步骤如下：①给定换能器的共振频率，截面形状及尺寸，由式(10-42)求出等效的细棒长度 l；②由式(10-46)、式(10-47)二式求出纵向振动及弯曲振动陶瓷片引起的长度修正值 l_{1l} 与 l_{1b}；③由式(10-48)求出压电陶瓷片的等效修正长度 l_c；④由式(10-50)求出换能器前后金属盖板的长度 l_B 及 l_F. 至此，换能器的设计基本完成.

10.2.2 实验研究

加工了几个纵-弯复合振动模式超声换能器. 换能器前后金属盖板为 45 号钢，材料参数值取为：$\rho_1=7800\text{kg/m}^3$，$c_1=5050\text{m/s}$. 压电陶瓷片为 PZT-4 薄圆环. 其规格有四种，即 25mm×8mm×6mm，25mm×8mm×3mm，20mm×10mm×4mm，20mm×10mm×5mm. 产生弯曲振动的压电陶瓷半圆环是由以上四种规格的片子沿直径切割而成. 每个换能器包含纵向及弯曲振动各两个片子. 压电陶瓷的材料参数取值为 $\rho_0=7500\text{kg/m}^3$，$c_0=2950\text{m/s}$. 利用传输线电路在小信号下对换能器的纵向和弯曲振动共振频率进行了测量，结果见表 10.3. 表中同时列出了换能器各部分的几何尺寸，其中 f 为换能器的理论设计频率，f_{lm} 和 f_{bm} 分别为换能器的纵向振动共振频率和弯曲振动共振频率的测试值. 可以看出，f_{lm} 和 f_{bm} 基本一致；而且，随着压电陶瓷片总长度的减小，两者的差别随之减小. 表中 f_{lm} 和 f_{bm} 始终小于 f，可能是由于在式(10-48)中压电陶瓷片的修正值取值偏小，从而导致换能器的前后盖板长度偏大；另外，材料参数的取值与实际值不相同可能也是造成频率误差的一个原因.

表 10.3 纵-弯复合模式超声换能器的频率测试结果

l_0/mm	l_c/mm	l/mm	l_b/mm	i	j	f/Hz	f_{lm}/Hz	f_{bm}/Hz
12	11.7	122.7	49.7	1	2	20575	18976	18478
6	6.6	122.7	54.8	1	2	20575	19643	19421
10	10.1	98.2	39.0	1	2	25719	23476	23044
8	8.7	98.2	40.4	1	2	25719	24379	24116

10.2.3 小结

本节初步研究了纵-弯复合振动模式超声换能器的设计，并对实际设计的一些换能器进行了实验测试，可归纳出以下结论：

(1) 利用细棒弯曲振动共振频率与截面尺寸有关的理论，通过选择棒的横向尺寸，可以使弯曲振动的共振频率等于纵向振动共振频率，从而使复合模式换能器的纵向振动与弯曲振动在同一频率上共振.

(2) 由于细棒弯曲振动的共振频率反比于其长度的平方，而纵向振动的共振频率反比于长度，因此通过适当选择压电陶瓷片的修正长度，可以使包括压电陶瓷片在内的纵-弯复合模式超声换能器的弯曲共振频率等于纵向共振频率.

(3) 为了保证压电陶瓷片所处位置的位移分布近似为正弦或余弦分布规律，必须把陶瓷片置于换能器的位移波节或波腹附近，同时，压电陶瓷片的总长度不能太长，以保证纵向与弯曲共振频率基本一致.

(4) 本节理论要求换能器的横向尺寸远小于长度. 一般情况下，要求换能器的横向尺寸小于换能器的四分之一弯曲波波长，此时换能器共振频率的测试值与设计值基本一致.

(5) 关于压电陶瓷片的位置对复合模式超声换能器共振频率的影响以及换能器中的位移分布情况，将在以后的工作中继续研究.

10.3 夹心式扭转弯曲复合模式超声换能器

在均匀截面细棒扭转及弯曲振动理论的基础上，研究了一种夹心式扭转-弯曲复合模式压电超声换能器. 该换能器由均匀截面金属细棒及两组极化方向不同的压电陶瓷元件组成. 从外表来看，该换能器与夹心式纵扭及纵弯复合换能器相似. 首先从均匀截面金属细棒的扭转及弯曲振动理论出发，然后通过引入压电陶瓷片的长度修正，从理论上推出了扭转-弯曲复合模式超声换能器的频率公式，并从理论及实验上实现了同一换能器中扭转及弯曲振动的同频共振. 实验表明，换能器的扭转振动共振频率与弯曲振动共振动频率基本一致，并且实测值与设计值也比较符合.

图 10.8 为所研究的扭转-弯曲复合振动模式压电超声换能器的几何示意图. 为简化分析，换能器设计为对称结构，其中 1 和 4 两部分为换能器的前后金属盖板，其横截面为圆形，半径为 a，长度为 l，2 和 3 两部分为产生扭转振动及弯曲振动的两组压电陶瓷晶片，其中 2 部分为切向极化的两块环形晶片，而 3 部分为纵向极化的两片环形晶片，但这两块晶片是由四块纵向极化半圆形晶片构成. 两组压电陶瓷晶片的极化方向以及它们在换能器中的位置排列如图 10.9 所示，其中箭头表示极化方向. 四片压电陶瓷晶片的材料及几何尺寸皆相同，其内外半径及厚度分别为 R_0、r 及 $L_0/2$. 为满足细棒扭转及弯曲振动理论的要求，换能器的

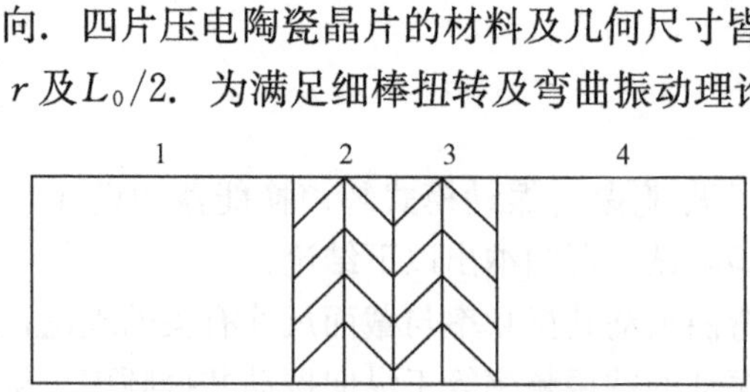

图 10.8 扭转-弯曲复合模式压电超声换能器的几何示意图

横向尺寸应远小于换能器中扭转振动及弯曲振动的波长.

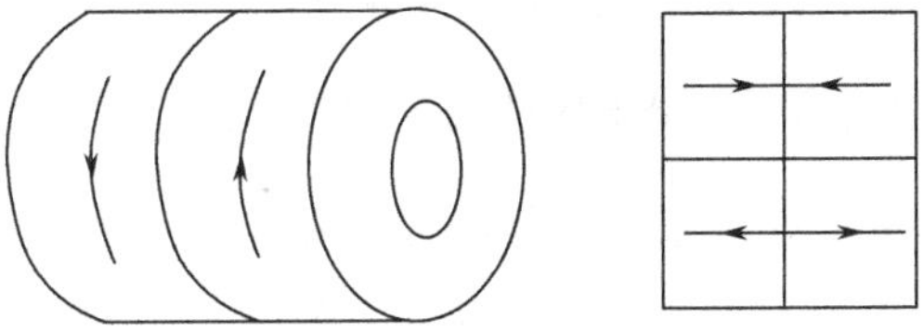

图 10.9　扭转及弯曲振动压电陶瓷晶片的极化方向及其排列

在扭转-弯曲复合振动模式压电超声换能器的实际设计中，由于扭转振动与弯曲振动的声速不同. 因此，换能器中的扭转及弯曲振动很难在同一频率上处于共振状态. 然而，为了简化激励电路，提高换能器中扭转及弯曲振动模式的电声效率，必须使换能器的扭转及弯曲振动共振频率相同，即扭转及弯曲振动模式处于同频共振状态. 为解决这一问题，在这里采用了如下的具体措施：①通过选择不同截面尺寸的均匀截面细棒，可使同一长度细棒中的扭转振动及弯曲振动在同一频率上共振. ②对于换能器中的压电陶瓷晶片进行近似的长度修正. 下面依次对扭转-弯曲换能器的实际设计做一探讨.

10.3.1　具有相同的扭转及弯曲振动共振频率的均匀截面金属细棒的设计

根据均匀截面细棒的扭转及弯曲振动理论，可得长为 l，半径为 a 的均匀截面细棒的扭转及弯曲振动共振频率方程为

$$f_t = mc_t/2L, \qquad m = 1,2,3,\cdots \tag{10-51}$$

$$f_w = \frac{\pi c_e R(2n+1)^2}{8L^2}, \quad n = 1,2,3,\cdots \tag{10-52}$$

式中 f_t 及 f_w 为细棒中扭转及弯曲振动的共振频率，m 及 n 为正整数，分别为细棒中扭转振动及弯曲振动的振动模式数，$c_t=(G/\rho)^{1/2}$，$c_e=(E/\rho)^{1/2}$，c_t 及 c_e 为均匀截面金属细棒中扭转振动及纵向振动的传播速度，R 为细棒的截面回旋半径，其定义式为 $SR^2=\iint r^2\mathrm{d}S$；$S$ 为棒的截面积. 对于圆截面细棒 $R=a/2$. 令 $f_t=f_w$，由上述二式可得

$$L = \frac{\pi a}{8}\sqrt{2(1+\sigma)}\cdot\frac{(2n+1)^2}{m} \tag{10-53}$$

式中 σ 为金属细棒的泊松系数，它与 E 和 G 之间的关系为 $G=E/[2(1+\sigma)]$. 由式(10-53)可以看出，当均匀截面细棒的长度 L 和半径 a 满足上述关系式时，棒中第 m 次扭转振动与第 n 次弯曲振动将在同一频率上达到共振，此时棒的共振频率 f 为

$$f = f_1 = f_w = \frac{2}{\pi a(1+\sigma)}\left(\frac{E}{\rho}\right)^{1/2}\frac{m^2}{(2n+1)^{1/2}} \tag{10-54}$$

由式（10-54），当细棒的材料给定后，很容易求出长度为 L 的均匀截面细棒的共振频率，此时细棒中扭转振动与弯曲振动同频共振.

10.3.2 扭转-弯曲换能器中压电陶瓷片的长度修正

对于由压电陶瓷片与金属前后盖板组成的夹心式压电超声复合模式换能器，原则上可以从换能器各组成部分的运动方程出发，利用边界条件分别导出换能器中扭转振动与弯曲振动的共振频率方程，然后通过选择换能器的横向及纵向尺寸，使得换能器中的扭转与弯曲振动同频共振. 然而由于弯曲振动的频率方程比较复杂，不适于一般的工程设计及计算，所以在下面的分析中，本文将扭转-弯曲复合模式压电超声换能器近似看成一均匀截面细棒，利用换能器中扭转振动及弯曲振动的位移及力连续条件，求出由于压电陶瓷片的插入而引起的细棒的长度修正. 当压电陶瓷片位于换能器扭转及弯曲振动位移的波节或波腹附近时其位移分布可近似看成是按照正弦或余弦规律分布的. 根据换能器各部分的边界条件，即对扭转振动，相邻两部分的扭转角位移及扭矩连续；而对于弯曲振动，则横向位移及横向力连续. 为简化分析，换能器设计成对称结构，其中心对称轴即为换能器的几何对称轴，它将换能器分成长为 L_0+l 的两个相等部分，因此分析时可以仅研究其中的一部分即可. 下面将分别对压电陶瓷片引起的长度修正进行讨论.

10.3.2.1 m 及 n 皆为奇数

此时，对于复合模式压电超声换能器中的扭转振动模式，换能器的几何中心轴线位置为扭转角位移节点，在此附近，扭转振动的角位移 φ 及扭矩 M 可由下式给出

$$\varphi = A\sin k_t x \tag{10-55}$$

$$M = IG\frac{\mathrm{d}\varphi}{\mathrm{d}x} = IGAk_t\cos k_t x \tag{10-56}$$

式中 A 为待定常数，$k_t=\omega/c_t$ 为扭转波数，$I=\iint r^2\mathrm{d}s$ 为截面的极惯性矩，对于半径为 a 的实心圆截面棒，$I=(\pi/2)a^4$，对于内外半径分别为 R_0 和 r 的圆管状棒，$I=(\pi/2)(R^4-r^4)$，G 为材料的剪切模量. 由式(10-55)、式(10-56)，可得长为 L_0 的压电陶瓷片与金属细棒连接处的扭转角位移及扭矩分别为

$$\varphi_1 = A_1\sin k_{t_0}L_0 \tag{10-57}$$

$$M_0 = I_0G_0A_0k_{t_0}L_0 \tag{10-58}$$

令长为 L_0 的压电陶瓷片所引起的扭转振动均匀截面细棒的修正长度为 L_t，可得离中心点 L_t 处细棒的角位移及扭矩

$$\varphi_1 = A_1\sin k_{t_1}L_t \tag{10-59}$$

$$M_1 = I_1G_1A_1k_{t_1}\cos k_{t_1}L_1 \tag{10-60}$$

根据上面的分析，陶瓷片的修正应不影响原来的振动状态，因此角位移及扭矩连续，即 $\varphi_0=\varphi_1, M_0=M_1$，由此可得以下二式

$$A_0 \sin k_{t_0} L_0 = A_1 \sin k_{t_1} L_t \tag{10-61}$$

$$I_0 G_0 A_0 k_{t_0} \cos k_{t_0} = I_1 G_1 A_1 k_{t_1} L_1 \tag{10-62}$$

由上述二式可得

$$\frac{\tan k_{t_0} L_0}{\rho_0 c_{t_0} I_0} = \frac{\tan k_{t_1} L_t}{\rho_1 c_{t_1} I_1} \tag{10-63}$$

式中 $c_{t_0}=(G_0/\rho_0)^{1/2}$，为扭转振动在压电陶瓷晶堆中的传播速度，$G_0=1/S_{55}^E$，$k_{t_0}=\omega/c_{t_0}$；$c_{t_1}=(G_1/\rho_1)^{1/2}$，为扭转振动在均匀截面细棒中的传播速度；由式(10-63)，当压电陶瓷片的尺寸给定后，就可以求出换能器中对应扭转振动模式压电陶瓷片所引起的近似修正长度 L_t. 另外，对于换能器中的弯曲振动模式，当 n 为奇数时，换能器的几何中心轴附近为弯曲振动位移腹点. 因此，其附近的弯曲振动位移及剪力可以近似用下式表示

$$y = B\cos k_f x \tag{10-64}$$

$$F = ESR^2 \frac{\mathrm{d}^3 y}{\mathrm{d}x^3} = BESR^2 k_f^3 \sin k_f x \tag{10-65}$$

式中 B 为待定常数，$k_f=[\omega/(c_e R)]^{1/2}$. 对于长为 L_0 的压电陶瓷棒，其与金属棒接触处的弯曲位移及剪力分别为

$$y_0 = B_0 \cos k_{f_0} L_0 \tag{10-66}$$

$$F_0 = B_0 E_0 S_0 R_p^2 k_{f_0}^3 \sin k_{f_0} L_0 \tag{10-67}$$

式中 $k_{f_0}=[\omega/(c_{e_0} R_p)]^{1/2}$；$c_{e_0}=[1/(S_{33}^E \rho_0)]^{1/2}$；$R_p^2=(R_0^2+r^2)/4$，$R_p$ 为圆环截面的回旋半径；$S_0=\pi(R_0^2-r^2)$. 假设长为 L_0 的弯曲振动压电陶瓷片引起的金属细棒的修正长度为 L_f，可得细棒中长为 L_f 处的弯曲振动位移及剪力为

$$y_1 = B_1 \cos k_{f_0} L_f \tag{10-68}$$

$$F_1 = B_1 E_1 S_1 R_1^2 k_{f_1}^3 \sin k_{f_1} L_f \tag{10-69}$$

式中 $k_{f_1}=[\omega/c_{e_1} R_1)]^{1/2}$；$c_{e_1}=(E_1/\rho_1)^{1/2}$；$R_1=a/2$ 为半径为 a 的实心圆截面棒的回旋半径；$S_1=\pi a^2$. 根据位移及剪力连续的条件可得以下各式

$$B_0 \cos k_{f_0} L_0 = B_1 \cos k_{f_1} L_f \tag{10-70}$$

$$B_0 E_0 S_0 R_p^2 k_{f_0}^3 \sin k_{f_0} L_0 = B_1 E_1 S_1 R_1^2 k_{f_1}^3 \sin k_{f_1} L_f \tag{10-71}$$

由上述二式，可得

$$E_0 S_0 R_p^2 k_{f_0}^3 \tan k_{f_0} L_0 = E_1 S_1 R_1^2 k_{f_1}^3 \tan k_{f_1} L_f \tag{10-72}$$

由式(10-72)，当换能器中压电陶瓷片的几何尺寸给定后，就可以求出换能器中对应弯曲振动模式压电陶瓷片所引起的金属细棒的修正长度 L_f.

10.3.2.2 *m* 及 *n* 为偶数

此时，对于扭转-弯曲复合模式超声换能器中的扭转振动模式，换能器的几

何中心轴处为扭转角位移的腹点，因此，换能器中心轴处的扭转角及扭矩可表示为

$$\varphi = A\cos k_t x \tag{10-73}$$

$$M = IG\frac{\mathrm{d}\varphi}{\mathrm{d}x} = -AIGk_t\sin k_t x \tag{10-74}$$

根据相似的推导，可得复合模式超声换能器中对于扭转振动模式长为 L_0 的压电陶瓷片所引起的金属细棒的修正长度 L_t 所满足的数学表达式为

$$I_0G_0k_{t_0}\tan k_{t_0}L_0 = I_1G_1k_{t_1}\tan k_{t_1}L_t \tag{10-75}$$

式中各量的定义与上文相同，对于复合模式超声换能器的弯曲振动模式，当振动模式数 n 为偶数时，其中心处为弯曲振动位移的节点，由此可得换能器中心处附近的弯曲振动位移及剪力的表达式

$$y = B\sin k_f x \tag{10-76}$$

$$F = -BESR^2k_f^3\cos k_f x \tag{10-77}$$

同理可得，复合模式超声换能器中对应弯曲振动模式长为 L_0 的压电陶瓷晶片所引起的金属细棒修正长度 L_f 的表达式为

$$\frac{\tan k_{f_0}L_0}{E_0S_0R_p^2k_{f_0}^3} = \frac{\tan k_{f_1}L_f}{E_1S_1R_1^2k_{f_1}^3} \tag{10-78}$$

由式(10-78)，当换能器的共振频率一定时，就可以求出金属细棒的修正长度 L_f.

10.3.2.3 m 为偶数，n 为奇数

此时，对于复合模式超声换能器中的扭转振动模式，换能器中心轴附近为扭转转动角位移的波腹，而对于复合模式超声换能器中的弯曲振动模式，换能器的几何中心处也为弯曲振动位移的波腹. 根据上述分析，可得决定金属细棒修正长度的表达式为

扭转振动 $$I_0G_0k_{t_0}\tan(k_{t_0}L_0) = I_1G_1k_{t_1}\tan(k_{t_1}L_t) \tag{10-79}$$

弯曲振动 $$E_0S_0R_p^2k_{f_0}^3\tan(k_{f_0}L_0) = E_1S_1R_1^2k_{f_1}^3\tan(k_{f_1}L_f) \tag{10-80}$$

由上述二式，就可以求出对应复合模式换能器的这种振动状态、压电陶瓷片所引起的修正长度 L_t 及 L_f.

10.3.2.4 *m* 为奇数,*n* 为偶数

此时,对应复合模式超声换能器中的扭转振动模式,换能器的中心轴处为扭转角位移的节点,而对于换能器中的弯曲振动模式,换能器的中心轴处也为弯曲振动位移的节点.根据类似的分析,可得以下两式:

$$\text{扭转振动}\qquad \frac{\tan(k_{t_0}L_0)}{\rho_0 c_{t_0} I_0}=\frac{\tan(k_{t_1}L_t)}{\rho_1 c_{t_1} I_1} \tag{10-81}$$

$$\text{弯曲振动}\qquad \frac{\tan(k_{f_0}L_0)}{E_0 S_0 R_p^2 k_{f_0}^3}=\frac{\tan(k_{f_1}L_f)}{E_1 S_1 R_1^2 k_{f_1}^3} \tag{10-82}$$

由式(10-81)及式(10-82)，当换能器中压电陶瓷片的几何尺寸及换能器的共振频率给定后，就可以求出对应换能器的扭转及弯曲振动模式压电陶瓷片所引起的金属细棒的修正长度.

在上述分析中,我们对复合模式超声换能器中扭转及弯曲振动模式的四种不同组合进行了研究,分别得出了金属细棒的修正长度 L_t 及 L_f. 由上述分析可见,对于任意一种组合,扭转振动压电陶瓷片及弯曲振动压电陶瓷片所引起的金属细棒的修正长度是不同的,需要进行统筹考虑.如果复合模式超声换能器中压电陶瓷片的总长度较小,同时考虑到弯曲振动细棒的共振频率与其长度的平方成反比,而扭转振动细棒的共振频率与其长度的平方成反比,我们可得出如下关于细棒长度修正量的近似公式

$$L_c=2\left(L_f-\frac{L_f L_t}{L_f+L_t}\right)=\frac{2L_f^2}{L_f+L_t} \tag{10-83}$$

由式(10-83)可以看出，当 L_f 小于 L_t 时,L_c 小于 L_f；而当 L_f 大于 L_t 时,L_c 大于 L_f. 根据扭转振动及弯曲振动系统的频率与细棒的长度之间的关系,可以看出，由式(10-83)得出的压电陶瓷片所引起的金属细棒的近似修正长度，基本上可以保证复合模式超声换能器中扭转振动与弯曲振动模式在同样的共振频率上工作.

根据上述分析,可以得出经过长度修正后,扭转-弯曲复合模式超声换能器中金属前后盖板的长度 l 为

$$l=\frac{L}{2}-L_c \tag{10-84}$$

此时换能器的总长度 L_A 为

$$L_A=2\left(\frac{L}{2}-L_c+L_0\right)=L-2L_c+2L_0 \tag{10-85}$$

总结上述分析，可以归纳出扭转-弯曲复合模式超声换能器的具体设计步骤如下:①给定换能器各部分的材料，压电陶瓷片的几何尺寸及其共振频率;② 决定换能器中扭转及弯曲振动模式的振动模式数，即 *m* 和 *n*;③决定换能器的截面半径和长度 L；④ 利用式(10-63)和式(10-72)、式(10-75)和式(10-78)、式(10-

79)和式(10-80)以及式(10-81)和式(10-82)四组方程式求出压电陶瓷片所引起的金属细棒的修正长度 L_t 和 L_f；⑤利用式(10-83)求出压电陶瓷片的近似修正长度；⑥利用式(10-84)决定换能器前后盖板的长度 l. 至此，扭转-弯曲复合模式超声换能器的理论设计基本完成.

10.3.3 实验测试研究

为了从实验上研究夹心式扭转-弯曲复合模式压电超声换能器的振动性能，同时对本节所得理论进行验证，我们加工了一些扭转-弯曲复合振动模式超声换能器. 换能器前后金属盖板为 45 号钢，其材料参数为 $\rho=7800\text{kg/m}^3$，$c_l=5000\text{m/s}$，$\sigma=0.28$，压电陶瓷片为 4 片 PZT-4 薄圆环，其中有两片被沿着其直径切开，以便合理安排其极化方向，从而激发弯曲振动，另外两片是切向极化的压电陶瓷环，以产生扭转振动. 压电陶瓷片的材料参数取为 $\rho_0=7500\text{kg/m}^3$，$c_{t_0}=1850\text{m/s}$，其几何尺寸为 $R_0=12.5\text{mm}$，$r=4\text{mm}$，其厚度有 3 种规格，即 $L_0/2$ 为 4mm、3mm 以及 2mm. 在换能器中，产生扭转振动及弯曲振动的四片压电陶瓷片的几何尺寸皆相同；另外前后盖板金属圆柱的直径等于压电陶瓷片的外径 R_0. 利用传输线电路，在小信号下对试制的复合模式压电换能器的共振频率进行了测试，实验结果见表 10.4.

表 10.4 扭转-弯曲复合模式超声换能器的频率测试结果

L_0/mm	L/mm	l/mm	L_t/mm	L_f/mm	L_c/mm	m	n	f/Hz	f_{tm}/Hz	f_{um}/Hz
4	70.7	33.7	11.3	3.5	1.7	1	1	22105	20947	20787
6	98.2	36.8	6.3	10.0	12.3	2	2	31831	33214	33375
8	196.3	87.4	23.2	14.2	10.8	1	2	7958	7643	7589

表中，f 为换能器的设计频率，f_{tm}及 f_{um}为换能器扭转振动及弯曲振动频率的测试值. 从表中数据可以看出，f_{tm}和 f_{um}基本一致，即换能器中的扭转及弯曲振动基本上可在相同的频率上共振，从而达到了本文的设计目的. 关于换能器共振频率的测试误差，主要有以下几个原因：①材料参数的标准值与实际值不同；②切向极化压电陶瓷的加工工艺比较粗糙，且极化方向也不是理想的圆周方向；③在式（10-83）中，对扭转及弯曲振动压电陶瓷片所引起的长度修正值的近似处理会带来一定的频率误差. 另外，在上述测试过程中，复合换能器中的扭转模式及弯曲振动模式是单独激发的，因此忽略了振动模式之间的互相耦合. 关于复合模式换能器中不同模式之间的互相作用以及这种相互作用对换能器共振频率及振动性能的影响，将在以后的工作中加以研究.

10.3.4 小结

本节初步研究了扭转-弯曲复合模式压电超声换能器的理论设计及其频率特性，实际设计了一些扭转-弯曲复合模式超声换能器，并对其共振频率进行了测试. 总结全节内容，可得以下结论：

(1) 根据细棒的弯曲振动理论，通过适当选择金属细棒的横向尺寸，可使同一金属细棒中的扭转振动及弯曲振动在同一频率上共振.

(2) 由于假设压电陶瓷片所在位置处的扭转及弯曲位移分布为正弦或余弦分布，因此压电陶瓷片的总长度不能太长，同时，应尽量把压电陶瓷片放在换能器两种振动模式的波腹或波节位置，以保证理论与实验结果的一致.

(3) 在本节分析中，对扭转及弯曲振动压电陶瓷片所引起的金属细棒的修正长度进行了一种近似处理，因而造成换能器的设计频率比测试频率偏大或偏小的现象. 然而，换能器扭转振动及弯曲振动的共振频率基本上可以保证一致.

(4) 本节理论要求换能器的横向尺寸远小于其纵向尺寸，以保证换能器的设计频率与测试值基本一致.

(5) 关于扭转弯曲复合模式超声换能器的阻抗特性以及换能器中扭转振动与弯曲振动之间的相互作用，将在以后的工作中加以研究.

10.4 夹心式模式转换型纵扭复合模式超声换能器

与传统的纵向振动超声换能器的振动产生方式不同，扭转及纵-扭复合振动模式超声换能器中扭转振动的产生可由两种方式来实现. 一种是通过振动模式的转换，另一种是通过切向极化的压电陶瓷晶堆. 在第一种方法中，传统的振动模式转换的方法包括利用两个纵向换能器在一个传振杆的两侧形成推挽式的振动，而在传振杆中产生扭转振动. 对于这种方法，振动系统的功率可以很大，但纵向与扭转振动之间的转换效率不高，而且系统的体积较大. 另一种利用模式转换产生扭转振动的方法是通过在纵向振动换能器的输出端连接一个类似机械加工钻头的麻花形传振杆. 由于传振杆的形状复杂，因此，此类振动系统的理论设计及计算相当复杂，不利于一般的工程设计及应用. 对于由切向极化晶堆产生的扭转振动，其理论设计基本成熟，但由于切向极化压电晶片的制作工艺复杂，尤其是扇形晶片的切向极化，当尺寸较大时，会出现许多问题，诸如电击穿及极化不完全等. 因此尽管此类换能器的结构较简单，但功率容量不大，在目前的陶瓷生产工艺水平下，很难研制大功率高性能的扭转振动换能器. 为了解决上述问题，日本学者提出了一种用于超声马达的斜槽式纵-扭复合模式超声换能器，但关于此类换能器的理论计算及设计，尚缺乏系统的理论探讨. 本节从纵-扭振动模式相互转换的原理出发，从理论上导出了此类复合振动模式超声换能器的机电等效电路，并探讨了斜槽的倾斜程度对换能器共振频率的影响.

10.4.1 斜槽式纵-扭复合模式超声换能器的等效电路

图 10.10 为一斜槽式纵-扭复合模式超声换能器的几何示意图，第一部分表示纵向振动夹心式压电超声换能器（1），第二部分为斜槽式传振杆（2）. 由于斜槽的作用，在传振杆中部分纵向振动将转换为扭转振动，因而在其输出端，就会产生纵向及扭转两种振动的分量. 很显然斜槽的几何尺寸、形状以及倾斜程度将会对系统的振动性能产生一定的影响. 根据换能器的传统设计理论，上述振动系统可以按照两种方法进行设计. 一种是将第一部分及第二部分分别设计成半波长结构，整个系统为一个全波长结构；另一种方法是将整个振动系统设计成一个半波长结构，其中第一部分为四分之一波长换能器，而第二部分则为一个四分之一波长传振杆. 这里采用第一种结构，即半波长换能器与半波长斜槽式传振杆组成一个纵-扭复合超声振动系统. 图 10.11 为整个振动系统的第二部分，即斜槽式纵-扭复合振动模式传振杆的几何示意图. 图中传振杆为一个一定厚度的圆筒，其内外半径分别为 R_1 和 R_2，θ 为斜槽与传振杆轴线之间的夹角，斜槽前面圆筒部分的长度为 L_1，其余部分的长度为 L_2，由于扭转振动的产生是通过斜槽的作用，因此可以认为圆筒中长为 L_1 的部分中没有扭转振动，而圆筒的其余部分中则不仅有纵向振动而且还有扭转振动. 另外，为了简化分析，假定斜槽为一理想的几何线段，即槽的宽度为无限小. 因此，斜槽的出现，对振动体的质量没有什

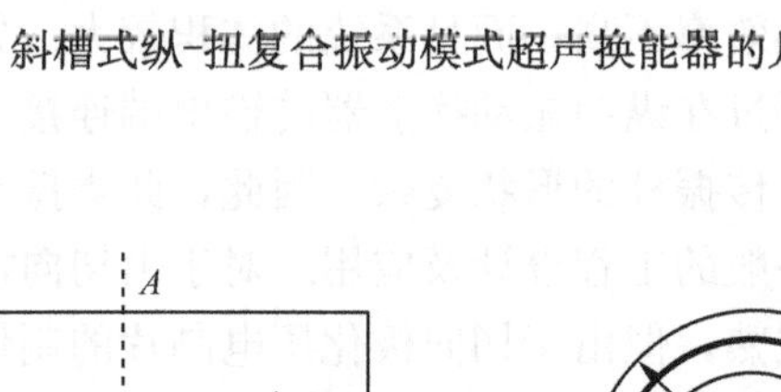

图 10.10 斜槽式纵-扭复合振动模式超声换能器的几何示意图

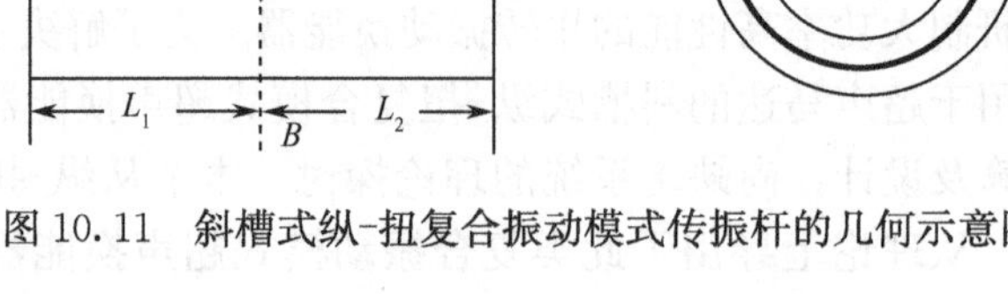

图 10.11 斜槽式纵-扭复合振动模式传振杆的几何示意图

么影响，它仅仅起到了一个把传振杆中的纵向振动转变为扭转振动的作用. 图中虚线 AB 为纵向振动传振杆部分与复合振动模式传振杆部分之间的分界面. 在分界面 AB 左面，传振杆中的作用力为纵向力 F，由于斜槽的出现，在分界面的右边，纵向力 F 将分解为两部分，即纵向力分量 F_l 及切向力分量 F_t，其中纵向力分量沿着传振杆的轴线方向；关于切向力分量，在截面上任一点的切向力分量垂直于半径的方向，由切向力产生的总力矩是所有切向力在整个截面上的扭矩的积分. 由图 10.11，这两个力分量的大小可由下式给出

$$F_l = F\cos(\theta) \tag{10-86}$$

$$F_t = F\sin(\theta) \tag{10-87}$$

根据振动系统的纵向振动及扭转振动理论，纵向力将使系统产生纵向振动，而切向力将使传振杆产生扭转振动. 由切向分力在分界面处产生的扭矩 M 可以下式给出

$$M = \iint_s rf\,\mathrm{d}s \tag{10-88}$$

式中 $s=\pi(R_2^2-R_1^2)$ 为圆筒的横截面积，r 为圆筒内任意位置处的截面半径，f 为分界面上单位面积上的切向力，$\mathrm{d}s=2\pi r\mathrm{d}r$ 为半径 r 处的微分元面积. 由上面的分析，可得单位面积上的切向力为

$$f = \frac{F\sin(\theta)}{\pi(R_2^2 - R_1^2)} \tag{10-89}$$

把式(10-89)代入式(10-88)积分后得

$$M = F\sin(\theta)\,\frac{2(R_2^3 - R_1^3)}{3(R_2^2 - R_1^2)} \tag{10-90}$$

由上述分析可见，由于斜槽的存在，除了纵向振动以外，在传振杆中还产生了扭转振动，即传振杆中的振动为纵-扭复合振动. 根据传振杆的振动传播及传输线理论，可得出复合振动传振杆的传输线等效电路如图 10.12 所示.

图中 F_1 及 V_1 为传振杆输入端的纵向力及纵向振速，F_{21} 及 V_{21} 为分界面处纵振动分量的纵向力及振速，F_{22} 及 V_{22} 为传输杆输出端的纵向力及振速，M_1 及 ϕ_1 为分界面处扭转振动的扭矩及角速度，M_2 及 ϕ_2 为传振杆输出端的扭矩及角速度，n_l 及 n_t 分别为分界面处传振杆中纵向与纵向及纵向与扭转振动之间的机械转换系数. 由上述分析，n_l 及 n_t 的表达式为

$$n_l = \cos\theta \tag{10-91}$$

$$n_t = \frac{M}{F} = \sin\theta\,\frac{2(R_2^3 - R_1^3)}{3(R_2^2 - R_1^2)} \tag{10-92}$$

另外图中 Z_{11}、Z_{12}、Z_{13}、Z_{21}^l、Z_{22}^l、Z_{23}^l、Z_{21}^t、Z_{22}^t、Z_{23}^t 分别是传振杆各部分等效网络的各臂阻抗，其具体表达式为

$$Z_{11} = Z_{12} = \mathrm{j}Z_1\tan\left(\frac{k_1L_1}{2}\right) \tag{10-93}$$

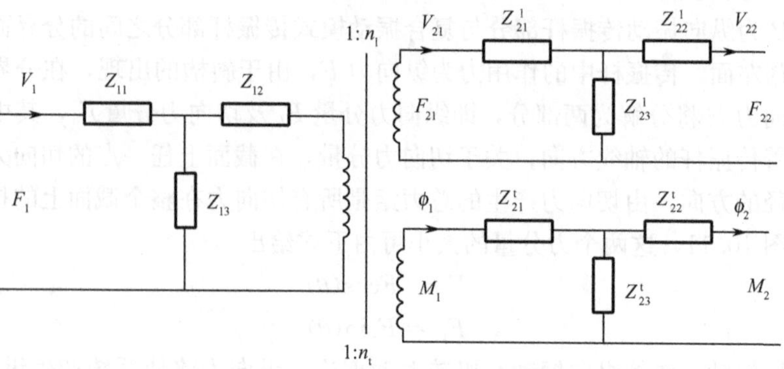

图 10.12　纵-扭复合振动传振杆的传输线等效电路

$$Z_{13}=\frac{Z_1}{\mathrm{j}\sin(k_lL_1)} \tag{10-94}$$

$$Z_{21}^l=Z_{22}^l=\mathrm{j}Z_2\tan\left(\frac{k_lL_2}{2}\right) \tag{10-95}$$

$$Z_{23}^l=\frac{Z_2}{\mathrm{j}\sin(k_lL_2)} \tag{10-96}$$

$$Z_{21}^t=Z_{22}^t=\mathrm{j}Z_2^t\tan\left(\frac{k_tL_2}{2}\right) \tag{10-97}$$

$$Z_{23}^t=\frac{Z_2^t}{\mathrm{j}\sin(k_tL_2)} \tag{10-98}$$

式中 $Z_1=Z_2=\rho C_lS, Z_2^t=\rho C_tI_p, I_p=\frac{\pi}{2}(R_2^4-R_1^4)$ 为传振杆环形截面的极惯性矩，C_l 及 C_t 分别为传振杆中纵向及扭转振动的传播速度，$C_l=\left(\frac{E}{\rho}\right)^{1/2}, C_t=\left(\frac{G}{\rho}\right)^{1/2}$，$k_l=\frac{\omega}{C_l}, k_t=\frac{\omega}{C_t}$. 当传振杆处于空载状态时，其两个输出端皆处于短路状态，由图 10.12 可得出纵向及扭转分振动的输入阻抗 Z_i^l 及 Z_i^t 分别为

$$Z_i^l=F_{21}/V_{21}=\mathrm{j}Z_2\tan(k_lL_2) \tag{10-99}$$

$$Z_i^t=M_1/\phi_1=\mathrm{j}Z_2^t\tan(k_tL_2) \tag{10-100}$$

由此，图 10.12 可化成图 10.13 所示的单一网络的形式.

图中 $Z_l=Z_i^l/n_l^2$ 为纵向分振动的反映阻抗，$Z_t=Z_i^t/n_t^2$ 为扭转分振动的反映阻抗. 由图 10.13 可得在分界面 AB 处纵向与扭转振动的合成阻抗，即传振杆第一部分的负载阻抗 Z_A 为

$$Z_A=\frac{Z_lZ_t}{Z_l+Z_t} \tag{10-101}$$

把 Z_l 及 Z_t 的具体表达式代入式(10-101)可得

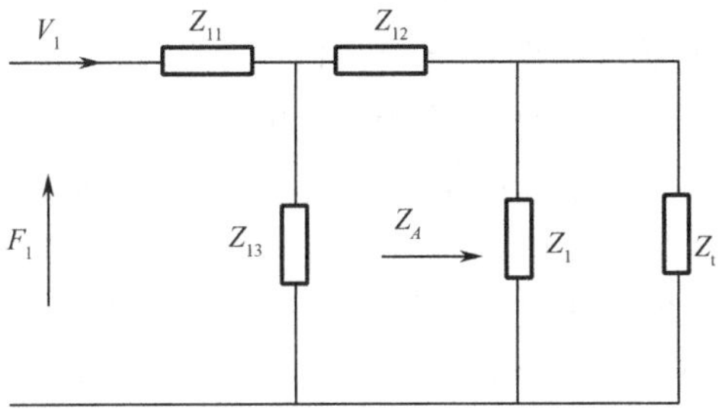

图 10.13　纵-扭复合振动传振杆的简化等效电路

$$Z_A = \mathrm{j}\frac{9(R_2^2 - R_1^2)^2 Z_1 Z_2^{\mathrm{t}} \tan(k_{\mathrm{t}} L_2) \tan(k_1 L_2)}{4Z_1 \sin^2(\theta)(R_2^3 - R_1^3)^2 \tan(k_1 L_2) + 9Z_2^{\mathrm{t}} \cos^2(\theta)(R_2^2 - R_1^2)^2 \tan(k_{\mathrm{t}} L_2)} \tag{10-102}$$

由此可得传振杆输入端的机械输入阻抗 Z_{i} 为

$$Z_{\mathrm{i}} = \mathrm{j}Z_1 \tan(k_1 L_1 + \alpha) \tag{10-103}$$

式中 α 为一个与频率及第二部分形状和尺寸有关的参数,可由下式决定

$$\begin{aligned}\tan(\alpha) &= \frac{Z_A}{\mathrm{j}Z_1} \\ &= \frac{9(R_2^2 - R_1^2)^2 Z_2^{\mathrm{t}} \tan(k_{\mathrm{t}} L_2) \tan(k_1 L_2)}{4\sin^2(\theta)(R_2^3 - R_1^3)^2 Z_1 \tan(k_1 L_2) + 9\cos^2(\theta)(R_2^2 - R_1^2)^2 Z_2^{\mathrm{t}} \tan(k_{\mathrm{t}} L_2)}\end{aligned} \tag{10-104}$$

由式(10-103),根据振动系统理论,当系统的输入阻抗等于零时,系统处于共振状态,由此可得纵-扭复合振动传振杆的共振频率方程为

$$k_1 L_1 + \alpha = n\pi, \quad n = 1,2,3,\cdots \tag{10-105}$$

式中 n 为正整数,表示传振杆不同的振动模式数. 当 $n=1$ 时,传振杆处于基频共振. 由式 (10-105) 以及式中各量的具体表达式可以看出,斜槽式纵-扭复合振动传振杆的共振频率不仅与其材料及几何尺寸有关,而且还与斜槽的倾斜角度有关,即传振杆的共振频率随着斜槽的倾斜角度不同而不同. 下面将对斜槽的倾斜角度对传振杆共振频率的影响进行研究.

10.4.2　纵-扭复合振动传振杆中斜槽的倾斜角度对系统共振频率的影响

由上述分析可以看出,由于斜槽的存在,传振杆中出现了扭转振动的分量. 很显然,斜槽的几何尺寸、形状及倾斜角度等将对振动系统的特性产生一定的影响. 槽的存在,使振动系统的振动性能发生了改变,例如,系统中由没有槽时的单一纵向振动,变成了纵-扭两种模式的复合振动. 同时也改变了系统的共振频率特性以及系统的能量输出关系. 但由于假定槽的宽度无限小,因此槽的存在不改变系统的原来质量以及系统的形状及尺寸. 共振频率是振动系统的一个重要设计参数，以下将对斜槽的倾斜角度对系统共振频率的影响进行研究. 由式（10-105）可以看出，纵-扭复合振动系统的共振频率方程是一个关于系统的材料参数、几何形状、尺寸、倾斜角及频率的超越方程式，因此不可能得出斜槽的倾斜角与其他参数之间的简单明了的解析表达式. 因此在下面的研究中，将以斜槽的倾斜角作为参变量，分析系统的输入阻抗与其频率及尺寸之间的依赖关系，从而可以明显地看出斜槽的倾斜角度对系统共振频率的影响. 为了便于从理论上计算系统的输入阻抗与系统的有关参数之间的依赖关系，对式中的有关变量做以下的变换. 根据材料力学及弹性力学理论，可以得出材料的杨氏模量 E 与剪切模量 G 之间的关系式

$$G=\frac{E}{2(1+\sigma)} \tag{10-106}$$

式中 σ 为材料的泊松系数. 由式(10-106)可得

$$k_t L_2=\sqrt{2(1+\sigma)}k_1 L_2 \tag{10-107}$$

把式(10-107)代入系统输入阻抗的表达式(10-103)，可知，当系统使用的材料确定后，系统的输入阻抗将仅为 k_1L_1、k_1L_2 及倾斜角 θ 的函数. 图 10.14 为系统的输入阻抗 Z_i 与 k_1L_2 之间的理论计算曲线，其中 θ 作为参变量. 在图 10.14 中，图 10.14(a)表示倾斜角度等于零时，传振杆的归一化输入机械阻抗与相长 k_1L_2 之间的关系曲线. 图 10.14(b)中的曲线 1、2、3 分别表示斜槽的倾斜角等于 $\pi/6$、$\pi/4$、$\pi/3$时，系统的归一化输入机械阻抗与相长 k_1L_2 之间的关系曲线，其中归一化的输入阻抗及相长皆为无量纲的量.

从图 10.14 可以看出，对应斜槽不同的倾斜角，系统的共振频率不同. 随着斜槽倾斜角的增大，系统的共振频率下降.

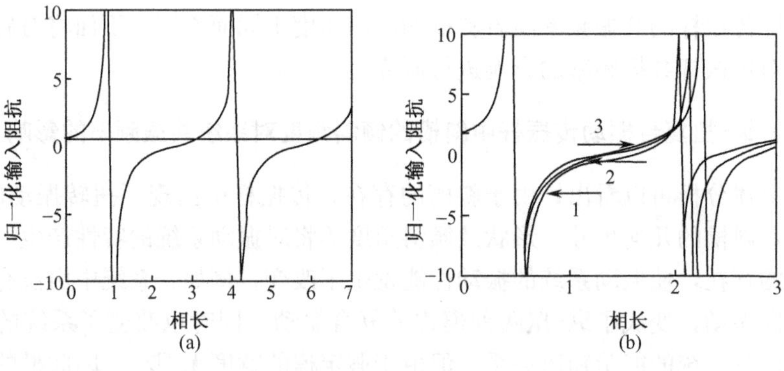

图 10.14　系统的输入阻抗 Z_i 与 k_1L_2 之间的理论计算曲线

10.4.3 实验

为了验证本节中得出的纵-扭复合振动系统的等效线路理论以及斜槽的倾斜角对系统的共振频率的影响，加工了四个半波长圆筒式传振杆，其中一个未开斜槽，另外三个带有不同倾斜程度的斜槽. 斜槽的长度为 30mm，宽度为 5mm. 传振杆的材料为 45 号钢，其材料参数为：密度为 7800kg/m^3，纵向声速为 5000m/s，泊松比为 0.28. 对振动系统的共振频率进行了测试. 在实验中，传振杆与一个半波长夹心式功率超声换能器固定在一起，组成一个全波长振动系统. 用传输线法测量系统的共振频率. 测试结果见表 10.5. 表中 f_t 为传振杆的理论计算频率，f_m 为半波长换能器与待测传振杆组成的复合系统的测试频率，f_c 为由实验结果计算出的待测传振杆的共振频率，其计算式为

$$f_c = \frac{f_m^2}{f_0} \tag{10-108}$$

表 10.5 纵-扭复合振动系统共振频率的测试结果

系统	R_1/mm	R_2/mm	L_1/mm	L_2/mm	θ/rad	f_t/Hz	f_c/Hz	f_m/Hz
1	15	25	75	50	0	20000	19886	19881
2	15	25	75	50	π/6	18670	18134	18986
3	15	25	75	50	π/4	17620	16936	18347
4	15	25	75	50	π/3	16755		17773

式中 f_0 为半波长换能器的共振频率，在本节中 f_0=19 877Hz. 式（10-108）也就是复合系统共振频率的近似计算式，即 $f_m=\sqrt{f_0 f_c}$. 由实验结果可以看出，随着斜槽倾斜角的增大，系统的共振频率降低，这与理论预测的规律是一致的. 另外为了研究斜槽式纵-扭复合振动系统的振动性能，在大功率状态下对上述系统的振动性能进行了一些初步的研究. 实验发现，位于传振杆输出端面上的圆环在系统共振的情况下发生旋转，这也进一步证实了该系统能够产生纵-扭两种振动模式，其辐射面的质点轨迹为一椭圆形，可用于超声马达、加工、焊接以及其他技术中. 关于频率测量的误差来源，主要有以下几点：第一，换能器及变幅杆材料的实际值与标准值（即计算中采用的数值）有差异. 第二，在本节的分析中，把斜槽认为是理想的几何线段，忽略了其质量的作用，而质量的改变对系统的频率是有影响的. 第三，为简化分析，本节忽略了纵向与扭转振动之间的相互作用，而这种相互作用是客观存在的，它必将影响系统的性能及频率. 由于纵向与扭转振动的相互作用比较复杂. 还需要在以后的工作中进行比较详细及深入的研究.

10.4.4 小结

本节从理论及实验两个方面研究了斜槽式纵-扭复合振动系统的一些振动特性. 推出了振动系统的等效电路，探讨了斜槽的倾斜角度对系统的共振频率的影响，得出了关于倾斜角增大系统的共振频率降低的结论.

第 11 章　检测超声换能器

超声检测过程就是超声信号的发射、接收、传输与识别过程．因此超声检测的主要研究内容有两大部分，即超声信号的产生与接收，以及超声信号的传输、识别、处理及再现．后者已经形成了一门非常完善的学科，并且有大量的专著加以分析和研究，本书不再赘述．有关超声信号的产生与接收则是超声检测的另一研究问题之一，并且是超声检测的主要研究内容．检测超声换能器是实现产生和接收超声信号的主要器件．随着无损探伤技术的发展，检测超声换能器的理论探讨和设计制作，受到了广泛的重视．目前检测超声换能器主要是利用压电材料制成的压电陶瓷超声换能器，在无损检测领域，人们常常称其为超声探头．

超声探头是与超声探测的方法和方案紧密地联系在一起的．由于超声检测的应用领域广泛，超声检测的方法很多，所采用的检测方案也非常多，因而超声探头的种类也是多种多样的．用于主动式超声检测的探头按照不同标准有不同的分类．按频谱分有宽带窄脉冲探头和窄带连续波探头，以及冲击波探头、特高频探头和特低频探头；按工作波形分有直角纵波探头和斜角横波探头、板波探头、表面波和爬波探头；按耦合方式分有直接接触探头和水浸探头；按波束分有不聚焦的平探头和聚焦探头；按工作方式分有单探头、双探头、机械扫描和电子切换探头、电子束扫描相控阵探头等，按工作的环境分有高温探头、微型探头、高压探头等．超声测量探头有共振式测试探头、脉冲式测试探头、时差测试陡前沿探头和动目标测量的多普勒探头等．被动工作式声发射探头有多模探头、波形鉴别和定位探头、小频率窗口的窄带探头和大频率窗口的窄带探头等．声学振动检测法探头有声阻法探头、声撞击探头、福克仪探头、硬度计探头、黏度计探头、加速度计探头、压力传感器探头等．此外还有科研用的一些特殊探头，如用于声场测试的微型探头、脉冲响应测试的宽带探头以及灵敏度效准的标准探头等．

超声检测换能器大都工作在暂态状态下，因此对探头暂态特性的分析，无论是对低频还是高频工作的换能器都是一项重要的内容．换能器的暂态特性的研究实际上就是探讨探头在脉冲信号下的信号传输的特性，从而了解和掌握检测超声信号的特征，以便对其处理和识别提供依据．

检测超声探头的暂态特性的分析，主要包括以下几部分内容．第一，探头在已知电脉冲的激励下，在负载中产生的超声波脉冲响应特性．第二，在一个已知的超声波脉冲的作用下，超声探头输出的电脉冲响应特性．第三，在已知的电脉冲的作用下，探头在负载中产生的超声脉冲由界面反射回来后又被探头接收输出的电脉冲响应特性等．以上三种情况也就是通常所说的超声发射、接收以及又发又收特性．超声探头的这些特性，不仅与探头的结构（背衬、压电片、匹配层和保护膜）和工作模式（纵波、横波、表面波及板波等）有关，还和超声波发生器的内阻和接收器的输入阻抗有关，而且还与激励信号的波形（发射时的电压波形以及接收时的入射声波波形）等有关．因此系统完整的有关探头暂态特性的分析内容是相当丰富的，而且与换能器的稳态特性相比，换能器的暂态特性的分析要复杂得多．详细的内容可参见应崇福院士主编的《超声学》一书中的具体内容．

11.1 检测超声探头

11.1.1 超声波探头

凡是能将任何其他形式能量转换成超音频振动形式能量的元件均可用来产生超声波，并称其为超声波探头．超声探头是超声探伤中用来探测物体的探测头，实际上是一种电声和声电转换器件，是超声探伤仪的重要组成部分．

超声探头的种类很多，按其结构和使用的波型等分类有直探头、斜探头、可变角探头；直接接触式探头、水浸探头、轮式探头；纵波探头、横波探头、表面波探头、板波探头；单晶片探头、双晶片探头、阵列探头；聚焦探头、特殊探头等．下面仅叙述压电换能器探头和电磁声换能器探头．

11.1.1.1 压电超声换能器探头的基本结构和各部分的作用

压电换能器探头由压电晶片、楔块、接头等组成，是超声检测中最为常用的实现电能和声能相互转换的一种换能器件，是超声检测装置的重要组成部分．压电换能器探头的结构如图 11.1 所示，各部分的作用如下所述．

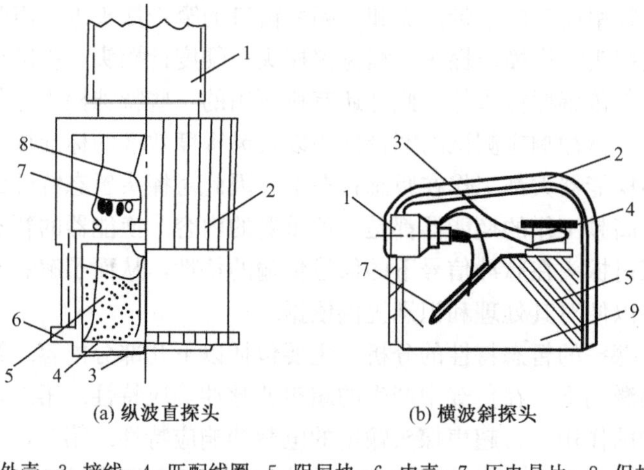

(a) 纵波直探头　　(b) 横波斜探头

1．接头；2．外壳；3．接线；4．匹配线圈；5．阻尼块；6．内壳；7．压电晶片；8．保护膜；9．斜楔

图 11.1 接触式探头的结构示意图

1. 压电晶片

探头中的换能器通常用压电晶片来制作，当压电晶片受发射电脉冲激励后产生振动，即可发射声脉冲. 当超声波作用于晶片时，晶片受迫振动引起的形变可转换成相应的电信号，前者是超声波的发射过程，后者即为超声波的接收过程.

压电晶片的振动频率即探头的工作频率，主要取决于晶片的厚度和超声波在晶片材料中的传播速度. 为得到较高的效率，要使晶片在共振状态下工作，此时晶片厚度为 1/2 波长.

表 11.1 是几种常用压电晶片材料的主要常数. 压电材料的居里点是指压电材料完全丧失压电效应的温度. 介电常数反映材料的介电性质，在制造探头考虑阻抗匹配时起作用. 压电应变常数 d_{33}，是指当压电体处于应力恒定的状态时，由于电场强度变化所产生的应变变化与电场强度变化之比，它关系着晶片发射性能的好坏. 压电电压常数 g_{33} 则是指压电体在电位移恒定时，由于应力变化所产生的电场强度变化与应力变化之比，它关系着晶片接收性能的好坏.

表 11.1　几种常用压电晶片材料的主要常数

材料	居里点/℃	介电常数	声特性阻抗 /(10^6kg/m^{2}s)	压电应变常数 d_{33}/(10^{-12}m · V)	压电电压常数 g_{33}/(10^{-3}V · m/N)
石英	570	4.5	15.2	2.0	50
钛酸钡系	115	1700	30	160	13
锆钛酸铅	190～300	1500	28	320	24.4
偏铌酸铅	＞400	300	20.5	85	32
钛酸铅	120	1000	27	125～190	14～21

2. 保护膜、斜楔

晶片较脆，为使其在与试件接触移动时不易损坏，对于表面较平滑的试件，常在晶片前面黏附一层用氧化铝、蓝宝石或碳化硼制成的硬保护膜. 对于粗糙的表面，则更常采用厚度为零点几毫米的可更换塑料软保护膜，用油作耦合剂效果较好. 在斜探头晶片的前面有斜楔，晶片发出的纵波通过所设定的一不同倾角的斜楔射向试件表面，经波型转换可在试件中相应地产生横波、瑞利波或兰姆波. 斜楔一般用有机玻璃制作.

3. 阻尼块

为提高探头发射超声波的效率，常使晶片在共振状态下使用，这会使振动不易停止，难以形成窄脉冲. 因此常在晶片背面装上块阻尼块以增大晶片的振动阻尼，并吸收晶片背面发出的超声波.

斜探头晶片前面与楔块的斜面固定，背面一般不加阻尼块. 但斜楔内的多次反射波会造成一系列噪声，所以在斜楔的前面浇有阻尼物质，用以吸收噪声.

4. 调谐线圈

在调谐式电路中，为使探头的谐振频率能与仪器发出的电脉冲激励频率达到最佳匹配，常装有调谐线圈. 调谐线圈有时也装在探头内.

11.1.1.2 压电换能器探头的主要种类

1. 直探头

超声纵波垂直于发射面发出，用以探测基本平行于探测面的平面型或立体型缺陷，这种探测方法被广泛用于锻件、铸件、板材等的检测.

纵波直探头可按频率和晶片尺寸划分系列，也可按保护膜的软硬来划分. 此外，还可按其对不同频率的响应（频谱）分为宽带探头和窄带探头，前者分辨率高，后者则灵敏度较高.

直探头是使超声波垂直人射被检体的探头，主要用来发射和接收纵波，所以也称纵波探头. 也有可以直接发射横波的，称为横波直探头. 直探头的结构如图11.2所示，主要由压电晶片（也称振子）、阻尼块（也称吸收块或背材）及保护膜组成.

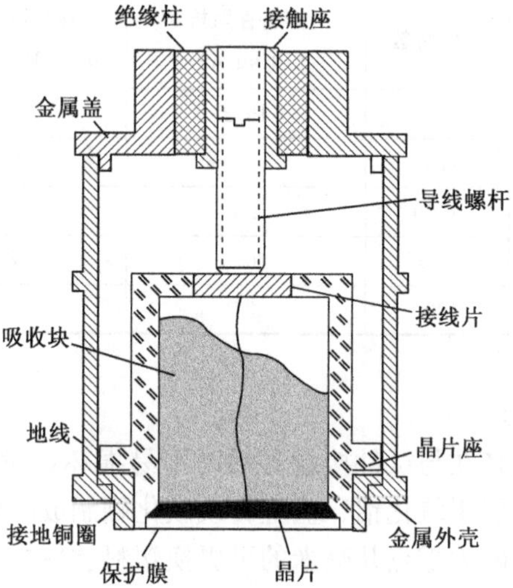

图 11.2 直探头的结构

压电晶片多用圆片，其厚度与超声频率成反比，例如锆钛酸铅（PZT-5）的频率厚度常数为1890kHz·mm，晶片厚度为1mm时，自然频率为1.89MHz，晶片厚度为0.7mm时，自然频率约为2.5MHz. 为得到比较高的效率，要求晶片在共振状态工作，此时晶片厚度为1/2波长. 晶片直径与扩散角成反比，直径越大，超声波束越窄. 压电晶片两面镀有银层，作为电极，底面接地，上面接电路. 使用压电陶瓷晶片的探头，可在探头内加入与晶片并联的电阻、电感，使探头与仪器的发射电路进行阻抗匹配，以提高发射效率. 阻尼块的作用是吸收晶片向后发射的声波，同时降低晶片的机械品质因素，使电振荡脉冲迅速停止，以减少超声波脉冲宽度，减少盲区，提高分辨率. 阻尼块声阻抗等于晶片声阻抗时效果最佳. 为了增大吸声效果，阻尼块背面可制成波浪式或倾斜状. 阻尼块与晶片的粘贴要求尽量薄，以减少界面反射. 保护膜粘贴在晶片上面，以免晶片直接接触工件而被磨损. 保护膜有软质保护膜和硬质保护膜两种. 软保护膜可使用塑料膜，与表面粗糙的工件接触较好. 硬保护膜可使用陶瓷片或不锈钢片. 选择保护膜材料时应使其对声能具有尽可能大的穿透率，例如将直探头保护膜的声阻抗选为压电晶片和作为负载的工件的声阻抗的乘积的平方根，同时如果保护膜厚度又是四分之一波长的话，则可以得到最大的透声率. 粘贴保护膜后，晶片的谐振频率将降低. 直探头被广泛用于锻件、铸件、板材等的探伤.

2. 斜探头

斜探头是使超声波倾斜入射被检体的探头，主要用来发射和接收横波，所以也称横波探头. 斜探头有时也发射和接收纵波，称为纵波斜探头.

斜探头有横波斜探头、瑞利波斜探头、纵波斜探头、兰姆波斜探头及可变角斜探头等多种形式.

斜探头主要由压电晶片、阻尼块、斜楔组成. 晶片产生的纵波通过斜楔倾斜入射于工件表面，在工件内产生折射横波. 为了排除纵波的影响，一般入射角要求在第一临界角和第二临界角之间. 斜探头的结构示于图 11.3.

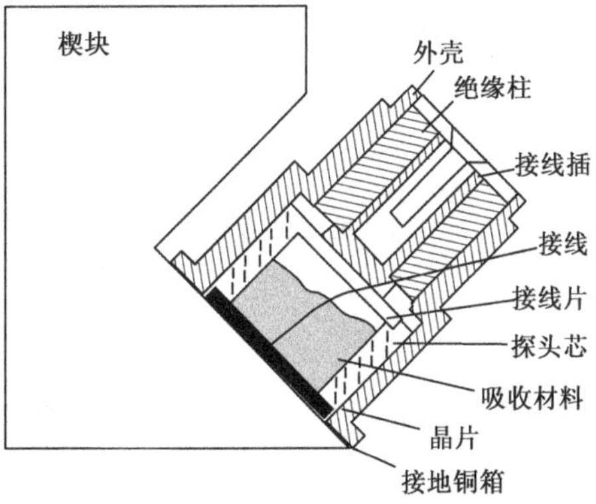

图 11.3　斜探头的结构

横波斜探头主要用于探测与探测面成一定角度的平面型及立体型缺陷，广泛用于焊缝、管材等的超声检测.

横波斜探头除按频率、晶片尺寸划分系列外，还按其入射角或折射角系列化. 有的国家采用入射角为整数的系列（如 30°、40°、45°、60°），有的国家以声束在钢中的折射角为整数系列化（如 35°、45°、60°、70°、80°），我国则多采用按声束在钢中折射角的正切值为简单数的系列，在计算钢中缺陷位置时较为方便.

由于有机玻璃斜楔中的声传播速度受温度影响较大，在某些场合下，须加注意.

斜探头一般使用方形晶片. 斜楔的材料一般采用有机玻璃，其形状应使超声波在斜楔内传播后不返回晶片，以免产生杂波，同时在斜楔前面灌有吸声材料，以便吸收斜楔内的多次反射波.

当纵波入射角增加到横波临界角（横波折射角为 90°）以上时，在工件中将产生表面波. 用来发射和接收表面波的探头称为表面波探头，它是斜探头的一个特例. 直探头在液体中倾斜入射工件时，在特定角度下也能产生表面波.

根据声波的传播理论，当纵波从第一介质（有机玻璃或水）入射到第二介质（钢制工件），入射角满足以下条件时，便可产生板波.

$$\sin\alpha = \frac{c_l}{c_p} \tag{11-1}$$

式中 α 为入射角，c_l 为第一介质的纵波声速，c_p 为板波（兰姆波）某种模的相速度. 用来发射和接收板波的探头称为板波探头.

3. 可变角探头

可以改变入射角的探头称为可变角探头，它可以在工件内产生纵波、横波、表面波和板波其结构如图 11.4 所示. 图(a)通过转动上面的斜块（楔块）来改变入射角，其缺点是没有阻尼块. 图(b)为入射点改变型，其缺点是改变入射角时，入射点、折射角和斜楔里的声程跟着改变. 图(c)为入射点不变型，改变入射角时，入射点和斜楔里的声程不改变，但声波在斜楔里的行程比较长，故衰减大，灵敏度比较差. 可变角探头是板波探伤不可缺少的探头.

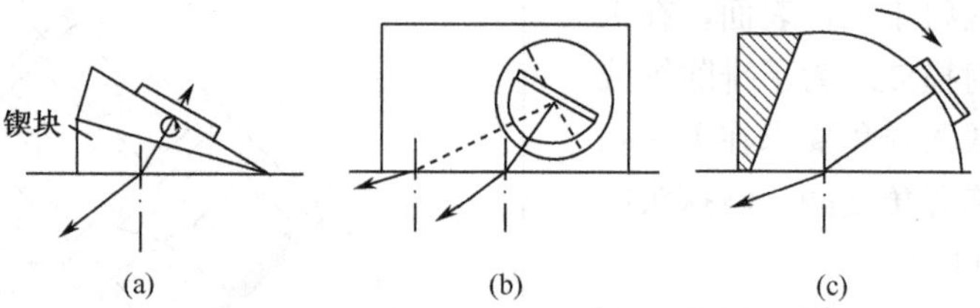

图 11.4　可变角探头的结构

4. 双晶片探头

两块晶片装在同一探头里，一个晶片用来发射另一个晶片用来接收的探头称为双晶片探头，又称分割式探头或组合式探头. 其结构如图 11.5 所示，主要由发射晶片、接收晶片、隔声层、延迟块等组成. 为使发射和接收声束有一交点，通常两晶片相互有一倾角 θ. 由于发射和接收是分开的，发射电脉冲不进入接收电路，克服了阻塞现象，减少了检测盲区，有利于用一次波进行探伤和发现近表面缺陷. 双晶片探头分直探头和斜探头两种，如图 11.5(a)和(b)所示. 双晶直探头常在晶片下方装有延迟块，使超声波延迟一段时间后射入工件，可检测近表面缺陷，常用于薄工件检测和测量厚度. 双晶探头有聚焦作用，其主声轴线相交于图(c)的 Q 点，并且形成一个菱形区 $abcd$，此处检测灵敏度比较高. 有的

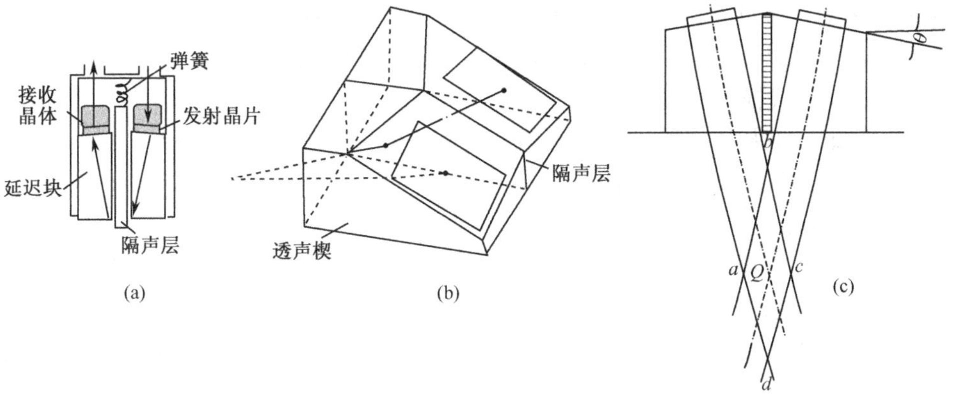

图 11.5 双晶片探头

双晶斜探头的两块晶片不是并排放置，而是一前一后以改变发射波束和接收波束的交点. 双晶片探头可分为两种，即接触式纵波联合双探头和接触式横波联合双探头.

(1) 接触式纵波联合双探头

使用接触式纵波单探头时，发射电脉冲在激励压电晶片的同时也进入仪器的接收电路. 由于仪器放大器的阻塞，无法探测近探测面的缺陷.

纵波联合双探头的结构就是两个纵波单探头的组合（图 11.6 是一种另外形式的组合式纵波探头），一个用于发射一个用于接收，这样发射电脉冲不再进入接收电路. 收发探头都有各自的延迟块，而且两延迟块的声束入射平面均带一倾角，倾角的大小则取决于要探测区域距探测面的深度.

联合纵波双探头，有其声能集中区，利用这一特点，可提高探测区内的缺陷

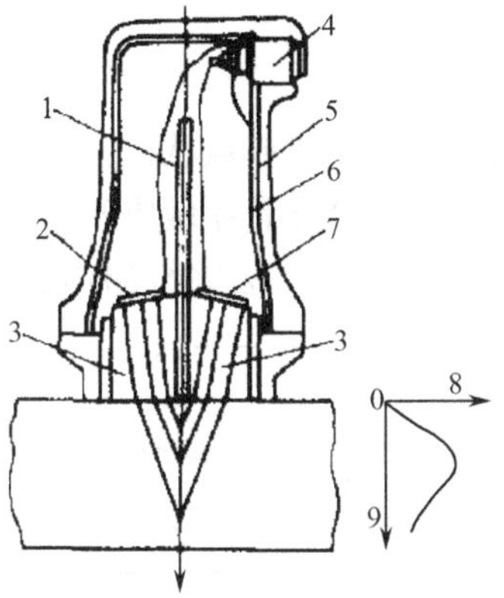

1. 隔离层；2. 发射晶片；3. 延迟块；4. 接头；5. 外壳；6. 屏蔽；7. 接收晶片；8. 声压；9. 深度

图 11.6 纵波联合双探头结构示意图

探测灵敏度，这只需设计探头时将此探测区设计得落在声强集中区即可. 由于来自声强集中区以外的噪声得以降低，从而可提高信噪比.

(2) 接触式横波联合双探头

横波联合双探头是将两个横波斜探头向中偏一个内倾角构成的，主要也是利用其声能集中区以提高信噪比.

5. 水浸探头

水浸探头可浸在液体中探伤，不与工件接触，不需要保护膜，其结构与直探头相似，但要求密封性好. 水浸探头的结构如图 11.7 所示. 在水浸直探头的晶片前面加上声透镜就成为水浸聚焦探头，在聚焦区内声束宽度变小，提高了分辨率.

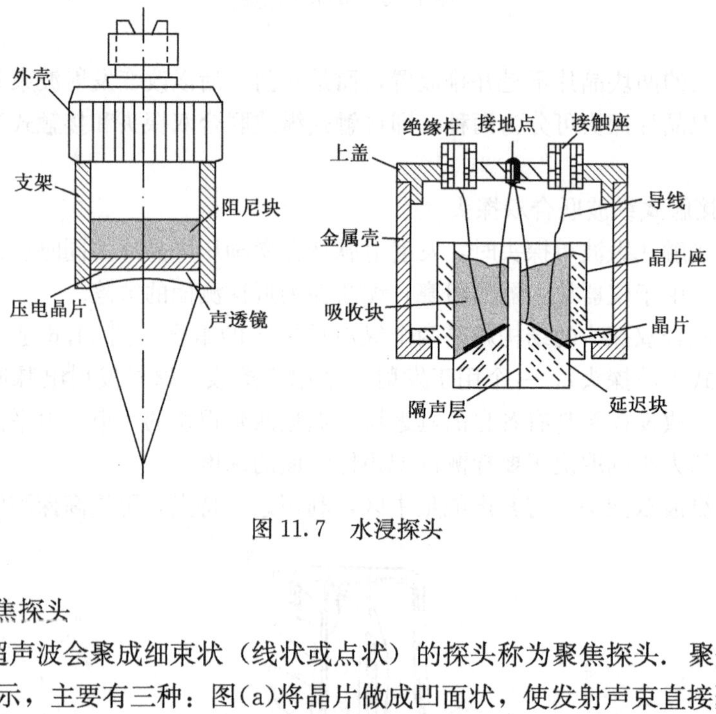

图 11.7　水浸探头

6. 聚焦探头

能将超声波会聚成细束状（线状或点状）的探头称为聚焦探头. 聚焦方法如图 11.8 所示，主要有三种：图(a)将晶片做成凹面状，使发射声束直接聚焦；图(b)通过反射来聚焦；图(c)用声透镜法进行超声波聚焦. 把压电晶片做成凹面

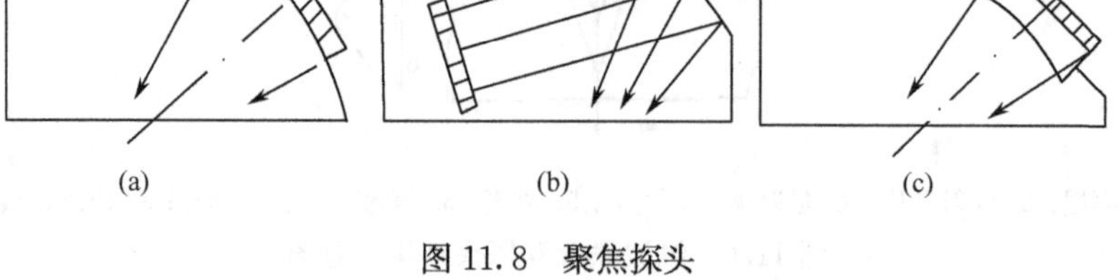

图 11.8　聚焦探头

状，在工艺上比较困难，灵活性较差．因此大多采用加声透镜的方法．一般聚焦探头多在液浸法中使用．点聚焦探头灵敏度高，但探伤速度慢；线聚焦探头灵敏度低一些，但扫描速度快．

7．阵列探头

将许多个小压电晶片（称为阵元）按规定方法排列起来的探头称为阵列探头，如线阵探头、凸阵探头和面阵探头等．

（1）线阵探头

各阵元以直线状排列起来的探头称为线阵探头，其结构如图 11.9 所示．主要由压电晶片、匹配层、阻尼块和声透镜组成．根据需要使用不同数目的阵元，有时一个阵元还要求切割成若干个微晶元，因此一个探头的微晶元可能多达 200 多个．阵元前面有一两层匹配层和声透镜．探头工作时一般由若干个阵元组成一组发射一条声束，通过电子开关切换使此声束移动，改变各阵元的超声波发射时间，可以自由地改变聚焦距离和改变扫查方向，因而能在更大范围和更多方向进行检测，提高检测能力，减少缺陷的漏检．同时利用图像处理装置能够进行图像显示．

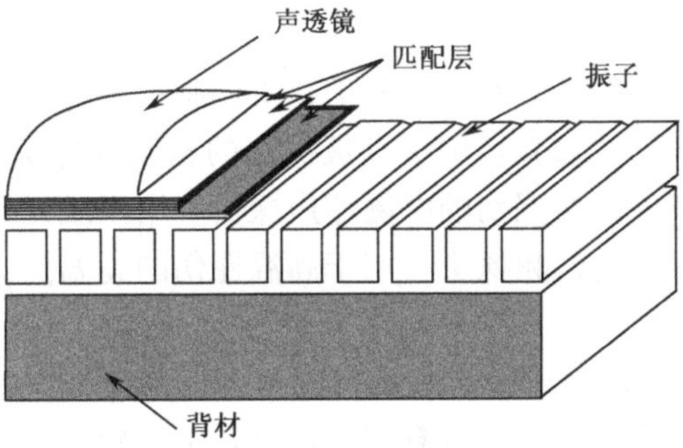

图 11.9　线阵探头

（2）弧阵探头

各阵元以圆弧状排列的探头称为弧阵探头或称为凸阵探头．工作原理类似线阵探头，其特点是探测范围比线阵探头大．这种探头在人体超声诊断中用得很普遍，在工业探伤方面还用得不多．

（3）面阵探头

各阵元以二维方式排列的探头称为面阵探头，或称矩阵探头，其概念图示于图 11.10．这种探头可以得到许多断层图像数据，利用计算机重建图像可以得到三维图像．通常面阵探头的一维为线阵，另一维为线阵或弧形阵，可在两个方向改变孔径和扫描．利用电子开关切换各阵元并改变各通道的延迟量，可在纵横两个方向进行扫描，得到垂直的或倾斜的声束，并可进行聚焦得到很细的声束，

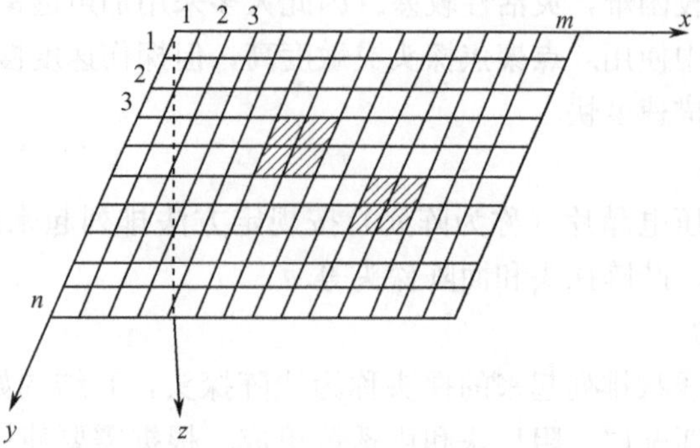

图 11.10　面阵探头示意图

获得很高的分辨率.

一般来说，相邻阵元间隔要求在所用超声波的 1/2 波长以下，如在水中使用 5MHz 的超声波，则要求 0.15mm 以下．此外，如何去除阵元的无用振动，提高超声波射入工件的效率，减小阵元间的串扰，保证各阵元灵敏度的一致性，以及如何进行声匹配层和各阵元引线的精密加工等，都是面阵探头的重要问题.

8. 其他探头

根据不同探测方法和探测对象的要求，人们制作了许多专用探头，例如用于大厚度焊缝探伤的串列式探头，用于钢板探伤的轮胎式探头，用于探测 IC 芯片的高频探头，用于电磁超声探伤的电磁超声探头，用于激光超声探伤的激光超声探头，用于混凝土探伤的低频探头，用于高温探伤的高温探头等.

(1) 聚合物探头

以聚偏氟乙烯（PVDF）为代表的高分子聚合物压电材料已经用于超声探头．这类材料同压电陶瓷比较，具有以下特点：①柔软、耐冲击、耐振动．②容易加工成任意大小和形状．例如把它制成凹面形状，则不用声透镜就可制成聚焦探头，也可用它制作线阵探头、环阵探头或面阵探头．③机械 Q 值小，机械阻尼大，适合制作宽带换能器．④声阻抗低，接近水的声阻抗，适用于水浸法．⑤介电常数小，适合于制作高频探头和大口径探头，与驱动电路的匹配比 PZT 容易，现在已制成的探头的中心频率约为 30～80MHz．⑥压电电压输出系数（g_{33}）大，是一种良好的接收型压电材料．其缺点是压电转换效率低，不适于制作大功率的换能器，耐高温性能差，压电性能老化特性差等.

现在，用聚合物压电材料制作的普通 5MHz 斜探头具有比压电陶瓷材料更高的分辨率，有利于微小缺陷的定量，提高探测精度.

(2) 表面波探头

用来发射和接收表面波的探头称为表面波探头，除了斜探头的入射角大于第二临界角时能做成表面波探头之外，利用 y 切石英晶片也可以制成表面波探头.

此时晶片必须加工成宽度厚度比为 7∶1. 这种晶片在电激励下的振动状态正好与表面波的位移分布一致，向宽度方向发射表面波.

(3) SH 波探头

斜入射探伤用的横波是 SV 波（shear vertical wave），即振动方向垂直于工件表面的横波，而振动方向平行于工件表面的横波就是 SH 波（shear horizontal wave）. 用 SH 波工作的探头称为 SH 波探头，SH 波无模式变换，随距离衰减比较小，声波能在广阔范围内传播. SH 波探头可用于建筑行业钢架焊缝探伤等，表面 SH 波探头可用于探测表面裂纹和开口缺陷等. 由于 SH 波是平行于工件表面振动的横波，所以要求使用黏度相当高的特殊耦合剂.

(4) 复合材料探头

最近出现的用压电陶瓷和聚合物组成的复合材料做成的探头称为复合材料探头，其典型的结构是用切槽机将 PZT 压电陶瓷板切割成纵横以一定间隔排列的矩阵，然后在槽里填充高分子树脂，即形成 1-3 型复合材料. 它具有压电陶瓷探头和聚合物探头的优点，能够得到比 PZT 高的机电耦合系数，获得接近于水的声阻抗，介电常数可在很大范围内改变，因而既能提高灵敏度，又能提高分辨率，同时还能提高信噪比，适合于制作阵列探头. 通过改变陶瓷与聚合物的混合比，可以制作具有各种特殊性能的探头.

9. 对探头的选择

在超声波检测中，超声波的发射与接收都是通过探头实现的. 探头种类很多，性能各异，因此，须根据检验对象，合理地选择探头. 探头的选择主要是对晶片尺寸、角度、频率等几个方面选择.

(1) 探头晶片尺寸大时，近场的覆盖范围也大，晶片小时，近场的覆盖范围也小. 但在远场处由于指向性的关系，大尺寸晶片的覆盖范围有可能小于小尺寸晶片.

对于缺陷的定位和定量，选择探头的原则是声束应尽可能地狭窄，声束相对于缺陷要垂直入射. 小直径晶片的探头在近场范围内声束窄，有利于缺陷定位，适宜于较小厚度试件的检测. 在某些情况下需要使能量更加集中，可采用线聚焦或点聚焦探头.

就检测灵敏度而言，如果忽略超声波在材料中的衰减，近场长度确定了灵敏度随缺陷至探头距离增大而下降的快慢，近场愈长灵敏度下降愈慢. 因此，为使灵敏度随距离而下降较小，应尽可能选择近场长度不小于缺陷最大埋藏深度 1/3 的探头.

探头型式的选择也要视具体情况而定，选择直探头或斜探头主要取决于欲发现缺陷的部位及方位. 例如在探测锻件时，因为缺陷大多垂直于锻压方向，一般选用直探头在锻压面上探测；又例如检查焊缝时，因为在焊缝加强部分及危险缺陷大多垂直于或大致垂直于探测面，一般宜选用斜射探头.

一些特殊位置和形状的缺陷，只用平探头（同时起收发作用）是不能发现的，例如近表面的平行于表面的缺陷，纵波检测往往要用双晶探头.

(2) 超声波频率在很大程度上决定了超声波对缺陷的探测能力，必须选取合适.

频率高时，波长短、声束窄、扩张角小、能量集中，因而发现小缺陷能力强，分辨率高，缺陷定位准确. 但扫描空间小，仅能发现声束轴线附近的缺陷，对于裂纹等面状缺陷，因其有显著的反射指向性，如果超声波不是近于垂直地射到裂面上，在检测方向上就不会产生足够大的回波，频率越高这种现象越显著. 检测面粗糙时，高频声波散射大不易射入. 超声波波长与金属晶粒的大小相当或更小时，即频率过高或晶粒粗大时，衰减很显著，往往得不到足够的穿透能. 此时由于晶界之类的反射还会出现草状回波使缺陷检出困难. 也就是说，信噪比会降低，在这些情况下，应选择低频率.

据此，频率上限一般应由衰减（底波出现状况）和草状回波信号的大小来决定，而下限则由检测灵敏度、脉冲宽度、及指向性决定. 对脉冲接触法来讲，常用的频率范围如表 11.2 所示.

表 11.2　脉冲接触法常用的频率范围

频率范围	应　　用
25～100kHz	混凝土、木杆、岩石及其他粗结构材料
200kHz～1MHz	铸件：灰口铁、可锻铸铁及组织相当粗的材料如铜
400kHz～5MHz	铸件、钢、铝、黄铜及其他细晶粒材料
200kHz～2.25MHz	塑料和类似材料如固体火箭燃料和粉末料
2.25～10MHz	拉拔产品：棒、管和型材（有色和黑色金属）
1～10MHz	锻件（黑色和有色金属）
1～5MHz	轧制产品：金属薄板、中厚板、棒材和坯料
2.25～15MHz	玻璃和陶瓷
1～5MHz	焊缝（黑色和有色金属）
1～10MHz	维修检测，特别是疲劳裂纹

11.1.1.3　压电换能器探头的型号标识

压电换能器探头型号组成项目及排列顺序如下：

基本频率 → 晶片材料 → 晶片尺寸 → 探头种类 → 特征

基本频率：用阿拉伯数字表示，单位为 MHz；

晶片材料：用材料的缩写符号表示，见表 11.3；

晶片尺寸：用阿拉伯数字表示，单位为 mm. 其中圆晶片用直径表示，方晶片用长×宽表示，联合双探头（分割探头）晶片为两半圆形的用分割前的直径表示，两块方形晶片用长×宽×2 表示；

探头种类：用汉语拼音缩写字母表示，见表 11.4，直探头也可不标出.

探头特征：斜探头钢中折射角正切值（K 值）用阿拉伯数字表示. 钢中折射角用阿拉伯数字表示，单位为度；联合双探头（分割探头）钢中中心声束相交点深度用阿拉伯数字表示，单位为 mm，水浸探头水中焦距用阿拉伯数字表示，单位为 mm，DJ 表示点聚焦，XJ 表示线聚焦.

表 11.3 晶片材料表达法

压电材料	代号
锆钛酸铅陶瓷	P
钛酸钡陶瓷	B
钛酸铅陶瓷	T
铌酸锂单晶	L
碘酸锂单晶	I
石英单晶	Q
其他压电材料	N

表 11.4 探头种类表达法

种类	代号
直探头	Z
斜探头(用 K 值表示)	K
斜探头(用折射角表示)	X
联合双探头(分割探头)	FG
水浸探头	SJ
瑞利波(表面波)探头	BM
可变角探头	KB

11.1.1.4 压电换能器探头与仪器的连接

探头须用高频电缆与检测仪连接. 为了消除外来电波对探头的激励脉冲及回波脉冲产生影响，并防止这种高频脉冲以电波形式向外辐射，常用同轴电缆作高频电缆，这种电缆的截面如图 11.11 所示.

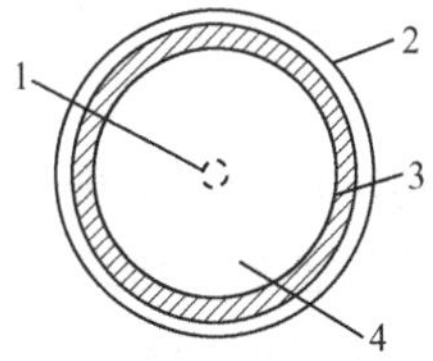

1. 芯线（单股或多股）；2. 外皮；3. 金属丝编织屏蔽层；4. 聚乙烯隔层（有各种形式）

图 11.11 同轴电缆截面图

同轴电缆比一般电缆脆弱，弯曲过大易于损坏. 使用的注意事项如下：

(1) 对于用石英、硫酸锂等介电常数很低的压电晶片所制成的探头，同轴电缆的长度、种类不同，会引起检测灵敏度的较大变化，所以不能任意配用非规定的电缆.

(2) 用锆钛酸铅、钛酸钡等介电常数很高的压电晶片所制成的探头时，电缆的种类和长度的不大变化，对探伤灵敏度影响不大.

11.1.1.5 电磁声换能器

在物理学上，任何载有电流的导电体在磁场中都受机械力（洛伦兹力）作用，三者的方向互相垂直可用左手定则表示如图 11.12 所示.

把通有交变电流的线圈放在导体表面上，在交变磁场的作用下，导体中将感生出涡流，如果这交变涡流又处于另一恒定磁场之中，构成涡流回路的质点将受

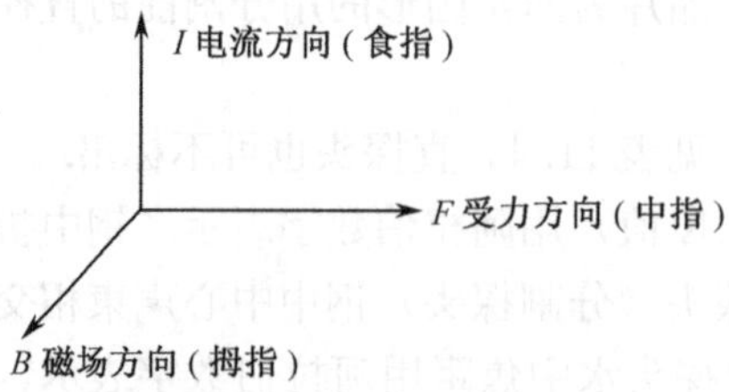

图 11.12　洛伦兹力示意图

到洛伦兹力的作用，适当选择涡流和恒定磁场的方向就可以使洛伦兹力的方向垂直或平行试件表面，从而产生超声纵波或横波，其频率与线圈中所通过的电流频率相同，这效应是可逆的，这就是电磁声换能器的工作原理，如图 11.13 所示．注意，用图 11.13（a）方式产生的是水平偏振横波（SH 波），这与通过斜入射纵波声束经波型转换产生的横波（垂直偏振横波 SV 波）是不相同的.

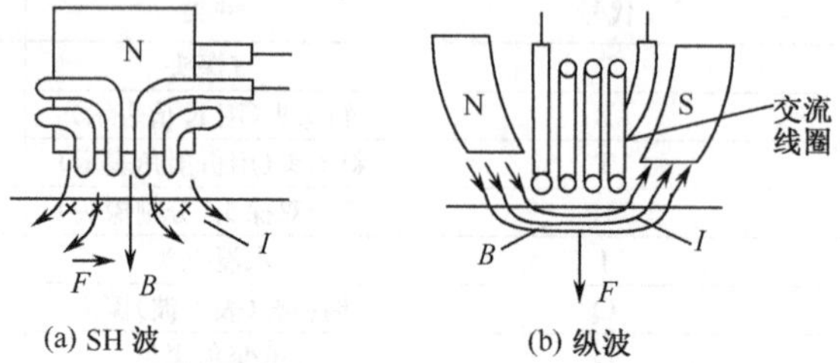

B. 磁场方向；I. 电流方向；F. 受力方向

图 11.13　电磁声换能器工作原理图

11.2　检测超声换能器的一些基本要求

超声检测的实现是通过各种形式的超声检测仪器及设备来进行的，而各种超声检测设备的关键部分是超声换能器，也就是常说的超声探头．大多数超声检测用的超声换能器都既作发射，又作接收．即既向待测物体内发射声波，又接收经物体内粒子调制的回声信号．超声换能器的性能对超声检测仪器的质量有着决定性的影响，对于超声检测来讲，超声波作为信息载体，我们不希望其对待测物体有任何作用或效应（即无损的），因而要求入射入待测物体内的声波强度尽可能低，但又要得到能从噪声中鉴别出有用的信号，也就是说，要求超声换能器有高的灵敏比和信噪比．此外，为了获得微小缺陷所必要的分辨率，要求超声换能器有较高的纵向和横向分辨率等.

11.2.1　灵敏度（插入损耗）及信噪比

一个兼作发射和接收的换能器的发收灵敏度可用其双向插入损耗来描述．换能器的插入损耗是与激励电源的内阻有密切关系的．为了能够有一个比较统一的评价，鉴于目前通用的标准信号源的内阻通常为 50Ω，故通常按激励电源内阻为 50Ω 时换能器的插入损耗来评价换能器.

换能器插入损耗的测量方法如图 11.14 所示. 首先，选用阻值与电源内阻 R_0 相同的负载，测量负载两端的电压 V_0. 通常，激励电源信号为中心频率为 f 的调制方波 $E(f)$，则负载 R_0 两端的电压为相似的调制方波，如图 11.14(a)所示，且大小为

$$V_0(f)=\frac{1}{2}E(f) \tag{11-2}$$

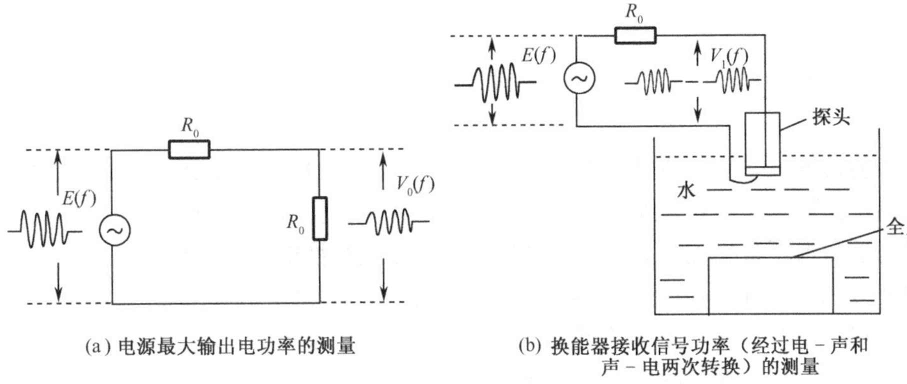

图 11.14　换能器插入损耗的测量(负载为水)

在这种情况下，负载所得到的电功率为此电源能够提供的最大输出电功率，即

$$W_0(f)=\frac{V_0^2(f)}{R_0}=\frac{E^2(f)}{4R_0} \tag{11-3}$$

然后，设我们要测量换能器向水中辐射声波时的插入损耗，则将换能器置入水中，使其声束垂直入射于一全反射面，反射信号也为该换能器接收，如图 11.14(b)所示. 由于在低频段水的声衰减系数很小，且使换能器与反射面的距离足够近，故水中声衰减及衍射造成的损耗均可忽略不计，则所接收到的反射信号 $V_1(f)$ 即为换能器本身由电到声再由声到电两次转换后的信号，经这两次转换后所得到的电信号的功率 $W_1(f)$ 与电源最大输出功率 $W_0(f)$ 之比称为换能器的插入损耗，通常以分贝数 L 来表示，即

$$L=-10\lg\frac{W(f)}{W_0(f)}=-20\lg\frac{V(f)}{V_0(f)} \tag{11-4}$$

典型的超声检测与诊断换能器插入损耗与频率的关系如图 11.15 所示. 由式(11-4) 可知，换能器插入损耗的频率特性与通常所指的换能器在频域的脉冲响应特性（或称为频率响应）之间只差一个负号. 此外，一般说来，前者是一个绝对量，而后者是一个相对量，并常常将插入损耗最小（输出信号最大）的频率 f_0 对应的频率分量作为 0 分贝（或幅值为 1），f_0 常常称为换能器的中心频率. 换能器插入损耗的理论计算通常采用等效电路法，如采用 Mason 等效电路或

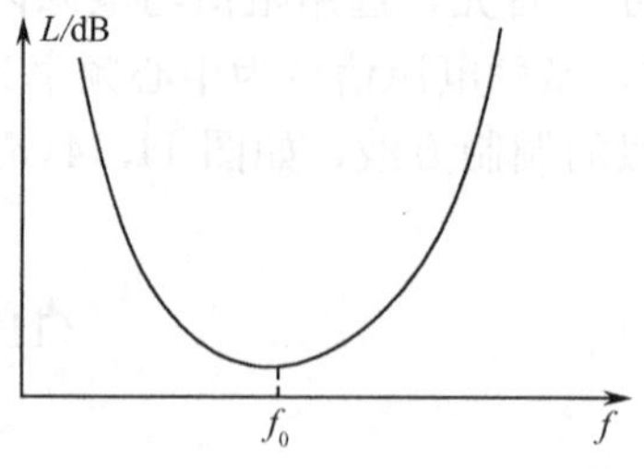

图 11.15 典型的超声诊断换能器的插入损耗频率特性

KLM 等效电路等，具体算法此处从略.

超声诊断或超声检测要求一定的信噪比. 在噪声电平一定的情况下，要求信号要大于某一定值. 增大有用信号的方法有两种，一是增加激励源电压，也就是增加发射声功率，然而这必须是有限度的，因为增加声功率一方面可能造成对检测物体或人体有害，另一方面也增加了电路的难度. 第二种方法则是提高换能器的灵敏度，这是换能器好坏的一个重要标志.

换能器的灵敏度（或插入损耗）与换能器和电源内阻间的阻抗匹配密切相关. 由于检测及医用超声换能器的声负载（待探测物体或生物组织）的声阻抗率与换能器材料严重失配，灵敏度往往较低. 为了提高换能器的灵敏度（即减小插入损耗)，需要采用声匹配和电路匹配方法. 由于换能器的输入阻抗为频率的函数，故很难实现在整个频域的阻抗匹配. 现实的办法是力求在较宽的频段内实现较好的阻抗匹配，在这种要求下，从声阻抗匹配来讲，可以推导出，应选用薄层匹配材料，其声阻抗率 Z_m 应近似为

$$Z_m = (Z_T Z_L^2)^{1/3} \tag{11-5}$$

式中 Z_T、Z_L 分别为换能器及负载的声阻抗率. 匹配层的厚度则约为换能器中心频率对应声波长的四分之一. 电路匹配则包括有源匹配和无源匹配. 有源匹配比较复杂，使用较少. 无源匹配电路则常用如图 11.16 所示的两种型式. 图 11.16(a)为串联式，18.16(b)为并联式. 这两种型式均采用两个电感、一个电容，其数值可根据对换能器插入损耗频率特性的要求，利用计算机用逼近最佳状态的迭代算法来计算，也可以通过实验调试. 为了得到较好的匹配效果，换能器静电容 C_0 在中心频率 f_0 时的容抗应与电源内阻 R_0 比较接近，即 $1/\omega_0 C_0$ 应接近于 R_0. 否则还需要用高频变压器来调整电源内阻，或重新设计换能器，使其 $1/\omega_0 C_0$ 与 R_0 接近.

声、电匹配可以使换能器的频带变宽，插入损耗减小，因而换能器的灵敏度

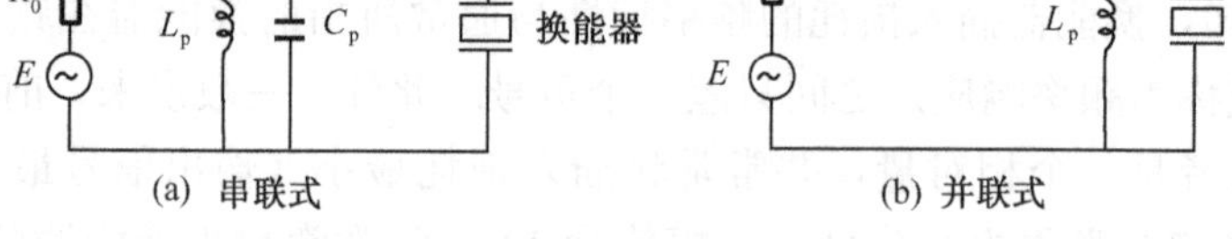

图 11.16 几种换能器电路匹配方式

提高，在同样激励源和背景噪声的情况下，信噪比也提高.

11.2.2 脉冲响应与纵向分辨率

当激励源为一个 δ 电脉冲时，自发自收的换能器所输出的电信号（设介质中无传播损耗）称为换能器的脉冲响应，如图 11.17 所示. 显然，换能器的输出脉冲为持续一段时间的振荡信号，振荡频率约等于换能器的中心频率 f_0. 输出信号幅度大于信号最大幅度 10%的脉冲持续时间 τ 与其中所含振荡周期数 N 间的关系为

$$\tau = \frac{N}{f_0} \tag{11-6}$$

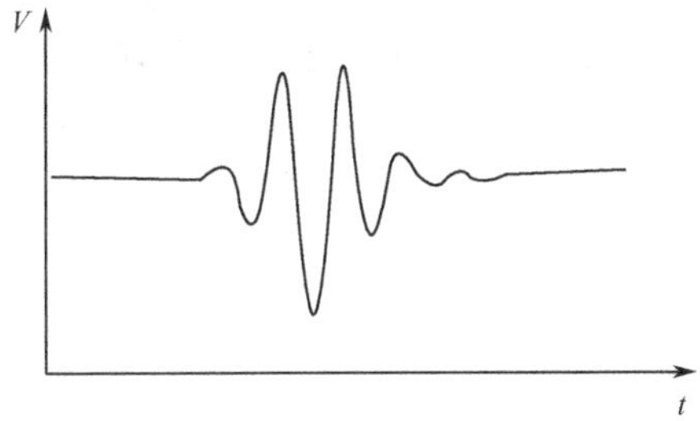

图 11.17 换能器的脉冲响应

通常，N 可以用来粗略衡量换能器脉冲特性的好坏. N 值与换能器的相对带宽密切相关，一般说来，相对带宽大，则 N 小，脉冲窄，反之，则 N 大，脉冲宽. 但是，N 值还与换能器频率响应的形状有很大关系. 频响曲线越接近于高斯型，在同样相对带宽下，N 值越小，脉冲越窄.

如前面所述，为了有一个统一的评价标准，在谈到换能器插入损耗时，通常都指电源内阻为 50Ω 的情况. 同样，换能器的脉冲响应也是在这样条件下评价. 然而，在实际的超声诊断及检测应用中，更重要的是换能器与系统的激励电源配合时的脉冲响应，即系统的脉冲响应，而系统的纵向分辨率 d_1 则是与此脉冲响应直接相关，对于使用反射信号的情况，它可表示为

$$d_1 = \frac{1}{2}c\tau = \frac{cN}{2f_0} \tag{11-7}$$

声、电匹配不仅可以提高换能器灵敏度，而且可以改善脉冲响应特性，从而提高系统的纵向分辨率. 在许多超声诊断及检测设备中，为了简化匹配电路的调整，往往只采用一个串联电感或一个并联电感来实现电路匹配，所得到的效果也比较令人满意.

11.2.3 声束宽度与横向分辨率

无论是超声诊断，还是超声检测，声波的作用区域或声场分布都是很受关注的．一个有限尺寸的换能器的声场分布，可以按照惠更斯原理，将其看成许多小“点”源，通过对整个换能器区域的积分来求得．对于圆形活塞式换能器，其声场可分为近场和远场来描述．远、近场交界面离换能器表面的距离 Z_c 可按下式计算

$$Z_c = \frac{(4a^2 - \lambda^2)}{4\lambda} \tag{11-8}$$

式中，a 为换能器的半径，λ 为介质中声波长．

在近场区域，无论横向还是沿轴线方向，换能器产生的声压分布都是起伏的，且质点振动速度与声压之间不同相，其平均声束宽度基本上与换能器的大小相同. 在远场区域，声压沿轴向单调下降，当到换能器的距离 $r \gg Z_c$ 时，声压幅度可用下式表示

$$p(r,\theta) = \frac{1}{r} \cdot \frac{J_1(ka\sin\theta)}{ka\sin\theta} = \frac{1}{r} \cdot f(\theta) \tag{11-9}$$

式中，$f(\theta)$是换能器的指向性函数

$$f(\theta) = \frac{J_1(ka\sin\theta)}{ka\sin\theta} \tag{11-10}$$

θ 为观察点到换能器中心连线与声束轴线之间的夹角，$J_1(x)$为第一类一阶贝塞尔函数. 一个典型的换能器的指向性图如图 11.18 实线所示.

在指向性图中，两个最靠近声束轴线的极小方向（$\pm\theta_1$）间的声束称为主瓣，θ_1 满足

$$\sin\theta_1 = 0.61\frac{\lambda}{a} \tag{11-11}$$

声束宽度 d_L 定义为声压幅值大于最大方向幅值的 70%（3dB 宽度）的宽度，由下式表示

$$d_L = \frac{\lambda z}{2a} \tag{11-12}$$

在脉冲工作情况下，由于相干长度较短，因而方向性的起伏较小，即旁瓣较少，如图 11.18 中的虚线所示. 其主瓣张角 θ_1 及声束宽度仍可近似地根据其中心频率按式（11-11）和式（11-12）计算.

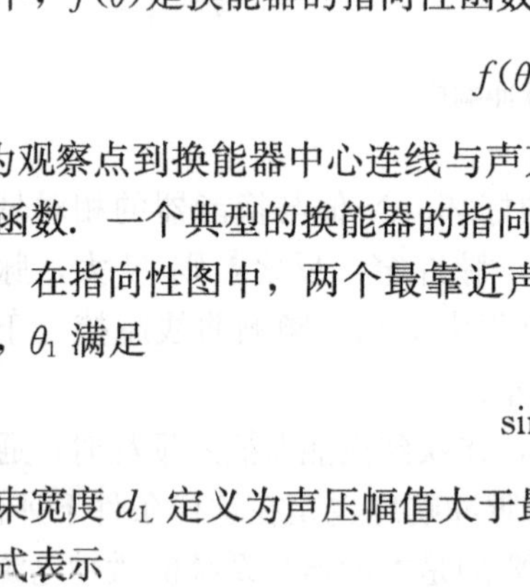

图 11.18 换能器指向性图，实线为连续波，虚线为脉冲波

显然，超声检测及诊断系统的横向分辨率是由换能器的声束宽度来决定的，即可以近似地用 d_L 来表示. 由式(11-12)可知，在远场中，声束宽度随着与换能器的

距离的增加而增加，因而横向分辨率也随与换能器的距离而降低，而这是超声检测与诊断设备所不希望的.

11.2.4 利用聚焦换能器的声场特性来改善换能器的横向分辨率

如上所述，平面活塞式换能器的最小声束宽度近似为换能器的横向尺寸. 在远场中，声束宽度迅速扩大，这就严重限制了系统的横向分辨率. 为了提高横向分辨率，现有的超声检测及诊断设备多数采用聚焦换能器. 最简单的聚焦换能器为球面换能器或用平面换能器加上聚焦声透镜. 现以球面换能器为例来简要说明聚焦换能器的声场特性和主要参数.

设球面换能器的横向半径为 a，曲率半径为 z_0，如图 11.19 所示.

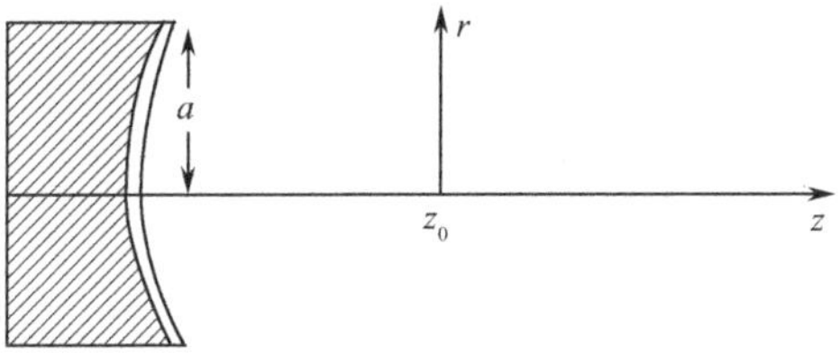

图 11.19 球面聚焦换能器

如同计算平面圆形活塞换能器的声场一样，球面换能器的声场也可根据惠更斯原理用积分方法来求得. 可以证明，声束宽度最小的平面约在 $z=z_0$ 处，称为焦平面. 在焦平面内声压幅度的横向分布为

$$p(z_0,r) = p_0\,\frac{\pi a^2}{z_0\lambda}\cdot\frac{2J_1(kra/z_0)}{kra/z_0} \tag{11-13}$$

式中 r 为离开声束轴线的距离.

由式(11-13)可以计算焦平面内声压分布的横向分布曲线，如图 11.20 所示，图中 $\mathrm{jinc}(x)=\dfrac{J_1(x)}{x}$，同时可以计算出第一零点处直径为

$$d_0 = \frac{1.22z_0\lambda}{a} \tag{11-14}$$

在焦点附近，声压的轴向分布则如下式表示，并示于图 11.21.

$$p(z,0) = p(z_0,0)\,\frac{z_0^2}{z}\mathrm{sinc}^2\left[\frac{a^2}{2\lambda z_0}\left(\frac{z}{z_0}-1\right)\right] \tag{11-15}$$

其中

$$\mathrm{sinc}x = \frac{\sin\pi x}{\pi x} \tag{11-16}$$

通常用来描述聚焦换能器的参数有三个：焦距、焦点大小和焦柱长度. 焦距在前面已做了定义，对于球面换能器来讲主要取决于球半径 z_0.

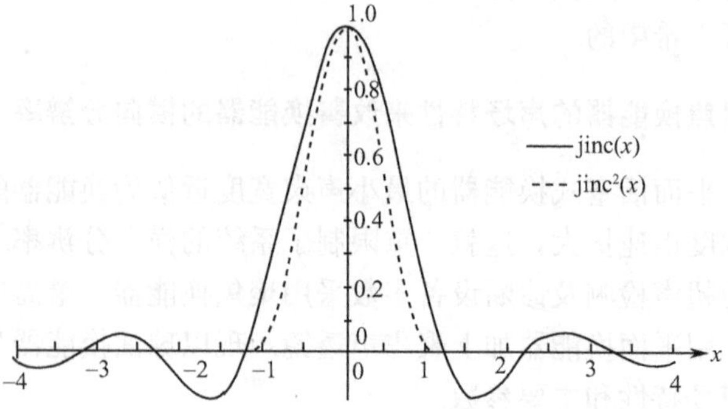

图 11.20　球面聚焦换能器焦平面内声压的横向分布

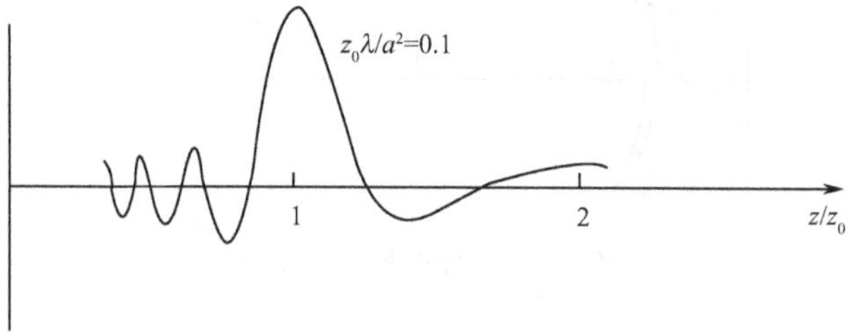

图 11.21　球面聚焦换能器声压的轴向分布

焦点大小按声压幅度比最大值下降 3dB 处声束的宽度来计算,可由式 11-17 决定

$$d_{\mathrm{L}}=\frac{z_0\lambda}{2a} \tag{11-17}$$

焦点的大小对应于在焦平面内系统的分辨率. 因而 d_{L} 越小,焦平面内的横向分辨率就越高. 然而,对于一个超声检测和诊断系统而言,需要检测的区域有一定的深度. 我们所要求的不仅是在焦平面内有高的分辨率,而且在较大的深度内都有高的分辨率. 定义在焦点两侧轴线上声压幅度比焦点处声压幅度下降 3dB 的两点间的距离 d_{f} 为焦柱长度,则可得

$$d_{\mathrm{f}}=\frac{1.8z_0^2\lambda}{a} \tag{11-18}$$

$$d_{\mathrm{f}}=3.6\,\frac{z_0}{a}d_{\mathrm{L}} \tag{11-19}$$

为了能在较大区域内获得高的横向分辨率,要求 d_{f} 越大越好. 然而,由式(11-19)可见,d_{f} 与焦点大小 d_{L} 成正比,显然对于简单的球面聚焦换能器,要想兼得小的焦点和大的焦柱长度是困难的,只能二者折中或采用较复杂的聚焦方式,如

动态聚焦等.

11.2.5 利用电子聚焦方法改善超声检测和诊断的分辨率

利用电子技术也可以实现声束的聚焦,实现电子聚焦需用换能器阵列. 换能器线阵可以用作一维聚焦,而面阵则可用作二维聚焦. 为了说明电子聚焦方法,我们以线阵为例加以简要的分析.

如图 11.22 所示,设换能器线阵为 N 个单元组成,各单元为等间距排列,总孔径为 D. 设所需的焦点位置在 F 点. 从图中可见,换能器阵中各单元到 F 点的距离不同,记为 $r_1, r_2, \cdots, r_k, \cdots$. 因而由各单元发射声波到达 F 点处的时延也不同,且分别为$\frac{r_i}{c}$.

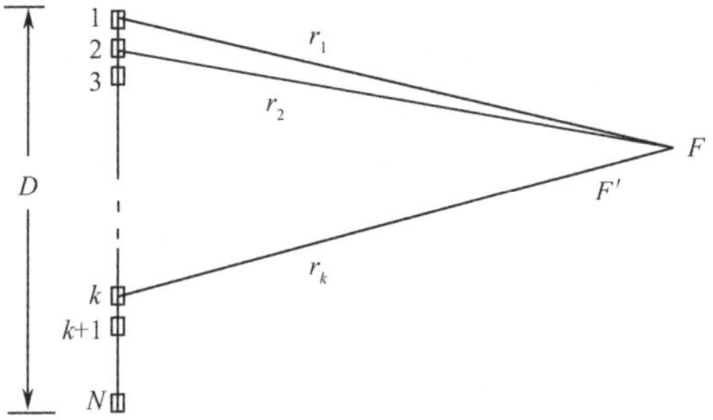

图 11.22 电子聚焦示意图

为了使各单元发射声波在到达 F 处时同相叠加以便在该点得到最大声压,我们对各单元的电激励信号引入不同的延迟,设第 k 个单元的电信号延迟为$(t_0 - t_k)$(t_0 为常数),则 F 点的总声压可以表示为

$$p(z_0, t) = \sum_{i=1}^{N} \frac{A_i}{r_i} F\left(t - t_0 + t_i - \frac{r_i}{c}\right) \tag{11-20}$$

式中,z_0 为焦点 F 到换能器阵的距离,A_i 为第 i 个单元的振幅. 显然,只要我们适当选择 t_i,使$\left(t_i - \frac{r_i}{c}\right)$对每个单元都相等,则各单元发射的声波到达 F 点时均同相,故可以在 F 点聚焦. 而在声场中另一点 F' 与各单元的距离 r'_i 则不满足$\left(t_i - \frac{r'_i}{c}\right)$为常数的条件,因而到达那里的声波不同相,总声压必然小于 F 点的声压. 线阵的横向分辨率(沿阵列方向)为

$$d_{\mathrm{L}} = \frac{0.88 z_0 \lambda}{D} \tag{11-21}$$

显然,线阵的横向分辨率由阵的孔径 D 决定,而与阵元数 N 无关. 应该注意到,在线阵情况下,声束除了有一个主瓣外,还有若干栅瓣,它们分布在主瓣的两旁,第 n

个栅瓣偏转的角度 $\Delta\theta_n$ 为

$$\Delta\theta_n = \frac{n(N-1)\lambda}{D} \tag{11-22}$$

栅瓣中,第一栅瓣的幅度最大.其偏转角度为

$$\Delta\theta_1 = \frac{(N-1)\lambda}{D} \tag{11-23}$$

在脉冲工作状态下,第一栅瓣的幅度 p_1 满足

$$p_1 \propto \frac{\text{振动周期数}}{N} \tag{11-24}$$

为了减小第一栅瓣的影响，需要降低其幅度 p_1 和增大偏转角 $\Delta\theta_1$. 这就要求增加换能器阵的单元数 N，减小孔径 D 以及减少振荡周期数. 减少振荡周期数与提高纵向分辨率的要求是一致的. 增加换能器单元数则会增加换能器阵制作的复杂性，特别是相应电路系统的复杂性，故要有所限制. 而减小孔径 D 则与提高横向分辨率有矛盾，故需综合考虑，折中处理.

如前所述，通常的换能器线阵只有一维聚焦能力，而超声诊断及检测中则要求系统在横向各方向均聚焦，这可以用换能器面阵来获得. 但是，面阵用的单元数为 N^2，数目太大，电路十分复杂，通常不希望采用这种聚焦方式. 比较可行的二维聚焦方法是混合聚焦方式，即仍采用线阵，用上述电子聚焦方法实现 x 方向的聚焦. 在 y 方向，则采用机械聚焦方法. 具体作法是：线阵的每一个单元选用长条形压电晶片，在 x 方向很窄（按线阵要求），而 y 方向尺寸选大于 x 方向的尺寸，并为圆柱面，以实现 y 方向的聚焦. 为使 y 方向的焦点与 x 方向的一致，圆柱面的曲率半径应与线阵电子聚焦的焦距相同. 此时，y 方向的横向分辨率 d_L 为

$$d_L = \frac{z_0\lambda}{b} \tag{11-25}$$

式中 b 为换能器单元在 y 方向的长度.

11.2.6 声束扫描

超声诊断或超声检测往往需要检查一个区域，为此，必须进行声束扫描. 声束扫描的方式主要有三种，即手动扫描、机械扫描和电子扫描.

手动扫描是最简单的扫描方式，即手持单探头，根据所需要检查的区域沿体表移动探头实现声束扫描. 这种扫描方式速度慢，不能用来获得动态图像，但其适用于某些静止器官或器件的细致观察. 目前常用的扫描方式是机械扫描和电子扫描. 这两种扫描方式速度快，可获得动态图像显示.

机械扫描又分为线扫描、扇形扫描、弧形扫描和圆周扫描（PPI 扫描）等几种形式. 线扫描通常是用一个单探头，使其旋转，其发射的声束经抛物面镜反射

而得到直线扫描. 扇扫描则分为摆动式和旋转式. 摆动式的探头通常只用一个换能器，而旋转式常用三个或四个换能器装在一起的探头，每个换能器轮番进行所需区域的扇扫. 弧形扫描为摆动式，且通常需用一水袋来实现换能器与体表的耦合. PPI 扫描则是将探头插入体内（如直肠），通过旋转探头得到围绕探头的 360°范围的扫描.

电子扫描分为线扫描和扇形扫描. 线扫描一般用切换扫描方式来实现. 采用线阵换能器，利用电路控制使换能器阵元分组发射和接收，如在 t_1 时刻，让 1、2、3、4、5 阵元工作，在 t_2 时刻，让 2、3、4、5、6 阵元工作，依此类推，实现线扫描，如图 11.23（a）所示. 扇形扫描则用相控扫描，也就是通过调整各阵元激励脉冲的时间延迟，改变由各阵元发射声波到达某一位置时的相位关系，从而控制聚焦点和声束方位的变化. 如图 11.23（b）所示. 设在 t_1 时刻，各阵元的时延为 Δt_{i1}，聚焦点为 F_1，声束方位角为 φ_1；在 t_2 时刻，各阵元时延调整为 Δt_{i2}；聚焦点变至 F_2，声束方位角为 φ_2……如此类推，实现声束的扇形扫描.

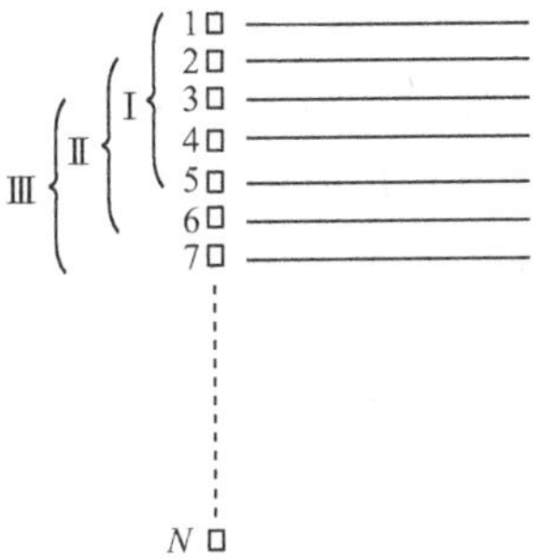

(a) 线扫描

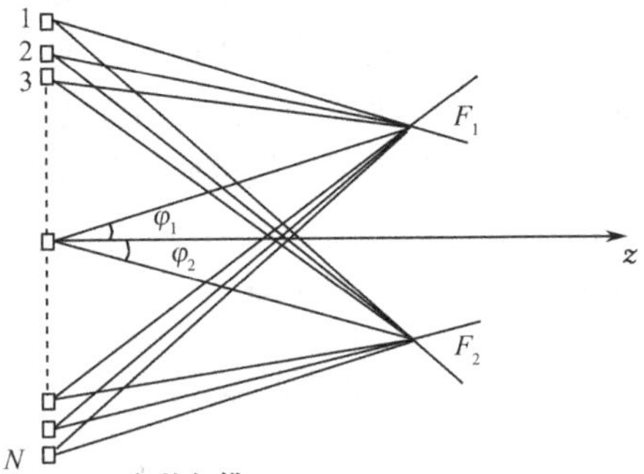

(b) 相控扫描

图 11.23　声束的电子扫描

为保证相控扫描换能器在整个扫描范围内声束强度比较均匀，各换能器阵元应为接近无方向性的点源，这就要求各阵元横向尺寸小于声波长. 对于切换扫描线阵，由于要求扫描线每次移动的距离小，故也要求阵元横向尺寸较小. 由于阵元的厚度为半波长，因而厚度与横向尺寸接近，在这种情况下，容易出现厚度模式和横向模式的耦合. 为解决这一矛盾，常常把每个小阵元再切割成若干个细条（如 4～5 个），并在电路上并联作为一个阵元使用. 这样，由于宽度和厚度的差别较大，可以减小模式耦合，得到所需要的厚度模振动.

由于线扫描的声束是平行的，相应的图像比扇形扫描的要清晰，密度较均匀. 因而，在超声诊断中，能采用线扫描的部位应尽量用线扫. 但对于入口受到限制的部位（如心脏检查），为了能够得到较大范围的探测，需用扇形扫描.

11.3 检测超声换能器的声阻抗匹配以及背衬选择

目前，检测超声换能器主要采用压电式超声换能器．由于压电材料的声阻抗率较高，大概在3～35MRayl之间．为了很好地与检测对象实现声匹配，应设法降低换能器的声阻抗，以提高换能器的发射效率．检测超声换能器的声匹配方法包括匹配层法、复合材料法、多层结构振子法等．

除了利用声匹配技术以外，在检测超声技术中，还常常在换能器的背面加上重负载的阻尼块，其目的是为了获得狭窄的发射声脉冲．它的主要作用是吸收振动能量，使压电陶瓷晶片的振动在被发射脉冲激励后很快地停下来，因此起到了对晶片振动的阻尼作用．它是降低检测超声换能器机械品质因数 Q_m 的有效办法．为此必须把压电晶片中的振动能够有效地传输给吸收块，然后把它消耗掉，因此还必须考虑吸收快与压电陶瓷晶片之间的声耦合匹配．吸收块一般采用吸收系数较大的材料，用它的内耗来耗损声能，同时考虑在吸收块中加入一些一定大小的质点颗粒，用于使声波产生散射而使声能耗损．由于吸收快的作用并使声能进行单面辐射．吸收快减少了晶片的余振，对提高检测超声换能器的分辨率有好处．目前阻尼快大多使用环氧树脂与钨粉混合后浇注在压电陶瓷探头的背面，以达到阻尼的作用，其配比量直接与换能器的频率响应有关，不同频谱宽度的换能器，对配比量的要求是不同的．

11.3.1 声阻抗匹配及匹配层材料

11.3.1.1 声阻抗匹配层材料的定义

以均匀层形式夹在声阻抗率不同的两种介质之间，用以实现声阻抗过渡或匹配的材料，称为匹配层材料．

11.3.1.2 匹配层材料的用途和基本要求

在超声工程中，由于两种介质声阻抗失配而造成声传播困难的情况是经常发生的，其中最为典型的是压电晶片与工作对象介质如水、人体组织、空气等之间的阻抗失配．阻抗的显著差异不仅会降低界面透射系数，而且使压电元件以高 Q 值谐振，频带窄而脉冲长，从而严重影响探头的发射接收灵敏度和轴向分辨率以及信息的丰富程度．

11.3.1.3 匹配层材料的声阻抗率

不言而喻，对于医用或水浸式超声探头，匹配层材料声阻抗率应当在压电晶片与水或人体组织之间．但对具体取值，则有多种理论和计算方法，其中主要有以下几种．

1．传统理论

该理论把压电元件和工作对象介质均按半无穷处理．若背衬、压电元件、第

i 个匹配层和负载的声阻抗率分别为 Z_B、Z_0、Z_i 和 Z_L，则单层匹配时有

$$Z_1 = \sqrt{Z_0 Z_L} \tag{11-26}$$

双层匹配时有

$$Z_1 = \sqrt[4]{Z_0^3 Z_L} \tag{11-27}$$

$$Z_2 = \sqrt[4]{Z_0 Z_L^3} \tag{11-28}$$

在实践中，在带有匹配背衬的情况下，可将压电晶片视为半无穷介质.

2. Mason 模型

该模型把压电元件视为半波长厚，在空气背衬或完全不匹配背衬情况下，单层匹配时有

$$Z_1 = \sqrt[3]{Z_0 Z_L^2} \tag{11-29}$$

对于多层匹配情况，有关作者只给出了计算结果而无表达式.

3. KLM 模型

该模型把压电元件视为半波长厚，并作为阻抗匹配段的第一段，依据传输线理论，导出单层匹配时有

$$Z_1 = \sqrt[3]{Z_0 Z_L^2} \tag{11-30}$$

双层匹配时有

$$Z_1 = \sqrt[7]{Z_0^4 Z_L^3} \tag{11-31}$$

$$Z_2 = \sqrt[7]{Z_0 Z_L^6} \tag{11-32}$$

4. 串并联阻抗相等理论

该理论认为，只有在串联与并联机械阻抗相等时，方能获得最佳匹配，并据此导出空气背衬情况下的单层匹配表达式

$$Z_1 = \sqrt[3]{2 Z_0 Z_L^2} \tag{11-33}$$

5. 多模式滤波器合成理论

该理论把带多个匹配层的压电元件视为多模式谐振器，单层时有两种模式，每增加一层即增加一种振动模式. 在换能器的声辐射端，奇偶数谐振模式的相位差为 π. 该理论的提出者认为这样做的好处是，既保持了匹配层的物理特性，又可利用递推法求得各层参数的最佳值. 表 11.5 所列是按照不同理论计算的单层、双层和三层匹配时的参数值，声阻抗率单位取为 10^6 Pa · s/m.

11.3.1.4 匹配层材料的声速

在相同的工作频率条件下，匹配层材料声速越高，其 λ/4 值越大，在高频探头中，这将给匹配层的加工带来方便.

11.3.1.5 匹配层材料的声衰减

匹配层即为透声层，其声衰减系数自然越低越好. 在选材和确定层数时，不仅

要考虑有利的一面，而且要考虑声衰减的不利影响.

表 11.5 按照不同理论计算的匹配层声阻抗率(单位：10^6 Pa·s/m)

理论模型	Z_0	单层	双层		三层			Z_L
		Z_1	Z_2	Z_3	Z_1	Z_2	Z_3	
传统理论	35	7.2	15.9	3.3				1.5
Mason 模型	35	4.3						1.5
KLM 模型	35	4.3	9.1	2.4	22.3	7.7	2.9	1.5
多模式滤波器	35	4.5	8.5	2.4	14.2	4.1	1.9	1.5
串并联阻抗理论	30	5	8.9	2.4				1.5

11.3.1.6 匹配层的厚度

在几乎所有的理论分析和工程实践中，匹配层厚度均取为 $\lambda/4$，以致在技术术语中将其称为“四分之一波长匹配层”. 但也有的研究者认为，考虑到加有匹配层后探头频谱的变化，匹配层的厚度应乘上一个厚度系数，在单层时其值为 1.16，在多层时为 1.18.

11.3.1.7 匹配层材料的选择与设计制做

表 11.5 中所列匹配层材料声阻抗率数值，可按高低分为三段，即 $Z_i \geqslant 10\times10^6$ Pa·sm^{-1}的高段，10×10^6 Pa·sm^{-1} $> Z_i \geqslant 3.5\times10^6$ Pa·sm^{-1}的中段，和 $Z_i < 3.5\times10^6$ Pa·sm^{-1}的低段. 高段可选用玻璃、石英和铝等金属和无机非金属材料，低段可从塑料中选用，而中段却无现成材料，必须自行配制复合材料方可. 其基本思路为：

1. 基料与填料品种

常用基料为低黏度环氧树脂，既便于调配和真空除气，又自然解决了与相邻元件的黏结问题. 至于填料的选择，须视欲制得的声阻抗率而定. $Z_i \geqslant 7\times10^6$ Pa·sm^{-1}时，选用钨、氧化钨等；Z_i 介于 4×10^6 Pa·sm^{-1}和 7×10^6 Pa·sm^{-1}之间时，选用氧化铁、二氧化钛等；$Z_i < 4\times10^6$ Pa·sm^{-1}时，选用二氧化硅、滑石粉等.

2. 填料含量

如前所述，当在高分子基料中加入矿物类固体填料时，复合体系的声阻抗率将随填料含量的增加而单调升高. 在理论上，基料与填料可采用任何配比；但实际上，任何填料都有一个填充极限，即其颗粒达到紧密堆积. 为此，工程实践要求的匹配层声阻抗率越高，所用填料的声阻抗率也应越高.

3. 填料粒度

理论和实践都证明，填料颗粒越粗，其填充极限越高，混合物料黏度越低，越利于调配和真空除气. 但另一方面，物料越稀，越难保持均一性，对高密度填料尤其如此. 在实践中的最佳选择应该是，在达到声阻抗率要求的填充比例时，混合物料仍有适当的流动性，既可允许真空除气，又不必担心填料聚沉.

在符合低段要求的材料中，以塑料为宜. 但考虑到其声衰减特性，特别是其加工工艺和组合工艺，应优先选用有片材产品的品种，如聚酯（涤纶）、聚碳酸酯、聚氯乙烯、偏二氯乙烯的均聚物和共聚物，或能浇铸成薄层的，如环氧树脂.

11.3.2 背衬材料

11.3.2.1 背衬材料的定义

置于压电元件背面，并与之连成一体，用以控制超声换能器频率和脉冲响应的材料，称为背衬材料.

11.3.2.2 背衬材料的用途和基本要求

在采用脉冲回波方式的超声检测和诊断中，换能器的脉冲宽度直接影响轴向分辨力. 为了获得窄声脉冲，除了限制激励电信号的脉冲宽度和采用低 Q_m 值的压电元件外，最有效的办法就是在元件背面附加高阻抗、高衰减的背衬材料，利用其阻尼作用使晶片的谐振过程尽快终止. 在匹配层技术得到认识和实用之前，这一直是提高超声换能器轴向分辨率的惟一办法. 但是，由于一部分能量被转化成热耗散，背衬在带来好处的同时，也使其发射接收灵敏度降低. 且脉冲越窄，灵敏度越低. 实际工程中只能侧重某一要求或在两方面都要求不高的情况下两者兼顾.

如前所述，附加匹配层可以使超声换能器达到高灵敏度和窄脉冲兼得. 但是，在有些场合，背衬仍然是不可缺少的. 其一是金属探伤、测厚用超声换能器，压电元件与声负载之间声阻抗率非常接近，没有必要附加匹配层，只能借助于背衬解决脉冲宽度问题. 其二是医用阵列式超声换能器，虽有匹配层，但因晶片被高度分割，必须借助于硬质背衬作为其结构依托. 但后一种背衬必须是低阻抗、高衰减的，以使绝大部分声能经晶片前表面辐射，保持高灵敏度.

11.3.2.3 背衬材料的实用选择与设计制造

在现有的各种单相材料中，从声学特性与工艺特性综合考虑，几乎没有一种可以直接用作超声换能器背衬，只能采用专门配制的复合材料，集多项有用特性于一身.

1. 高阻抗背衬

声阻抗率超过 $10\times10^6\,\mathrm{Pa\cdot sm^{-1}}$ 者，可列为高阻抗背衬. 要达到与压电元件相近的声阻抗率，有两种办法已被证明可行. 一种是将钨粉与高塑性金属粉混合后加高压处理，使塑性金属挤入钨粉的颗粒间隙，并在两者界面上形成键合力；

或者将钨粉与热塑性塑料的粉末充分混合后热压成型．另一种办法是浸渍法，即将钨粉挤压至紧密堆积状态后，再浸没于液态热固性树脂中，待完全浸透后加热固化．

高阻抗背衬的另一个技术难点是与压电晶片的粘贴．为了不损伤晶片，并使低黏度环氧树脂层尽量薄，可采用了带橡胶半球的非均匀加压装置．

2．中阻抗背衬

指声阻抗率在$(4\sim10)\times10^6\mathrm{Pa\cdot sm^{-1}}$者．对这一区段，一律采用固体粉末与环氧树脂直接混合调配的办法．在$7\times10^6\mathrm{Pa\cdot sm^{-1}}$以上，填料为钨、氧化钨、氧化铅等；在$(4\sim7)\times10^6\mathrm{Pa\cdot sm^{-1}}$区段，可采用其他金属或矿物粉末作为填料．

3．低阻抗背衬

指声阻抗率在$4\times10^6\mathrm{Pa\cdot sm^{-1}}$以下者．在这一区段，配方可以是固体粉末填充环氧树脂、改性环氧树脂和固体粉末填充橡胶．为了制作声阻抗率在$2\times10^6\mathrm{Pa\cdot sm^{-1}}$以下的硬质背衬，只能采用玻璃或塑料空心微球填充环氧树脂配方．

4．背衬材料的声衰减控制

对于环氧树脂基复合材料背衬，提高其衰减系数的办法包括：①采用适当粒度的高阻抗、高密度填料；②适当增加基料的柔性，即进行改性处理，包括加入液体橡胶或橡胶粉．

5．背衬与匹配层的综合运用

如前所述，在以金属、高阻抗非金属为工作对象的超声探伤与测厚中，在采用接触法时，获得窄脉冲的最有效办法就是采用高阻抗、高衰减背衬．此种背衬固然会导致灵敏度的降低，但由于工作对象为低衰减物质，灵敏度依然够用．但医用超声换能器则不然，它们面对的是平均声衰减达 0.7dB/（cm·MHz）的软组织在 15～20cm 深度上的双程声传播，必须做到高灵敏度（高探测深度）和窄脉冲（高轴向分辨力）兼备．依据 Mason 模型可以计算出多种方案的脉冲波形和频谱图，并为实验所证实．其主要结论为：

（1）带有匹配背衬和一层$\lambda/4$匹配层时，回波系统灵敏度可比无匹配层时提高 10dB，但脉冲仍较长．原因是匹配层只能在有限频带内提高灵敏度，起的是带通滤波器作用．

（2）带有匹配背衬和两个$\lambda/4$匹配层时，比一层匹配时脉冲稍短，回波幅度也更大，但脉冲宽度仍超过无背衬、无匹配层时情况．

（3）无背衬而三层匹配时，频带比两层时有所展宽，但灵敏度和脉宽均无改进．

（4）采用空气背衬和一层匹配时，频谱出现双峰，得到的是受到调制的较长脉冲，但脉冲宽度明显窄于无匹配时，且回波系统灵敏度是显著提高的．

（5）通过对匹配层声阻抗率的选择，使频响曲线接近高斯型，采用空气背衬和一至两个匹配层的换能器可以实现高灵敏度和窄脉冲兼得.

(6) 采用三层匹配时，脉冲宽度比两层匹配时缩短 15%，但由于材料中的声衰减，灵敏度反而降低，而且，多层带来的工艺困难也是显而易见的.

11.4 检测超声换能器的电匹配

检测超声换能器系统的声学部分是系统中的关键部分，它包括换能器、匹配电路以及传输信道. 换能器如果与电路系统匹配不好，由于能量的衰减和反射，换能器就得不到最大的功率，因而也就不能保证足够的探测精度和探测距离.

如上所述，检测超声换能器是利用压电材料的压电特性制成的声电转换器件，它的种类很多，包括压电陶瓷换能器、高分子 PVDF 换能器、压电复合材料换能器、表面波换能器等. 其中压电陶瓷换能器开发最早、应用最广. 超声检测换能器的性能在很大程度上影响检测超声系统的整体性能.

衡量检测超声系统中换能器性能的参数主要有两个，一是换能器的灵敏度，二是换能器的带宽. 前者取决于换能器的振型、换能器的材料及其机械系统结构. 而后者是换能器的频率带宽特性，包括功率、声压、阻抗及灵敏度等随频率变化的带宽特性. 为适应超声应用中换能器负载的变化，要求灵敏换能器有一定的带宽（3dB、6dB 或 10dB）的频率特性. 对于应用于脉冲信号的换能器，要求宽频带，这就是所谓的宽带换能器. 它保证所激励出来的脉冲信号有较陡的上升沿，余振也短，这种特性的检测超声系统特别重要. 要使换能器有较高的灵敏度或较宽的带宽，就要对换能器进行匹配电路设计.

压电晶体工作在基频时，其换能器阻抗可近似等于辐射阻抗 R_r 和压电晶片静态电容 C_0 的并联. 辐射阻抗 R_r 可以通过测量得到，也可以通过下式计算求出

$$R_r = \frac{(\rho_1 c_1 + \rho_2 c_2) l^2}{4 e_{33}^2 A} \tag{11-34}$$

式中，e_{33} 为压电晶片在 z 轴方向钳紧时的压电应力常数；l 为压电晶片的厚度，A 为压电晶片的面积；$\rho_1 c_1$ 表示压电陶瓷的声阻抗率；$\rho_2 c_2$ 表示工作环境中的声阻抗率；R_r 即为辐射阻抗.

由于压电陶瓷材料的声阻抗率一般都远大于换能器声楔的声阻抗率. 为尽量减小插入损失，提高灵敏度，增加带宽，就要在压电陶瓷材料的两侧加入匹配层进行声匹配. 但由于受工艺手段和声学材料的限制，目前在实验室条件下加匹配层还比较困难. 所以我们暂不考虑声匹配，而考虑仅用电路匹配的方法来提高换能器的性能. 电路匹配包括发射电路与发射换能器的匹配和接收电路与接收换能器的匹配.

换能器在发射时所获得的能量，是发射电路通过电缆输送的. 发射时的电路如图 11.24（a）所示，等效于图 11.24（b）.

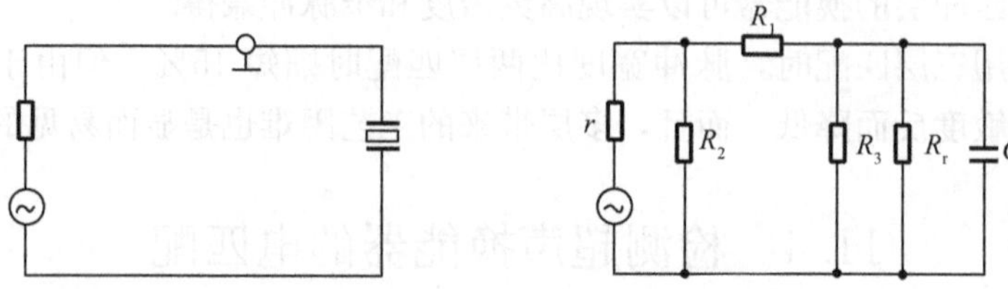

(a)　　　　　　　　(b)

图 11.24　换能器发射电路与等效图

如果在压电晶片的两端并联一个电感 L，并使 L 与压电晶片的 C_0 所构成的回路的谐振频率等于晶片的基频时，连接电路与等效电路如图 11.25 所示.

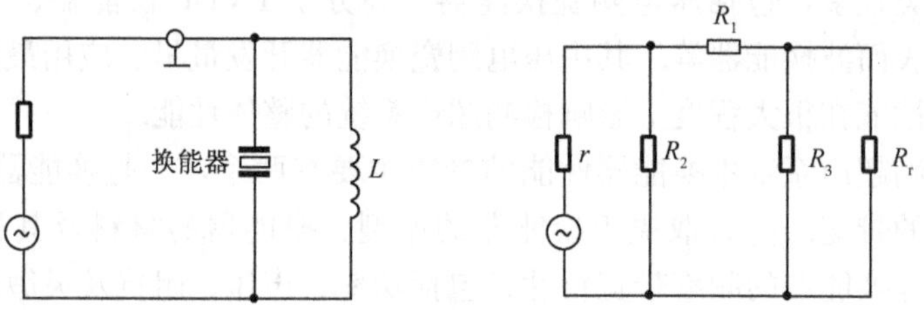

(a)　　　　　　　　(b)

图 11.25　换能器并联电感后的等效电路

很显然，只有使发射机的输出阻抗与电缆的特性阻抗相匹配，同时使换能器的辐射阻抗与电缆的特性阻抗相匹配，才有可能使探头获得最大的电功率. 如果换能器与电缆不能和发射端相匹配，必须采用阻抗变换器. 脉冲方式工作时即采用脉冲变压器. 脉冲变压器的引入解决了以下几个问题：一是脉冲变压器可视为电抗性元件，它可以与换能器中的容性分量相调谐，使其输入相角趋近于零，以减少功率传输中的无功分量. 二是改变了换能器的有功电阻，使之与发射机的输出阻抗相接近，以达到最佳功率匹配. 一个变压器如果输出端加上负载，则折合到输入端的阻抗可用下面的公式求得

$$Z_1 = \frac{n_2^2 Z_2}{n_1^2} \tag{11-35}$$

其中 Z_1 为折合到输入端的阻抗，Z_2 为负载阻抗，n_1 为初级匝数，n_2 为次级匝数. 因此，只要使用两个脉冲变压器，就可以实现良好的匹配. 发射端变压器的匝数比为

$$\frac{n_1}{n_2} = \frac{\sqrt{r}}{\sqrt{Z}} \tag{11-36}$$

其中 r 为发射输出阻抗，Z 为电缆特性阻抗. 换能器探头端变压器的匝数比为

$$\frac{n_1}{n_2} = \frac{\sqrt{Z}}{\sqrt{R_r}} \tag{11-37}$$

其中，R_r 为探头辐射阻.

从理论上讲，只要能用导纳电桥测得换能器的阻抗频率特性，测出发射电路的输出阻抗，就可以求得脉冲变压器的各种参数，从而得到一个最佳匹配的脉冲变压器. 但一般受到实际条件的限制，不可能精确测得换能器的阻抗频率特性和发射电路的输出阻抗. 因而只能采用估算的方法，以多次试验逼近最佳；另外，由于电缆在传输电能时除有传输损耗外，还有分布电容造成的相移的影响，它将改变换能器的输入阻抗. 所以，一个脉冲变压器只能对一定长度的电缆实现匹配. 如果电缆长度变化，原先的最佳条件已不复存在，需重新设计脉冲变压器. 当然，电缆长度也有一定的限制，如太长，则无论如何设计脉冲变压器也无法使系统正常工作.

接收电路与换能器的匹配则更为复杂，它由电感、电容、电阻组成一个匹配网络. 我们知道，换能器的等效电路如图 11.26 所示. 图中，C_0 为静态电容，C_1 为声容抗的电模拟值，L 为声感抗的电模拟值，R 为阻尼电阻，R_r 为辐射电阻，R_L 为机械损耗电阻.

我们可以用设计带通滤波器的方法来设计匹配电路，其匹配电路如图 11.27 所示. 只要能精确测量换能器的各种电参考数值，那么根据模拟滤波器的综合设计理论，借助于计算机辅助设计，便很容易求得图 11.27 的各种元件参数值，得到一个合适的匹配电路. 但在现有实际条件下，要精确测量换能器的各种参数还

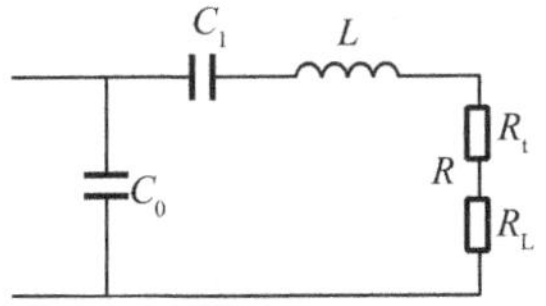

图 11.26　换能器等效电路

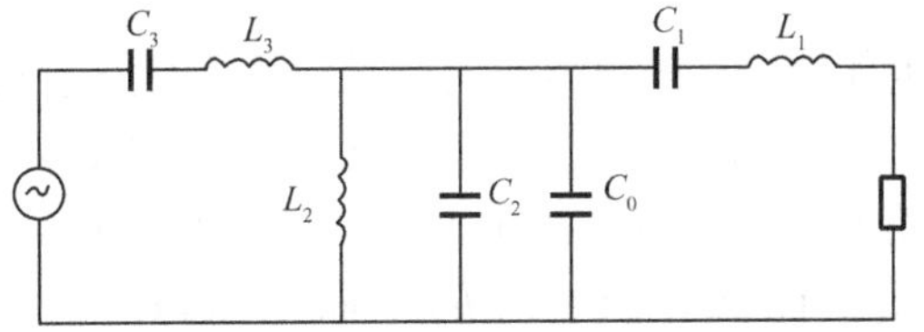

图 11.27　换能器的匹配电路

比较困难，且由于参数较多要用实验的方法来获得最佳匹配也比较困难. 一般情况下，由于接收电路的输入阻抗极高，在传输电缆不是很长的情况下，可以暂不考虑匹配问题，把换能器与接收电路直接相连，系统仍能正常工作.

第 12 章 压电超声换能器的电学及声学匹配

12.1 压电陶瓷超声换能器的动态特性分析

压电换能器是一种将超声频电能转变为机械振动的器件，由前面部分的内容，我们一般可将换能器等效电路用图 12.1 表示. 图中 C_0 为换能器的静态电容，L_1、C_1、R_1 分别为动态电感、动态电容和动态电阻. 利用这个等效电路，可分析并得到动态电阻 $R_1=0$ 时及 $R_1\neq 0$ 时，换能器的工作频率、阻抗变化等特点，并依此来进行换能器的匹配研究.

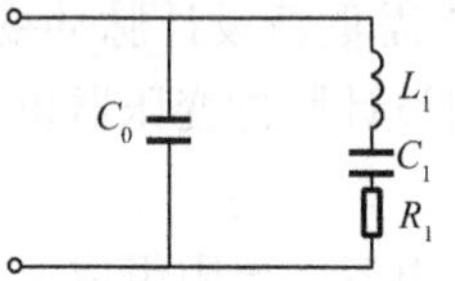

图 12.1 压电换能器的简单等效电路

换能器在实际工作情况时，由于换能器的动态损耗、介质损耗及负载对换能器的影响，换能器的导纳、阻抗等特性都将发生变化，其等效电路图也将有所不同，下面首先讨论压电换能器动态导纳及阻抗.

12.1.1 压电换能器动态等效电路及阻抗、导纳曲线

换能器的等效电路与它的振动模式有关. 一般情况下，对于单一振动模式压电换能器，在换能器谐振频率附近，其等效电路都可用图 12.2 表示. 图中 C_0 为并联电容；R_0 为表示换能器介质损耗的并联电阻，$R_0=(2\pi f_s C_0 \tan\delta_e)^{-1}$，一般情况下，$R_0\gg R_1$；$R_1$ 为描述换能器机械损耗的动态电阻；R_L 为表示辐射能量的负载电阻，也可看作是负载的等效阻抗，在此认为负载为纯阻情况. 当换能器空载时，即无负载情况，此时 $R_L=0$；C_1 为换能器动态电容；L_1 为换能器动态电感. 图 12.2 与图 12.1 相比，考虑到了介质损耗与负载，这里的负载我们看做是与工作频率无关的纯阻负载，有利于分析研究. 由图 12.2 所示，压电换能器导纳表达式为

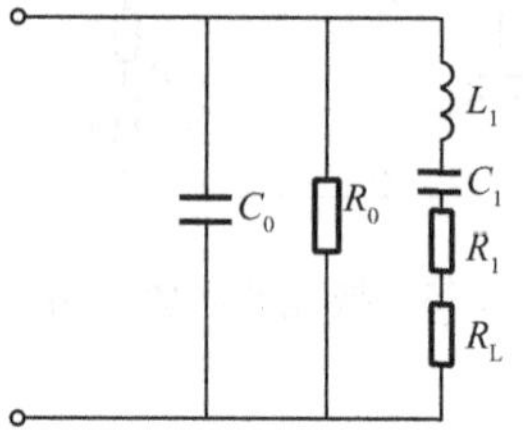

图 12.2 压电换能器的等效电路

$$Y = Y_1 + Y_0 = g_1 + \mathrm{j}(b_1 + C_0\omega) \tag{12-1}$$

其中

$$g_1 = \frac{R_1}{R_1^2 + \left(L_1\omega - \frac{1}{C_1\omega}\right)^2}, \quad b_1 = \frac{-\left(L_1\omega - \frac{1}{C_1\omega}\right)}{R_1^2 + \left(L_1\omega - \frac{1}{C_1\omega}\right)} \tag{12-2}$$

g_1 和 b_1 分别表示压电振子的动态电导和动态电纳.

根据上式,压电换能器的导纳绝对值$|Y|$和阻抗绝对值$|Z|$与频率 f 的关系曲线如图 12.3 所示.

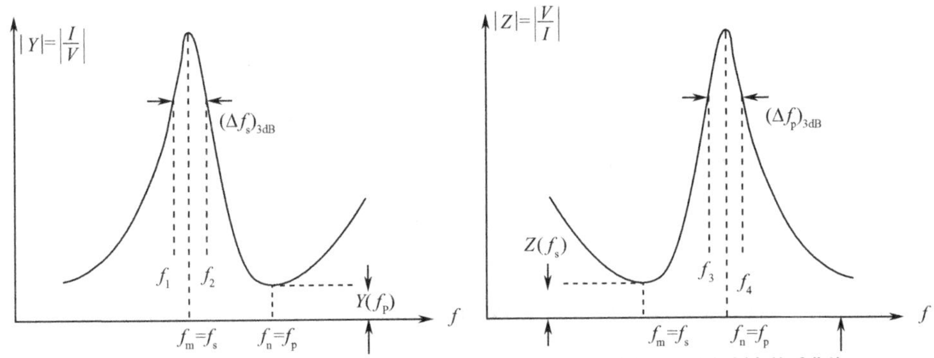

(a) 压电换能器导纳与频率关系曲线 (b) 压电换能器阻抗与频率关系曲线

图 12.3

从图中可得:①最大导纳频率 f_m 近似等于串联谐振频率 $f_s=\frac{1}{2\pi\sqrt{L_1C_1}}$,例如,对于 $M^2\gamma=1000$ 的压电振子来说,以 f_m 代替 f_s 产生的误差为-5×10^{-4}. ②最小导纳频率 f_n 近似等于并联谐振频率 $f_p=\frac{1}{2\pi}\sqrt{\frac{C_0+C_1}{L_1C_0C_1}}$. ③$(\Delta f_s)_{3dB}$为串联谐振频率的带宽,$(\Delta f_p)_{3dB}$为并联谐振频率的带宽. $Y(f_p)$是并联谐振频率时的导纳,$Z(f_s)$是串联谐振频率时的阻抗. ④当工作频率小于 f_m 或大于 f_n 时,换能器阻抗呈容性,工作频率介于 f_m 与 f_n 时,换能器阻抗呈感性.

换能器相应的导纳圆和阻抗圆示于图 12.4,其中导纳和阻抗分别除以和乘以因子 $2\pi f$.

图中的曲线Ⅰ适用于低阻尼情况,而曲线Ⅱ适用于高阻尼情况. 由图可以看出:①换能器工作中在不同阻尼情况下,导纳(阻抗)圆半径不同,阻尼越大,导纳圆半径越小,反之越大. ②如果我们将串联支路中动态电阻和负载电阻之和用一个电阻 R 表示,利用导纳圆就可以得到由于负载的变化引起的换能器导纳(阻抗)的变化. ③当换能器阻尼一定时,负载增加导纳圆半径减小;负载减小,导纳圆增大. 同时与之相对应的特征频率上的导纳(阻抗)随之变化.

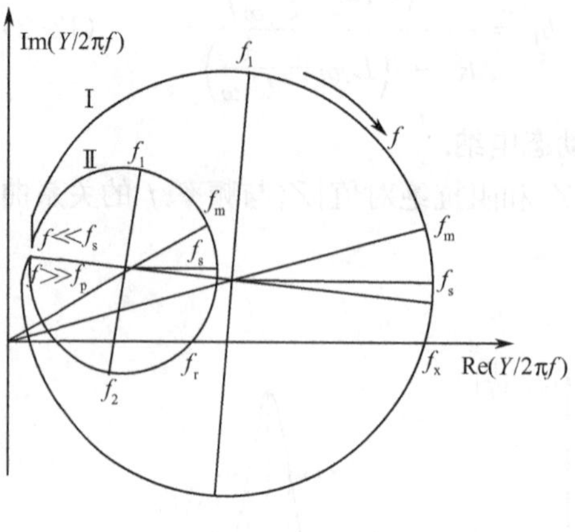

(a) 压电换能器的动态导纳曲线

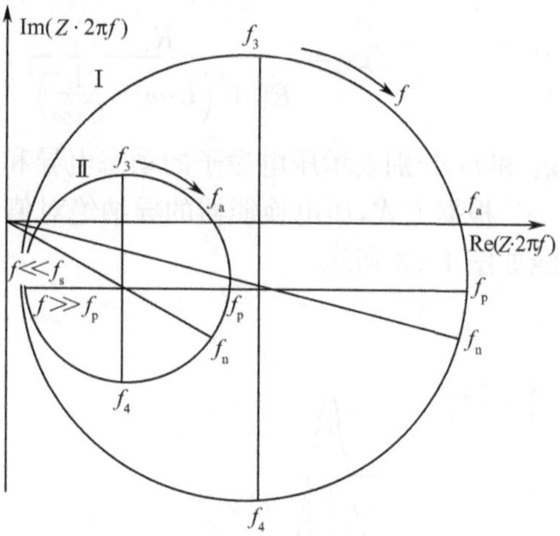

(b) 压电换能器的动态阻抗曲线

图 12.4　导纳圆和阻抗圆

12.1.2　串联谐振与并联谐振时的机械品质因数

换能器有两个谐振频率,串联与并联谐振频率,我们常选取这两个工作频率点作为换能器的工作频率,因为此时换能器处于谐振状态,振动振幅大,有利于能量输出.下面来讨论处于串联与并联谐振频率时压电换能器的机械品质因数.

当 $k^2Q_m>10$ 时,k 为换能器材料的机电耦合系数.图 12.4 中所示的导纳圆也可以从图 12.5 电路中得到;如果将图 12.5 中 C_{I}、C_{II} 用适当的电阻代替,也可以得到图 12.3 所示的阻抗(导纳)曲线.利用这种方法可以简便地找到在 f_s、f_p 上的 3dB 带宽.利用 3dB 带宽我们可以得到换能器机械品质因数 Q_m.

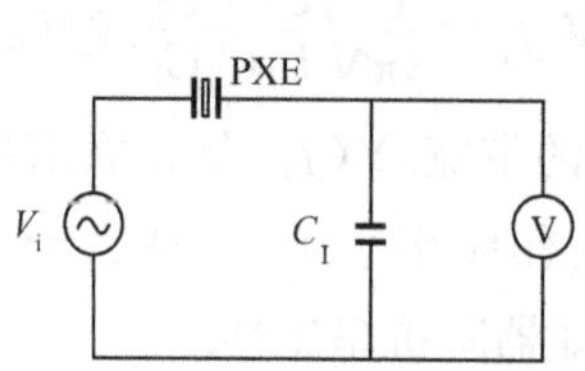

(a) 压电换能器 f_s 上带宽测量电路

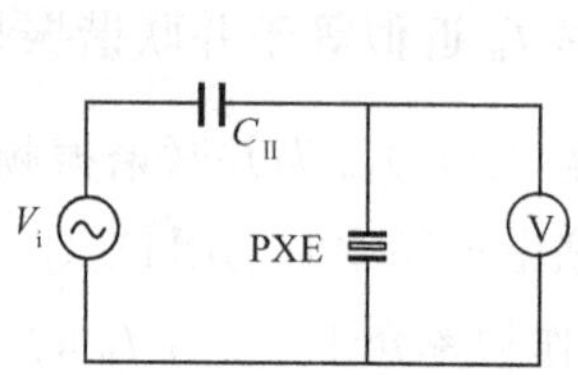

(b) 压电换能器 f_p 上带宽测量电路

图 12.5

图 12.5(a)中换能器电压保持恒定,在 f_s 上测量,$|V|\leqslant 0.1|V_i|$;$C_{\mathrm{I}}\geqslant 10k_{\mathrm{eff}}^2 Q_m^E C_0$;图 12.5(b)中换能器电流保持恒定,在 f_p 上测量,$|V|\leqslant 0.1|V_i|$;$C_{\mathrm{II}}\leqslant 0.1\dfrac{C_0}{k_{\mathrm{eff}}^2 Q_m^D}$.图中的 C_{I}、C_{II} 也可以用电阻代替,由此可以得到串联谐振频率时换能器的机械品质因数为

$$Q_m^E = \frac{f_s}{(\Delta f_s)_{3dB}} = \frac{f_s}{f_2 - f_1} \tag{12-3}$$

并联谐振频率时的机械品质因数为

$$Q_m^D = \frac{f_p}{(\Delta f_p)_{3dB}} = \frac{f_p}{f_4 - f_3} \tag{12-4}$$

此时，$f_p > f_s$，所以串联谐振频率的机械品质因数 Q_m^E 与并联谐振频率时的机械品质因数 Q_m^D 关系为 $Q_m^D > Q_m^E$. 同时，我们还可以从图中得到 $(\Delta f_p)_{3dB} < (\Delta f_s)_{3dB}$，有效机电耦合系数 k_{eff} 随之变化. 在无负载条件下，可得有效机电耦合系数 k_{eff} 与 f_s、f_p 关系为

$$\frac{k_{eff}^2}{1 - k_{eff}^2} = \frac{f_p^2 - f_s^2}{f_s^2} = \frac{C_1}{C_0}, \quad k_{eff}^2 = \frac{f_p^2 - f_s^2}{f_p^2} = 1 - \left(\frac{f_s}{f_p}\right)^2 \tag{12-5}$$

当 $k_{eff} \ll 1$ 时，上式可近似写为

$$k_{eff}^2 \approx 2\,\frac{f_p - f_s}{f_s} = 2\,\frac{\Delta f}{f_s}$$

从上面的讨论得到了串联共振频率下的机械品质因数与并联共振频率下的机械品质因数的关系；同时得到了两个带宽的关系及有效机电耦合系数与谐振频率的关系.

12.1.3 最大响应频率

在压电换能器的工作频率 f_s 与 f_p 之间，还存在一个最大响应频率 f_m，换能器工作于这一频率时，能量的传输功能最强. 以下以发射和接收换能器为例来讨论 f_m.

当压电换能器作为声接收器或声发射器时，其完整的等效电路如图 12.6 所示. 在这两种工作状态下，压电换能器的特性是相同的.

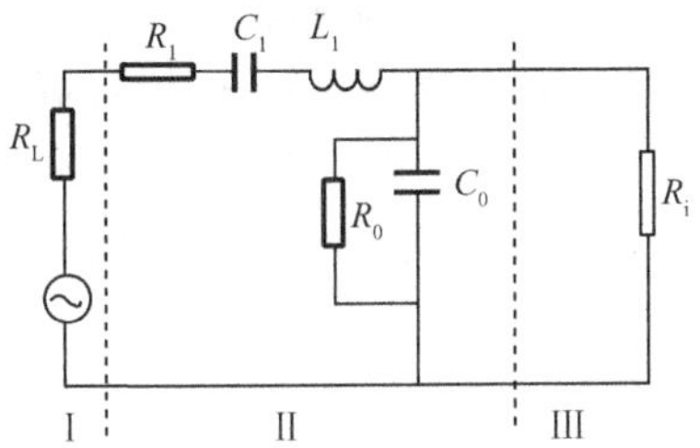

(a) 接收换能器等效电路

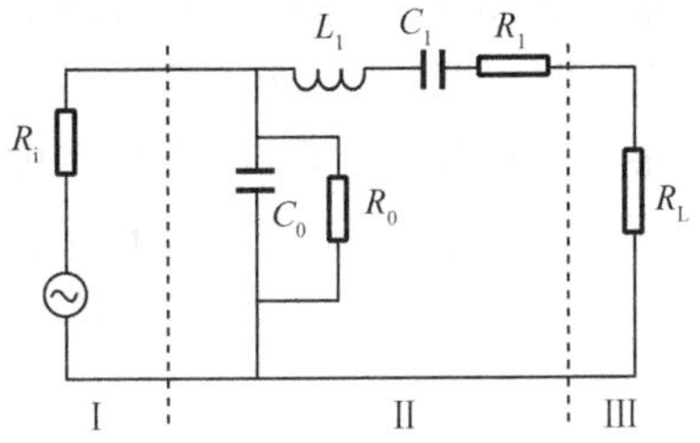

(b) 发射换能器等效电路

图 12.6

图 12.6(a)中，Ⅰ部分为具有内阻的声源，Ⅱ部分为压电换能器，Ⅲ部分为接收器放大器等效阻抗；图 12.6(b)中，Ⅰ部分为具有内阻的超声频信号源，Ⅱ部分为压电换能器，Ⅲ部分为辐射能量的声负载.

换能器在最大响应频率 f_m 下工作时，实验中得到超声接收器的灵敏度最高，而作为超声发射器时的输出功率最大. 这里，外电阻 R_i 是重要的一个量，它影响最大传输频率 f_m、带宽和输出功率. R_i 是指接收器放大器的输入阻抗或发射器信号源的内阻. 当有效机电耦合系数 $k_{eff}\ll 1$ 时，最大响应频率表达式为

$$f_m=f_s+\frac{f_p-f_s}{1+\frac{1}{Q^2}} \tag{12-6}$$

式中，$Q=\omega_s C_0 R_i$ 为外电路与并联电容的电品质因数，$R_i\ll R_0$. 由上式可见，当 $Q\ll 1$时，则 $f_m=f_s$，此时对应 R_i 很小；当 $Q\gg 1$ 时，则 $f_m=f_p$，此时对应 R_i 大. 当 $Q=1$ 时，$f_m=\frac{f_s+f_p}{2}$，f_m 位于 f_s、f_p 中间. 在 f_m 上，带宽为

$$\begin{aligned}(\Delta f_m)_{3dB}&=(\Delta f_s)_{3dB}\left(1+\frac{QQ_m^E k_{eff}^2}{1+Q^2}\right)\\&=\frac{f_s}{Q_m^E}\left(1+\frac{QQ_m^E k_{eff}^2}{1+Q^2}\right)\end{aligned} \tag{12-7}$$

我们可获得最大带宽为当 $Q=1$ 时，最大带宽 $(\Delta f_m)_{3dB}=(\Delta f_s)_{3dB}\left(1+\frac{Q_m^E k_{eff}^2}{2}\right)$.

12.1.4 在 f_m 上的能量传输问题

此时，当 $Q=1$ 而且 $k_{eff}^2 Q_m^E\leqslant 2$ 时，由于附加感应系数的存在，使得换能器得到最大功率匹配；若 $Q=1$ 且 $k_{eff}^2 Q_m^E>2$ 时，换能器可匹配至 f_s，此时 $R_i\approx|Z(f_s)|\approx R_1+R_L$；也可匹配至 f_p，此时

$$R_i\approx|Z(f_p)|\approx\frac{1}{\omega_p^2 C_0^2(R_1+R_L)}$$

12.1.4.1 含源二端网络与无源二端网络输送功率问题

在换能器传输功率问题中，需要研究负载在什么条件下能够获得最大功率问题. 这类问题可以归结为一个有源二端网络向一个无源二端网络输送功率的问题. 这类网络最终可以简化为图 12.7 所示电路. 图中等效电压源向量为 U_s，含源网络等效阻抗 $Z_s=R_s+jX_s$，负载等效阻抗 $Z_l=R_l+jX_l$，可分两种情况讨论负载电阻如何获得最大功率.

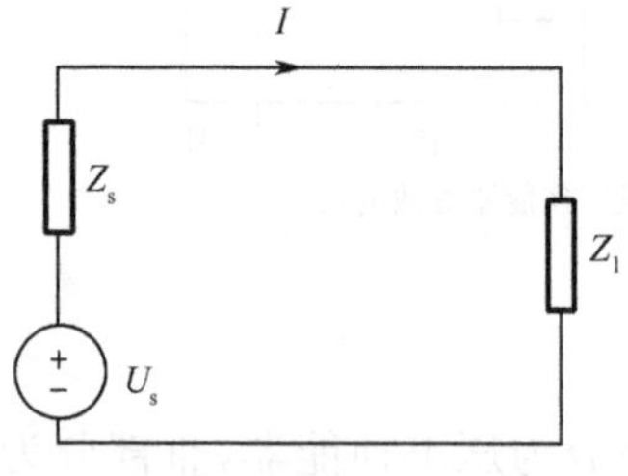

图 12.7 含源网络与无源网络能量传输示意图

(1) Z_l 变化

图 12.7 中电流有效值为

$$I=\frac{U_s}{\sqrt{(R_s+R_l)^2+(X_s+X_l)^2}} \tag{12-8}$$

负载获得的功率为

$$P_l=R_l\cdot I^2=\frac{R_l U_s^2}{(R_s+R_l)^2+(X_s+X_l)^2} \tag{12-9}$$

X_l 只出现在分母上，显然 $X_l = -X_s$ 时，P_l 达到最大

$$P'_l = \frac{R_l U_s^2}{(R_s + R_l)^2} \tag{12-10}$$

令 P'_l 对 R_l 的导数为零可得 P'_l 对 R_l 的极值

$$\frac{dP'_l}{dR_l} = \frac{(R_s + R_l)^2 - 2(R_s + R_l)R_l}{(R_s + R_l)^4} U_s^2 = 0$$

由此得到

$$R_l = R_s \tag{12-11}$$

因此负载从给定电源获得最大功率的条件是

$$Z_l = R_l + jX_l = R_s - jX_s, \quad Z_l = Z_s^* \tag{12-12}$$

所以，在负载电阻和电抗都可任意改变的条件下，当负载阻抗等于电源内阻抗的共轭复数时，负载获得的功率最大，这就是最大传输定理. 满足这一条件时，称负载阻抗与电源内阻抗为最大功率匹配(maximum power matching)或共轭匹配. 这时负载获得的功率为

$$P_{l\max} = \frac{U_s^2}{4R_s} \tag{12-13}$$

这也是从给定电源中得到的最大功率. 此时，电路传输功率的效率 η 为

$$\eta = \frac{I^2 R_l}{I^2 R_l + I^2 R_s} \times 100\% = 50\% \tag{12-14}$$

显然，传输最大功率时效率很低，因此，只有当传输功率较小时，例如在通讯系统和某些电子线路中，才考虑最大功率的传输问题.

(2) $|Z_l|$ 可变，φ 固定

假设

$$Z_l = |Z_l|\cos\varphi + j|Z_l|\sin\varphi \tag{12-15}$$

则有

$$I = \frac{U_s}{(R_s + |Z_l|\cos\varphi) + j(X_s + |Z_l|\sin\varphi)} \tag{12-16}$$

负载电阻的功率为

$$P_l = \frac{U_s^2 |Z_l| \cos\varphi}{(R_s + |Z_l|\cos\varphi)^2 + (X_s + |Z_l|\sin\varphi)^2} \tag{12-17}$$

上式中变量为 $|Z_l|$，求该式对 $|Z_l|$ 的导数得

$$\begin{aligned}\frac{dP_l}{d|Z_l|} = U_s^2 & \frac{[(R_s + |Z_l|\cos\varphi)^2 + (X_s + |Z_l|\sin\varphi)^2]\cos\varphi}{[(R_s + |Z_l|\cos\varphi)^2 + (X_s + |Z_l|\sin\varphi)^2]^2} \\ & - \frac{2|Z_l|\cos\varphi[(R_s + |Z_l|\cos\varphi)\cos\varphi + (X_s + |Z_l|\sin\varphi)\sin\varphi]}{[(R_s + |Z_l|\cos\varphi)^2 + (X_s + |Z_l|\sin\varphi)^2]^2}\end{aligned} \tag{12-18}$$

令 $\dfrac{dP_l}{d|Z_l|} = 0$ 可得

$$|Z_l|^2 = R_s^2 + X_s^2, \quad |Z_l| = \sqrt{R_s^2 + X_s^2} \tag{12-19}$$

因此,在这种情况下,负载获得最大功率的条件是负载阻抗的模与电源内阻的模相等. 当电源内阻是纯电阻时,即 $|Z_s| = R_s$,最大传输功率条件是 $R_s = |Z_l| = \sqrt{R_l^2 + X_l^2}$,而非 $R_l = R_s$.

12.2 压电陶瓷超声换能器的电匹配

如上所述,压电超声换能器是一种机电转换器件,它具有电学和机械两种端口. 在电端压电超声换能器通过电匹配电路与超声电源(即超声波电发生器,它可以产生一定频率、一定波形和一定电功率的高频电信号)相连. 而在机械端,换能器通过声学匹配元件则与声学负载相连. 压电超声换能器的电学和声学匹配电路对于换能器的性能、超声的作用效果等影响极大. 一般来说,对于大功率超声换能器,如用于超声清洗、超声加工等大功率超声应用技术中的超声换能器,电匹配是首先需要考虑的因素. 而对于小信号工作的超声换能器,如用于超声检测、超声探伤仪及超声诊断等技术中的换能器,其工作状态大部分处于脉冲状态下,在这种情况下,换能器的电学匹配则显得不是太重要,值得重视的是压电超声换能器的声学匹配. 超声换能器的电匹配含义包括两方面的内容. 一是把超声换能器的阻抗变换成超声电源所需要的阻抗值;二是调谐作用,即利用感性元件来补偿压电换能器的容性阻抗. 超声换能器的声学匹配主要包括匹配材料的选择、匹配层厚度的计算以及换能器背衬的计算和设计等.

12.2.1 压电超声换能器电学匹配的基本原理

在超声波加工、超声焊接以及超声波清洗等大功率超声应用场合,始终会遇到超声电源与超声换能器的阻抗匹配问题. 事实证明,大功率超声设备能否高效而安全地工作,在很大程度上取决于压电换能器与超声电源之间的匹配设计. 因此,在大功率超声设备的研制过程中,除了超声电源以及超声换能器两个方面以外,另一个重要的方面就是匹配电路的设计. 一般来说,压电超声换能器的电匹配包括以下三个方面的主要内容.

第一,阻抗变换. 根据交流电路理论,超声波电发生器存在一个最佳负载值,也称为最佳输出阻抗. 只有当实际的负载等于此值时,发生器才能工作于最佳状态,并向负载输出最大的电功率. 在大部分情况下,由于实际的压电超声换能器的电阻抗不同于超声频电发生器的最佳负载阻抗,因此,为了保证电路的最大输出,必须利用匹配电路来实现阻抗变换的目的. 在一般的情况下,超声匹配电路中采用输出变压器来达到阻抗变换的目的,有时也利用电感和电容的串并联组合来实现阻抗变换.

第二，调谐. 在实际工作中，大功率压电超声换能器基本上都工作于谐振状态. 根据压电换能器的谐振和动态理论可以知道，处于谐振状态的压电换能器对外呈现是一个容性器件. 如果将这样的容性器件直接连接到超声频电发生器中，发生器与换能器之间会出现相当大的无功损耗，这样不仅会使换能器的效率下降，降低输出声功率，而且会影响到发生器的安全工作. 为了避免这一现象的发生，必须对换能器的容性阻抗部分进行补偿. 这一补偿的过程就是换能器的匹配调谐过程. 具体地讲，就是在匹配电路中增加一个感性器件来补偿换能器的容性阻抗.

第三，整形滤波. 随着电子技术的飞速发展，为了提高电路的效率，一些新的电路器件及一些新的电路形式在超声电源的研制中被广泛利用. 例如开关器件VMOSFET、IGBT以及D类和E类功率放大电路等. 在这些新的功率放大电路中，电路的效率达到90%以上，其输出信号是方波而不是传统的正弦波，因而含有许多频率成分. 由于大功率压电超声换能器工作于单一频率，因此超声换能器的匹配电路必须具有整形和滤波的功能. 这一功能的实现主要是通过匹配电路中的电感和电容的串并联组合. 从这个意义上讲，超声换能器的匹配电路也是一个滤波电路. 事实上，从表面上看，压电超声换能器的匹配电路与电学中的滤波电路是非常相似的.

超声频电发生器、匹配电路以及超声换能器三者之间的连接框图如图12.8所示. 其中 Z_i 是换能器的输入阻抗，Z_c 是经匹配电路以后换能器的输入阻抗，Z_0 是超声波频电发生器的输出阻抗. 一般来说，超声换能器是一个抗性元件，其输入阻抗可表示为 $Z_i=R_i+jX_i$. 经匹配电路以后其阻抗变为 $Z_c=R_c+jX_c$. Z_i 和 Z_c 之间的具体关系由匹配电路的具体形式决定. 在一般的情况下，超声频电发生器的输出阻抗是纯阻性的，所以可近似表示为 $Z_0=R_0$. 根据交流电路理论，电发生器的最大功率输出条件，即超声换能器的理想匹配条件为

$$\begin{aligned} R_0 &= R_c \\ X_c &= 0 \end{aligned} \tag{12-20}$$

下面以压电超声换能器为例，对换能器的电匹配进行一些比较定量的分析. 图12.9是压电超声换能器在谐振频率附近的等效电路. 其中 C_0 是换能器的静态电容，R_m、C_m、L_m 分别是换能器的等效电阻、等效电容和等效电感，它们组成了换能器等效电路中的动态支路. 图中为了简化分析，忽略了与静态电容并联的介电损耗电阻的影响. 当换能器处于机械谐振状态时，换能器的动态支路中仅剩

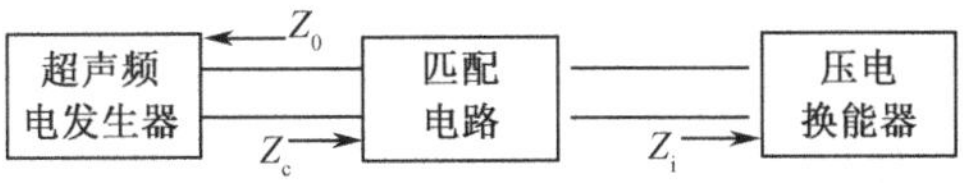

图12.8　超声波电发生器及匹配电路的原理框图

下电阻分量，此时换能器可等效成静态电容和机械电阻的并联，对外呈现电容性状态，因而需要一电感元件来调谐．按照电感元件的接入方式，换能器的匹配调谐可分为串联调谐和并联调谐两种．并联调谐使用一个电感 L_p 与换能器并联，并使外加电感满足如下关系

$$\omega_0^2 = \frac{1}{L_p C_0} \tag{12-21}$$

式中 ω_0 是换能器的机械共振角频率．串联调谐使用一个外加电感 L_s 与换能器串联．在串联调谐的情况下，需要将换能器在谐振时的并联等效电路化成串联型的等效电路．令变换以后换能器的串联电阻和串联电容分别是 R'_m 和 C'_m，它们与并联参数有以下关系

$$\begin{aligned} R'_m &= \frac{R_m}{(1+\omega_0^2 C_0^2 R_m^2)} \\ C'_0 &= \frac{C_0}{\left(1+\dfrac{1}{\omega_0^2 C_0^2 R_m^2)}\right)} \end{aligned} \tag{12-22}$$

当换能器的等效电路化成串联型以后，外加串联电感与换能器的等效串联电容满足以下的关系

$$\omega_0^2 = \frac{1}{L_s C'_0} \tag{12-23}$$

从上面分析可以看出，无论是串联调谐还是并联调谐，换能器都工作于其机械共振频率，即串联谐振频率．另外，为了确定换能器的外加串联或并联电感，必须事先知道换能器的等效电路参数和机械共振频率，然而这一过程是比较复杂的，尤其是对于处于大功率工作状态的超声换能器．因为截至目前为止，大功率换能器的等效参数决定仍然是一个很难解决的问题．因此，在实际的调谐过程中，基本上是采用多次试用方法，通过调整换能器的激励频率和匹配电感，使换能器处于最佳工作状态．然而，通过这种方法实现匹配调谐以后，换能器的实际工作频率并不一定就是换能器的机械共振频率．

12.2.1.1　压电换能器调谐匹配的基本原理

从换能器的基本特性部分我们已经得到，在换能器谐振频率附近，换能器的等效阻抗表达式为

$$Z = \frac{j}{\omega C_0} \frac{\Omega - j\delta}{1-\Omega + j\delta} \tag{12-24}$$

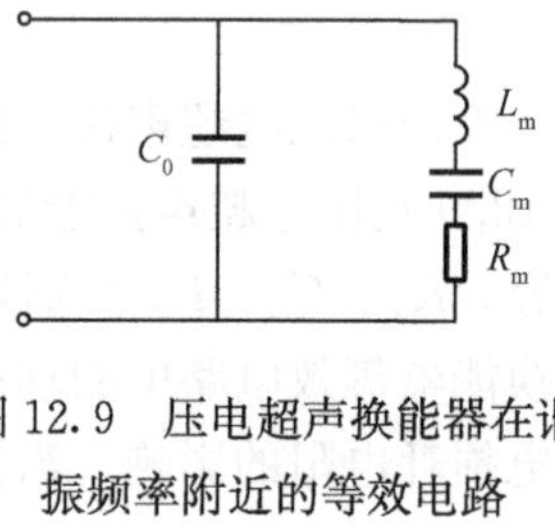

图 12.9　压电超声换能器在谐振频率附近的等效电路

式中，$\omega=2\pi f$，$\Omega=\dfrac{\omega^2-\omega_s^2}{\omega_p^2-\omega_s^2}$，$\delta=\omega C_0 R_m$ 我们可以将上式做进一步整理，将 Z 化解为一个实数和一个虚数的和，$Z=R+jX$. 此时，等效电路图 12.9 就可以转化为图 12.10，即一个电抗和一个电阻的串联. X 表示换能器的等效电抗，R 表示换能器的等效电阻.

此时，假设换能器外加电压为 V，据电路原理可知，分配给 X 的电压为 V_x，分配给 R 的电压为 V_R，关系如图 12.11，可以看出，V_R 只占输入电压 V 的一部分，甚至是一小部分，那么此时，换能器获得的功率就只是输入功率的一小部分. 为了尽可能提高换能器的工作效率，增加换能器的输出功率，我们需要对输入电路进行改造，一般分两种方式.

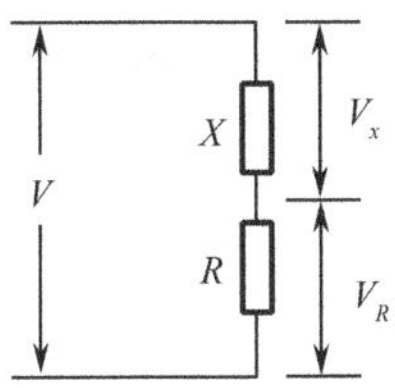

图 12.10　等效阻抗示意图

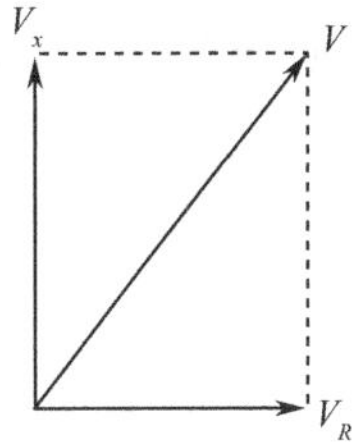

图 12.11　电压分配关系

1. 串联调谐匹配

在回路中串联一个阻抗为 $-X$ 的元件，如图 12.12，使它的电抗正好抵消换能器的等效电抗，达到串联谐振状态. 于是外加电压全部落在 R 上，R 上吸收的功率将按电压平方关系增大，换能器达到良好的工作状态. 这种方法是串联调谐方法. 我们常用串联抗性元件，即电感或电容来完成.

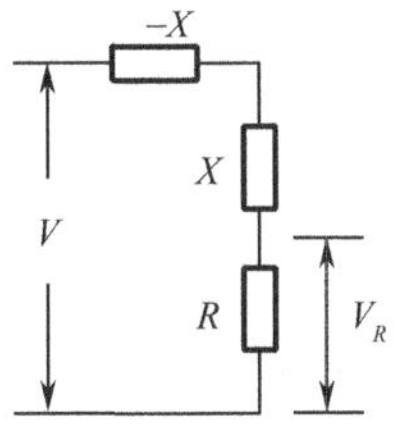

图 12.12　串联调谐示意图

2. 并联调谐匹配

如果我们将换能器的等效阻抗电路图 12.13 (a)，转换成图 12.13 (b)，即将串联形式转换成并联形式. 等效阻 $R'=R+\dfrac{X^2}{R}$，等效抗 $X'=X+\dfrac{R^2}{X}$. 假设换能器的输入总电流为 I，此时，流经 R' 的电流只占总电流一部分或极小一部分，无功电流过大. 为了改善这种情况，可以在图中并联一个阻抗为 $-X'$ 的元件，则回路产生并联谐振. 流经 X' 和 $-X'$ 的电流大小相等，方向相反. 相当于原来情况下的 X' 没有分流，电流全部流过 R'，所以，R 上面的功率增加，如图 12.13 (c).

用来并联调谐的电抗性元件可以是电容，也可以是电感. 并联调谐可以调谐于串联谐振频率，也可以调谐于并联谐振频率.

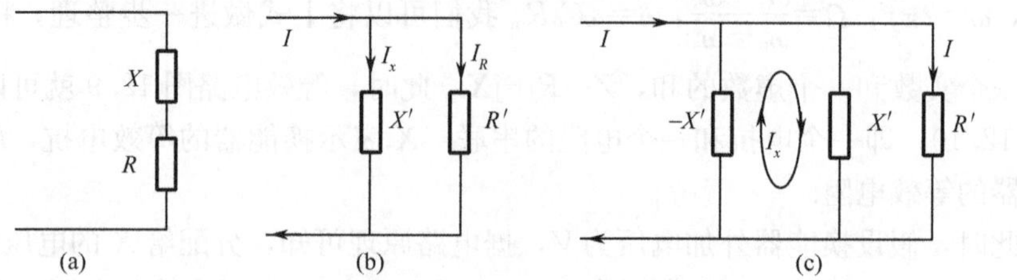

图 12.13　并联调谐示意图

3. 串联调谐谐振与并联调谐谐振方式的对比

通过串联调谐和并联方式都可以使换能器达到谐振状态，使其等效电阻获得更大的功率，换能器工作于良好状态. 但两种调谐方式存在一定的差异：

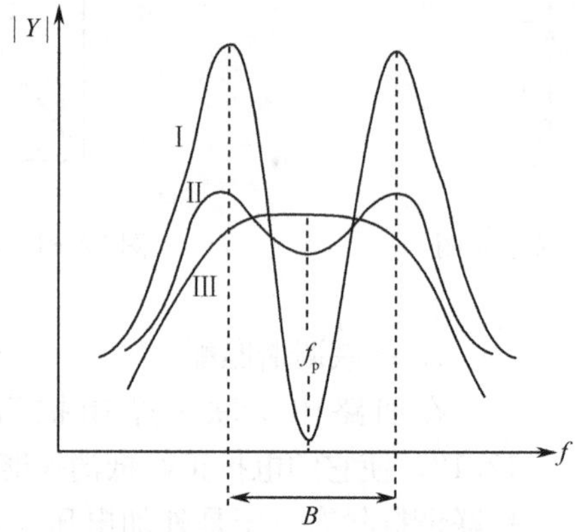

图 12.14　串联电感调谐于并联谐振频率的导纳曲线示意图

(1) 通过比较知，换能器串联电抗比并联电抗小，故用于串联调谐匹配的电抗量比并联调谐时小.

(2) 串联调谐后的有功阻抗比并联调谐后的有功阻抗小，所以串联调谐可获得相对低的输入电阻.

(3) 并联调谐不改变换能器并联电导响应，而串联调谐后电导响应呈双峰. 同时，串联调谐时，换能器导纳圆图为两个重叠的圆.

(4) 从串、并联调谐的输入相角过零点情况看，作为宽带特性并联调谐优于串联调谐. 如图 12.16.

(5) 换能器的等效电阻 R，不但与动态损耗电阻 R_1 有关外，还与换能器负载 R_L 有关. R_L 与 R_1 是串联关系，若将 R_L 与 R_1 看成一个电阻 R'_L，则要使换能器向负载输出更大功率，就必须使得等效电路中的 R 获得尽量多的功率.

从上面等效电路分析可知，若超声频电源为恒压源，采用串联调谐时，可使

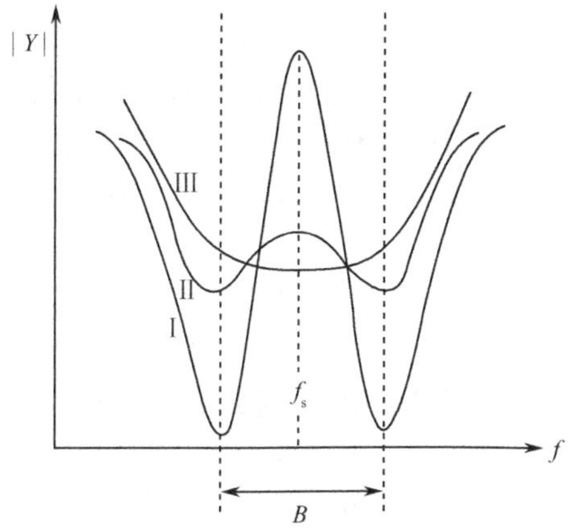

图 12.15　并联电感调谐于串联谐振频率的导纳曲线示意图

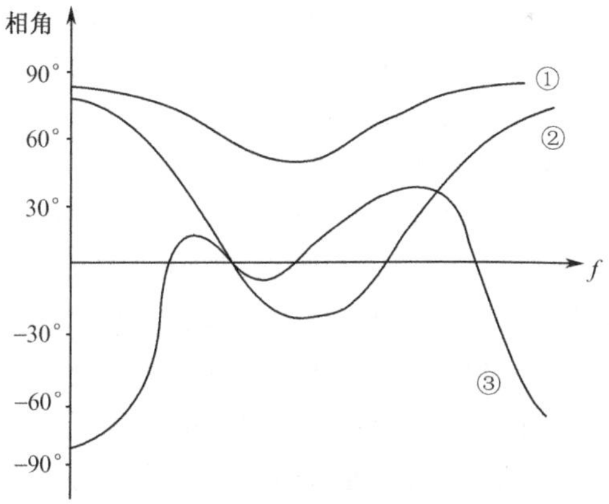

①换能器输入相角　②串联调谐输入相角　③并联调谐输入相角

图 12.16　换能器在串联、并联调谐后的输入相角

R'上获得尽量大的电压. 当超声频电源为恒流源时，采用并联调谐方式，使得R'获得尽量多的电流. 这样，负载上可得到较大功率.

从原理上讲，换能器的串联调谐和并联调谐并无优劣之分. 因而，在实际的超声匹配电路中，两种方法皆被利用. 然而在不同的功率超声技术中，两种方法还是有所区别的. 至于到底应该采用哪种调谐方法，应根据实际情况加以具体对待. 根据经验，在选择并联调谐还是串联调谐的过程中，应注意以下一些因素. 第一，超声频电发生器的输出阻抗，即发生器的工作状态. 如果发生器的输出阻抗较低，应选用串联调谐，反之，则应选用并联调谐. 第二，换能器的工作频率. 如果换能器工作于机械串联谐振频率，应考虑采用串联调谐；如果换能器工作于并联谐振频率，则要考虑应用并联调谐. 第三，输出变压器. 在功率超声领域，超声波发生器的输出变压器是一个极其重要的器件. 从上面的分析可以看出，串联调谐以后换能器的串联等效电阻比并联调谐中的等效电阻小得多，因而两种匹配方式对匹配变压器的影响有所不同. 在实际匹配调试的过程中，应根据发生器的输出变压器的特点以及功率放大的制式采用不同的调谐方式.

4. 阻抗变换匹配

当采用上述调谐方式，有时还不能获得足够的功率，原因是超声频电源的最佳负载与换能器等效电阻不匹配，导致能量不能有效传输. 此时，需要进行阻抗变换，即将换能器的等效电阻经过阻抗变换与超声频电源的输出阻抗达到匹配保证能量的传播，这就是阻抗匹配. 阻抗匹配也是匹配电路要完成的一项功能，通常我们用输出变压器的方式或并联电容的方法来实现，关于阻抗匹配问题在上面中已经分析过了，具体利用变压器匹配电路和复合匹配电路将在随后讨论.

上面谈到的只是功率超声技术中电匹配的一些基本的理论和实践知识. 实际的匹配电路的设计和调试是比较复杂的. 这其中的原因是很多的. 第一，从超声波发生器电路本身来说，采用的放大电路的制式不同以及设计的电路工作点的不同，发生器的输出阻抗是不同的. 而且随着工作中电路的状态发生变化，其输出阻抗也要发生变化，从而很难保证超声换能器的永久理想匹配. 第二，超声换能器有很多特征频率，如串联共振频率、并联共振频率、谐振频率、反谐振频率、最小导纳频率以及最大导纳频率等. 在实际工作中，由于换能器的边界条件的不同（包括电学和力学两种边界条件），很难保证换能器工作在某一种共振频率上. 第三，在大功率状态下，由于负载的变化以及换能器本身参数的变化（其中频率及阻抗的变化是最主要的）使匹配变得更加复杂. 鉴于上述考虑，可以这样说，在大功率超声设备的研制中，电匹配是最为复杂的一项工作. 在实际的匹配调试过程中，一方面要首先对换能器的性能参数有所了解，另一方面一定要在实际工作中摸索最佳的匹配条件，从而实现最好的匹配. 下面对一些常用的匹配方法进行简要的分析，并给出定量的匹配关系.

基于以上讨论的结果，我们知道，由于压电陶瓷超声换能器在共振状态时基本上是电容性的. 因此，关于压电陶瓷换能器的匹配问题，我们一般是在回路中串联或并联电感来实现. 现将两种情况的匹配情况进行比较系统的分析.

图 12.17（a）所示换能器用并联电感匹配方式工作，此时，在回路中构成两个共振系统. 一是力学支路谐振支路，另一系统为 L_{par}、C_0、R_i 组成的谐振系统. 图 12.17（b）采用串联电感匹配方式. 两种匹配方式表现出类似的通带特性. 匹配电感的近似计算量如下：

$$\text{并联电感}\quad L_{par}=\frac{1}{\omega_s^2C_0}$$

$$\text{串联电感}\quad L_{ser}=\frac{1}{\omega_p^2C_0}$$

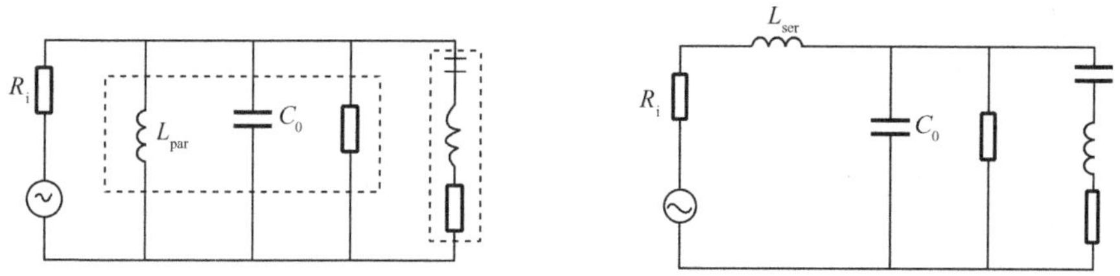

(a) 并联电感匹配　　(b) 串联电感匹配

图 12.17

图 12.18 分别给出串联电感、并联电感匹配的阻抗曲线.

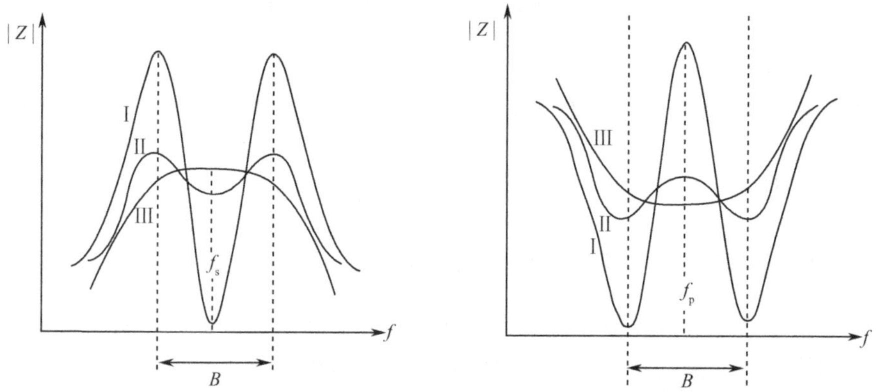

(a) 并联电感匹配阻抗曲线　　(b) 串联电感匹配阻抗曲线

图 12.18　并联电感和串联电感匹配的阻抗线

图中曲线Ⅰ表示换能器空载情况，Ⅱ曲线表示中度负载，Ⅲ曲线表示高负载情况.

对应上述两种情况时的阻抗圆分别如图 12.19（a）和 12.19（b）所示.

我们看出，此时用并联电感匹配时，调谐频率是在 f_s 上，即调谐在串联谐振频率. 用串联电感匹配时，调谐频率在 f_p 上，即调谐在并联谐振频率. 系统的响应频率可以通过调节电端电阻的电学控制方式来改变，也可以通过改变力学端等效电阻的力学控制方式来改变. 但这并不明显影响 f_s、f_p 或带宽 B. 最大带宽 B 近似等于无负载条件下的最大带宽. 即近似等于图 12.18（a）中，工作频率为 f_s 时最大阻抗间对应的带宽，也近似等于图 12.18（b）中，工作频率为 f_p 时最小阻抗间对应的带宽.

电端等效电阻 R_i 在这里是一个关键的参数，通过调节 R_i，可以使换能器与频率发生器及匹配电路达到匹配.

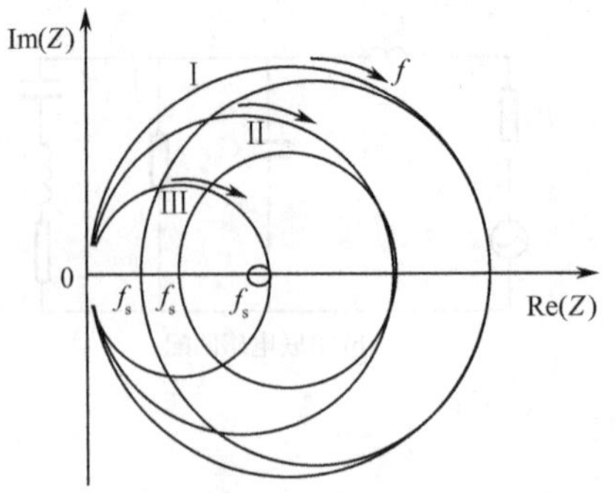

(a) 并联电感匹配阻抗圆

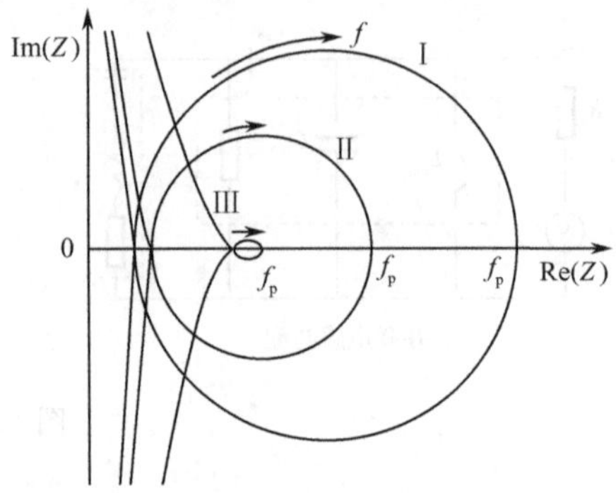

(b) 串联电感匹配阻抗圆

图 12.19 并联电感和串联电感匹配的阻抗圆

当选用并联电感匹配，在 $Q_m^E > Q$ 时，$Q=\sqrt{\frac{1-k_{\text{eff}}^2}{2k_{\text{eff}}^2}}$，当 $k_{\text{eff}} \ll 1$ 时，$R_i \approx \frac{0.7}{\omega_s C_0 k_{\text{eff}}}$；同样，在串联电感匹配时，$R_i \approx \frac{k_{\text{eff}}}{0.7\omega_p C_0}$.

12.2.2 匹配电路对压电换能器振动性能的影响

由于换能器是一个共振系统，因此匹配电路必将对其共振频率有所影响，因而也影响换能器的振动特性，接下来将对常见的匹配电路对换能器的共振频率的影响进行分析，同时将讨论系统有效机电耦合系数 k_{eff} 的变化规律，以便合理设计高传输效率的匹配电路及换能器振动系统.

12.2.2.1 电容、电感匹配电路分析

考虑在理想情况下，$R_0 \to \infty$、$R_1 \to 0$ 时，换能器的电端阻抗为

$$Z = \mathrm{j}X_e = -\mathrm{j}\frac{1}{\omega C_0} \cdot \frac{1-\dfrac{\omega_s^2}{\omega^2}}{1-\dfrac{\omega_p^2}{\omega^2}} \tag{12-25}$$

换能器导纳为

$$Y = \frac{1}{Z} = \mathrm{j}B_e = -\mathrm{j}\omega C_0 \cdot \frac{1-\dfrac{\omega_p^2}{\omega^2}}{1-\dfrac{\omega_s^2}{\omega^2}} \tag{12-26}$$

其中 $\omega_s^2=\dfrac{1}{L_1C_1}$，$\omega_p^2=\dfrac{C_0+C_1}{L_1C_1C_0}$，式中所描述的电抗曲线见图 12.20.

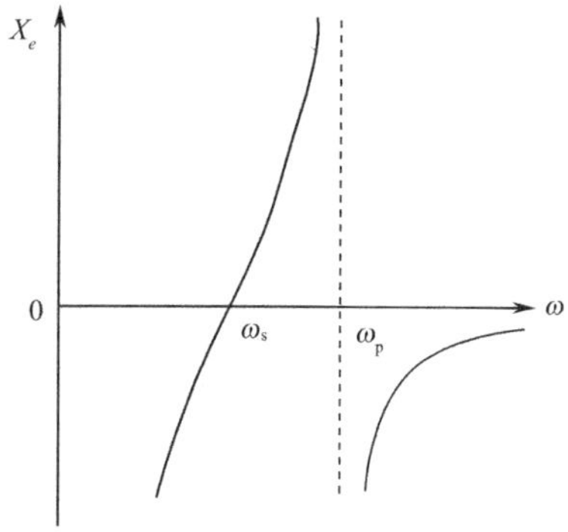

图 12.20 压电换能器的电抗曲线

以下分别讨论匹配电感、电容对换能器振动特性的影响.

1. 串联电感匹配

串联电感匹配方式电路图见图 12.21(a)，其中 PXE 代表压电换能器，L 为匹配电感. 在这种情况下，匹配电感与换能器的总阻抗为

$$Z'=\mathrm{j}X_e=\mathrm{j}\omega L+\mathrm{j}X_e \quad (12\text{-}27)$$

依据上式可得到电抗曲线如图 12.21(b). 从图中可知，串联电感的加入使换能器的串联共振频率 ω'_s 降低，但不影响并联共振频率 ω_p. 同时在高于 ω_p 的地方出现另一串联共振频率 ω''_s，这是因为换能器在频率高于 ω_p 处呈容性，与串联电感产生新的共振所致. 同时可见串联电感越大，ω'_s 及 ω''_s 越低.

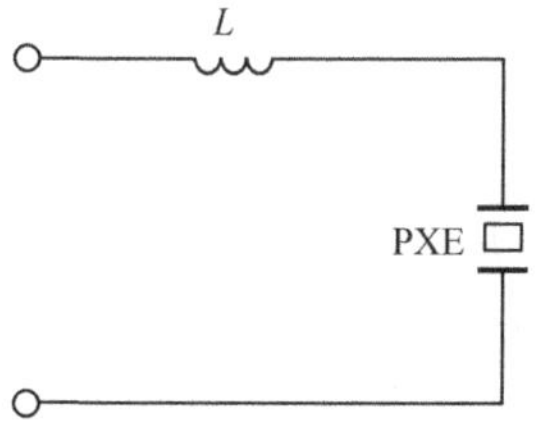

(a) 串联电感匹配示意图

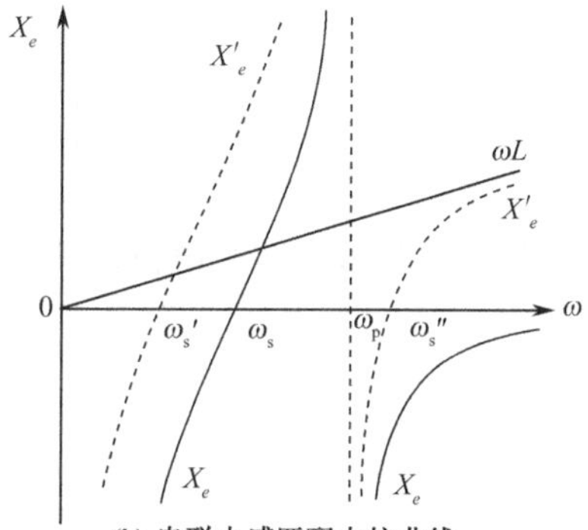

(b) 串联电感匹配电抗曲线

图 12.21

2. 并联电感匹配

并联电感匹配电路框图如图 12.22(a)，计算得到并联电感与换能器系统总导纳为

$$Y'=\mathrm{j}B'_e=\mathrm{j}\left(-\frac{1}{\omega L}+\omega C_0\cdot\frac{1-\dfrac{\omega_p^2}{\omega^2}}{1-\dfrac{\omega_s^2}{\omega^2}}\right) \quad (12\text{-}28)$$

依据上式可得到系统的电纳曲线如图 12.22(b).

由图 12.22 我们可以看出，当匹配电感与换能器并联时，压电换能器的串联共振频率 ω_s 不变，但并联共振频率 ω'_p 升高，并且产生一低于 ω_s 的并联共振频率

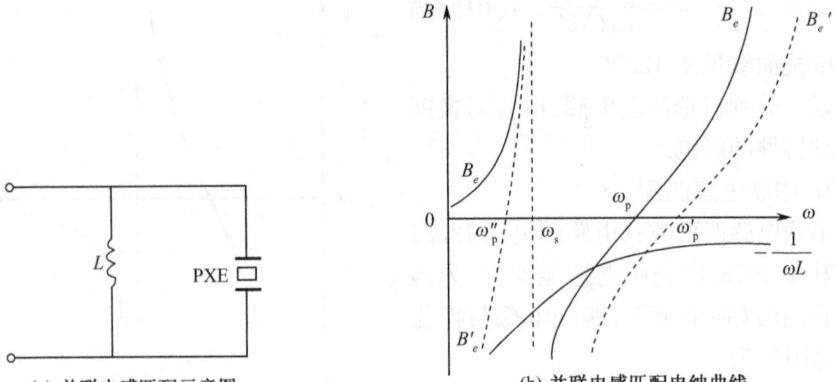

(a) 并联电感匹配示意图　　(b) 并联电感匹配电纳曲线

图 12.22

ω''_p. 并联电感越小，并联共振频率 ω'_p 及 ω''_p 越高.

3. 串联电容匹配

串联电容匹配即电容与压电换能器串联，示意图为 12.23(a)，所以电路的总阻抗为

$$Z' = jX'_e = j\left(-\frac{1}{\omega C} - \frac{1}{\omega C_0} \cdot \frac{1-\frac{\omega_s^2}{\omega^2}}{1-\frac{\omega_p^2}{\omega^2}}\right) \tag{12-29}$$

由此式可得到串联电容匹配电抗曲线如图 12.23(b).

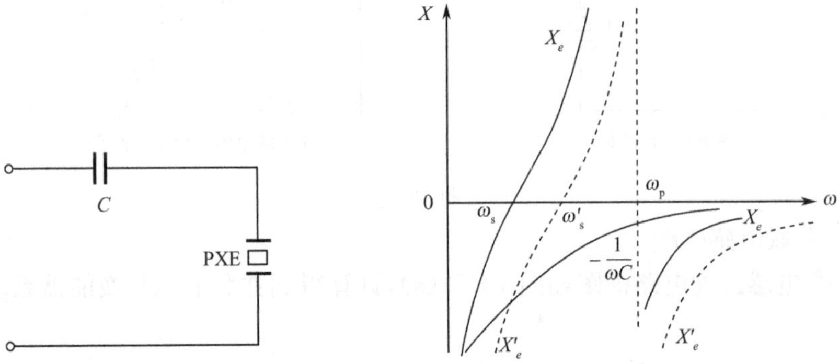

(a) 串联电容匹配示意图　　(b) 串联电容匹配换能器电抗曲线

图 12.23

由图可知，串联电容匹配时，换能器串联共振频率 ω_s 升高，而并联共振频率 ω_p 不变；串联电容 C 越小，新的串联共振频率 ω'_s 越高.

4. 并联电容匹配

并联电容匹配电路图如图 12.24(a)所示，此时电路的总导纳为

$$Y' = jR'_e - j\left(\omega C + \omega C_0 \frac{1-\frac{\omega_p^2}{\omega^2}}{1-\frac{\omega_s^2}{\omega^2}}\right) \tag{12-30}$$

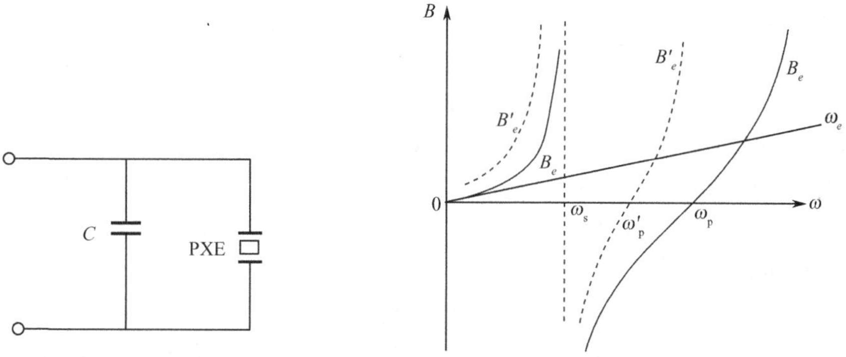

(a) 并联电容匹配电路图

(b) 并联电容匹配换能器电纳曲线

图 12.24

依据此式可得并联电容匹配电路的电纳曲线如图 12.24(b). 由图可得到，当换能器采用并联电容匹配时，其串联共振频率 ω_s 不变，并联共振频率 ω'_p 降低；而且并联电容越大，并联共振频率 ω'_p 就越小.

12.2.2.2　匹配电路参数对系统有效机电耦合系数的影响

根据换能器有效机电耦合系数的定义，可得匹配电路及换能器复合系统的有效机电耦合系数的表达式

$$k_{eff}^2 = \frac{f_{pc}^2 - f_{sc}^2}{f_{pc}^2} \tag{12-31}$$

其中，f_{sc}和 f_{pc}为匹配电路和换能器系统的串联和并联共振频率，分别对应前面讨论过的 f'_s及 f'_p，由前面的讨论，可把匹配电路参数对系统的有效机电耦合系数的影响归纳为以下几点：

（1）当匹配电感与换能器串联时，由于串联共振频率 f'_s 降低，而并联共振频率不变，由式（12-31）可知，此时系统的有效机电耦合系数升高；

（2）当匹配电感与换能器并联时，串联共振频率不变，但并联共振频率 f'_p 升高，同样据式（12-31）知，有效机电耦合系数升高；

（3）当匹配电容与换能器串联时，由于串联共振频率 f'_s 升高，而并联共振频率 f'_p 降低，式（12-31）显示系统的有效机电耦合系数下降.

（4）当匹配电容与换能器并联时，系统的串联共振频率不变，但并联共振频率 f'_p 降低，同理由式（12-31）知系统的有效机电耦合系数下降.

所以无论是采用串联还是并联电感匹配，都能使系统的有效机电耦合系数升高. 采用串联电容或并联电容匹配反而使系统的有效机电耦合系数下降.

12.2.2.3　几种常见的换能器匹配电路分析

在上面的分析中，我们对压电陶瓷超声换能器的电匹配进行了比较笼统的分析和讨论，在实际应用中，由于具体应用技术的不同，换能器的电匹配电路也是不同的，并且各种匹配电路的特点和性能也是不同的. 在下面的分析中，我们将对一些较常用的换能器的匹配电路及其对换能器性能的影响加以分析和讨论. 实际情况中，我们经常选用单一电抗元件作为简单匹配电路使用. 而压电换能器工作频率多选在串联谐振频率 f_s或并联谐振频率 f_p上，此时压电换能器呈容性状态，若选用电容匹配，不可能达到共轭匹配的条件，而选用电感匹配时可以达到共轭匹配，所以通常情况时，常选用电感匹配电路，这也是我们经常习惯于选用电感元件进行电路匹配的原因.

而电容元件在匹配电路中也是非常重要的，它可以改变回路的滤波特性和阻抗特性，所以，电容元件通常也出现在匹配电路中，有时为了达到较好的滤波和通带特性，电容元件是必不可少的. 在实际的较复杂的匹配电路中，常常包含多个电容，并且有多种连接方式.

通过电感和电容组合匹配，可以进一步改进匹配电路的频率特性和阻抗特性，甚至通过不断调节匹配元件的大小，达到一定范围内的动态匹配效果.

1. 变压器匹配电路

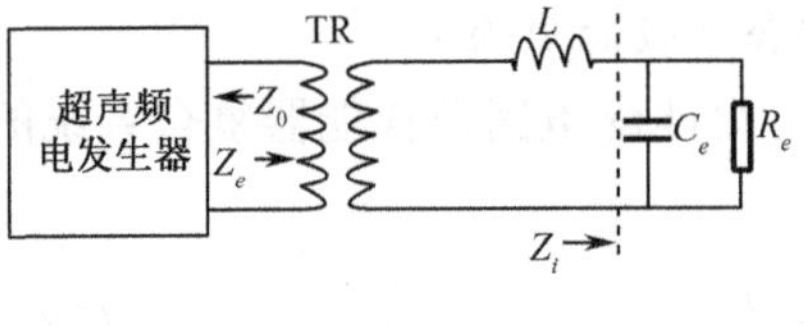

图 12.25　变压器匹配电路

利用变压器变阻来实现匹配是常见的一种匹配方法，匹配电路如图 12.25 所示. TR 为匹配变压器，n_1、n_2 为变压器初、次级匝数；换能器为串联谐振频率下的等效图，C_e 是静态电容，R_e 是等效电阻，L 是匹配电感.

换能器的输入阻抗化简为

$$Z_i = R_i + \mathrm{j}X_i = \frac{R_e}{1+R_e^2\omega_0^2C_e^2} - \mathrm{j}\,\frac{R_e^2\omega_0C_e}{1+R_e^2\omega_0^2C_e^2} \tag{12-32}$$

ω_0 为机械谐振频率时的角频率. 依据理想匹配条件，变压器匹配电路匹配条件为

$$R_0 = \left(\frac{n_1}{n_2}\right)^2 \cdot \frac{R_e}{1+R_e^2\omega_0^2C_e^2} \tag{12-33}$$

$$\omega_0 L = \frac{R_e^2\omega_0C_e}{1+R_e^2\omega_0^2C_e^2} \tag{12-34}$$

只要改变变压器初次级匝数及匹配电感的量值，就可以实现理想匹配. 由于变压器匝数连续改变困难，导致变压器匹配电路实际上难以实现理想匹配. 然而变压器匹配电路中，由于加入串联电感，换能器的串联谐振频率降低，并联谐振频率不

变，根据有效机电耦合系数的定义 $k_{\mathrm{eff}}=\left[1-\left(\frac{f_{\mathrm{s}}}{f_{\mathrm{p}}}\right)^{2}\right]^{1/2}$，可以看出变压器匹配电路能提高换能器的有效机电耦合系数.

2. 电感-电容匹配电路

利用电感和电容组合连接可以组成匹配电路，如图 12.26 就是一种电感-电容组合匹配电路. 此时匹配电路与换能器等效阻抗为

$$Z_c=R_c+\mathrm{j}X_c=\frac{R_e}{1+\omega_0^2(C+C_e)^2R_e^2}+\mathrm{j}\left[\omega_0L-\frac{R_e^2\omega_0(C+C_e)}{1+R_e^2\omega_0^2(C+C_e)^2}\right] \tag{12-35}$$

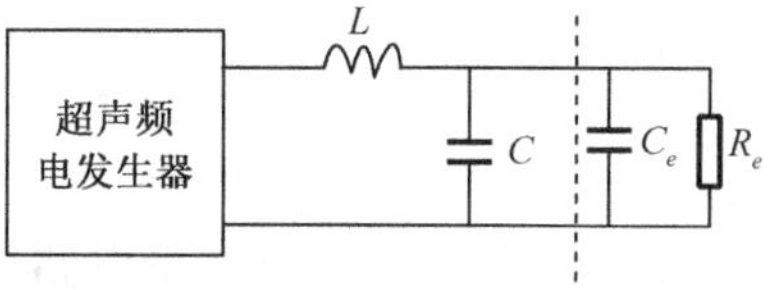

图 12.26　电感-电容匹配电路

要实现理想匹配，必须满足下面条件

$$R_0=R_c=\frac{R_e}{1+\omega_0^2R_e^2(C+C_e)^2} \tag{12-36}$$

$$\omega_0L=\frac{R_e^2\omega_0(C+C_e)}{1+R_e^2\omega_0^2(C+C_e)} \tag{12-37}$$

输入回路的电品质因数为

$$Q_{\mathrm{e}}=\frac{\omega_0L}{R_c}=\frac{\omega_0L}{R_e}[1+R_e^2\omega_0^2(C+C_e)^2] \tag{12-38}$$

通过改变匹配电路中 L、C 的量值，可以实现理想匹配. 但此时回路的电品质因数 Q_{e} 随即确定，回路的频率特性及滤波特性确定，不能适用于动态工作情况. 要使它的适用性更广泛，需做改进.

3. 改进的电感-电容匹配电路

对上述匹配电路，可以再增加一个串联电容 C' 来改变电路的特性，如图 12.27.

换能器与匹配电路的输入总阻抗为

$$Z_c=R_c+\mathrm{j}X_c=\frac{R_e}{1+\omega_0^2(C+C_e)^2R_e^2}+\mathrm{j}\left[\omega_0L-\frac{1}{\omega_0C'}-\frac{R_e^2\omega_0(C+C_e)}{1+R_e^2\omega_0^2(C+C_e)^2}\right] \tag{12-39}$$

要达到理想匹配，须满足下面关系

$$R_0=R_c=\frac{R_e}{1+\omega_0^2R_e^2(C+C_e)^2} \tag{12-40}$$

$$\omega_0 L = \frac{1}{\omega_0 C'} + \frac{R_e^2 \omega_0 (C + C_e)}{1 + R_e^2 \omega_0^2 (C + C_e)} \tag{12-41}$$

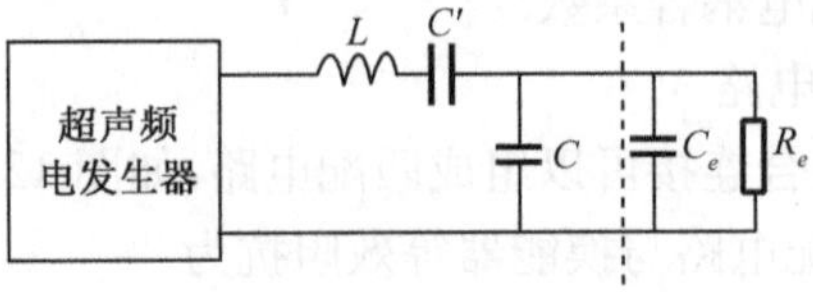

图 12.27 改进的电感-电容匹配电路

回路电品质因数

$$Q_e = \frac{\omega_0 L}{R_c} = R_e \omega_0 (C + C_e) + \frac{[1 + R_e^2 \omega_0^2 (C + C_e)^2]}{R_e \omega_0^2 C'} \tag{12-42}$$

这时不但可以得到理想匹配，又可以改变回路的电品质因数，回路的频率和滤波性能得到改善，它的滤波功能明显优于变压器匹配电路.

从上述分析可以看出，从电学的角度讲，压电超声换能器的匹配电路也就是一个低通滤波器. 与变压器匹配电路相比，电感-电容匹配电路中增加了一个与换能器相并联的电容，因此，电感-电容匹配电路的滤波性能优于变压器匹配电路的滤波性能.

12.3 压电超声换能器的声学匹配

超声换能器的声学匹配主要应用在一些小信号场合，如超声成像、超声检测以及超声探伤等. 在超声匹配过程中，主要是通过采用匹配层材料，以实现声阻抗的匹配或过渡. 在超声工程领域，由于两种介质的声阻抗失配而造成声传播困难的情况是经常发生的. 其中最为典型的是压电陶瓷换能器，即压电陶瓷晶片与工作介质如水、人体组织和空气等之间的阻抗失配. 阻抗的显著差异，即严重的阻抗失配不仅会降低界面处的声波透射系数，而且使压电陶瓷器件以较高的机械 Q 值谐振，造成频带窄而脉冲长，从而严重影响探头的发射及接收灵敏度和轴向分辨率以及信息的丰富程度. 因此超声换能器的声学匹配一直是人们比较感兴趣的研究课题之一.

超声匹配理论基本上是利用声波的反射和透射理论. 当平面声波垂直入射到两种介质的平面分界面上时，超声波声压的反射系数 r 和透射系数 t 可由下式给出

$$r = \frac{Z_2 - Z_1}{Z_2 + Z_1} \tag{12-43}$$

$$t = \frac{2Z_2}{Z_2 + Z_1} \tag{12-44}$$

式中，Z_1、Z_2 分别是第一种介质和第二种介质的声阻抗率. 很显然，介质的声阻抗率对于声波的反射和透射是非常重要的.

在超声检测和超声诊断等领域，负载作为第二种介质，压电陶瓷片作为第一种介质，两者的声阻抗相差很大，这时声波的透射系数很小，而反射系数很大，造成大部分声波被反射，只有一小部分声波透射. 为了克服这一缺点，在压电陶瓷晶片和负载之间插入一层或多层另外的介质，使声波的特性阻抗逐渐变化以增加声波的透射. 插入一层匹配介质层的换能器叫做具有单层阻抗匹配层的换能器；插入两层以上介质层的换能器叫做具有多层阻抗匹配层的换能器. 另外在超声诊断以及超声检测换能器中，除了应用阻抗匹配层以外，还需要在换能器的背面利用声吸收材料作为换能器的背衬. 一般来说，换能器的背衬材料置于压电陶瓷元件背面，并与之连在一起，其作用也是用于控制超声换能器的频率和脉冲响应. 因此从某种意义上讲，换能器的背衬与匹配层具有相同的作用.

目前超声换能器中应用最多的是单层阻抗匹配层和双层阻抗匹配层. 由于工艺上的原因，多层阻抗匹配层应用的很少. 对于单层阻抗匹配层，理想匹配条件为

$$Z_p = \sqrt{Z_0 Z_l} \tag{12-45}$$

式中，Z_p、Z_0、Z_l 分别是匹配层、压电陶瓷晶片以及负载介质的特性声阻抗. 对于双层匹配，有以下关系

$$Z_{1p} = \sqrt[4]{Z_0^3 Z_l} \tag{12-46}$$

$$Z_{2p} = \sqrt[4]{Z_0 Z_l^3} \tag{12-47}$$

式中 Z_{1p}、Z_{2p}分别是第一和第二层匹配层的特性声阻抗. 在上述理论中，假设换能器和负载介质的横向尺寸为无限大，而纵向可视为半无穷介质. 上面所分析的属于换能器声阻抗匹配的传统理论. 除此以外，有关换能器声阻抗匹配的理论很多，其中最主要的有 Mason 模型理论、KLM 模型理论、串并联阻抗相等理论以及多模式滤波器合成理论等. 与电学匹配类似，在声学匹配理论中，除了理论计算以外，还必须依靠实验调试来实现声阻抗匹配. 在实际过程中，除了采用阻抗适宜的匹配材料以外，有时还通过改变匹配层的厚度来实现理想的声阻抗匹配. 因此，声阻抗匹配的含义应该既包括阻抗选择，同时也必须包括匹配层的厚度设计. 在现有的匹配理论分析和工程实践中，匹配层的厚度基本上皆取为四分之一波长，因此在现有的教科书以及技术术语中都将匹配层称为四分之一波长阻抗匹配层. 由于匹配层对换能器的性能影响很大，因此匹配层材料的选择是非常重要的. 一般来说，匹配层材料应选用声速较大的材料，这对于高频换能器的匹配层加工比较方便的. 另外，声匹配层材料的声衰减系数应该越小越好.

在上面提到，在现有的声匹配技术中基本上采用单层或双层匹配层，很少采用多层匹配. 这其中的原因比较复杂. 第一，多层匹配材料的选择比较困难，很

难找到满足理论计算结果的声匹配材料．第二，从理论上讲，多层材料有利于匹配，然而实际上会出现许多问题，如材料的黏结会带来一定的声衰减，不利于声波的传播．

匹配材料按照声阻抗率的大小可分为高中低三段．对于高段，可用的匹配材料有玻璃、石英和铝等金属及无机非金属材料．低段匹配材料可从塑料中选用．而中段却没有现成的匹配材料，必须自行配制．在具体的配料过程中，应注意基料与配料的选取以及配料的含量和配料的粒度选择．常用的基料为低黏度环氧树脂，既便于调配和真空除气，又自然解决了与相邻元器件的黏结问题．填料的选择应结合所需声阻抗的大小而定．当所需的声阻抗比较大时，采用钨和氧化钨等填料；当所需的声阻抗比较小时，选用二氧化硅和滑石粉等填料；对于处于这二者之间的声阻抗，填料一般选择为氧化铁和二氧化钛等．填料含量的选择也要根据所需的声阻抗率大小来决定．根据一般的理论，当在高分子基料中加入矿物类填料时，复合体系的声阻抗率将随着填料含量的增加而单调升高．从理论上说，基料和填料可采用任何配比．但实际上任何填料都有一个填充极限，即其颗粒达到紧密堆积．为此工程实践中要求的匹配层的声阻抗率越高，所用填料的声阻抗率也应越高．至于填料的粒度，理论和实践都证明，填料颗粒越粗，其填充极限越高，混合物料黏度越低，越利于调配和真空除气．但另一方面，物料越稀，越难保持均一性，对高密度填料尤其如此．在实践中的最佳选择是，在达到声阻抗率要求的填充比例时，混和物仍具有适当的流动性，既可允许真空除气，又不必担心填料聚沉．

匹配层的材料、阻抗和厚度对换能器的性能影响很大，能影响换能器的灵敏度、带宽、传递函数及脉冲回波波形．因此在设计换能器以及换能器的匹配层时，应根据对换能器某些性能要求的侧重点、所用的信号源、匹配层的材料等实际情况进行反复试验确定．

背衬也是影响换能器性能的一个重要因素，尤其对于采用脉冲回波方式的超声检测和诊断技术中的超声换能器．由于换能器的脉冲宽度直接影响轴向分辨率，因此为了获得窄的声脉冲，除了必须限制激励电信号的脉冲宽度和采用低机械品质因数的压电元件以外，最有效的办法就是在压电元件背后附加高阻尼和高衰减的背衬材料，利用其阻尼作用使晶片的谐振过程尽快结束．值得指出的是，背衬在带来上述好处以外，由于能量的损耗，也使换能器的发射和接收灵敏度降低，而且脉冲越窄，灵敏度越低．因此在实际过程中，应根据实际情况，进行合理设计，以便妥善处理这一问题．

当电脉冲激励压电陶瓷元件时，换能器不但向前方辐射声能，而且也向后方辐射．在超声检测和超声诊断等领域中，来自前方的回波信号是有用的，而后面来的信号属于干扰杂波，应尽可能消除．故应将背衬块做成像无限大的吸声介质一样，使后向辐射的声能几乎全部消耗在其中．背衬块中的声衰减系数主要由两个因素决定，一是背衬中填料产生的散射衰减，这些被散射的超声波沿着复杂的路径传播，最终变成热能．另一个因素是背衬材料的黏滞性，这种黏滞会引起质点间的内磨擦，从而使一部分声能变成热能．

换能器的背衬材料就是压电元件背后的一块衬垫块．它的选取是根据具体的换能器指标而决定的．它的声阻抗和吸声性能将直接影响到换能器的技术指标，如频带宽度、灵敏度、脉冲-回波持续时间等．背衬块材料的阻抗越大，对换能器所起的阻尼作用就越大．如果没有背衬，压电换能器受到电激励而发生振动，当电激励停止时，压电元件不会立即停止振动，而是持续一段时间才停止振动．换能器所激励起的声脉冲比激励电脉冲要长得多，脉冲-回波持续时间也会长得多，从而使换能器的轴向分辨率下降．增加背衬就是对换能器增加阻尼．当背衬块的阻尼恰当时，电脉冲激励时压电元件振动，电脉冲停止后，压电元件也瞬时停振，从而可以制成宽带窄脉冲超声换能器，即换能器的机械品质因数下降，带宽增加，不引起波形畸变，改善了整机的轴向分辨率．与超声换能器的声匹配材料一样，根据换能器的工作状态，背衬材料可分为轻背衬、中背衬和重背衬．工作在连续状态下的换能器用轻背衬，如空气背衬．工作在连续波状态下的多普勒换能器，就属于一种轻背衬换能器，此时，只需要考虑换能器工作频率的稳定性以及如何提高换能器的灵敏度．在超声检测换能器中，为了提高分辨率，常常使用重背衬，背衬材料的特性阻抗非常接近压电陶瓷元件的特性，因而可以得到良好的振动特性．为了满足换能器的特性要求，需选择合适特性阻抗的背衬材料，这通常是中背衬材料．背衬材料通常选用环氧树脂加钨粉进行配置．除此之外，还采用硅橡胶加钨粉、聚乙烯醇加钨粉、环氧树脂加氯化汞等方法，也有用液体橡胶制成的．近几年来，国外对背衬块的研究进展迅速，其中有钨-乙烯塑料法，钨粉与可辗延金属（如铝、铜、铅及锡等）的固-固复合材料法等．固-固复合材料与钨粉-环氧背衬块相比较，在较小的钨粉体积分数时，就可以得到较高的阻抗．另外要增加衰减系数．也可以选择合适的微粒直径．有时，为了增强吸声系数，还可将背衬块做成尖劈状或圆锥形，形成凹凸不平的形状．

参考文献

1 何祚镛. 声学理论基础. 北京:国防工业出版社,1981
2 杜功焕，朱哲民，龚秀芬. 声学基础. 上海：上海科学技术出版社，1981
3 冯若等. 超声手册. 南京：南京大学出版社，1999
4 张沛霖,张仲渊. 压电测量. 北京:国防工业出版社,1983
5 栾桂冬,张金铎,王仁乾. 压电换能器和换能器阵. 北京:北京大学出版社,1990
6 王矜奉,姜祖桐,石瑞大. 压电振动. 北京:科学出版社,1989
7 周福洪. 水声换能器及基阵. 北京:国防工业出版社,1984
8 陈桂生. 超声换能器设计. 北京:海洋出版社,1984
9 张福学,孙慷等. 压电学,下册. 北京:国防工业出版社,1984:426～449
10 张福学. 现代压电学,下册. 北京:科学出版社,2002:310～336
11 应崇福. 超声学. 北京:科学出版社,1993
12 冯若. 超声诊断设备原理与设计. 北京:中国医药科技出版社,1993
13 万明习,卞正中,程敬之. 医学超声学——原理与技术. 西安:西安交通大学出版社,1992
14 周永昌,郭万学. 超声医学. 北京:科学技术文献出版社,1994
15 冯若,汪荫棠. 超声治疗学. 北京:中国医药科技出版社,1994
16 袁易全. 近代超声原理与应用. 南京:南京大学出版社,1996
17 尚志远. 检测声学原理及应用. 西安：西北大学出版社，1996
18 何芳钧. 压电陶瓷滤波器. 北京：科学出版社，1980
19 程存弟. 超声技术——功率超声及其应用. 西安：陕西师范大学出版社，1992
20 张福学. 现代压电学. 北京：科学出版社，2002
21 路德明. 水声换能器原理. 青岛：青岛海洋大学出版社,2001
22 袁易全. 超声换能器. 南京：南京大学出版社，1992
23 李远，秦自楷，周志刚. 压电与铁电材料的测量. 北京：科学出版社，1984
24 上羽贞行，富川义郎. 超声波马达理论与应用. 杨志刚，郑学论译. 上海：上海科学技术出版社，1998
25 中国机械工程学会无损检测分会. 超声波检测,第2版. 北京：机械工业出版社，2000
26 林仲茂. 超声变幅杆的原理和设计. 北京:科学出版社,1987
27 L D Rozenberg. Sources of High-Intensity Ultrasound. New York：Plenum Press，1969. Vol. 1,229,261
28 L D Pozenberg. Planohyperbolic Acoustic Lenses. Trudy Kommissii po Akustike. 1950. No. 6,114
29 L D Rozenberg. Planoelliptic Acoustic Lenses. ibid, No. 5P114 1950
30 L D Rozenberg. Acoustic Focusing Systems. Moscow：1949
31 L D Rozenberg. Sources of high-intensity Ultrasound. New York:Plenum Press,1967. Vol. 2
32 Heinrich Kuttruff. Ultrasonics：Fundamentals and Applications. London and New York：Elsevier Applied Science，1991
33 陈桂生,朱革非,张宏彬. 大振幅超声换能器设计. 声学技术,1983,2(1):21～31
34 俞宏沛. 超声换能器. 变幅杆及其组合的一种计算方法. 应用声学,1988,7(4):30～36
35 林仲茂. 有力、电负载和损耗时夹心式压电换能器的共振频率及效率. 应用声学,1983. 2(1):22～27
36 凌鸿烈. 半波长夹心式换能器的理论分析和计算. 声学技术,1992,11(4),35～38
37 穆廷荣. 弯曲振动压电陶瓷薄圆板的等效电路和剪应力. 声学学报,1983,8(1):45～53
38 徐芝纶. 弹性力学. 第2版. 北京:人民教育出版社,1982

39 姜健，吴中原译. 超声波焊接. 北京：国防工业出版社，1963. 196～208
40 赵继，王立江，孟继安. 超声振动切削系统中弯曲振动刀杆的谐振模式. 声学学报，1992，17(1)；22～29
41 赵继，李华，王立江. 四牛之一波长喇叭式集中变幅杆构成的超声振动刀具系统. 声学学报，1990，15(1)：67～70
42 凌鸿烈. 半波长夹心式换能器的理论分析和计算(II). 声学技术，1992，11(4)：35～38
43 俞宏沛. 纵振换能器工程设计. 水声通讯，1984，No. 3，No. 4
44 张光斌，林书玉. 气介式弯曲振动换能器的辐射声压及其指向特性. 陕西师范大学学报，1999，27(3)：45～49
45 张光斌，林书玉. 气介式换能器的辐射声场研究. 声学技术，1999，Vol. 18：111～112
46 林书玉. 气介式弯曲振动功率超声复合换能器的振动特性研究. 陕西师范大学学报，2000，28(1)：33～38
47 Lin Shuyu. High power air-borne ultrasonic transducers. ACTA PHYSICA SINICA Vol. 8，Supplement，S38-S41，August 1999
48 L E Kinsler，A R Frey，A B Coppens and J V Sanders. Fundamentals of acoustics. Third edition. New York：John Willy & sonc，Inc，1982
49 A W Leissa. The free vibration of rectangular plates. Journal of Sound and Vibration，1973(31)，257～293
50 R Timoshenko，et al. Vibration problems in engineering. Fourth edition. New York：John Wiley，1974
51 R Szilard，Theory and analysis of plates：Classical and numerical methods. New Jersey：Englewood Cliffs，Prenticehall，1974
52 M Mukhopadhyay. A semi-analytic solution for free vibration of rectangular plates. Journal of sound and vibration，1978(60)：71～85
53 S Y Lin. Coupled vibration and natural frequency analysis of isotropic cylinders or disks of finite dimensions. Journal of Sound and Vibration. 1995，185(2)：193～199
54 H Yamane，M Kawamura. Sound sources with vibration plates in flexural modes and reflection plates for airborne ultrasonics. The Journal of the Acoustical Society of Japan. 1976，32：83～91
55 E Mori，et al. New bolt clamped flexural mode ultrasonic high power transducer with one-dimensional construction. Ultrasonics International 1989 Conference Proceedings：256～261
56 Gallego-Juarez J A，et al. An ultrasonic transducer for high power applications in gases. Ultrasonics，1988(6)：267～271
57 Barone A，Gallego-Juarez J A. Flexural Vibrating free-edge plates with stepped thickness for generating high directional ultrasonie radiation. J. Acoust. Soc. Am，1972，51(3)Part 2：953～959
58 林书玉. 弯曲振动压电陶瓷换能器. 压电与声光，1994，16(5)：27～30
59 钱培风. 结构动力学. 北京：中国工业出版社. 173～180
60 Miklowitz J，Calif P. Flexural wave solutions of coupled equations representing the more exact theory of bending. Journal of Applied Mechanics，1953：511～514
61 渡边裕二. 日本声学学会演讲论文集. 平成 3 年 3 月. 643～644
62 渡边裕二，津田米雄. 日本声学学会演讲论文集. 平成元年 10 月. 875～876
63 Watanabe Y，et al.. A study on a stepped type amplitude transformer for flexural mode ultrasonic high power transducer. 日本声学学会演讲论文集. 平成 2 年 3 月，763～764
64 Lin Shuyu. Study of the Sandwiched piezoelectric ultrasonic torsional transducer. Ultrasonics，1994，32(6)：461～465
65 林书玉. 一种新型高频大功率超声振动辐射器. 陕西师范大学学报(自然科学版)，1995，23(1)：38～40

66 林书玉. 压电陶瓷矩形薄板振子的弯曲振动研究. 陕西师范大学学报(自然科学版),1997,25(1):39～43
67 渡边裕二. 大功率超声波一维纵-弯复合振动模式振动体的研究,日本声学学会演讲论文集,1991. 643～644
68 Lin shuyu. Torsional vibration of coaxially segmented, tangentially polarized piezoelectric ceramic tubes. J. Acoust. Soc. Am. ,1996,99(6):3476～3480
69 J Tsujino, R Suzuki and M Takeuchi. Load characteristics of ultrasonic rotary motor using a longitudinal-torsional vibration converter with diagonal slits. Large torque ultrasonic rotary motor. Ultrasonics, 1996,34(2～5):265～269
70 Neppiras, E A. The pre-stressed piezoelectric sandwiched transducer. Ultrasonics International 1973 Conference Proceedings, 295～301
71 Horita, R E. Free-flooding unidirectional resonators for deep-ocean transducers. J. Acoust. Soc. Am. , 1967, 41(1):158
72 Graff K F, Macrosonics in industry: 5. ultrasonic machining. Ultrasonics, 1975. 13(3):103～109
73 Martin, G E, Vibration of coaxially segmented, longitudinally polarized ferroelectrics tubes. J. Acoust. Soc. Am. ,1964,36 (8):1496～1506
74 Lin Shuyu. Study on the sandwiched piezoelectric ultrasonic torsional transducer. Ultrasonics, 1994,32 (6):461～464
75 E Mori, Y Watanabe. New bolt clamped flexural ultrasonic high power transducer with one dimensional construction. Ultrasonics International 1989 Conference Proceedings. 256～261
76 S Ueha, et al.. Longitudinal-Torsional composite transducer and its applications. Japanese journal of Applied Physics, 1987, Vol. 26 Supplement 26～2:188～190
77 林书玉(Lin Shuyu). 复合模式超声换能器(Composite Mode Ultrasonic Transducer) (In English). 西安:陕西师范大学出版社,2003